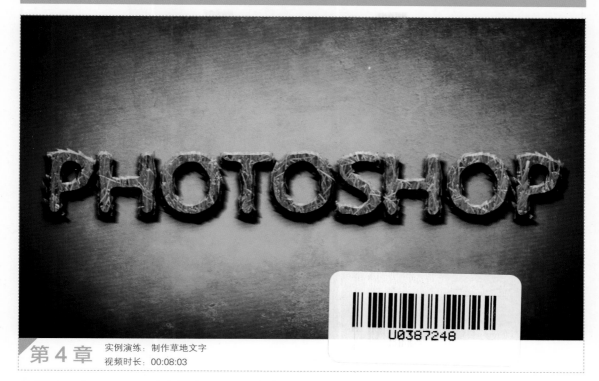

第 4 章 　实例演练：制作草地文字
　　　　　　视频时长：00:08:03

第 4 章 　实例演练：结合选区绘制网页中的图形
　　　　　　视频时长：00:09:34

第 6 章 　实例演练：打造浪漫的紫罗兰色调
　　　　　　视频时长：00:03:32

第 10 章 　实例演练：利用蒙版制作多彩玫瑰
　　　　　　视频时长：00:05:22

第 12 章 　实例演练：制作抽丝特效和不规则边框
　　　　　　视频时长：00:04:20

| 第 3 章 | 实例演练：制作电影场景效果 |
| | 视频时长： 00:04:12 |

| 第 9 章 | 实例演练：制作立体文字 |
| | 视频时长： 00:07:38 |

| 第 13 章 | 实例演练：制作黑白照片 |
| | 视频时长： 00:01:57 |

第 4 章

实例演练：融合多个图像合成广告效果

视频时长：00:08:47

第 5 章

实例演练：美化人物的皮肤

视频时长：00:04:27

第 5 章

实例演练：利用图像修复破旧书本封面

视频时长：00:04:25

第 5 章

实例演练：去除风景照片中的多余杂物

视频时长：00:01:31

第 6 章

实例演练：制作手绘效果画面

视频时长：00:02:50

第 7 章

实例演练：绘制水粉画作品

视频时长：00:05:10

第 7 章

实例演练：为人物添加精致妆容

视频时长：00:07:11

第 7 章

实例演练：为婚纱添加图案

视频时长：00:08:35

第 8 章

实例演练：矢量人物的制作

视频时长：00:07:19

第 8 章

实例演练：个性时尚花纹的制作

视频时长：00:03:31

本书实例欣赏

第 8 章 实例演练：剪影效果的制作
视频时长：00:08:33

第 9 章 实例演练：火焰文字的合成特效
视频时长：00:08:35

第 9 章 实例演练：制作沙滩文字
视频时长：00:04:21

第 10 章 实例演练：通过剪贴蒙版拼合图像
视频时长：00:07:34

第 11 章 实例演练：计算通道设置完美图像处理
视频时长：00:02:37

第 11 章 实例演练：快速变换图像色调
视频时长：00:03:27

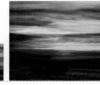

第 11 章 实例演练：重组通道设置特殊色调
视频时长：00:02:06

第 11 章 实例演练：利用通道抠图
视频时长：00:06:45

第 12 章 实例演练：为图像打造绚丽色彩
视频时长：00:03:08

第 13 章 实例演练：调整光线不足的照片
视频时长：00:03:22

第 13 章 实例演练：创建并应用图像设置
视频时长：00:01:48

第 13 章 实例演练：设置色彩艳丽的照片
视频时长：00:01:54

第 14 章 实例演练：制作三维台球
视频时长：00:03:24

第 18 章 实例演练：批量更改照片尺寸
视频时长：00:01:07

第 3 章

实例演练：制作页面登录按钮

视频时长：00:08:58

第 3 章

实例演练：制作全景照片

视频时长：00:03:14

第 3 章

实例演练：制作跳动的音符

视频时长：00:04:41

第 4 章

实例演练：通过描边选区设置虚线

视频时长：00:02:01

第 5 章

实例演练：校正变形照片

视频时长：00:02:14

第 5 章

实例演练：降低照片噪点

视频时长：00:03:11

第 6 章

实例演练：调整画面曝光

视频时长：00:04:02

第 6 章

实例演练：制作矢量图像效果

视频时长：00:02:37

第 10 章

实例演练：人物的抠图应用

视频时长：00:05:27

第 12 章

实例演练：皮肤肌理再生效果

视频时长：00:01:43

第 15 章

实例演练：创建时间轴动画

视频时长：00:06:27

第 15 章

实例演练：制作切片用于导出网页

视频时长：00:02:25

第 18 章

实例演练：创建日系风格影调动作

视频时长：00:05:30

丰富矢量素材

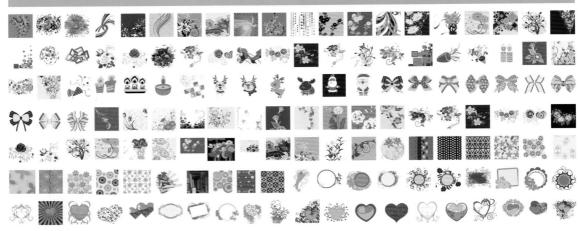

精美笔刷

629	1440	767	825	168	908	1564	1416	986	631	1164	255	255	255	255	514	916	1315	886	1120	1062	817	1079	916	788	1929	1326	648	424
336	1296	1366	484	748	686	371	703	662	655	355	489	786	284	415	371	599	663	696	492	873	175	196	812					
864	1175	917	955	702	905	497	595	499	499	500	498	206	183	199	166	196	188	233	218	206	497	499	498	1686	1617	940	920	1022
592	599	654	631	608	283	141	293	446	500	345	411	650	741	258	415	583	474	332	282	829	908	977	561	764	764	764	764	764
1478	840	782	611	675	675	642	198	256	312	336	407	450	277	100	208	274	204	230	195	230	130	200	200	256	651	1246		
930	1079	1332	1569	1455	960	572	570	73	97	75	84	73	95	61	100	99	75	74	64	77	84	73	99	100	56	71	93	158
179	176	183	180	143	161	154	146	186	173	158	177	169	166	764	764	764	1908	2500	1008	760	1022	981	1878	703	711	979	922	946
717	732	621	1312	1280	1486	1168	1175	864	812	807	1084	390	400	392	400	400	400	400	400	400	400	400	400	400	905	757		
944	848	936	723	1005	906	1026	896	1113	1260	1001	711	717	916	1929	517	424	336	873	1129	868	1455	413	448	379	463	343	380	986
255	255	255	255	255	255	609	812	812	813	738	764	764	648	1062	206	183	199	166	196	233	218	73	97	75	84	73	95	
61	100	99	75	74	64	77	84	73	99	100	56	71	93	152	64	76	164	97	125	86	66	52	46	29	41	49	18	
145	84	75	48	48	33	33	42	74	34	52	63	144	43	21	40	57	66	33	30	40	75	104	113	136	135	117	97	48
74	46	83	107	65	50	77	85	51	83	61	106	100	92	87	98	88	87	98	413	448	379	463	343	380	880	917	1005	

照片后期动作效果

附赠资源

丰富多样的形状

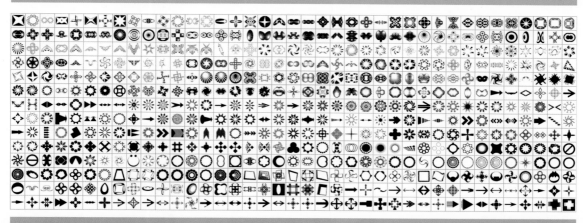

超酷渐变

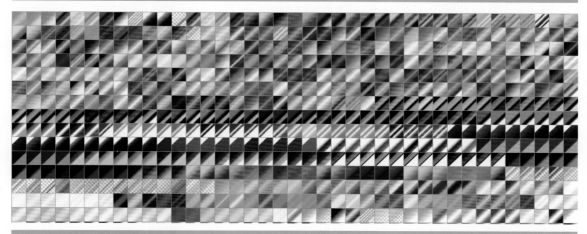

一击即现的真实质感和特效样式

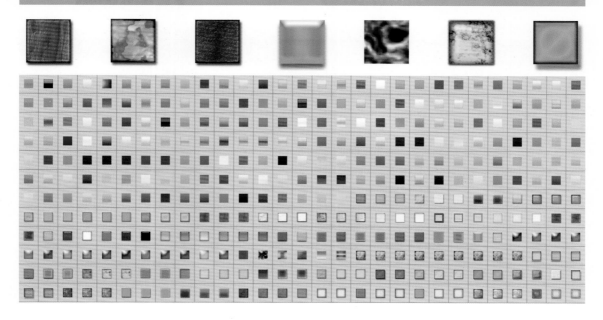

附赠扩展学习教学视频

网店美工与广告设计教学视频

本书教学视频观看方式

★ **MP4 格式**：支持 MP4 格式的视频播放软件较多，如暴风影音，运行暴风影音，将视频文件拖动到其窗口中即可播放。（也可以使用其他视频播放软件观看教学视频。）

★ **SWF 格式**：SWF 格式的视频文件可以通过 Web 浏览器（如 IE）观看，也可以使用 FlashPlayer 播放器观看。在视频文件上单击右键，在弹出的快捷菜单中选择打开方式为 Web 浏览器，即可在电脑的浏览器（IE）中播放视频。

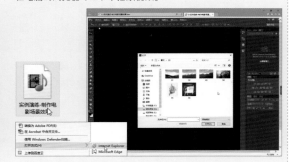

Photoshop CC 2017

从入门到精通（全彩版）

创锐设计 编著

机械工业出版社
China Machine Press

图书在版编目（CIP）数据

Photoshop CC 2017从入门到精通（全彩版）／创锐设计编著. —北京：机械工业出版社，2017.3

ISBN 978-7-111-56250-4

Ⅰ．①P… Ⅱ．①创… Ⅲ．①图像处理软件 Ⅳ．①TP391.413

中国版本图书馆CIP数据核字（2017）第044959号

　　功能强大、界面友好的 Photoshop 如今已是数字媒体艺术行业从业人员不可或缺的工具之一。本书即针对广大 Photoshop 用户的学习需求和认知盲区，对 Photoshop 的知识和操作进行了精心梳理与总结。

　　全书共 18 章，可分为 3 个部分。第 1 部分介绍 Photoshop CC 2017 的工作界面和主要功能、图像处理的基本操作等内容。第 2 部分讲解 Photoshop 的核心功能与命令，包括图层、选区、图像修复与润饰、绘画、路径、文字、蒙版、通道、滤镜和 Camera Raw 等。第 3 部分介绍 Photoshop 的高级图像处理技术，包括 3D 成像技术，Web、视频和动画，色彩管理，存储、导出和打印，动作和任务自动化等。每一章都从最基本的 Photoshop 功能和操作介绍开始，穿插以大量技巧和应用，介绍衍生操作、扩展知识和高效技法，并在末尾通过案例的实际运用巩固本章所学知识。

　　本书既适合初学者进行 Photoshop 的入门学习，也适合需要提高图像处理水平的相关从业人员、图像处理爱好者使用，还可作为培训机构、大中专院校相关专业的教学辅导用书。

Photoshop CC 2017从入门到精通（全彩版）

出版发行：机械工业出版社（北京市西城区百万庄大街22号　邮政编码：100037）

责任编辑：杨　倩

印　　刷：北京天颖印刷有限公司　　　　　　　版　　次：2017年4月第1版第1次印刷

开　　本：185mm×260mm　1/16　　　　　　印　　张：27印张（含0.5印张插页）

书　　号：ISBN 978-7-111-56250-4　　　　　　定　　价：99.00元

Adobe 公司推出的图像处理软件 Photoshop 不仅具备强大的功能，而且拥有人性化、所见即所得的操作方式和工作界面，让用户在使用时能更加得心应手，这也让它成为了数字媒体艺术领域当之无愧的王牌软件。2016 年 11 月推出的 Photoshop CC 2017 是 Photoshop 产品史上升级幅度较大的一个版本，对常用功能做了重要改进，并增加了许多能显著提高工作效率的功能和工具。

市面上关于 Photoshop 的图书可谓不计其数，但还是有很多读者对 Photoshop 的功能和操作只是一知半解。编者作为图像处理、印前制作行业的资深从业人员，非常了解广大读者的学习需求和认知盲区，潜心研究出了有针对性的教学方法，本书也应运而生。

◎ 内容结构

全书共 18 章，可分为 3 个部分。

第 1 部分为第 1 ~ 2 章，介绍 Photoshop CC 2017 的工作界面和主要功能、图像处理的基本操作等内容。

第 2 部分为第 3 ~ 13 章，讲解了 Photoshop 的核心功能与命令，包括图层、选区、图像修复与润饰、绘画、路径、文字、蒙版、通道、滤镜和 Camera Raw 等。

第 3 部分为第 14 ~ 18 章，介绍 Photoshop 的高级图像处理技术，包括 3D 成像技术，Web、视频和动画，色彩管理，存储、导出和打印，动作和任务自动化等。

每个章节的内容都经过精心安排，一般包括以下几个模块。

★知识：关于某个工具、功能或操作的详尽介绍。

★应用：相关技术的拓展说明、衍生操作或功能列表。

★技巧：让操作更加准确、快捷的小技巧。

★实例演练：让读者在实际应用中巩固知识。

PREFACE

◎ 编写特色

★ 全面细致：本书不仅涵盖了 Photoshop 的所有核心工具和功能，而且对菜单、面板、对话框中的选项都逐一做了细致入微的介绍和讲解。

★ 简单易学：本书虽然内容丰富，但与软件的帮助文档仍有很大不同，并不是对工具和命令的机械罗列，而是根据读者的思考习惯去讲解工具和命令的运用，对关键的常用功能还以效果对比图的形式进行直观说明，方便读者记忆。

★ 自我升级：编者通过对比各个版本 Photoshop 的功能，探索出了其中的发展规律，并总结出一套行之有效且能自我升级的学习方法。读者只要掌握了这套方法，不论未来 Photoshop 的功能如何演进，都能迅速理解和掌握。

◎ 读者对象

本书既适合初学者进行 Photoshop 的入门学习，也适合需要提高图像处理水平的相关从业人员、图像处理爱好者使用，还可作为培训机构、大中专院校相关专业的教学辅导用书。

由于编者水平有限，在编写本书的过程中难免有不足之处，恳请广大读者指正批评，除了扫描二维码添加订阅号获取资讯以外，也可加入 QQ 群 134392156 与我们交流。

编者

2017 年 2 月

如何获取云空间资料

 一　扫描关注微信公众号

　　在手机微信的"发现"页面中点击"扫一扫"功能，如左下图所示，页面立即切换至"二维码／条码"界面，将手机对准右下图中的二维码，即可扫描关注我们的微信公众号。

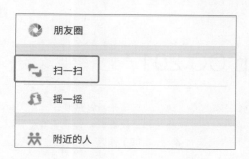 

 二　获取资料下载地址和密码

　　关注公众号后，回复本书书号的后 6 位数字"562504"，公众号就会自动发送云空间资料的下载地址和相应密码。

 三　打开资料下载页面

　　方法 1：在计算机的网页浏览器地址栏中输入获取的下载地址（输入时注意区分大小写），按 Enter 键即可打开资料下载页面。

　　方法 2：在计算机的网页浏览器地址栏中输入"wx.qq.com"，按 Enter 键后打开微信网页版的登录界面。按照登录界面的操作提示，使用手机微信的"扫一扫"功能扫描登录界面中的二维码，然后在手机微信中点击"登录"按钮，浏览器中将自动登录微信网页版。在微信网页版中单击左上角的"阅读"按钮，如右图所示，然后在下方的消息列表中找到并单击刚才公众号发送的消息，在右侧便可看到下载地址和相应密码。将下载地址复制、粘贴到网页浏览器的地址栏中，按 Enter 键即可打开资料下载页面。

 四　输入密码并下载资料

　　在资料下载页面的"请输入提取密码："下方的文本框中输入下载地址附带的密码（输入时注意区分大小写），再单击"提取文件"按钮，在新打开的页面中单击右上角的"下载"按钮，在弹出的菜单中选择"普通下载"选项，即可将云空间资料下载到计算机中。下载的资料如为压缩包，可使用 7-Zip、WinRAR 等解压软件解压。

CONTENTS

目 录

第2章 图像处理的基本操作

第3章　图层

第4章　选区

第5章　图像修复

第6章　图像润饰

第7章 绘画

第8章 路径

第9章 文字

第10章 蒙版

第11章　通道

第12章　滤镜

第13章　Camera Raw

第14章 3D成像技术

第15章　Web、视频和动画

第16章 色彩管理

第17章 存储、导出和打印

第1章
认识 Photoshop CC 2017

Adobe Photoshop CC 2017 是 Adobe 公司推出的一款优秀的图像处理软件，它集图像扫描、编辑修改、图形制作、广告创意、图像输入与输出等功能于一体，被广泛应用于各个领域。本章从认识软件功能开始，全面介绍 Photoshop 这款功能强大的图像处理软件，主要包括 Photoshop 的应用领域、新增功能、软件的安装和启动，以及界面操作的方法等内容。

1.1 Photoshop 的应用领域

Photoshop 是最优秀的图像处理软件之一，其应用非常广泛。不管是平面设计、绘画艺术、摄影后期、网页制作、数码合成、动画 CG，还是建筑后期等，它在很多行业都有着不可替代的作用。下面将对 Photoshop 的应用领域进行介绍。

1.1.1 平面设计中的应用

Photoshop 在平面设计中应用很广泛，主要包括平面广告、海报设计、包装设计、POP 设计、书籍装帧设计等方面，如下图所示。掌握 Photoshop 软件的使用方法，是成为一位平面设计师的基础。

1.1.2 绘画艺术中的应用

Photoshop 强大的绘画功能为插画设计师提供了更广阔的创作空间，使他们可以随心所欲地对作品进行绘制、修改，从而创作出极具想象力的插画作品，如下图所示。

1.1.3　摄影后期中的应用

Photoshop 的图像编辑功能特别强大，所以它是后期修图师钟爱的图像处理软件，常用于影楼中人像照片的后期精修，如下图所示。

1.1.4　网页制作中的应用

Photoshop 可用于设计和制作网页。将用 Photoshop 制作好的网页导入 Dreamweaver 中进行处理，再用 Flash 添加动画效果，便可生成互动网页，如下图所示。

1.1.5　数码合成中的应用

Photoshop 强大的图像合成编辑功能为艺术爱好者提供了无限的创作空间，让他们可以随心所欲地对图像进行处理、合成、特效制作等，如下图所示。

1.1.6　动画 CG 中的应用

模型贴图通常会用 Photoshop 制作，制作完成的人物皮肤贴图、场景贴图和各种质感的材质效果都相当逼真，如下图所示。另外，通过 Photoshop 也能对简单物体进行建模。

1.1.7　建筑后期中的应用

　　Photoshop 可对 3ds Max 等软件设计出的建筑效果图进行编辑与美化处理，通过调整或编辑图像影调、色彩等，能更好地展现效果图中物体的空间色彩、结构、造型、质感等元素，如下图和右图所示。

1.2　Photoshop CC 2017 的新增功能

　　Photoshop CC 2017 升级和改进了许多比较常用的功能，并增加了一些能显著提高工作效率的功能。例如，增加了更多预设文档大小，增加了全面搜索、人脸识别液化、"选择并遮住"工作区等。下面就对 Photoshop CC 2017 中的新功能进行介绍。

1.2.1　模板和预设文档

　　Photoshop CC 2017 增加了一个全新的模板创建功能。当使用 Photoshop 创建文档时，无需从空白画布开始，而是可以从 Adobe Stock 的各种模板中进行选择。这些模板包含资源和插图，可以在此基础上进行构建并对其进行编辑。除此之外，还可以从大量可用的预设中选择或者创建自定大小的文档。

　　执行"文件 > 新建"，打开"新建文档"对话框，在对话框中就可以下载并应用模板创建文档，如下图所示。

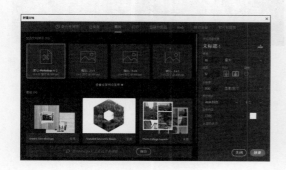

1.2.2　全面搜索

　　Photoshop CC 2017 增加了强大的全面搜索功能，可以在用户界面元素、文档、帮助和学习内容、Adobe Stock 资源中进行搜索，并且可以使用统一的对话框完成对象的搜索。当启动 Photoshop 后或者打开一个或多个文档时，就可以立即搜索相应的项目。

　　执行"编辑 > 搜索"菜单命令，或者按下快捷键Ctrl+F，打开搜索界面，执行搜索操作后，搜索结果会被组织到"全部""Photoshop""学习"等选项卡中，如下图所示。

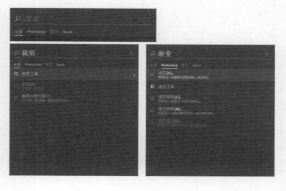

1.2.3 "选择并遮住"工作区

Photoshop CC 2017 中添加的"选择并遮住"工作区，可以创建更准确的选区，简单、快捷地调整蒙版。"选择并遮住"工作区替代了 Photoshop 早期版本中的"调整边缘"对话框，不但包含了"调整边缘"选项中的设置，而且可以使用调整边缘画笔等工具清晰地分离前景和背景元素，轻松抠取需要的图像。

执行"选择 > 选择并遮住"菜单命令，启动"选择并遮住"工作区，如下图所示，在工作区左侧选择合适的工具编辑图像，再通过调整右侧的"属性"面板选项，控制图像效果。

技巧>>多种方式启动"选择并遮住"工作区

要启动"选择并遮住"工作区，除了执行"选择并遮住"菜单命令，还可以启用选区工具，例如"快速选择工具""魔棒工具"或"套索工具"，然后单击工具选项栏中的"选择并遮住"按钮，如下左图所示；也可以在图层蒙版的"属性"面板中，单击"选择并遮住"按钮，如下右图所示；或者按下快捷键 Ctrl+Alt+R。

1.2.4 人脸识别液化

与之前版本的 Photoshop 相比，"液化"滤镜的处理速度显著提高，并且具备高级人脸识别功能，可自动识别眼睛、鼻子、嘴唇和其他面部特征，并轻松对其进行调整。

打开包含人脸的图像，执行"滤镜 > 液化"菜单命令，打开"液化"对话框，在对话框左侧的工具栏中单击选择"脸部工具"，系统将自动识别照片中的人脸，如下图所示。此时将鼠标指针悬停在脸部，Photoshop 会在脸部周围显示直观的控制选项，通过更改这些选项就可以对人物脸部做出相应的调整，例如放大眼睛或者缩小脸部宽度等。

1.2.5 "属性"面板

Photoshop CC 2017 改进了"属性"面板，它现在属于"基本功能"工作区。改进后的"属性"面板不但可以显示调整属性和蒙版属性，还可以显示文字图层的属性，并且能在其中修改文本设置，如下图所示。

"属性"面板也可以显示位图 / 像素图层属性。在没有选择图层或其他元素的情况下，"属性"面板将会显示文档属性，如下图所示。

1.2.6 变换工具

Adobe Camera Raw 在现有的 Upright 功能中添加了新的 Guided Upright 选项，可用于校正扭曲或歪斜的照片角度。在处理图像时，借助全新 "变换" 面板中的 Guided Upright 模式，用户最多可以直接在照片上绘制四条参考线，以标示出需与水平轴或垂直轴对齐的图像特征。在绘制参考线时，照片会随之调整，如下图所示。

1.2.7 OpenType SVG 字体

Photoshop CC 2017 支持 OpenType SVG 字体，并且附带了 Trajan Color Concept 和 EmojiOne 字体。OpenType SVG 字体在一种字形中提供了多种颜色和渐变，如下图所示。

使用 OpenType SVG 字体前，先要创建一个段落或点文本类型的图层，然后将字体设置为 OpenType SVG 字体。OpenType SVG 字体在字体列表中以 标记。选择字体后，不但可以使用键盘输入新字符，还可以使用 "字形" 面板选择特定字形，如下图所示。

1.2.8 其他新增功能

除了以上介绍的较常见的功能外，Photoshop CC 2017 还有以下新功能。

（1）可以直接从 "开始" 屏幕打开 Creative Cloud Files 目录中的 PSD 文件。

（2）改进的 "匹配字体" 功能包含了来自本机安装的字体的更多结果。并且在编辑文字时，只需单击文本框的外部，即可提交文本。

（3）全新 "图层计数" 功能可以更准确地体现文档中的图层和组内容。

（4）可自定义高光颜色。选择 "编辑 > 首选项 > 界面" 菜单命令，然后在 "外观" 下选择高光颜色。

（5）支持位于新一代 MacBook Pro 键盘顶端的多点触控显示屏 Touch Bar。

1.3 Photoshop CC 2017 的安装与启动

从 2013 年开始，Adobe CC 产品不再发行光盘版，只能在官网下载，购买方式也改为订阅制。下面讲解 Photoshop CC 2017 的安装和启动方法。

1.3.1　安装 Photoshop CC 2017

先来介绍 Photoshop CC 2017 的安装方法。根据用户的计算机系统，可以在 Adobe 公司的官方网站上下载 32 位或 64 位的 Photoshop CC 2017 进行安装。

1 将下载的 Photoshop 安装包解压缩后，找到并双击 Set-up.exe 文件，如下图所示，启动安装程序，开始初始化。

2 启动安装程序后，显示"正在安装 Photoshop CC (2017)"及安装进度和安装需要的时间，如下图所示。

3 完成后，提示"需要登录"，单击"以后登录"按钮，继续安装程序，如下图所示。

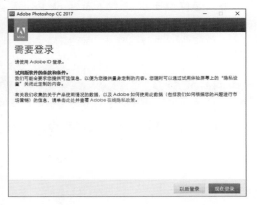

4 显示"Adobe 软件许可协议"，阅读完后单击"接受"按钮，如下图所示。

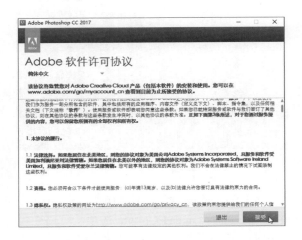

5 显示可以试用的信息，若单击"开始试用"按钮，则可以开始试用软件，如下图所示。试用期结束后，则需要付费订阅才能继续使用。

1.3.2　启动 Photoshop CC 2017

和其他常用软件一样，Photoshop CC 2017 有多种启动方法。常见的启动方法有：双击 Photoshop 快捷方式图标、从"开始"菜单中启动、双击 PSD 格式文件等。下面进行详细介绍。

方法 1：单击桌面左下角的"开始"按钮，在弹出的"开始"菜单中执行"所有程序 >Adobe Photoshop CC 2017"菜单命令，即可启动 Photoshop 程序，如下图所示。

技巧>>快捷启动Photoshop

◆ 打开"计算机"窗口，找到 Photoshop 的安装文件夹，双击 Photoshop 程序图标。

◆ 将 Photoshop 快捷方式图标拖曳至任务栏的快速启动区，单击图标即可启动。

◆ 双击 PSD 格式文件，启动 Photoshop。

◆ 右击图片或 PSD 格式文件，选择"打开方式 >Adobe Photoshop CC 2017"命令。

◆ 直接拖曳图片或 PSD 格式文件到 Photoshop 图标上，启动 Photoshop。

方法 2：除了可以从"开始"菜单中运行 Photoshop 软件，还可以通过创建 Photoshop 软件的快捷方式快速地启动。在系统分区中打开 Windows 文件夹，找到 Photoshop CC 2017 软件图标，右击该图标，在弹出的快捷菜单中选择"发送到"命令，在显示的级联菜单中执行"桌面快捷方式"命令，随后在桌面上就可以看到 Photoshop CC 2017 应用程序的快捷方式图标，双击图标即可运行软件，如下图所示。

1.4 Photoshop CC 2017 的工作界面

Adobe 公司对 Photoshop CC 2017 的工作界面进行了改良，使整个界面的划分更加合理，常用面板的访问、工作区的切换也更为方便。

1.4.1 工作界面概述

下面对 Photoshop CC 2017 的工作界面进行进一步的了解。下图所示是 Photoshop CC 2017 的工作界面。

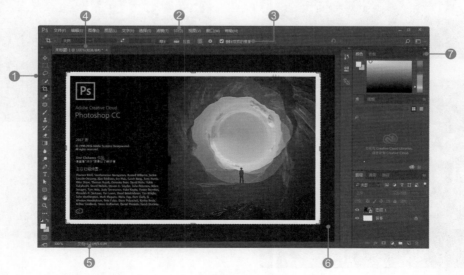

❶工具箱：包含用于执行各种操作的工具，包括建立选区、修复瑕疵、绘画、移动图层、添加文字等工具。

❷菜单栏：包含了可对图像执行的多种命令，单击菜单名称即可打开相应的菜单命令。

❸工具选项栏：用于设置选中工具的各项参数，其内容随着选中工具的不同而改变。

❹标题栏选项卡：当只有一个图像文件时，标题栏显示图像名称、类型、缩放比例、颜色模式等；当有多个图像文件时，只在窗口中显示一个图像，其余图像最小化到后方的选项卡中。

❺状态栏：显示文档大小、尺寸、窗口缩放比例等信息。

❻文档窗口：是显示和编辑图像的区域。

❼面板：默认状态下，窗口右侧会显示相关的面板，可以帮助用户更好地编辑图像，包括"图层""调整""通道""路径"等面板。

1.4.2 显示 / 隐藏所有面板

放大图像对其进行细致操作的时候，用户经常会因为界面上繁多的面板而烦恼。Photoshop 提供了快速显示 / 隐藏面板功能，应用此功能，可以将工作界面中不需要使用的面板快速隐藏起来，使用时再将其显示出来。

1. 快速显示/隐藏所有面板

启动 Photoshop 软件，打开图像，然后按键盘上的 Tab 键，即可隐藏所有面板；再按 Tab 键，可恢复到隐藏面板之前的界面，如下图所示。

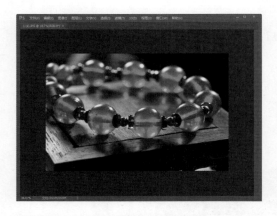

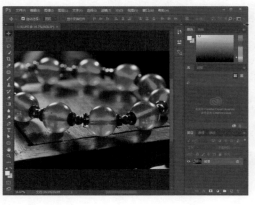

2. 暂时显示隐藏的面板

首先按键盘上的 Tab 键隐藏面板，然后打开"首选项"对话框，勾选"自动显示隐藏面板"复选框，单击"确定"按钮。在 Photoshop 中将鼠标指针移动到界面的边缘，然后将鼠标指针悬停在边缘位置，相关的面板则会自动显示，如下图所示；当将鼠标指针移至中央位置后，面板又会自动隐藏。

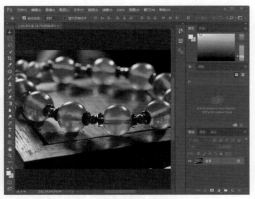

> 🌸 技巧>>隐藏除工具箱之外的面板
>
> 使用画笔等工具对图像进行绘制的时候，如果希望只隐藏右边的控制面板，而不隐藏左边的工具箱，可以按键盘上的 Shift+Tab 键进行隐藏，如下图所示；再次按 Shift+Tab 键即可显示右侧的控制面板。

1.4.3 管理窗口和面板

窗口是显示图像的工作区，为了方便对图像进行操作，Photoshop 提供了多种窗口的移动和查看模式；面板用于反映当前图像的信息及工具的状态，在编辑图像时可以根据需要对面板进行移动、折叠、组合等操作。

1. 管理窗口

当打开多个文档时，Photoshop 将以选项卡的方式来显示，在选项卡标签上显示了当前打开文档的文件名、显示比例、当前图层的名称、图像的颜色模式等。

（1）用鼠标切换文档窗口：用户可以单击文档所在的选项卡来切换文档窗口。

（2）用快捷键切换文档窗口：按 Ctrl+Tab 键可以依次切换文档窗口。

（3）排列选项卡顺序：将某个文档的选项卡拖动到选项卡组的新位置。

（4）悬浮文档窗口：拖曳选项卡标签从选项卡组中脱离出来即可。

（5）关闭文档窗口：在选项卡上单击鼠标右键，在弹出的快捷菜单中选择"关闭"或"关闭全部"命令。

2. 管理面板

（1）折叠或展开面板：右击面板或面板组标签的空白区域，选择"折叠为图标"或"展开面板"命令。

（2）关闭面板或面板组：单击面板右侧的扩展按钮■，从中选择"关闭"或"关闭选项卡组"命令。

（3）移出面板或面板组：直接拖曳面板或面板组标签的空白处到另外的地方即可。此方法也适用于组合面板或面板组。

技巧>>快速排列窗口的显示方式

在打开多张图像的情况下，执行"窗口 > 排列"菜单命令，在弹出的级联菜单中选择不同的命令，可将打开的图像按不同的排列方式进行排列，如下图所示。

应用>>更改面板、工具字体大小

执行"编辑 > 首选项 > 界面"菜单命令，打开"首选项"对话框，在"文本"选项组内可调整界面语言和字体大小，如下图所示。

需要注意的是，更改用户界面文本参数后，需要重启 Photoshop 才能应用设置。

1.4.4 管理工作区

Photoshop 应用了简洁的工作界面，软件设计人员充分考虑了在不同的工作环境中，用户会用到哪些工具和面板，从而将工作区预设为 6 种，方便用户从中快速找到想要的面板组合，而不必一一添加或隐藏面板。

1. 新建工作区

如果用户不太适应预设的工作区，则可以按自己的习惯设置新工作区。执行"窗口 > 工作区 > 新建工作区"菜单命令，打开"新建工作区"对话框，如下图所示。

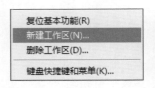 

在该对话框中，用户可以输入工作区名称，然后单击"存储"按钮即可。面板位置将存储在此工作区中，键盘快捷键和菜单是可选的。

（1）键盘快捷键：保存当前的键盘快捷键组。

（2）菜单：对当前菜单组进行存储，可以根据"键盘快捷键和菜单"对话框的设置创建整套工作区。

2. 切换工作区

在 Photoshop 中可以根据处理的对象选择或切换工作区，切换工作区有以下两种方法。

方法 1：使用菜单命令切换工作区。执行"窗口>工作区"菜单命令，在弹出的级联菜单中选择合适的工作区即可。

方法 2：使用快捷键切换工作区。执行"编辑>键盘快捷键"菜单命令，打开"键盘快捷键和菜单"对话框。在其"键盘快捷键"选项卡的"快捷键用于"下拉列表框中选择"应用程序菜单"，然后在下方的列表框中单击"窗

口>工作区>摄影"选项，在后方快捷键设置区按下快捷键 Ctrl+Alt+1，如下图所示。单击"确定"按钮返回窗口中后，按 Ctrl+Alt+1 键即可切换至"摄影"工作区。需要注意的是，设置的快捷键应该是程序未占用的。

3. 删除工作区

如果要删除工作区，可以执行"窗口>工作区>删除工作区"菜单命令。在弹出对话框的"工作区"下拉列表框中选择要删除的工作区名称，然后单击"删除"按钮即可，如下图所示。需要注意的是，不能删除当前工作区。

1.5 面板和菜单

Photoshop 中包含许多面板和菜单命令，使用这些面板和菜单命令可以完成图像的大部分编辑与操作。下面将对常用面板或菜单的编辑与设置方法进行简单介绍。

1.5.1 在面板、对话框和选项栏中输入值

Photoshop 为各种常用的工具或菜单命令都配备了相应的面板、对话框及选项栏等，可以通过它们来完成图像的细致调整。下面将详细介绍面板、对话框及选项栏的使用方法。

1. 在面板中输入值

下左图所示为"画笔"面板，如果需要设置画笔的大小、硬度，则将光标定位于"大小"或"硬度"数值框中，然后输入数值即可；使用鼠标拖曳相应滑块，也可以修改数值框中的值。

2. 在对话框中输入值

下右图所示为"图层样式"对话框，要在其中输入数值，同样需要将光标插入数值框内。

3. 在选项栏中输入值

下图所示为"裁剪工具"选项栏，将光标插入数值框内并输入数值，即可对工具选项进行调整。

1.5.2 选项滑块

弹出式滑块是 Photoshop 中常用的一种参数设置工具，可以在很多地方看到弹出式滑块。比如"图层"面板中的"不透明度"设置，单击设置框右侧的下三角按钮，即会弹出滑块，使用鼠标拖曳滑块即可改变图层的不透明度，如下左图所示。

弹出式滑块的另一种控制方法是将鼠标悬停在选项名称上，当鼠标指针变成 状态时，左右拖曳鼠标即可调整参数值，如下右图所示。

还有一种常见的滑块，滑块的形状呈圆形，圆中空心点所在位置表示当前设置的"角度"和"高度"，这种滑块可同时设置两个参数值，如下图所示。使用鼠标在圆盘中单击即可重新设置参数值。

1.5.3 弹出式面板

弹出式面板是快速设置参数的面板，通过弹出式面板，用户可以快速设置画笔、渐变、色板、样式、图案、等高线和形状等选项。

在"图层样式"对话框的"光泽"选项中，单击"等高线"选项右侧的下三角按钮，即会弹出预设的等高线选项，单击其中一项后，弹出式面板将自动隐藏，如下图所示。

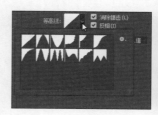 

单击该弹出式面板右上角的扩展按钮 ，会弹出扩展面板菜单，扩展面板菜单中提供了对该工具的一些设置，如新建、重命名、删除、切换显示方式、复位、载入、存储、替换等操作，如下左图所示；选择"预设管理器"命令，可打开"预设管理器"对话框进行进一步的操作，如下右图所示。

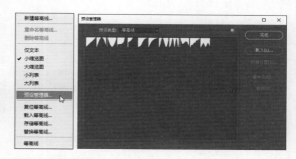

1. 为弹出式面板添加选项

单击工具箱中的"画笔工具"按钮 ，此时选项栏会切换为"画笔工具"选项栏。单击"画笔大小"选项右侧的下三角按钮，弹出"画笔预设"选取器面板，单击面板右侧的扩展按钮 ，弹出扩展面板菜单。在菜单中选择"书法画笔"命令，如下左图所示，会弹出 Adobe Photoshop 对话框，询问是否用"书法画笔"中的画笔替换当前的画笔，如下右图所示。

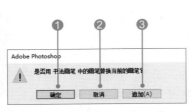

该对话框中有以下 3 个按钮。

❶确定：单击"确定"按钮，则当前画笔面板中的所有画笔类型都将被书法画笔覆盖。

❷取消：单击"取消"按钮，则取消本次的画笔添加。

❸追加：单击"追加"按钮，则书法画笔将自动追加到当前画笔的末尾。

2. 新建、重命名、删除面板选项

单击扩展按钮，在弹出的菜单中选择"新建画笔预设"命令，会弹出"画笔名称"对话框，输入画笔名称即可新建画笔，如下图所示。要对画笔进行重命名或者删除时，同样可在"画笔预设"选取器的扩展面板菜单中进行操作，或者直接右击选取器上的画笔类型，在弹出的快捷菜单中执行相应的命令。

3. 复位面板

当添加的画笔过多，"画笔预设"选取器显得很凌乱的时候，可以在扩展面板菜单中选择"复位画笔"命令，将面板还原到初始状态。

> **应用一>>存储为外部画笔文件**
>
> 存储画笔为外部文件之前，要明确画笔文件存放的位置。单击工具箱中的"画笔工具"按钮，在"画笔工具"选项栏中打开"画笔预设"选取器，单击面板右上角的扩展按钮，在弹出的菜单中选择"存储画笔"命令，打开"另存为"对话框，输入画笔名称"Sminter"，设置扩展名为 ABR，单击"保存"按钮，将画笔保存为外部文件。

> **应用二>>载入外部画笔文件**
>
> 单击扩展按钮，在弹出的菜单中选择"载入画笔"命令，打开"载入"对话框，找到存储画笔的文件夹。选择刚才存储的画笔文件 Sminter，然后单击对话框中的"载入"按钮，即可载入画笔。值得注意的是，当存储的画笔名称是自定的时候，载入的画笔将以追加的方式添加到选取器中。

1.5.4 自定义菜单组

Photoshop CC 2017 的菜单包含了处理图像的所有命令，根据菜单的分组可以很快找到需要的命令。Photoshop CC 2017 的菜单与之前版本相比没有太大的变化，同样分为应用程序菜单和面板菜单。

应用程序菜单即启动 Photoshop CC 2017 后看到的主菜单，面板菜单则是指单击面板右上角的扩展按钮■后弹出的菜单。这两类菜单中的项目都允许用户进行自定义，包括为项目设置快捷键、切换项目的显示/隐藏状态、为项目添加底色等。

对菜单项目的自定义在"键盘快捷键和菜单"对话框中进行。执行"编辑>菜单"菜单命令，或者执行"窗口>工作区>键盘快捷键和菜单"菜单命令，打开"键盘快捷键和菜单"对话框，单击"菜单"标签，如下图所示。

❶ 存储对当前菜单组的所有更改：当更改菜单组的属性后，单击此按钮可更新菜单组属性。

❷ 根据当前菜单组创建一个新组：将当前菜单组的属性状态存储为自定的菜单组。

❸ 删除当前菜单组：删除菜单组。

单击"菜单类型"右侧的下三角按钮，可选择"应用程序菜单"或"面板菜单"选项。

在"应用程序菜单命令"列表框中单击"文件"选项，在展开的下级列表中找到"打开为智能对象"，然后单击可见性图标 👁，当其变为空白状态时，表示不显示该菜单命令；再设置"新建"选项的"颜色"为"绿色"，如下左图所示。

设置完成后，单击"确定"按钮，然后单击"文件"菜单，或者按下快捷键 Alt+F，打开"文件"菜单，可以看到"新建"命令以绿色底色显示，并且其中找不到"打开为智能对象"命令，如下右图所示。

应用一>>临时显示已隐藏的菜单项

隐藏不必要的菜单项后，若突然需要使用该菜单命令进行操作，此时只要按住 Ctrl 键单击设置了隐藏菜单项的菜单，即可显示该菜单下的所有菜单项。

例如，按住 Ctrl 键再单击"文件"菜单，即可显示之前隐藏的"打开为智能对象"命令。

技巧>>使用快捷键激活菜单

在 Windows 系统中，可以通过按 Alt+ 菜单后的字母键来激活该菜单。例如，按 Alt+E 键可打开"编辑"菜单，按 Alt+I 键可打开"图像"菜单，如下图所示。

Ps 文件(F) 编辑(E) 图像(I) 图层(L)

应用二>>快速显示隐藏的菜单项

直接打开设置了隐藏菜单项的菜单，执行菜单最下面的"显示所有菜单项目"菜单命令。

1.5.5 启用／禁用菜单颜色

执行"编辑＞首选项＞界面"菜单命令，打开"首选项"对话框，在该对话框中有很多有关界面的设置。其中，当"显示菜单颜色"复选框为选中状态时，菜单栏会反映用户对菜单颜色的设置；如果该复选框为取消选中状态，则所有菜单项都以默认颜色显示，如下图所示。

1.6 工具

Photoshop 提供的工具都被安排在工具箱中，启动 Photoshop 程序后，默认情况下，工具箱位于工作界面的左侧。在 Photoshop 中，对图像的大部分操作都需要使用工具箱中的工具来完成。

1.6.1 工具箱详解

Photoshop 的工具箱是一个强大的工作面板，使用工具箱中的工具可以对图像进行移动、绘画、编辑、修复、模糊、裁剪、设置颜色和输入文字等操作，如下图所示。单击工具箱顶部的双箭头按钮，可以将工具箱切换成单排或双排显示；在工具箱中，大部分工具按钮的右下角都有一个小三角，单击它可以弹出隐藏的工具。

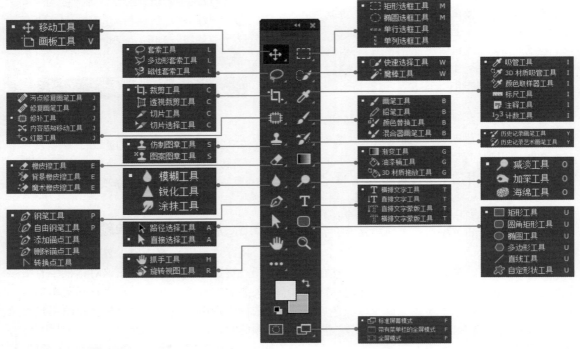

1.6.2 认识工具组

要熟练地使用 Photoshop，必须先学会怎么使用工具箱中的工具。Photoshop 提供了一套完善的工具库，应用这些工具可以更快捷地完成图像的编辑。常用的工具组有选择、裁剪、测量、修饰、绘画、文字等，如下图所示。

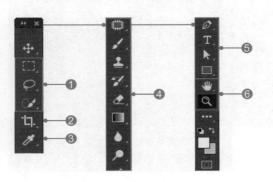

❶选择工具组：包括"移动工具""选框工具""套索工具""魔棒工具""快速选择工具"等，通过这些工具，用户可以将部分图像载入选区，并对选区进行移动、编辑等操作，如下图所示。

清晰，"减淡工具"可以对图像的某一部分进行提亮。选择不同的工具可以对图像进行不同的修饰，如下图所示。

❷裁剪和切片工具组：裁剪和切片工具用于对图像进行切割，比如将歪斜的图像裁剪成正常的图像，如下图所示。

绘画工具组包括"画笔工具""历史记录画笔工具""油漆桶工具"等，选择不同的工具可以完成不同的绘制效果，如下图所示。

❸测量工具组：包括"吸管工具""标尺工具""注释工具"等。使用"吸管工具"在图像某一点上长按鼠标左键，则会出现取样部分的色相环，并将前景色设置为该处的颜色，如下图所示。

❺绘图和文字工具组：绘图工具组包括"钢笔工具""路径工具""自定形状工具"等。可使用"钢笔工具"在物体上绘制路径，转换为选区后对其进行填色等，绘制类似的图形；文字工具组包括"横排文字工具""直排文字工具"等，如下图所示。

❹修饰和绘画工具组：修饰工具组包括"修补工具""仿制图章工具""橡皮擦工具""锐化工具""减淡工具"等。通过"修补工具"能对图像的缺失部分进行完善，使用"锐化工具"可以使画面更

❻导航工具：包括"抓手工具""旋转视图工具"和"缩放工具"等。"缩放工具"可以对图像进行放大或缩小；当图像放大至超过屏幕大小的时候，可以使用"抓手工具"对图像进行拖动查看；"旋转视图工具"可以将图像旋转任意角度，如下图所示。

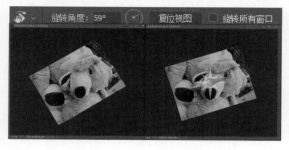

应用一>>磁性套索工具

使用"磁性套索工具"可对颜色之间差异较大的图像进行快速选取。操作方法是，单击"磁性套索工具"按钮 ，使用鼠标在图像边缘滑动，沿着图像边缘会自动生成选区，最后将选区合拢即可，如下图所示。

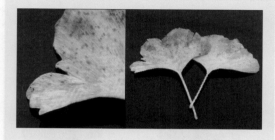

在选取的过程中，如果出现偏差，可以使用 Backspace 键返回到上一个定位点。

技巧>>"路径选择工具"与"直接选择工具"的切换

按 A 键可以切换到"路径选择工具"或"直接选择工具"，要根据当前工具箱的状态而定。

按住 Ctrl 键单击画面空白处，即可对这两个工具进行切换。

应用二>>沿着路径输入文字

通过路径绘制工具可以创建任意路径形状，而使用文字工具则可以创建跟随路径形状进行排列的文字，如下图所示。

1.6.3 激活工具

工具就像打开操作平台的钥匙一样，使用工具可以快速地对图像进行编辑。工具和菜单一样，也有不同的类别，在不同的类别下有着父级和子级之分。激活工具非常简单，常用的方法有以下 3 种。

方法 1：将鼠标移至工具箱中右下角有小三角的工具按钮上按着不放，稍等片刻就会显示隐藏的工具，如下图所示。

方法 2：根据工具面板右侧对应的字母，使用快捷键激活工具。例如，按 B 键即可切换至"画笔工具"，按 E 键即可切换至"橡皮擦工具"，如下图所示。

方法 3：右击有隐藏工具的工具按钮，即会弹出隐藏的工具。

技巧>>前景色与背景色的设置

　　单击工具箱上的■按钮，或者按下键盘上的 D 键，即可将前景色恢复为黑色，背景色恢复为白色；单击工具箱上的■按钮，即可将前景色／背景色互换。

应用>>创建和使用工具预设

　　用户可以自定工具预设来快速选择和使用某个工具。执行"窗口 > 工具预设"菜单命令，打开"工具预设"面板，单击面板右上角的扩展按钮■，打开扩展面板菜单。选择"新建工具预设"命令，打开"新建工具预设"对话框，如下图所示。

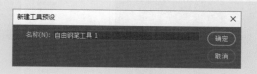

　　在该对话框中，根据当前工具的设置输入工具名称，然后单击"确定"按钮即可。

　　创建完预设工具后，在"工具预设"面板中可以单击创建的预设工具来选择并使用它，如下图所示。

1.7　标尺、网格和参考线

　　标尺、网格和参考线是 Photoshop 中的辅助工具，通过这些工具，可以方便地对图像进行准确的编辑。

1.7.1　标尺的显示和隐藏

　　默认情况下，标尺是出现在画面左边和上边的一系列刻度，主要用于精确定位图像或元素。

　　方法 1：执行"视图 > 标尺"菜单命令，可以显示或隐藏标尺，如下图所示。

　　方法 2：按下快捷键 Ctrl+R，可快速显示或隐藏标尺。

1.7.2　用"标尺工具"定位

　　通过"标尺工具"定位，可以快速查看定位处的角度和两者之间的距离，而这些参数会立即反映在选项栏和"信息"面板中。

　　比如通过"标尺工具"来调整倾斜的照片。首先打开一张倾斜的风光照片，选择"标尺工具"，在画面中沿着水平线绘制一条直线，然后在选项栏中即会显示标尺的倾斜角度，这便是倾斜的风景照片与水平线之间的角度，如下图所示。

　　倾斜角度也可以通过"信息"面板查看，如下左图所示。掌握照片倾斜的角度后，执行"图像 > 图像旋转 > 任意角度"菜单命令，如下右图所示。

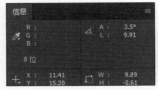

打开"旋转画布"对话框，软件自动按照标尺测量的角度设定了旋转角度，并自动在顺时针与逆时针的转动方向之间进行了选择，确认角度值后单击"确定"按钮，即可看到画面按照标尺的倾斜角度进行了调整，如下图所示。

按 C 键，切换至"裁剪工具"。使用"裁剪工具"在画面中拖曳创建裁剪框，确认裁剪范围后按 Enter 键即可应用裁剪，完成倾斜图像的校正，如下图所示。

1.7.3 用参考线和网格定位

参考线和网格定位可应用于选区、画笔、钢笔的准确绘制。例如，要在画面中绘制一个矩形选区。选择工具箱中的"矩形选框工具"，然后在有参考线或网格的画面中拖曳鼠标，选区会自动依附到最近的参考线或网格上。通过定位，还可以准确无误地在画面中绘制切片。

1. 参考线

参考线是显示在画面中的蓝色直线，这些直线是不会被打印出来的。通过在图像左侧和

上方的标尺刻度内按住鼠标左键向图像中拖曳，可以创建和移动参考线来快速对图像进行精确定位；执行"视图＞锁定参考线"菜单命令，可以将参考线锁定，使参考线不会因拖曳而引起误差，如下图所示。

2. 网格

网格就是显示在画面中的规则的方形格子，使用网格可以方便地从不同视角查看图像是否有偏差。执行"视图＞显示＞网格"菜单命令可以启用网格功能，如下图所示。执行"编辑＞首选项＞参考线、网格和切片"菜单命令，在打开的"首选项"对话框中可以设置网格的间隔、子网格数和颜色等。

3. 通过智能参考线定位图像

参考线是用户自己设置的一条或多条水平或垂直的线条，可用于对齐图层，也可用作画线的参考位置；而智能参考线是系统自动建立的。启用该功能后，当在一个图层中拖动的图形与另一个图层中的图形靠近或对齐时，软件就会自动吸附并显示智能参考线，如下图所示。

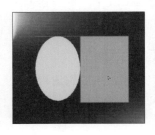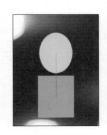

应用>>将图像对齐到网格

　　将图像对齐到网格，是为了精确设置一组图像的长宽比和排列。具体操作方法是，执行"视图 > 显示 > 网格"菜单命令，在图像上显示网格。

　　确保"视图 > 对齐到"级联菜单中的"网格"命令为选中状态，然后随意打开几幅图像，使用"移动工具"将图像拖曳到显示了网格的图像上，则图像会自动吸附到网格的对齐线上。

1.7.4　使用对齐功能

　　对齐功能有助于在绘制选区、切片、路径和形状时更有效地依附于网格、参考线，这样绘制出来的图形会更整齐。

1. 启用对齐

　　执行"视图 > 对齐"菜单命令，即可启用对齐功能。启用后，"对齐"前会出现一个 ✔ 图标，如下左图所示。默认的对齐有：参考线、网格、图层、切片、文档边界。

2. 指定对齐

　　执行"视图 > 对齐到"菜单命令，在弹出的级联菜单中可以看到如下右图所示的命令。

　　在该级联菜单中，用户可以指定自己想要的对齐项目。

　　（1）参考线：与参考线对齐。

　　（2）网格：与网格对齐。在网格隐藏时不能选择该命令。

　　（3）图层：与图层中的内容对齐。

　　（4）切片：与切片边界对齐。在切片隐藏时不能选择该命令。

　　（5）文档边界：与文档的边缘对齐。

　　（6）全部：选择"对齐到"级联菜单中的所有对齐项。

　　（7）无：取消选择"对齐到"级联菜单中的所有对齐项。

技巧>>使用快捷键操作对齐

　　当用户使用"画笔工具"绘画的时候，往往不希望画笔也对齐到网格，因为这样会使画出来的效果不呈流线型，此时只要按 Shift+Ctrl+; 键即可取消对齐。

1.7.5　显示和隐藏额外内容

　　额外内容是指在画面中可以看到而打印机不会打印出来的内容，例如参考线、网格、目标路径、选区边缘、切片、文本边界、文本基线和文本选区等，它们只是为图像的选择、移动或编辑操作起辅助作用。隐藏额外内容只是禁止显示额外内容，并不会关闭这些选项。

1. 显示或隐藏额外内容

　　执行"视图 > 显示额外内容"菜单命令，则"显示"级联菜单中带有 ✔ 图标的选项表示要显示的额外内容，如下图所示。

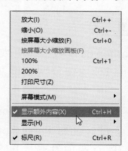

2. 打开并显示所有可用的额外内容

　　执行"视图 > 显示 > 全部"菜单命令，可打开和显示所有可用的额外内容。

3. 打开并显示部分额外内容

　　执行"视图 > 显示"菜单命令，从级联菜单中选择相应的额外内容。

4. 关闭并隐藏所有额外内容

　　执行"视图 > 显示 > 无"菜单命令，即可关闭并隐藏所有额外内容。

技巧>>使用快捷键显示或隐藏额外内容

　　按下快捷键 Ctrl+H，可以显示或隐藏画面上的参考线、网格、路径、选区、切片、文本边界等额外内容。

1.8 首选项

首选项是 Photoshop 程序的设置集合，"首选项"对话框包含"常规""界面""文件处理""性能""光标""透明度与色域""单位与标尺""参考线、网格和切片""增效工具""文字"等选项卡，如下图所示。通过这些选项卡中的选项，可以对 Photoshop 进行整体设置。退出程序时，首选项会记录每次 Photoshop 应用程序的设置状态，以便下次打开程序时能恢复到关闭时的状态。

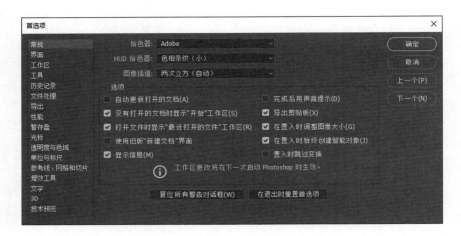

1.8.1 恢复默认设置

首选项记录了 Photoshop 的设置状态，如果首选项遭到损坏，则可以使用恢复默认设置来恢复首选项。

要恢复默认首选项，需要在启动 Photoshop 时按住 Shift+Ctrl+Alt 组合键，此时 Photoshop 会提示用户是否删除当前的首选项设置。删除当前的首选项设置后，重启 Photoshop，则软件会自动恢复默认的首选项设置，即创建了新的首选项设置。

1.8.2 禁用和启用警告消息

警告消息是在应用程序出现错误或操作警告时弹出的对话框。可以选择对话框中的"不再显示"复选框来设置不再显示此类对话框。当选中许多"不再显示"复选框后，如果用户需要恢复查看警告消息，则可以在"首选项"对话框的"常规"选项卡中设置启用所有警告消息功能，来显示所有的警告对话框。

执行"编辑 > 首选项 > 常规"菜单命令，如右上图所示，打开"首选项"对话框。

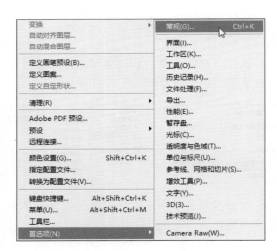

在"首选项"对话框的"常规"选项卡中单击"复位所有警告对话框"按钮，Photoshop 会自动弹出对话框，提示用户将启用所有警告对话框，如下图所示。用户可根据需要单击"确定"或"取消"按钮。

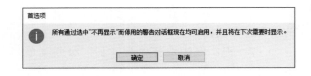

1.9 内存和性能

在编辑图像的时候，如果由于系统虚拟内存太小而导致 Photoshop 无法执行编辑操作，则可以调整虚拟内存大小，或者为 Photoshop 产生的临时文件重新指定一个存储区域。

1.9.1 设置暂存盘

当系统没有足够的内存来响应某项操作时，用户对图像的任何操作都不会被执行，此时 Photoshop 将使用一种专有的虚拟内存技术（称为暂存盘）进行调整。

暂存盘可以是用户计算机上任何具有空闲存储空间的驱动器或驱动器分区。默认情况下，Photoshop 将安装了操作系统的硬盘驱动器用作主暂存盘。

Photoshop 会检测所有可用的内部磁盘分区，并将其显示在"首选项"对话框的"暂存盘"选项卡中。分别执行"编辑 > 首选项 > 性能"和"编辑 > 首选项 > 暂存盘"菜单命令，在打开的"首选项"对话框中可找到"内存使用情况"和"暂存盘"选项，如下图所示。

在"性能"选项卡中为用户展示的是当前内存的使用情况，分别为"可用内存"和"理想范围"选项。用户可以自己设置"让 Photoshop 使用"选项的参数来进行内存分配，推荐用户使用应用程序自定的内存分配比例。

在"暂存盘"选项组中，可以查看用户计算机上所有的磁盘分区及每个分区的使用情况。在磁盘分区的前面标有被勾选标记的复选框则表示为 Photoshop 指定的暂存盘。指定文件暂存盘前，需要了解指定暂存盘的原则：

（1）为获取最佳性能，请不要将暂存盘设置在要编辑的大型文件所在的磁盘分区上。

（2）暂存盘应位于虚拟内存所在的磁盘分区以外的其他磁盘分区上。

（3）暂存盘的磁盘分区应定期进行碎片整理。

当计算机系统具有多个磁盘时，用作主暂存盘的磁盘应该是最快的硬盘；但应确保它进行过碎片整理，并且具有足够的可用空间用于 Photoshop 临时文件的替换。如果主暂存盘的空间不足，则用户最好为 Photoshop 设置其他的暂存盘。

打开"首选项"对话框的"暂存盘"选项卡，勾选非系统盘，如 D、E、F 前的复选框，如下图所示。单击"确定"按钮，重新启动 Photoshop 即可应用设置。

> ★ 技巧>>调整暂存盘顺序以提高运行速度
>
> 要获取最佳性能，应将暂存盘设置为除系统盘外的其他磁盘，并且可以根据情况调整暂存盘的存储顺序。
>
> 例如，打开"暂存盘"选项卡，选中 E 盘，然后在暂存盘列表右侧单击向下箭头按钮，即可将 E 盘调整到 F 盘的下方，如下图所示。单击对话框中的"确定"按钮，重新启动 Photoshop 即可应用设置。

1.9.2　设置历史记录和高速缓存

历史记录是 Photoshop 中的一项重要功能，它记录着用户最近对图像操作的步骤，用户可以自定记录最近操作的步数。使用历史记录功能可以方便、快速地回溯到以前的操作状态。高速缓存越大，历史记录回溯得就越快，因为每一步操作都会被记录在缓存中。下面将讲解怎样设置历史记录和高速缓存来提高 Photoshop 的运行速度。

1. 设置历史记录

执行"编辑 > 首选项 > 性能"菜单命令，打开"首选项"对话框的"性能"选项卡。在"历史记录与高速缓存"选项组中，用户可以看到默认的"历史记录状态"为 50 个步骤，如下图所示。

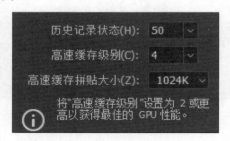

单击"历史记录状态"右侧的下三角按钮，会弹出横向的滑块，用鼠标拖曳滑块即可调整参数，如下图所示；也可以直接在数值框中输入步骤数。

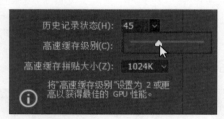

2. 设置高速缓存

同历史记录一样，打开"首选项"对话框的"性能"选项卡，在"历史记录与高速缓存"

选项组中可以看到"高速缓存级别"默认为 4 级。通过该选项，用户可以更改高速缓存的级别。

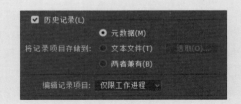

应用>>改变历史记录的存储方式

打开"首选项"对话框，然后在"历史记录"选项卡中勾选"历史记录"复选框，如下图所示。

"将记录项目存储到"选项中有 3 个关于记录的存储方式。

◆元数据：将信息存储到文件数据元中。
◆文本文件：将信息存储到文本文件中。打开保存的文本文件，可以查看软件的使用情况。
◆两者兼有：此项是上面两项的综合。

1.9.3　清理内存

内存大小决定了 Photoshop 的运行速度。在使用 Photoshop 进行操作的过程中，软件会产生大量的临时文件，与这些临时文件进行交换时会占用大量的内存空间，所以要经常对内存进行清理。内存的清理方法有很多种，可以对内存进行碎片整理，但这相当耗费时间；可以通过指定暂存盘来缓解内存的使用；也可以在"首选项"对话框中扩大 Photoshop 使用内存的容量，但此方法不推荐使用，因为它会为其他应用程序带来瓶颈；还可以对剪贴板和历史记录进行清理，使用这种方法能释放大量内存，它也是最简单的。

1. 使用菜单命令清理内存

执行"编辑 > 清理"菜单命令，在弹出的级联菜单中可以看到如下图所示的命令。

（1）还原：将内存缓冲区还原。
（2）剪贴板：清理剪贴板中的内容。

（3）历史记录：清理历史记录的内容。清理后，"历史记录"面板将变为空白。

（4）全部：清理 Photoshop 所占用内存缓冲区的全部内容。

需要注意的是，以上操作都是不可逆的。

2. 使用垃圾清理软件清理

当在 Photoshop 中执行清理命令后，内存和系统盘中仍有大量的临时文件存在，可以使用系统优化类软件对磁盘和内存进行清理，如 Windows 优化大师。

应用>>查看内存使用情况

查看内存的使用情况有很多种方法，这里只介绍最方便、快捷的方法。

打开 Windows 任务管理器，单击"性能"标签，打开"性能"选项卡。在其中可以看到内存的使用情况。用户可以根据内存的使用率来对内存进行及时清理。

除此之外，在其中还可以看到 CPU 的使用情况。

1.10 提高效率的窍门

Photoshop 提供了很多便捷的操作方法，使用这些方法可以快速完成常用的操作，比如可以直接按键盘上的键来切换工具或执行某项命令，用户也可以为常用的操作自定义简便的快捷键。另外，用户还可以通过命令来查看文件的信息。

1.10.1 使用快捷键

快捷键是在设计过程中，能快速切换使用工具或执行命令的快捷途径。Photoshop 为每种类别的操作都提供了不同的快捷键，用户还可以为经常用到的命令自行设置快捷键。

1. 自定义键盘快捷键

在定义快捷键之前，必须了解快捷键的应用对象。

（1）应用程序菜单：位于界面顶部的菜单，一般使用 Alt+ 字母键激活。

（2）面板菜单：在一些操作面板中提供了快捷键，快捷键前缀一般为 Ctrl 键。

（3）工具：工具快捷键让用户在操作时能快速切换工具，一般为单字母激活。

Photoshop 允许用户查看所有快捷键的列表，并编辑或创建快捷键。执行"编辑 > 键盘快捷键"菜单命令，即可打开"键盘快捷键和菜单"对话框，该对话框是一个快捷键编辑器，并包括所有支持快捷键的命令。

2. 定义新的键盘快捷键

执行"编辑 > 键盘快捷键"或"窗口 > 工作区 > 键盘快捷键和菜单"菜单命令，打开"键盘快捷键和菜单"对话框。

选择要设置的快捷键组，快捷键组分为"应用程序菜单""面板菜单""工具"，具体操作参见前面的内容。例如，选择"工具"选项，再单击"移动工具"，在"移动工具"的快捷键文本框中单击并按键盘上的 M 键，将"移动工具"的键值更改为 M，然后将"矩形选框工具"的键值更改为 V，如下图所示。

如果键盘快捷键已经分配给了组中的另一个命令或工具，则会在对话框下方出现警告信息。此时，可单击"还原更改"按钮来使用默认快捷键，或单击"接受并转到冲突处"按钮，将新的快捷键分配给其他命令或工具，如下图所示。

3. 清除命令或工具对应的快捷键

执行"编辑 > 键盘快捷键"菜单命令，打开"键盘快捷键和菜单"对话框，找到要删除快捷键的命令或工具，如"套索工具"，如下图所示。

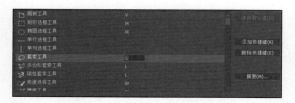

选中要删除快捷键的选项后，单击列表框右侧的"删除快捷键"按钮。删除之后，在列表框中可以看到"套索工具"已经失去了快捷键激活功能，如下图所示。

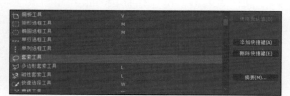

4. 删除一组快捷键

执行"编辑 > 键盘快捷键"菜单命令，打开"键盘快捷键和菜单"对话框。在"组"下拉列表框中找到要删除的快捷键组，如自定义的快捷键组"Photoshop 拷贝"，单击"组"下拉列表框下方的"删除快捷键"按钮，会弹出询问对话框，询问是否确定将"Photoshop 拷贝"快捷键组发送到回收站，这里单击"是"按钮，如下图所示。

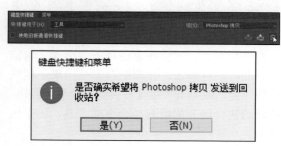

应用一>>恢复默认的快捷键

当自定义的快捷键变得混乱的时候，可以恢复默认的快捷键设置。执行"编辑 > 键盘快捷键"菜单命令，打开"键盘快捷键和菜单"对话框，在"组"下拉列表框中选择"Photoshop 默认值"选项即可，如下图所示。

应用二>>导出默认的快捷键

Photoshop 提供了一系列的快捷键，用户可以熟记快捷键，在不同的功能之间进行切换，同时还可以将快捷键导出，以便查看。

执行"编辑 > 键盘快捷键"菜单命令，打开"键盘快捷键和菜单"对话框。单击"摘要"按钮，如下左图所示，系统会弹出"另存为"对话框。在"另存为"对话框中设置好导出的目标位置，然后在"文件名"下拉列表框中输入导出的名称，设置好后单击"保存"按钮。

在"另存为"对话框中可以看到导出的文件是 HTML 格式的。可通过 IE 浏览器查看导出的文件，如下右图所示。

1.10.2 了解文件信息

文件信息充分说明了一幅图像的创建日期、提供者、来源、标题、描述、版权、格式等信息。

在 Photoshop 中，如果要查看图像的文件信息，可先打开图像，再执行"文件 > 文件简介"菜单命令，此时会弹出以打开的图像名称命名的对话框，如下图所示。该对话框中包含了图像的基本数据、摄像机数据、原点、GPS 数据、原始数据等信息。另外，用户还可以对其进行修改。

在该对话框的"摄像机数据"选项卡中，可以查看图像的"摄像机信息"和"拍摄信息"，如下图所示。

★ 技巧>>使用图像大小查看文件信息

执行"图像 > 图像大小"菜单命令，会弹出"图像大小"对话框，如下图所示。

在"图像大小"对话框中，可以看到图像大小为 34.9MB，宽度和高度分别为 4288 像素和 2848 像素。

返回画面中，在下方的状态栏中还可以查看图像的文档配置文件，如下图所示。

25%   Nikon sRGB 4.0.0.3001 (8bpc) ›

单击右侧的三角形按钮，可以更改显示内容。

1.10.3 使用还原和历史记录功能

还原和历史记录功能是使用 Photoshop 编辑图像过程中经常用到的功能。还原功能可以还原当前操作之前的一个步骤，而历史记录功能可以随时回溯到任意一个步骤。

1. 还原功能

当用户在 Photoshop 中对图像执行一个命令后，都可以在"编辑"菜单中对该操作进行撤销。

要撤销之前的操作，可以通过执行"编辑"菜单中的"还原"或"后退一步"菜单命令，回到之前操作的步骤；按下快捷键 Ctrl+Z，同样可以撤销之前的操作。

2. 历史记录功能

用户在 Photoshop 中的任何一项操作都被记录在"历史记录"面板中。执行"窗口 > 历史记录"菜单命令，在弹出的"历史记录"面板中，用户可以看到之前操作的步骤，其记录的步骤数可以在首选项中设置。在"历史记录"面板的底部有 3 个按钮，如下图所示。

从当前状态创建新文档

创建新快照

删除当前状态

单击"历史记录"面板右上角的扩展按钮，会弹出如下图所示的扩展面板菜单。

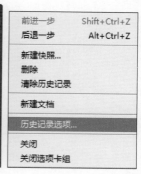

（1）前进一步：前进到当前步骤的下一步骤状态。

（2）后退一步：返回到当前步骤的上一步骤状态。

（3）新建快照：根据当前状态新建快照。

（4）删除：删除当前状态。

（5）清除历史记录：清除所有的步骤记录，此操作不可逆。

（6）新建文档：以当前状态新建一个文档。

（7）历史记录选项：用于指定"历史记录"面板内最多可包含的项目数，并设置其他选项来自定使用面板的方式。

（8）关闭 / 关闭选项卡组：不显示面板或面板组。

技巧>>使用快捷键操作历史记录

在隐藏"历史记录"面板的情况下，按 Shift+Ctrl+Z 键，前进一步；按 Alt+Ctrl+Z 键，后退一步。

应用>>使用"历史记录画笔工具"还原部分图像

在不改变图像大小、像素等的情况下对图像做出了更改，如对其进行去色操作，可以利用"历史记录画笔工具"在画面上涂抹，还原部分图像的颜色。

读书笔记

第 2 章
图像处理的基本操作

Photoshop CC 2017 采用了新的图形界面，在界面中添加了许多功能。通过本章的学习，读者能掌握 Photoshop 的基本操作，如图像的打开、保存、导入，对图像的查看，更改屏幕显示模式，放大或缩小图像，对画布进行旋转，更改图像大小、分辨率等。运用这些基本操作，可以更高效地处理图像。

2.1　打开和导入图像

Photoshop 是一款强大的图像处理软件，它所能处理的文件格式多种多样，主要包括固有格式（PSD）、应用软件交换格式（EPS、DCS、Filmstrip）、专有格式（GIF、BMP、Amiga IFF、PCX、PDF、PICT、PNG、Scitex CT、TGA）、主流格式（JPEG、TIFF）、其他格式（Photo CD、FlashPix）。

1．固有格式

文件扩展名为 PSD 的是 Photoshop 的固有格式，使用固有格式可以比其他格式更快速地打开和保存图像，很好地保存图层、蒙版等，其压缩方案也不会导致数据丢失。

2．主流格式

（1）JPEG：是平时最常用的图像格式。它是一个最有效、最基本的有损压缩格式，被大多数图像处理软件所支持。JPEG 格式的图像还广泛用于 Web 的制作。如果对图像质量要求不高，但又要求存储大量图片，则使用 JPEG 格式无疑是一个好办法。但是，对于要输出打印的图像，最好不使用 JPEG 格式，因为它是以损坏图像质量来提高压缩率的。

（2）TIFF：用于扫描图像标准化。它是跨越 Mac 与 PC 平台最广泛的图像打印格式。TIFF 使用 LZW 无损压缩，大大减小了图像体积。另外，TIFF 格式最令人激动的功能是可以保存通道，这对于处理图像是非常有用的。

3．专有格式

（1）GIF：是输出图像到网页时最常采用的格式。GIF 采用 LZW 压缩，并限定在 256 色以内。GIF 格式以 87a 和 89a 两种代码表示。GIF 87a 严格支持不透明像素，而 GIF 89a 可

以控制哪些区域透明，从而大大地减小了 GIF 图片的体积。如果要使用 GIF 格式，就必须将图像转换成索引颜色模式，使色彩数目转为 256 色或更少。

（2）PNG：是专门为 Web 创建的图像格式。PNG 格式是一种将图像压缩到 Web 上的文件格式，和 GIF 格式不同的是，PNG 格式并不仅限于 256 色。

（3）BMP：采用 RLE 无损压缩方式，对图像质量不会产生什么影响。

（4）PICT：是 Mac 上常见的数据文件格式之一。选择 PICT 格式要比 JPEG 好，因为它打开的速度相当快。

（5）PDF：是由 Adobe 公司创建的一种文件格式，允许在屏幕上查看电子文档。PDF 文件还可嵌入到 Web 的 HTML 文档中。

（6）Scitex CT：支持灰度图像、RGB 图像、CMYK 图像。Photoshop 可以打开诸如 Scitex 图像处理设备的数字化图像。

4．交换格式

（1）EPS：将一幅图像载入到 Adobe Illustrator、QuarkXPress 等软件时，最好的选择是 EPS。如果要避免打印问题，则不应使用 EPS 格式，可以用 TIFF 或 JPEG 格式来替代。

（2）DCS：用于分色打印。Photoshop 在使用 DCS 格式时，必须转换成 CMYK 模式。

（3）Filmstrip：Photoshop 可以通过 Filmstrip 格式任意修改 Premiere 的每一帧图像。

知识>>了解几种颜色模式

颜色模式是将某种颜色以数字模型形式表示，或者说是一种记录图像颜色的方式。常见的颜色模式有：RGB 模式、CMYK 模式、HSB 模式、Lab 颜色模式、位图模式、灰度模式、索引颜色模式、双色调模式和多通道模式。

技巧>>根据图标认识文件格式

不同的文件格式具有不同的图标，如下图所示。

应用>>显示文件扩展名

在任何系统中，数据都是以文件的形式来保存的。不同的数据以不同的文件格式进行分类。文件类型可以在文件属性中查看，也可以直接查看文件扩展名。

打开任意一个文件夹，执行"工具 > 文件夹选项"菜单命令，打开"文件夹选项"对话框。在对话框中单击"查看"标签，拖动垂直滚动条，找到"隐藏已知文件类型的扩展名"选项，取消勾选复选框即可显示文件扩展名，如下图所示。

2.1.1 打开图像

打开图像的方法多种多样，可以使用"打开"命令，也可以使用快捷方式打开，还可以使用"最近打开文件"命令等，下面将详细讲述。

方法 1：启动 Photoshop，执行"文件 > 打开"菜单命令，如下左图所示。在"打开"对话框中找到素材所在的文件夹，选中要打开的图像，单击"打开"按钮即可将图像打开，如下右图所示。

方法 2：执行"文件 > 最近打开文件"菜单命令，在弹出的级联菜单中列出了最近打开的文件。通过列表中的文件名，用户可以打开不知道保存路径的文件。

例如，如果要打开"方法 1"中打开的文件，由于该图像是刚才打开过的，所以被列在了第一项，单击第一项就可以打开"方法 1"中打开的图像。可以看出该列表中共有 20 个最近打开的文件，这说明 Photoshop 记录了最近打开的 20 个图像，如下图所示。

技巧一>>清除最近打开的文件

如果想清除最近打开的文件列表，可以执行"文件 > 最近打开文件 > 清除最近的文件列表"菜单命令，如下图所示。这样最近打开的文件列表就被清除了。

方法 3：Adobe Bridge 应用程序用来以多种形式对文件进行浏览，同时 Adobe Bridge 提供了一些图像处理的快捷方式。

打开 Photoshop，执行"文件 > 在 Bridge 中浏览"菜单命令，即可打开 Adobe Bridge 软件，如下图所示。在该软件中可执行浏览图片、打开图片等操作。

方法 4：选择"打开方式"打开图像，是为某些格式的图像指定一个打开程序，以后双击此类格式的文件都将以指定的程序打开。

右击任意素材图像，在弹出的快捷菜单中选择"打开方式"命令，再在弹出的级联菜单中选择"选择其他应用"命令，在弹出的对话框中勾选"始终使用此应用打开 .×× 文件"复选框，并选择 Photoshop 程序，最后单击"确定"按钮，即可在 Photoshop 中打开图像文件，如下图所示。

技巧二>>打开图像的其他快捷方式

按下快捷键 Ctrl+O，会弹出"打开"对话框，在其中即可选择图像并打开，如下图所示。

另一种打开图像的快捷方式是，双击画面中的灰色部分，也会弹出"打开"对话框，或者在文档标签上右击，选择"打开文档"命令。

应用>>使用拖曳方式打开图像

找到 Photoshop 应用程序的快捷方式图标，然后使用鼠标拖曳图像文件至 Photoshop 快捷方式图标上，如下图所示。释放鼠标后，Photoshop 会打开此图像。

另外还有一种拖曳方式是，当 Photoshop 处于打开状态时，在任务栏上可以看到 Photoshop 应用程序图标，使用鼠标拖曳图像文件至任务栏中的 Photoshop 应用程序图标上，也可打开图像文件，如下图所示。

2.1.2 以指定格式打开

当图像数目太多，而图像的格式各不相同时，如何快速对不同格式的图像进行分类？下面讲解如何在不同格式分类中查看或打开图像。

方法 1："打开"命令可以打开 Photoshop 所能识别的所有格式文件。要在"打开"对话框中打开指定格式的文件，只需指定文件显示的格式，然后在分类后的图像中打开即可。

执行"文件 > 打开"菜单命令，打开"打开"对话框，然后单击"文件类型"下三角按钮，即可显示弹出式下拉列表。在列表中选择"JPEG(*.JPG;*.JPEG;*.JPE)"选项，则在对话框中只会显示 JPEG 格式的图像，选择一个图像文件，单击"打开"按钮即可，如下图所示。

方法 2：与"打开"命令有所不同的是，在"打开为"对话框中不会只显示指定格式的图像，反而不论怎么选择文件类型，在文件列表中也是显示所有文件。

执行"文件 > 打开为"菜单命令，在打开的对话框中选择文件类型为 *.PSD 格式。此时，如果选择打开的文件不是 PSD 格式的，则系统会弹出错误警告信息，如下图所示。

🐟 应用>>图像的保存

保存图像是 Photoshop 中的一个重要功能。当一个图像被编辑后，就需要保存图像。此时可执行"文件 > 存储"菜单命令，如果是新创建的文件，第一次保存时会弹出"另存为"对话框，设置好文件保存的基本信息，然后单击"保存"按钮，如下图所示。

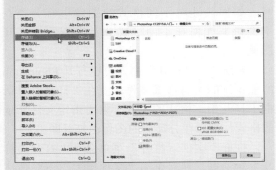

图像还可以被保存为其他的格式。执行"文件 > 存储为"菜单命令，弹出"另存为"对话框。用户可以输入另外的名称，并设置"保存类型"选项，最后单击"保存"按钮即可。

另外，还可以使用快捷键来保存图像。按下快捷键 Ctrl+S，将直接保存图像；按下快捷键 Shift+Ctrl+S，将打开"另存为"对话框，另存图像。

2.1.3 从相机获取图像

数码照片是日常生活中经常会接触到的东西，用数码相机拍摄完美丽的景物后，人们都希望将照片放在计算机上查看或者进行一些修改。通过本小节的学习，读者会学到如何将相机中的图像快速导入到计算机中。需要注意的是，导入前必须确保数码相机的存储介质已和计算机成功连接。

将数码相机的存储介质成功连接到计算机后，直接在操作系统的"开始"菜单中即可启动 Bridge 程序。在 Bridge 中，执行"文件 > 从相机获取照片"菜单命令，经过一段时间的扫描后，会打开"Adobe Bridge CC- 图片下载工具"对话框。如果多个相机存储介质同时连接在计算机上，则可以在"源"选项组的下拉列表框中选择当前要导入图像所在的介质。

单击"导入设置"选项组的"浏览"按钮，可以选择导入到本地计算机的位置，然后在下面的设置项中可以定义图像所在文件夹的名称等信息，勾选"将副本保存到"复选框，可以为导入的图像建立副本，设置完成后单击"确定"按钮即可，如下图所示。

⭐ 技巧>>通过存储介质的磁盘驱动器获取

现在大多数相机的数据接口都是 USB 接口，将相机的 USB 接口连入计算机后，在"计算机"窗口中可以看到相机以磁盘驱动器的形式显示，这表示可以像操作本地磁盘一样对相机中的图像进行复制、移动、删除、重命名、新建、排列等操作。

2.1.4 使用 WIA 从数码相机导入图像

如果数码相机附带有"Windows 图像采集"（WIA）软件，则可以使用该软件来导入图像。如果使用 WIA，Photoshop 将与 Windows 及数码相机配合工作，从而将图像直接导入到 Photoshop 中。

启动 Photoshop，执行"文件 > 导入 >WIA 支持"菜单命令，在打开的对话框中选取一个目标位置来存储图像文件。

如果要将导入的图像直接存储到以当前日期命名的文件夹中，可选中"唯一的子文件夹"，并确保已选中"在 Photoshop 中打开已获取的图像"，然后单击"开始"按钮。

选择要导入图像的数码相机，按住 Shift 键选择多幅图像以同时导入这些图像，最后单击"获取图片"按钮，开始导入图像。如果相机名称未显示在列表中，请验证软件和驱动程序是否已正确安装，以及该相机是否已连接到计算机。

导入的图像直接存储到以当前日期命名的文件夹中，请确保选中"唯一的子文件夹"。

选择要使用的扫描仪和要扫描的图像种类。选取"彩色"图片，可使用扫描彩色图像的默认设置；选取"灰度"图片，可使用扫描灰度图像的默认设置；选取"黑白"图片或"文本"，可使用默认设置。

单击"调整扫描图片的品质"，可使用自定设置；单击"预览"，可查看扫描，必要时可裁切扫描，方法是拉伸矩形，使其框住图像。单击"扫描"按钮，开始扫描，扫描的图像将以 .BMP 文件格式存储。

> **技巧>>WIA支持不可用**
>
> 连接好数码相机后，执行"文件 > 导入 > WIA 支持"菜单命令，此时如果弹出警告对话框，则表示数码相机的驱动程序没有正确安装。这时需要对数码相机的连接线路进行检查，或者重装驱动程序。

2.1.5 导入扫描的图像

本小节讲述的是如何将外部图像导入到 Photoshop 中。在导入图像之前，需要一台扫描仪并为其安装驱动程序。当扫描仪成功连接计算机后，就可以做以下操作。

执行"文件 > 导入 >WIA 支持"菜单命令，在打开的对话框中选取一个存储图像文件的目标位置，单击"开始"按钮。确保已选中"在 Photoshop 中打开已获取的图像"，如果要将

> **应用>>在Adobe Bridge CC中浏览图像**
>
> 启动 Adobe Bridge CC 应用程序，在程序窗口左侧的树型文件夹列表中找到图像所在的位置，然后在右侧的文件显示窗格中会显示当前文件夹的内容。用户还可以根据自己的喜好，以不同的方式查看图像。

2.2 图像的查看

在设计过程中，必须对图像的基本信息有所了解，包括查看图像的内容、像素值、分辨率、文件大小、显示模式，以及从多个视角观察图像。本节就来讲解如何对图像的所有信息进行查看。

2.2.1 更改屏幕模式

更改屏幕模式可以全方位地对图像进行查看。Photoshop 提供了以下屏幕模式。

1. 标准屏幕模式

当启动 Photoshop 时，展现在用户面前的是 Photoshop 的标准屏幕模式，也是默认的模式。标准屏幕模式下显示了应用程序栏、工作区切换器、菜单栏、选项栏、工具箱、状态栏及一些控制面板。

要切换到标准屏幕模式，可以执行"视图 > 屏幕模式 > 标准屏幕模式"菜单命令；或者右击工具箱下方的"更改屏幕模式"按钮，在弹出的列表中选择"标准屏幕模式"选项，如下图所示。

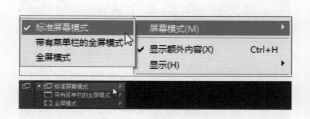

标准屏幕模式下的 Photoshop 工作界面如下图所示。

2．带有菜单栏的全屏模式

与标准屏幕模式有所不同的是，在带有菜单栏的全屏模式下，Photoshop 不会显示文档的标签和状态栏，如下图所示。

要切换到带有菜单栏的全屏模式，可以执行"视图 > 屏幕模式 > 带有菜单栏的全屏模式"菜单命令；或者右击工具箱下方的"更改屏幕模式"按钮，在弹出的列表中选择"带有菜单栏的全屏模式"选项。

3．全屏模式

在全屏模式下只能查看图像，其他的界面元素都会被隐藏起来，背景默认以黑色显示，如下图所示。按 Esc 键，可退出全屏模式。

技巧一>>利用快捷键切换屏幕模式

启动 Photoshop，按键盘上的 F 键，可以在标准屏幕模式、带有菜单栏的全屏模式和全屏模式之间切换。

应用>>更改画布背景色

打开一个图像，在画布空白处右击，在弹出的快捷菜单中提供了 5 种预设颜色，包括黑色、深灰色、中灰色、浅灰色、自定义。

用户还可以根据自己的爱好为画布设置其他的背景色。在该快捷菜单中选择"选择自定颜色"命令，打开"拾色器（自定画布颜色）"对话框，对颜色进行设置，如下图所示。

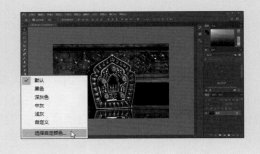

技巧二>>在全屏模式下查看多个文档

当在 Photoshop 中打开多个文档，并切换至全屏模式时，由于在全屏模式下只显示图像，因此可以按 Ctrl+Tab 键来切换文档，或者按 Tab 键来显示菜单和面板。

2.2.2　查看图像其他区域

当对图像进行细节查看的时候，往往会将图像放大数倍，从而导致在窗口中不能显示出全部图像。通过本小节的学习，用户能够掌握快速查看图像任意区域的方法。

打开一张图像，当窗口中不能完全显示图像时，如下左图所示，单击工具箱中的"抓手工具"按钮，使用"抓手工具"拖曳画面，可以调节画面的位置，以查看图像中不同的区域，如下右图所示。

要对图像的不同部位进行查看，还可以运用"滚动条"。滚动条位于图像窗口的右侧和底部，只有当图像超出窗口显示时才会出现。

启用"轻击平移"功能，可以实现图像的自动移动，就是运用鼠标轻击平移图像，然后图像会自动滑动。要使用这种方法查看图像，计算机上必须有可以使用的图形处理器和开启轻击平移。

开启图形处理器的操作方法是，执行"编辑 > 首选项 > 性能"菜单命令，然后勾选"使用图形处理器"复选框；启用轻击平移的操作方法是，执行"编辑 > 首选项 > 工具"菜单命令，然后勾选"启用轻击平移"复选框，如下图所示。

 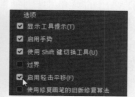

技巧>>使用快捷键进行图像的移动

在对图像进行调节的时候，常常需要移动图像以显示不同的图像区域。

例如，为图像绘制轮廓路径时，如果图像细节太多，便会将图像放大许多倍。此时可以按住空格键，当鼠标指针变为"抓手工具"的图标后，利用鼠标拖曳画面便可进行调节；或者按 H 键，切换至"抓手工具" ，再对图像进行调节。

应用>>移动图像

打开一张图像，按住 Alt 键的同时双击"背景"图层，然后使用"移动工具" 拖曳，即可移动图像，如下图所示。

2.2.3 使用"旋转视图工具"

使用数码相机拍摄的过程中，对于不同的景物，人们会利用不同的视角进行拍摄，这使得导入 Photoshop 中的图像查看起来非常不方便。此时可以使用"旋转视图工具"进行查看。

打开一张图像，右击工具箱上的"抓手工具"，在弹出的工具列表中选择"旋转视图工具" ，然后在选项栏上可以查看当前图像视图。例如，对当前打开的图像进行旋转后，在选项栏上可看到其旋转角度，如下图所示。

❶旋转角度：使用"旋转视图工具"在画面中单击，会出现红色的旋转指示针，拖曳指示针可以改变画面的倾斜角度，如下图所示；在选项栏中输入"旋转角度"值，也可以旋转图像；通过鼠标拖曳"旋转角度"后的圆形控制按钮 ，也能完成此操作。

❷复位视图：通过任意角度对图像进行查看后，可以单击选项栏中的"复位视图"按钮，恢复正常画面。例如，对于如下左图所示的图像，单击"复位视图"按钮后的效果如下右图所示。

❸旋转所有窗口：打开多个文档的时候，如果要旋转所有的窗口，则勾选选项栏中的"旋转所有窗口"复选框。此时，用户只需要对其中一个窗口的图像进行旋转，其他窗口中的图像也会随之发生变化。

应用>>应用旋转视图调整倾斜图像

　　打开倾斜的图像，使用"旋转视图工具"将图像中的被摄物体调正。查看选项栏，可以得到旋转的角度为 -15°，如下左图所示。

　　接着执行"图像 > 图像旋转 > 任意角度"菜单命令，在打开的对话框中设置"角度"参数为 -15°，如下右图所示。

　　单击"确定"按钮，旋转图像，然后单击"裁剪工具"按钮，使用"裁剪工具"对图像进行裁剪，最后按 Enter 键即可，如下图所示。

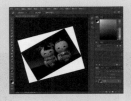

2.2.4　使用导航器

　　导航器是 Photoshop 中为方便查看图像而设置的一个面板，在面板中以一个红色边框的形式展示了画面中显示的局部图像。下面将详细讲述导航器的功能和作用。

1. 导航器介绍

　　执行"窗口 > 导航器"菜单命令，打开"导航器"面板，如下图所示。

　❶扩展按钮：单击可弹出扩展面板菜单。
　❷图片预览显示面板：显示当前图像的内容。

　❸代理预览区域：拖曳预览框可以改变画面显示区域。
　❹"放大"按钮：单击可放大图像显示比例。
　❺缩放滑块：拖曳滑块可调节画面显示比例。
　❻"缩小"按钮：单击可缩小图像显示比例。
　❼"缩放"数值框：在数值框中输入数值，可以精确改变画面显示比例。

　　根据画面的需要，用户可以调节"导航器"面板中的代理预览区域，也可以在数值框中输入缩放值，还可以拖曳缩放滑块进行调节。

2. 更改代理预览框的颜色

　　单击"导航器"面板右上角的扩展按钮，在弹出的菜单中选择"面板选项"命令。打开"面板选项"对话框，在"颜色"下拉列表框中选择"绿色"选项，然后单击"确定"按钮，如下左图所示。返回"导航器"面板，面板中的代理预览框已经变为了绿色，如下右图所示。

应用>>从导航器快速定位图像

　　在导航器中可以通过很多方式定位图像的显示区域。例如，打开任意图像，执行"窗口 > 导航器"菜单命令，打开"导航器"面板。在面板中放大图像显示比例，并将预览框拖动到要查看的图像处，在图像窗口内将显示预览框内的图像，如下图所示。

2.2.5　放大和缩小图像

　　要想对图像的全局和局部进行查看，可以使用工具箱中的"缩放工具"对图像进行缩放，或者使用"视图"菜单中的命令进行放大或缩小。

单击工具箱中的"缩放工具"按钮🔍，查看选项栏中的工具属性，如下图所示。

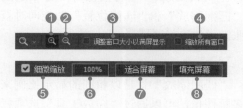

❶"放大"按钮：如果"缩放工具"为放大状态，使用"缩放工具"在画面中单击可以将图像放大显示。

❷"缩小"按钮：与放大状态相反的是，如果"缩放工具"为缩小状态，使用"缩放工具"在画面中单击可以将图像缩小显示。

❸"调整窗口大小以满屏显示"复选框：勾选此复选框，用"缩放工具"缩放时可以调整窗口的大小。

❹"缩放所有窗口"复选框：同时打开多个图像的时候，勾选此复选框可以同时对所有的图像进行缩放操作。

❺"细微缩放"复选框：勾选此复选框，单击并左右移动鼠标可以使用"缩放工具"细微缩放图像。

❻100%按钮：将当前图像缩放为1∶1，也就是以图像自己的像素显示。

❼"适合屏幕"按钮：将当前图像缩放为屏幕大小。

❽"填充屏幕"按钮：缩放当前图像以填满屏幕，即缩放图像以四边紧贴屏幕。

打开任意图像，如下左图所示；单击工具箱中的"缩放工具"按钮🔍，确保工具为放大状态，在画面中多次单击鼠标，即可放大图像，如下右图所示。

Photoshop还提供了一种便捷的方式来调整图像的显示比例，即通过应用程序窗口底部的状态栏进行调整。在状态栏左侧的数值框中显示了当前图像的显示比例，用户可以在该数值框中输入值来调节图像的显示比例，如下图所示。

在"首选项"对话框的"工具"选项卡中，可以设置缩放操作的属性，如下图所示。

❶用滚轮缩放：确认是否用鼠标滚轮进行缩放。

❷带动画效果的缩放：确认在缩放过程中是否带有过渡动画。勾选该项必须启用"使用图像处理器"功能。

❸缩放时调整窗口大小：确认在缩放的时候是否结合图像大小来调整窗口。

❹将单击点缩放至中心：确认视图是否以单击的位置居中显示。

技巧>>使用快捷键切换放大或缩小

按住键盘上的 Alt 键，可以在放大或缩小状态之间切换。单击工具箱中的"缩放工具"按钮🔍，如果当前状态为放大状态🔍，则按住 Alt 键时工具会变成缩小状态🔍，单击画面就可以缩小图像，释放 Alt 键后恢复放大状态；反之，在缩小状态下按住 Alt 键，工具会变成放大状态。

应用一>>使用菜单命令缩放图像

使用菜单命令也可以对图像进行放大或缩小。打开"视图"菜单，在第二分栏中列出了图像缩放的操作命令，如下图所示。

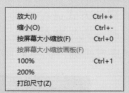

应用二>>通过拖曳鼠标放大图像

打开任意图像，单击"缩放工具"按钮🔍，使用鼠标在画面上拖曳，绘制虚线框，如下左

图所示；释放鼠标后，窗口将以拖曳的虚线框
为中心放大显示图像，如下右图所示。

2.2.6　在多个窗口查看图像

当打开多个图像时，Photoshop 便以标签
的形式进行图像的切换，要想同时查看多个图
像，就要运用本小节介绍的内容。

1. 通过菜单命令查看

打开多个图像，执行"窗口 > 排列"菜单
命令，在弹出的级联菜单中为打开的图像选择
一种排列方式即可。若执行"使所有内容在窗
口中浮动"菜单命令，则所有图像窗口都会按
照长宽比的不同在屏幕中进行排列并显示，如
下图所示。

2. 以不同排列方式查看图像

执行"窗口 > 排列"菜单命令，可弹出多
种不同排列方式的命令，执行不同的菜单命令
可将图像按不同的方式进行排列。如下左图所
示，执行"三联垂直"菜单命令，图像将以三
联垂直的方式进行排列，如下右图所示。

2.2.7　匹配缩放与匹配位置

在 Photoshop 中查看图像时，可以通过启
用"匹配缩放"和"匹配位置"功能同时查看
多张图像的不同区域。

1. 匹配缩放

"匹配缩放"就是以相同的显示比例来查
看多幅图像，可以通过"缩放工具"选项栏进
行设置，也可以通过菜单进行设置。

打开两张图像并切换至"双联垂直"排列
方式，单击工具箱中的"缩放工具"按钮 🔍，使
用"缩放工具"在画面中单击，可放大或缩小
图像。

通过"显示比例"数值框可以发现只缩放
了左边的图像，而右边的图像未改变，如下图
所示。这是因为未开启"匹配缩放"功能。

勾选"缩放工具"选项栏上的"缩放所有
窗口"复选框，然后使用"缩放工具"在左边
图像上单击进行缩放，与此同时，右边的图像
也进行了缩放，并以相同的显示比例显示出来，
如下图所示。

通过菜单也可以对图像的缩放进行匹配，
执行"窗口 > 排列 > 匹配缩放"菜单命令即可。

2. 匹配位置

匹配位置就是当图像显示超过图像窗口
时，在右侧出现的滚动条位置相同。

拖动窗口中左侧图像的垂直滚动条，显示
部分画面，如下左图所示；执行"窗口 > 排列 >
匹配位置"菜单命令，窗口中右侧图像的位置
也会随之变化，如下右图所示。

面板，可以使用"吸管工具" ✏ 在画面中单击以查看相关信息，如下图所示。

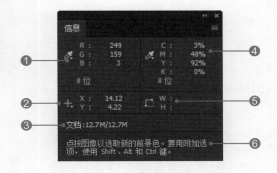

打开两幅图像，执行"窗口 > 排列 > 双联垂直"菜单命令，如下图所示。

单击"旋转视图工具"按钮 ⟳，使用鼠标在左侧图像中拖曳，旋转画面，如下图所示。

执行"窗口 > 排列 > 匹配旋转"菜单命令，右侧图像的显示效果如下图所示。

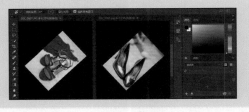

2.2.8 使用"信息"面板

"信息"面板用于反馈鼠标当前位置的颜色值（以 RGB 和 CMYK 模式显示），以及鼠标所在位置的 X、Y 坐标值和当前工具状态等其他信息。"信息"面板还显示了当前工具的有关提示和文档状态信息，并可以显示图像的位深度（8 位、16 位或 32 位）。

1. "信息"面板的使用

执行"窗口>信息"菜单命令，打开"信息"

❶跟踪实际颜色值：根据图像的实际颜色模式，显示当前鼠标所在位置的颜色值。

❷跟踪光标坐标：显示当前鼠标所在位置的X、Y 坐标值，单击可以更改测量单位。

❸工具和文档状态：显示状态信息，如文档大小、文档配置文件、文档尺寸、暂存盘大小、效率、计时及当前工具，可以在"信息面板选项"对话框中设置显示内容。

❹跟踪用户设定的颜色模式下的值：默认显示当前鼠标所在位置的 CMYK 颜色值，如果超出了可打印的 CMYK 色域，则在 CMYK 值旁边显示一个感叹号。还可设定显示 HSB、Lab 等颜色模式下的值。

❺跟踪选区或变换框的宽度和高度：显示选区或变换框的宽度和高度。

❻当前工具提示信息：工具箱中选定工具的相关提示。

2. "信息"面板选项设置

单击面板右上角的扩展按钮 ▤，在弹出的扩展面板菜单中选择"面板选项"命令，打开"信息面板选项"对话框，找到"第一颜色信息"选项组，如下图所示。

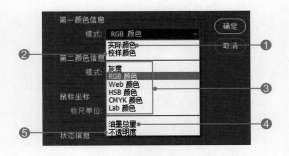

❶实际颜色：显示图像当前颜色模式下的值。
❷校样颜色：显示图像的输出颜色空间的值。

❸颜色模式：显示该颜色模式下的颜色值。

❹油墨总量：显示鼠标当前位置的所有 CMYK 油墨的总百分比。

❺不透明度：显示当前图层的不透明度。该选项不适用于"背景"图层。

在"状态信息"选项组中，可以设置在面板上显示的其他信息，如下图所示。

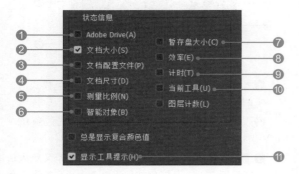

❶ Adobe Drive：显示 Adobe Drive 状态。

❷文档大小：显示有关图像中数据量的信息。

❸文档配置文件：显示当前文档的配置信息。

❹文档尺寸：显示图像的尺寸。

❺测量比例：显示文档的缩放比例。

❻智能对象：显示智能对象状态行。

❼暂存盘大小：显示有关用于处理图像的内存量和暂存盘的信息。左边的数字表示在显示所有打开的图像时，程序所占用的内存量；右边的数字表示可用于处理图像的总内存量。

❽效率：显示执行操作所花时间的百分比，而非读写暂存盘所花时间的百分比。如果此值低于100%，则 Photoshop 正在使用。

❾计时：显示完成上一次操作所花的时间。

❿当前工具：显示现用工具的名称。

⓫显示工具提示：显示当前选取工具的操作提示信息，如其快捷键等。

🌿 知识一>>RGB颜色模式

RGB 颜色模式常被称为"三基色"，或称为"加色"。三基色代表红（R）、绿（G）、蓝（B）3 种通道颜色，通过对红、绿、蓝 3 个颜色通道的操作以及它们相互之间的叠加来得

到各式各样的颜色。RGB 颜色模式几乎包括了人类视力所能感知的所有颜色，是目前运用最广的颜色系统之一。

RGB 颜色模式为图像中每个像素的 RGB 分量分配一个 0 ～ 255 范围内的强度值，将它们按照不同的比例混合，就可以在屏幕上组成 16777216 种颜色。

🌿 知识二>>CMYK颜色模式

CMYK 颜色模式也称为"减色"。CMYK 是针对印刷媒介的，即基于油墨的光吸收／反射特性，眼睛看到的颜色实际上是物体吸收白光中特定频率的光而反射其余的光的颜色。

CMYK 包括四种油墨：青色（Cyan, C），洋红色（Magenta, M），黄色（Yellow, Y），黑色（Black, K）。每种油墨可使用 0% ～ 100% 范围内的值。为最亮颜色指定的印刷色油墨颜色百分比较低，而为较暗颜色指定的百分比较高。在 Photoshop 中，准备用印刷颜色打印图像时，应使用 CMYK 颜色模式。

🐟 应用>>在"信息"面板中显示工具提示

当要查看某个工具的提示信息时，可以在"信息"面板中进行查看。

执行"窗口 > 信息"菜单命令，打开"信息"面板，单击面板右上角的扩展按钮 ，在弹出的菜单中选择"面板选项"命令，打开"信息面板选项"对话框，如下左图所示。勾选对话框底部的"显示工具提示"复选框，再单击"确定"按钮。返回"信息"面板，在面板的底部显示了用户当前所选工具的提示信息，如下右图所示。

2.3 更改图像尺寸

通常使用相机拍出来的照片尺寸非常大，如果需要将多张照片进行处理，则需要大量的空间。本节将学习如何更改图像的大小、分辨率来调节图像尺寸，以提高处理速度，节省文件的存储空间。

2.3.1 更改图像的像素大小

一般单张照片大小可达 10MB 以上，如果使用这些照片制作电子相册，并将电子相册应用于 Web 上，则需要占用很大的网络空间，使得在 Web 上浏览时需要下载大量的数据。因此，可以使用"图像大小"命令，在不损伤图像品质的情况下改变图像大小。

执行"图像>图像大小"菜单命令，打开"图像大小"对话框，如下图所示。

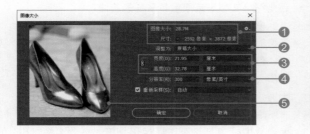

❶图像大小与尺寸：原始的图像大小与尺寸的参数。单击"尺寸"后的下三角按钮，可以选择不同的单位来查看大小，包括百分比、英寸、厘米、毫米等。

❷调整为：提供了多种预设尺寸供用户选择，包括"960×640 像素 144ppi""A4 210×297 毫米 300dpi"等。

❸宽度与高度：用于调整图像的宽度与高度。默认情况下，图像的宽度和高度是相互约束的，只要在其中一个数值框中输入参数，另一个也会随之发生改变。

❹分辨率：用于调整照片的分辨率。单击右侧的下三角按钮，可以选择分辨率单位，包括"像素／厘米""像素／英寸"等。

❺预览框：可以对照片进行预览。当鼠标移动到预览框内部时，在预览图上会出现放大与缩小工具条，单击这个工具条上的缩放按钮可以对图片进行放大或缩小，常用于检查更改尺寸后的图片有没有出现不清晰的锯齿状效果。

📖 应用一>>缩小图像的像素值

打开任意图像，执行"图像 > 图像大小"菜单命令，打开"图像大小"对话框，如下图所示。

单击"限制长宽比"按钮 ⑧，限制画面的长宽比，设置"宽度"为 800 像素，则"高度"会自动生成，如下左图所示。此时图像大小已变为了 2.51MB，单击"确定"按钮，完成更改，如下右图所示。

🎨 技巧>>USM锐化

对图像进行缩小后，会导致一些细节部分看不清楚，此时可以使用"USM 锐化"滤镜来调节图像的细节部分。执行"滤镜 > 锐化 > USM 锐化"菜单命令，然后根据需要进行设置。

📖 应用二>>使用预设大小调整图像

在"图像大小"对话框中，单击"调整为"下三角按钮，在展开的下拉列表中可以选择预设大小对图像进行调整；也可以选择"载入预设"选项，载入预设的图像大小对图像进行调整；还可以选择"存储预设"选项，对当前的图像大小设置进行存储，如左图所示。

选择不同的预设选项，在"图像大小"对话框的上方都会对图像大小、尺寸进行展示，如下图所示。

量得到大幅改善。Photoshop 提供了 7 种重新采样的方法，分别为"自动""保留细节（扩大）""两次立方（较平滑）（扩大）""两次立方（较锐利）（缩减）""两次立方（平滑渐变）""邻近（硬边缘）""两次线性"，如下图所示。下面对这几种方法进行讲解。

❶自动：Photoshop 会根据文档类型及是放大还是缩小文档来选取重新采样的方法。

❷保留细节（扩大）：选取该方法，可在放大图像时使用"减少杂色"滑块消除杂色。

❸两次立方（较平滑）（扩大）：是一种基于两次立方插值且旨在产生更平滑效果的有效图像放大方法。

❹两次立方（较锐利）（缩减）：是一种基于两次立方插值且具有增强锐化效果的有效图像缩小方法。此方法在重新采样后的图像中保留细节，但易使图像中某些区域的锐化程度过高。

❺两次立方（平滑渐变）：是一种将周围像素值分析作为依据的方法，处理速度较慢，但精度较高。"两次立方（平滑渐变）"使用更复杂的计算，产生的平滑色调渐变比"邻近（硬边缘）"和"两次线性"更为平滑。

2.3.2　图像分辨率与重新采样

通过在"图像大小"对话框的"分辨率"数值框中设置分辨率的数值，可以对图像分辨率进行调整，同时图像大小也被改变了。

假如原图像的分辨率为 300 像素 / 英寸，可在对话框中查看图像大小，在预览框内查看图像 100% 显示时的效果，如下图所示。

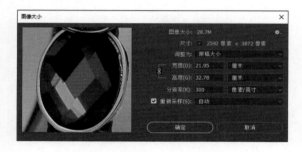

现在将"分辨率"设置为 72 像素 / 英寸，可在"图像大小"对话框中直接观察到图像变小了，预览框内图像以 100% 显示出的图像范围扩大了，如下图所示。

❻邻近（硬边缘）：是一种处理速度快但精度低的图像像素模拟方法。该方法会在包含未消除锯齿边缘的插图中保留硬边缘并生成较小的文件。但是，该方法可能会产生锯齿效果。当对图像进行扭曲或缩放，或在某个选区上执行多次操作时，这种效果会变得非常明显。

❼两次线性：是一种通过平均周围像素颜色值来添加像素的方法。该方法可生成中等品质的图像。

在"图像大小"对话框中，通过设置"重新采样"选项，可以使原本不太理想的图片质

第3章
图层

图层是处理图像信息的平台，承载了几乎所有的编辑操作，是 Photoshop 中最重要的功能之一。对于图层，读者需要掌握图层的基本操作方法、图层组的操作方法、合并图层、设置图层的混合模式、图层样式的设置等内容。Photoshop CC 2017 对"图层"面板做了调整，同时对图层样式功能进行了提升。

图层如同堆叠在一起的透明纸，透过图层中的透明区域可以看到下面图层的图像。图层最大的优势在于对图像的非破坏性编辑，不会对原始图像造成无法还原的影响。

下面先来了解一下图层可以分为哪几类，下图对多种类型的图层在"图层"面板中的显示方式进行了简单展示。

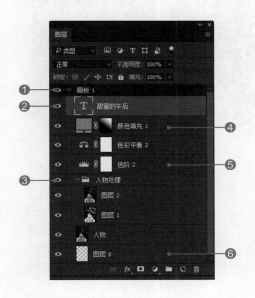

❶画板：是图层组之上的层级，是将多个文件安排在同一文档里的效果。同一个图层／图层组不能共存于两个画板中，画板与画板存在层级关系，但并无从属关系。

❷文字图层：用来承载文字。该类图层处于"激活"状态时，用户可改变文字字体、间距、颜色或其他文字属性。

❸图层组：用于对多个图层进行管理和操作，可以在图层组上对组中的所有图层的大小、位置进行调整。

❹填充图层：与调整图层类似，填充图层也不包含彩色的像素，可通过蒙版控制颜色或图案填充的范围。

❺调整图层：并不向图像文件中添加任何像素，而是用来存储改变下方图层中像素的颜色和色调的指令。

❻透明图层：可以完全不包含任何像素，处于完全透明的状态；也可以包含部分图像像素，而其他区域处于完全或部分透明的状态，从而使这些区域下的任何图像都可以通过透明区域显示出来。

3.1 "图层"面板

执行"窗口 > 图层"菜单命令，可以打开"图层"面板，其中会列出图像中的所有图层、图层组和图层效果。通过"图层"面板可以对图层进行显示和隐藏、创建新图层或对图层组进行操作。在"图层"面板的扩展面板菜单中还可以选择其他图层操作命令。

3.1.1 "图层"面板简介

下面将介绍"图层"面板（见右图）中各选项的功能。

❶图层混合模式：指定图层的混合模式，控制图层中的像素如何受绘画或编辑工具的影响。其设置方法将在 3.5.1 小节中详细介绍。

②锁定选项：包括"锁定透明像素"按钮、"锁定图像像素"按钮、"锁定位置"按钮、"防止在画板内外自动嵌套"按钮和"锁定全部"按钮，具体的设置情况将在 3.3.2 小节中详细介绍。

③眼睛图标：可以通过眼睛图标的显示或隐藏来表示图层的显示或隐藏状态。

④图层缩览图：用于查看图层上的像素效果。

⑤扩展按钮：单击扩展按钮，打开扩展面板菜单，如下图所示。在其中可以执行新建图层、复制图层、新建组、合并图层、关闭等一系列的图层操作。

⑥不透明度设置：用于图层不透明度的设置和填充不透明度的设置，具体的区别和设置将在 3.5.2 小节中详细介绍。

⑦图层样式：应用于一个图层或图层组的一种或多种图像效果，具体设置方法将在 3.5.3 和 3.5.4 小节中详细介绍。

⑧图层蒙版：是与分辨率相关的位图图像，可使用绘画或选择工具进行编辑。与图层蒙版处于相似位置的还有矢量蒙版，矢量蒙版与分辨率无关，可使用钢笔或形状工具创建。

⑨锁定图层：表示该图层处于锁定状态，不能在该图层上应用任何工具和菜单命令。

⑩图层选项按钮：各按钮的介绍如下。

▶链接图层：显示图层之间的链接情况。选择两个或两个以上的图层时才能使用。

▶添加图层样式：在选中的图层上可以添加不同的图层样式，制作出阴影、发光或浮雕等样式效果。

▶添加图层蒙版：在选中的图层上添加图层蒙版。按住 Ctrl 键单击此按钮可以创建矢量蒙版。

▶创建新的填充或调整图层：单击此按钮，可以选择多种填充或调整图层命令，创建能调整图像色调的填充或调整图层。

▶创建新组：单击此按钮，可以新建图层组。

▶创建新图层：单击此按钮，可在当前图层的上方创建新图层。

▶删除图层：单击此按钮，可删除选中图层。

应用>>修改图层视图

在"图层"面板中，单击扩展按钮，在弹出的扩展面板菜单中选择"面板选项"命令，打开"图层面板选项"对话框。在其"缩览图大小"中选中最大图标前的单选按钮，如下左图所示。单击"确定"按钮，在"图层"面板中查看设置后的图层缩览图效果，如下右图所示。

3.1.2 画板

Photoshop CC 2017 中的画板扩大了图像的编辑空间，可以在画板上布置适合不同设备和屏幕的设计，这有助于简化用户的设计流程。创建画板时，可以从各种不同的预设大小中选择，或定义自己需要的画板大小。

画板可以被视为一种特殊类型的图层组，可以将任何元素剪切到其中。画板中元素的层次结构显示在"图层"面板中，其中还有图层和图层组，但不能包含其他画板。从外观上看，画板充当了文档中的单个画布。文档中未包含在画板中的任何图层，会在"图层"面板顶部进行独立的编组，并保持未被任何画板剪切的状态。

1. 创建一个画板文档

在 Photoshop 中执行"文件 > 新建"菜单命令，在"新建"对话框中指定文档的名称，单击"移动设备"标签，展开"移动设备"选项卡，在下方单击选择一个预设，如下图所示。

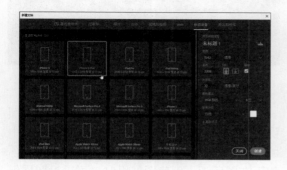

2. 将现有文档转换为画板文档

如果已经创建了标准的 Photoshop 文档，则可以将其快速转换为画板文档。选择文档中的一个或多个图层或图层组，右击所选内容，选择"来自图层的画板"命令，然后在弹出的对话框中设置画板名即可，如下图所示。

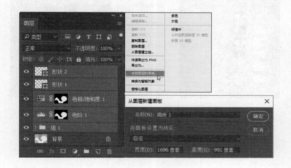

3. 添加画板到当前文档

在工具箱中长按"移动工具"按钮，在弹出的列表中选择"画板工具"，在画布上绘制画板，如下图所示。另外，还可以在工具选项栏中选择预设大小，或将画板保存为自定大小。

应用>>重命名画板以及为画板添加元素

将画板重命名，可以执行以下操作：对于选定的画板，执行"图层 > 重命名画板"菜单命令；在"图层"面板中输入画板的新名称，然后按下 Enter 键，如下图所示。

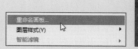

画板中可以添加的设计元素有智能对象、图层、图层组等，操作与普通图层、图层组的添加方法一致。

技巧>>在画板间移动元素

只需将元素从一个画板拖到画布上的另一个画板中即可，如下图所示。在画板之间移动元素时，Photoshop 会尝试将该元素放置在相对于标尺原点（位于画板的左上角）的相同位置。

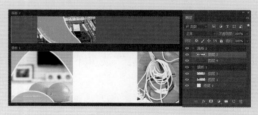

还可以使用现有画板对不在任何画板中的图层／元素进行编组。只需将画布上的元素拖到目标画板中，或者将其移动到"图层"面板中的目标画板上。

3.2 图层的基本操作

图层是 Photoshop 中重要的组成元素，如何操作图层是用户首先需要学习的内容。图层的基本操作包括图层的显示和隐藏，图层／图层组的创建，图层的选中、移动和删除等。

3.2.1 显示 / 隐藏图层

在"图层"面板中，通过对图层缩览图前的眼睛图标进行设置，可以选择性地对图层进行显示或隐藏。

1. 显示/隐藏任意一个图层

将鼠标移动到"图层"面板中任意一个图层的眼睛图标 👁 上，单击眼睛图标，该图标显示为 ▨，表示设置的图层上的像素图像全部隐藏。再次单击此处，则可以将眼睛图标显示出来，即将隐藏的图层再次显示。

2. 显示/隐藏多个图层

在"图层"面板中，按住 Shift 键单击多个图层名称，将多个图层同时选中，执行"图层 > 隐藏图层"菜单命令，可以将选中的多个图层同时隐藏；再执行"图层 > 显示图层"菜单命令，则可以将隐藏的图层再显示出来。

> **技巧>>隐藏除设置图层之外的所有图层**
> 将鼠标移动至任意一个图层的眼睛图标上，按住 Alt 键的同时单击眼睛图标，可以将"图层"面板中除单击位置所在图层之外的所有图层全部隐藏，再次单击即可将隐藏的图层显示出来。

3.2.2 图层 / 图层组的创建

图层 / 图层组的创建可以通过"图层"面板下方的按钮或"图层"菜单下的"新建"命令来实现。

1. 创建图层

执行"图层 > 新建"菜单命令，在弹出的级联菜单下选择"图层"菜单命令，如下图所示，打开"新建图层"对话框。

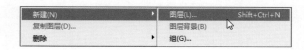

在"名称"文本框中，输入新建图层的名称；在"颜色"下拉列表框中，对图层的颜色进行设置，设置的颜色将显示在眼睛图标位置；还可以在新建图层时，对图层的"混合模式"及图层"不透明度"进行设置，如下图所示。

2. 创建图层组

选中多个图层，如下左图所示，执行"图层 > 新建 > 从图层建立组"菜单命令，如下中图所示，即可创建默认名为"组 1"的图层组，如下右图所示。创建图层组时，可以对图层组的"名称""颜色""混合模式"和"不透明度"等选项进行设置，具体设置方法请参考创建图层的相关内容。

> **应用一>>单击面板中的按钮创建透明图层**
> 在"图层"面板中，直接单击面板下方的"创建新图层"按钮 🔲，可以快速创建一个透明图层，如下图所示。

> **应用二>>创建不包含图层的图层组**
> 在"图层"面板中，单击面板下方的"创建新组"按钮 📁，可以创建一个不包含任何图层的图层组，如下图所示。

3.2.3 选择、移动和删除图层

选择、移动和删除操作是图层最基础的操作。在 Photoshop 中，执行任何操作之前都需要将要操作的图层选中；在"图层"面板中可以自由地对图层的排列顺序进行变换，图层排列顺序的不同将会影响图像的效果；对于不需要保留的图层，可以将其删除，减小文件的体积和选择图层时查找的时间。

1. 选择图层

在"图层"面板中，单击任意一个图层的名称，即可选择该图层；按住 Ctrl 键单击多个图层的名称，可以同时选中多个图层。

2. 移动图层

选择任意一个图层，执行"图层 > 排列"菜单命令，在弹出的级联菜单中可以对图层的排列顺序进行变换，如下左图所示。当选择多个图层时，可以对选中图层的排列顺序进行"反向"操作，即将选中的多个图层按相反的顺序进行排列，如下右图所示。

3. 删除图层

在"图层"面板中，选中需要删除的一个或多个图层，执行"图层 > 删除 > 图层"菜单命令，会询问用户是否要删除选中的图层，如下左图所示。若选中的图层中包括了隐藏的图层，则可以执行"图层 > 删除 > 隐藏图层"菜单命令，将弹出如下右图所示的提示对话框，询问是否将隐藏的图层删除。若要将选择的图层删除，可直接在提示对话框中单击"是"按钮；单击"否"按钮则取消操作。

 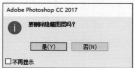

技巧>>手动拖曳图层更改顺序

在"图层"面板中，通过选中图层并对其进行拖曳，可以快速实现对图层顺序的变换。

如下图所示，拖曳"图层 1"到"图层 2"图层下方时，"图层 2"图层与"色阶 1"调整图层之间的间隙会有明显扩大，释放鼠标即可将"图层 1"图层放置在"色阶 1"调整图层之上。

另外，选中多个图层时，也可以通过拖曳的方式同时对多个图层的顺序进行改变。

应用>>从面板删除图层

在"图层"面板中，选中需要删除的图层，将其拖曳至"删除图层"按钮 上，即可对选中的图层进行删除，且不会出现提示对话框，如下图所示。

3.3 图层的编辑

对图像进行编辑的过程，就是对图层进行编辑的过程，不仅可以在图层上实现图像的复制、粘贴、锁定、链接和对齐，还可以对多个图层上的图像进行自动混合等。

3.3.1　图层的复制和粘贴

对图层进行复制和粘贴操作，既可以在同一个图像文件中进行，也可以在不同的图像文件间进行。下面分别对这两种不同类型的图层复制和粘贴操作进行介绍。

1. 同一图像文件中的复制和粘贴

将需要复制的图层选中，将其拖曳至"图层"面板下方的"创建新图层"按钮 上，如下左图所示；在拖曳的图层之上将创建图层的副本，如下右图所示。

2. 不同图像文件间的复制和粘贴

在"图层"面板中，选中需要复制的图层，执行"图层 > 复制图层"菜单命令或右击图层，在弹出的快捷菜单中选择"复制图层"命令，打开"复制图层"对话框。在其"文档"下拉列表框中可以选择图层要被复制到的位置，如下图所示。

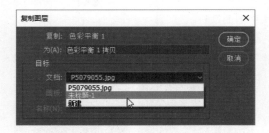

若在"文档"下拉列表框中选择"新建"选项，则可以在 Photoshop 中创建一个新的文档。如下图所示，设置新建文档的名称，单击"确定"按钮，即可将"色彩平衡 1"图层粘贴为新文档中的同名图层。

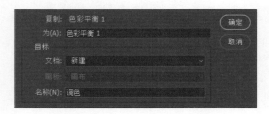

选中图层上的图像，按住 Alt 键，鼠标指针变为黑白双箭头形状 ，如下左图所示。此时 Photoshop 将自动在图像所在位置创建一个图像副本，按住鼠标左键不放，对图像副本进行拖曳，移动到画面合适位置后释放鼠标，即完成了对图像副本的移动，如下右图所示。

使用该方法创建的图像副本将自动放置在新创建的图层中。从另一个角度看，这也是图层复制和粘贴的一种方式。

3.3.2　图层的锁定

在图像的处理过程中，为了避免对图像执行误操作而造成不可恢复的后果，Photoshop 提供了图层的锁定功能，可限制用户对图层进行操作。

在"图层"面板的"锁定"选项组中提供了 5 个按钮，分别可以对图层进行透明像素的锁定、图像像素的锁定、位置的锁定、画板的锁定和全部锁定，如下图所示。

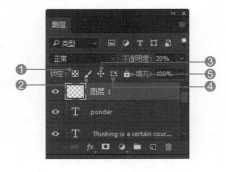

❶锁定透明像素 ：将图层上的编辑范围限制在不透明的像素区域。

❷锁定图像像素 ：防止使用绘画工具对图层上的像素进行修改。

❸锁定位置 ：防止图层上的像素被移动。

❹防止在画板内外自动嵌套 ：防止当将图层或组移出画板边缘时，图层或组在图层视图中移出画板。

⑤锁定全部🔒：防止在图层上进行任何操作。

图层的锁定方法是，选中需要锁定的图层，单击"锁定"选项组中的"锁定全部"按钮，对图层进行全部锁定。此时图层上的锁形图标显示为实心，如下左图所示。若要对图层中的部分元素进行锁定，则可单击"锁定"选项组中的其他按钮，图层上的锁形图标将显示为空心，如下右图所示。

在图层组上同样可以对图层进行锁定。如下左图所示，选择"文字"图层组，对"文字"图层组设置全部锁定，则展开图层组后，图层组中的所有图层均带有实心的锁形图标，表示不能对图层组中的图层进行编辑，如下右图所示。

🍵**应用>>图层组的收缩和展开**

在"图层"面板中对图层组进行查看时，可以通过单击图层组前的三角形图标对图层组中的图层进行收缩和展开。

当图层组前的图标为▶形状时，图层组处于收缩显示状态，单击此图标，其将显示为▼形状，同时可以将收缩的图层组展开，以便对图层组中的图层进行查看，如下图所示。

在展开的图层组前单击▼图标，可将展开的图层组进行收缩，使图层组中的图层隐藏起来。

🍵**知识>>锁定图层无法进行编辑**

对图层进行全部锁定后，使用工具箱中的任何工具都不能对图层进行编辑，若对图层进行操作，将弹出禁止对话框，如下图所示。

3.3.3 链接图层

图层的链接能够帮助用户对多个图层进行相同或重复的操作，对链接中的某一个图层进行移动或应用变换操作后，其他的链接图层将同步执行相应的操作。图层的链接与同时选定多个图层不同，链接的图层会保持关联性，直至取消它们的链接。

1. 图层的链接

在"图层"面板中，选中需要链接的图层，如下左图所示；单击面板下方的"链接图层"按钮 🔗 ，将选中的图层进行链接，图层右侧出现相应的链接图标，如下右图所示。

此时选中链接图层中的"图层 2"图层，再选择"移动工具"✛，拖曳调整图层位置，如下左图所示，在图像窗口中可以看到其他未选中的链接图层由于处于链接状态，会根据选中图层移动的位置进行移动，如下右图所示。

2. 取消图层链接

若要取消对图层的链接，则可以将需要取消链接的图层全部选中，再单击“链接图层”按钮，即可将选中的图层取消链接。

应用>>在链接图层中进行变换

在链接的图层中，选中任意图层，按下快捷键 Ctrl+T，打开自由变换编辑框，在画面中按住 Shift 键拖动右上角的节点，对图层的图像进行同比例缩放，如下左图所示。在“图层”面板中，可以看到链接的其他图层也进行了相同的等比例缩放，如下右图所示。

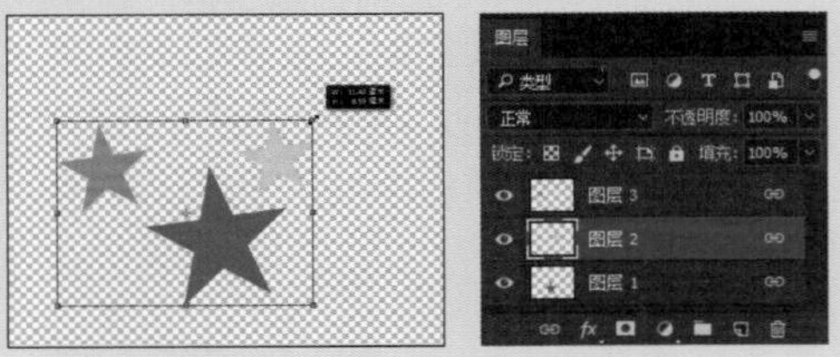

3.3.4 设置图层对齐和均匀分布图层

要设置图层的对齐或均匀分布，首先需要选择“移动工具”，再选择多个图层，然后根据需要将图层上的图像进行多种形式的对齐，或者将图层上的图像进行均匀分布。

1. 对齐不同图层上的对象

按住 Shift 键或 Ctrl 键的同时选中多个图层，再在选项栏中查看设置图层对齐的按钮。

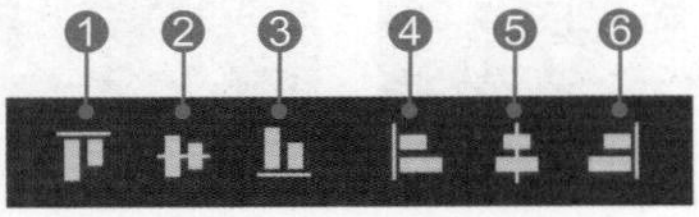

❶顶对齐：将选定图层上的最顶端像素与其他所有选定图层上的最顶端像素对齐，或与选区边界的顶边对齐。

❷垂直居中对齐：将选定图层上的垂直中心像素与其他所有选定图层上的垂直中心像素对齐，或与选区边界的垂直中心对齐。

❸底对齐：将选定图层上的最底端像素与其他所有选定图层上的最底端像素对齐，或与选区边界的底边对齐。

❹左对齐：将选定图层上的最左端像素与其他所有选定图层上的最左端像素对齐，或与选区边界的左边对齐。

❺水平居中对齐：将选定图层上的水平中心像素与其他所有选定图层上的水平中心像素对齐，或与选区边界的水平中心对齐。

❻右对齐：将选定图层上的最右端像素与其他所有选定图层上的最右端像素对齐，或与选区边界的右边对齐。

2. 均匀分布图层/图层组

将需要进行均匀分布的多个图层或图层组选中，再单击选项栏中均匀分布的按钮，共有 6 种分布方式。

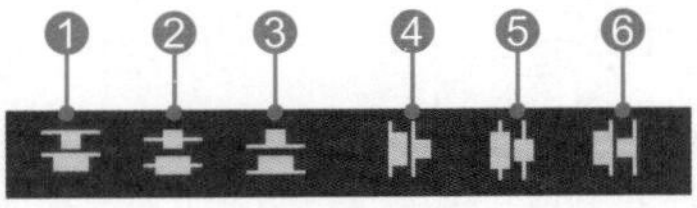

❶按顶分布：从每个图层的顶端像素开始，均匀地分布图层。

❷垂直居中分布：从每个图层的垂直中心像素开始，均匀地分布图层。

❸按底分布：从每个图层的底端像素开始，均匀地分布图层。

❹按左分布：从每个图层的左端像素开始，均匀地分布图层。

❺水平居中分布：从每个图层的水平中心像素开始，均匀地分布图层。

❻按右分布：从每个图层的右端像素开始，均匀地分布图层。

技巧>>查看图像变换区域

对多个图层进行对齐或分布时，通过选择选项栏中的“显示变换控件”复选框，可以显示需要进行对齐或分布图层上的图像区域。另外，在“图层”面板中选中多个图层（包括隐藏图层），设置图层的对齐或分布时，隐藏图层也会进行相应的变换。

应用—>>通过菜单命令设置图层的对齐

对多个图层的图像进行对齐时，选中多个图层后，在“图层 > 对齐”级联菜单中，可以选择图层的对齐方式，如下图所示，设置效果与通过选项栏设置的相同。

应用二>>通过菜单命令设置图层的分布

对多个图层的图像进行均匀分布时，选中多个图层后，在"图层 > 分布"级联菜单中，可以选择图层的分布方式，如下图所示，设置效果与通过选项栏设置的相同。

3.3.5 自动对齐图像图层

在 Photoshop 的"移动工具"选项栏中，单击"自动对齐图层"按钮■，可以将不同图层上的相似像素进行自动对齐。

使用"自动对齐图层"功能可以指定一个图层作为参考图层，也可以让 Photoshop 自动选择参考图层，其他图层将与参考图层对齐，以便匹配的内容能够自行叠加。用户可以用下面几种方式对图像进行组合。

方法 1：替换或删除具有相同背景的图像区域。对齐图层后，使用蒙版或混合模式可以将每个图层的部分内容组合到一个图像中。

方法 2：将共享重叠内容的图像缝合在一起。

方法 3：针对静态背景拍摄的视频帧，可以将帧转换为图层，然后添加或删除跨越多个帧的内容。

将需要自动对齐的多个图层选中，单击"自动对齐图层"按钮■或执行"编辑 > 自动对齐图层"菜单命令，打开"自动对齐图层"对话框，如下图所示。

❶投影：对图像的对齐方式进行设置。

▶自动：Photoshop 将分析源图像并应用"透视"或"圆柱"版面，视较好的一种效果进行创建。

▶透视：通过将源图像中的一个图层指定为参考图层来创建一致的复合图像，然后变换其他图层，以便匹配图层的重叠内容。

▶拼贴：对齐图层并匹配重叠内容，不更改图像中对象的形状。

▶圆柱：通过在展开的圆柱上显示各个图层来减少在"透视"版面中会出现的"领结"扭曲。各图层的重叠内容仍会进行匹配。参考图层将居中放置。该版面最适合于创建宽全景图。

▶球面：将图像与宽视角对齐。指定某个源图层作为参考图层，并对其他图层执行球面变换，以便匹配重叠内容。

▶调整位置：对齐图层并匹配重叠内容，但不会变换任何源图层。

❷镜头校正：自动校正镜头所产生的缺陷。

▶晕影去除：对导致图像边缘比图像中心暗的镜头缺陷进行补偿。

▶几何扭曲：补偿桶形、枕形或鱼眼失真。

应用>>重叠图像与使用Photomerge创建全景图

将共享重叠区域的多个图像缝合在一起，可以创建全景照片，但是使用 Photomerge 命令会有更好的效果。

3.4 管理图层

之前学习了图层的创建和基本的编辑操作，而通过图层的栅格化、合并和拼合等操作，用户还可以减少图像文件占用的存储空间。本节将介绍如何对图层和图层组进行管理。

3.4.1　修改图层/图层组名称

对于图层/图层组的管理，最基础的操作就是对图层/图层组的名称进行修改。为图层/图层组设置能够反映图层/图层组中内容的名称，可使图层/图层组在面板中更易于识别。

修改图层/图层组名称时，有下面2种方法供用户选择。

方法1： 在"图层"面板中，双击图层名称或组名称，然后输入新名称，按 Enter 键确认。

方法2： 选择一个图层或图层组，执行"图层>重命名图层"或"图层>重命名组"菜单命令，然后在"图层"面板中重新输入图层名或图层组名，按 Enter 键确认。

> **技巧>>快速查找图层**
>
> 在"图层"面板中，对于每一个图层和图层组，均可以对其设置不同的颜色进行标记。通过对图层和图层组设置标记颜色，在"图层"面板中就能够快速地找到相关的图层。要为图层或图层组设置标记颜色，可右击图层，在弹出的菜单下方选择相应颜色即可。

3.4.2　栅格化图层

在包含矢量数据（如文字图层、形状图层、矢量蒙版或智能对象）和生成的数据（如填充图层）的图层上，不能使用绘画工具或滤镜命令。如果需要对以上图层进行进一步的操作，则必须将这些图层栅格化，将其内容转换为平面的光栅图像。

选中需要栅格化的图层，执行"图层>栅格化"菜单命令，在其级联菜单中根据选中图层的属性进行进一步的选择，如下图所示。

（1）**文字：** 栅格化文字图层上的文字。该操作不会栅格化图层上的任何其他矢量数据。

（2）**形状：** 栅格化形状图层。

（3）**填充内容：** 栅格化形状图层的填充，同时保留矢量蒙版。

（4）**矢量蒙版：** 栅格化图层中的矢量蒙版，同时将其转换为图层蒙版。

（5）**智能对象：** 将智能对象转换为栅格图层。

（6）**视频：** 将当前视频帧栅格化为图像图层。

（7）**3D：** 将3D数据的当前视图栅格化成平面栅格图层。

（8）**图层样式：** 栅格化图层中的图层样式，并与图层中的图像合并。

（9）**图层：** 栅格化选定图层上的所有矢量数据。

（10）**所有图层：** 栅格化包含矢量数据和生成的数据的所有图层。

> **应用>>通过快捷菜单进行栅格化**
>
> 在"图层"面板中，选中文字图层或其他包含矢量数据的图层，右击图层，在弹出的快捷菜单中将会出现栅格化图层的相关命令。例如，如果选中的是文字图层，则会出现"栅格化文字"菜单命令，如下左图所示；如果选中的图层带有矢量蒙版，则可通过"栅格化图层"命令对图层进行栅格化，如下右图所示。
>
>

3.4.3　合并和拼合图层

结束一系列图层的操作后，如果不再需要保持分层的激活状态，则可以对图层进行合并或拼合。合并或拼合图层不仅能够减少图层的数目，还能够减少图像文件所占的存储空间。

1. 合并

合并是指将选中的图层合并到一个图层中，所以透明区域的交叠部分都会保持透明。选中多个图层，执行"图层>合并图层"菜单命令，即可将选中的图层合并到一个图层中，如下图所示。

在"图层"面板中,如果包含有隐藏图层,则执行"图层 > 合并可见图层"菜单命令后,选中的所有可见图层会被合并到一个图层中,而隐藏图层将不会被合并,如下图所示。

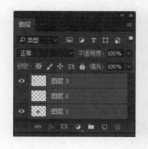 

2. 拼合

当"图层"面板中包含隐藏图层时,执行"图层 > 拼合图像"菜单命令,可见图层将被合并到"背景"图层中,并弹出一个警告对话框,提醒用户隐藏的图层将被删除,如下图所示。单击"确定"按钮,可以将隐藏的图层删除;单击"取消"按钮,将不对图层进行拼合。

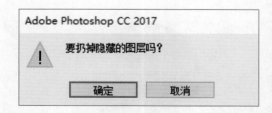

> 技巧>>合并和拼合图层的关键
>
> 在"图层"面板中,若选中单一的图层,则可以通过按快捷键 Ctrl+E,将选中图层进行向下合并;若选中图层的下一图层是隐藏的,那么将不能进行向下合并。若通过"拼合图像"命令对图层进行拼合后,先关闭该图像再打开,则图像不能恢复到未拼合时的状态。

3.4.4 图层的盖印

盖印图层操作可以将多个图层的内容合并到一个新的目标图层中,而这多个图层的原始信息将完好保存。

1. 盖印多个图层

盖印图层将根据选中图层的图像效果,创建一个新的图层,该图层包含所有选中图层的图像。选中多个需要盖印的图层(可以是链接图层),如下左图所示;按下快捷键 Ctrl+Alt+E,可以将选中的多个图层盖印到一个新图层中,如下右图所示。

2. 盖印可见图层

在"图层"面板中选择最上方的图层,按下快捷键 Shift+Ctrl+Alt+E,可以实现可见图层的盖印,此时 Photoshop 会在面板顶部新建一个图层,并将所有图像像素合并到新建的图层中,如下图所示。

> 应用>>确定盖印可见图层的位置
>
> 在"图层"面板中选中任意一个图层,按下快捷键 Shift+Ctrl+Alt+E,即可在选中图层之上自动创建一个图层,它包含所有可见图层的图像内容,如下图所示。

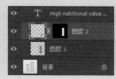 

3.5 图层的应用

在图层的应用中，可以为选中图层设置图层混合模式、不透明度及图层样式，以丰富图像效果。具体处理的时候，通过调整图层混合模式，可以对图像颜色进行相加或相减，或者对图像进行色彩的变换；通过调整图层的不透明度，可以将图像元素逐渐透明化；在图层上添加样式，不仅可以丰富图像的颜色，还可以为图像制作立体、发光和纹理等效果。

3.5.1 调整图层混合模式

图层混合模式决定了当前图层中的像素如何与下一图层中的像素混合。通过设置图层混合模式，可以创建多种特殊效果。

对图层混合模式的设置可直接在"图层"面板的"混合模式"下拉列表框中进行，如下图所示。

正常　　　　　　不透明度：100%

下面介绍图层混合模式的各种效果。

（1）正常：编辑或绘制每个像素，使其成为结果色，如下图所示。这是默认模式。（在处理位图图像或索引颜色图像时，"正常"模式也称为阈值。）

（2）溶解：编辑或绘制每个像素，使其成为结果色，但会根据像素位置的不透明度，由基色或混合色的像素随机替换结果色，如下图所示。

（3）变暗：查看每个通道中的颜色信息，并选择基色或混合色中较暗的颜色作为结果色，替换比混合色亮的像素，而比混合色暗的像素将保持不变，如下图所示。

（4）正片叠底：查看每个通道中的颜色信息，并将基色与混合色进行正片叠底，如下图所示。任何颜色与黑色正片叠底会产生黑色；任何颜色与白色正片叠底，颜色将保持不变。

（5）颜色加深：查看每个通道中的颜色信息，并通过增加对比度使基色变暗，以反映混合色，如下图所示。与白色混合将不会产生变化。

（6）线性加深：查看每个通道中的颜色信息，并通过减小亮度使基色变暗，以反映混合色，如下图所示，与白色混合将不会产生变化。

（7）深色：比较混合色和基色的所有通道值的总和并显示值较小的颜色，如下图所示。"深色"模式不会生成第 3 种颜色（可以通过"变暗"模式混合获得），因为它将从基色和混合色中选择最小的通道值来创建结果颜色。

（8）变亮：查看每个通道中的颜色信息，并选择基色或混合色中较亮的颜色作为结果色，替换比混合色暗的像素，而比混合色亮的像素将保持不变，如下图所示。

（9）滤色：查看每个通道中的颜色信息，并将混合色的互补色与基色进行正片叠底，结果色总是较亮的颜色，如下图所示。用黑色过滤时颜色保持不变，用白色过滤时将产生白色。

（10）颜色减淡：查看每个通道中的颜色信息，并通过减小对比度使基色变亮，以反映混合色，如下图所示。与黑色混合将不会发生变化。

（11）线性减淡（添加）：查看每个通道中的颜色信息，并通过增加亮度使基色变亮，以反映混合色，如下图所示。与黑色混合将不会发生变化。

（12）浅色：比较混合色和基色的所有通道值的总和，并显示值较大的颜色，如下图所示。"浅色"模式不会生成第 3 种颜色，因为它将从基色和混合色中选择最大的通道值来创建结果颜色。

（13）叠加：对颜色进行正片叠底或过滤，具体取决于基色，如下图所示。此效果中，图案或颜色将在现有像素上叠加，同时保留基色的明暗对比，不替换基色，但基色会与混合色相混，以反映原色的亮度或暗度。

（14）柔光：使颜色变暗或变亮，具体取决于混合色，如下图所示。此效果与发散的聚光灯照在图像上相似。

（15）强光：对颜色进行正片叠底或过滤，具体取决于混合色，如下图所示。此效果与耀眼的聚光灯照在图像上相似。

（16）亮光：通过增加或减小对比度来加深或减淡颜色，具体取决于混合色，如下图所示。

（17）线性光：通过减小或增加亮度来加深或减淡颜色，具体取决于混合色，如下图所示。

（18）点光：根据混合色来替换颜色，如下图所示。

（19）实色混合：将混合颜色的红色、绿色和蓝色通道值添加到基色的 RGB 值，这会将所有像素更改为原色：红色、绿色、蓝色、青色、黄色、洋红、白色或黑色，如下图所示。

（20）差值：查看每个通道中的颜色信息，并从基色中减去混合色，或从混合色中减去基色，具体取决于哪一个颜色的亮度值更大，与白色混合将反转基色值，与黑色混合则不会产生变化，如下图所示。

（21）排除：创建一种与"差值"模式相似、但对比度更低的效果，与白色混合将反转基色值，与黑色混合则不发生变化，如下图所示。

（22）减去：查看每个通道中的颜色信息，并从基色中减去混合色，如下图所示。

（23）划分：查看每个通道中的颜色信息，并从基色中划分混合色，如下图所示。

（24）色相：用基色的明亮度、饱和度及混合色的色相创建结果色，如下图所示。

（25）饱和度：用基色的明亮度、色相及混合色的饱和度创建结果色，如下图所示。

（26）颜色：用基色的明亮度及混合色的色相、饱和度创建结果色，如下图所示。这样可以保留图像中的灰阶，便于给单色图像上色和给彩色图像着色。

（27）明度：用基色的色相、饱和度及混合色的明亮度创建结果色，如下图所示。此模式能创建与"颜色"模式相反的效果。

📖 知识>>了解混合模式中提到的几个概念

　　基色是图像中的原稿颜色。混合色是通过绘画或编辑工具应用的颜色。结果色是混合后得到的颜色。

3.5.2　调整不透明度

　　在"图层"面板中，可以分别对图层的不透明度和填充的不透明度进行设置。图层不透明度用于设置图层遮蔽或显示其下方图层的程度，而填充不透明度用于设置绘制的像素或图层上绘制的形状的不透明度。

1. 调整图层不透明度

　　在"不透明度"数值框中直接输入数值或拖曳"不透明度"弹出式滑块，可设置不透明度的值。不透明度为 1% 的图层看起来几乎是透明的，而不透明度为 100% 的图层显得完全不透明。设置填充颜色的图层不透明度分别为 75% 和 25% 的图像效果如下图所示。

2. 调整填充不透明度

　　如果图层包含使用投影效果绘制的形状或文本，则可调整填充不透明度，以便在不更改阴影不透明度的情况下，更改形状或文本自身的不透明度。

　　调整图层的填充不透明度为 100% 和 30% 的图像效果如下图所示，为图层添加的投影效果并不会根据填充不透明度的变化而变化。

🌸 技巧>>不透明度选项为灰色

　　在进行图像设置时，会发现某些图层的不透明度选项显示为灰色，不能进行编辑，这些图层包括"背景"图层、锁定图层及被隐藏的图层。如果需要对"背景"图层或锁定图层更改不透明度，可以将"背景"图层转换成支持不透明度的常规图层。

3.5.3　使用"样式"面板

　　Photoshop 提供了一个"样式"面板，可用于创建多种类型的样式。执行"窗口>样式"菜单命令，打开"样式"面板，即可通过预设样式为图像添加多种类型的样式效果。

　　在"样式"面板中单击扩展按钮▤，在打开的菜单中可以查看 Photoshop 预设的各类样式库。选择样式库名称，可以将选中的样式库添加至"样式"面板的预览窗口中。例如选择"Web 样式"，则会弹出警示对话框，询问用户是否用新样式库中的样式对当前样式进行替换，如下图所示。若要替换当前样式，直接单击"确定"按钮即可；若单击"追加"按钮，则会将选中样式库中的样式添加到当前样式之后。

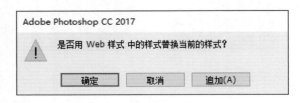

下左图所示为使用"Web 样式"对当前样式进行替换后的面板效果，下右图所示为使用"Web 样式"对当前样式进行追加后的面板效果。

应用一>>恢复到预设的面板状态

在"样式"面板中，对多个样式库进行替换和追加后，面板中就存放了大量的样式，对样式的选择也变得很不方便。此时可执行扩展面板菜单中的"复位样式"命令，将面板中的样式恢复为初始状态，如下图所示。

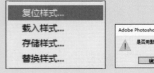

应用二>>为图层添加预设的样式

先选中需要添加样式的图层，再在"样式"面板中单击预设样式的缩览图，即可为选中的图层添加相应样式。

3.5.4 添加自定义图层样式

用户不仅可以通过"样式"面板中的预设样式为图层添加样式，还可以通过"图层样式"对话框为图层添加自定义样式。

在"图层"面板中，选中需要添加图层样式的图层，单击面板下方的"添加图层样式"按钮 fx，选择相应命令，打开"图层样式"对话框，如下图所示。在该对话框中，可以对图层的混合选项、投影、内阴影、外发光、内发光、斜面和浮雕、光泽、颜色叠加、渐变叠加、图案叠加及描边等样式进行设置。

在左侧的样式列表中单击样式名，然后在右侧进行相应的选项设置。如果样式前的复选框处于选中状态，则表示已经为图层添加了该样式。

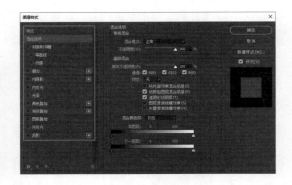

（1）斜面和浮雕：为图层添加高光与阴影的各种组合。

（2）描边：使用颜色、渐变或图案在当前图层上描画对象的轮廓。它对硬边形状（如文字）特别有用。

（3）内阴影：在紧靠图层内容的边缘内侧添加阴影，使图层具有凹陷外观。

（4）外发光和内发光：添加从图层内容的外边缘或内边缘发光的效果。

（5）光泽：为图像添加逼真的光泽质感。

（6）颜色、渐变和图案叠加：用颜色、渐变或图案填充图层内容。

（7）投影：在图层内容的下面添加阴影。

1. 混合选项

在"图层样式"对话框中，"混合选项"用于控制图层之间的相互影响。

在其"常规混合"选项组中，可以改变图层的"混合模式"和"不透明度"，这些选项的修改将会在"图层"面板上同步显示出来，如下图所示。

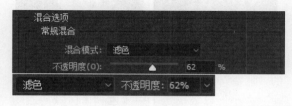

"高级混合"选项组中的设置相对复杂，它可以从图层中移去区域或使区域变得透明，这将使黑色或白色区域透明；若按下 Alt 键并单击"混合颜色带"下方的滑块以将其分开，可以分别控制混合效果对于当前图层或下方图层的影响。在"高级混合"选项组的上部，通过调整"填充不透明度"滑块，可在不降低整个图层不透明度的前提下，减少图层"填充物"的不透明度。

2. 阴影和发光

和大多数图层样式中的效果一样，阴影和发光是靠复制图层内容的轮廓实现的。不管是像素、文本、形状、图层蒙版，还是图层的剪贴路径或它们的组合，都是如此。

设置阴影和发光效果都是使复制的内容模糊，不同的是，阴影能够平移，且只能使用纯色，如下左图所示；而发光是向各个方向均匀地辐射，且可以使用渐变色，如下右图所示。

3. 距离和角度

在投影效果中，"距离"选项用于控制投影的平移距离，可以通过拖曳滑块，或者直接在数值框中输入数值，或者通过键盘上的上、下方向键等方式改变平移的距离。下图所示为在画面中将投影进行水平拖曳，此时"图层样式"对话框中的"距离"选项将自动变换。

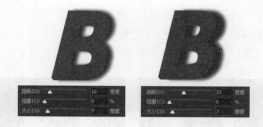

"角度"选项用于控制投影效果或者其他效果中光源的位置，如下图所示。若选中"使用全局光"复选框，则更改任意一个效果中的光照角度时，所有效果中的角度都会随之发生改变（不仅是正在编辑的图层，而是图像文件中所有设置了"使用全局光"的图层样式）。

4. 混合模式、颜色和渐变

在对投影和发光颜色进行设置时，投影和发光效果都可以是暗的或亮的，这取决于选择的颜色和混合模式。在默认情况下，投影的混合模式为"正片叠底"，而发光的混合模式为"滤色"，如下图所示。

在发光效果中，可以通过渐变色中的颜色和透明度的组合，完成一些多色的辐射效果。发光有 3 个附加的控制选项，分别为"杂色""抖动"和"范围"。

（1）杂色：提供了明暗随机变化的图案，可以防止在打印时产生明显的黑边。下图所示分别是设置"杂色"为 30% 和 100% 时的外发光效果。

（2）抖动：将渐变色中的像素混合起来，使颜色过渡区不至于太明显。下图所示分别是设置"抖动"为0%和50%时的外发光效果。

（3）范围：控制发光效果中渐变色应用的范围。设置的数值越小，发光边缘的效果越清晰；设置的数值越大，发光边缘的效果越模糊。下图所示分别是设置"范围"为1%和100%时的外发光效果。

5．内部和外部的区别

外部效果是从图层内容边缘向外部延伸，而内部效果发生在边缘的内部。内发光就像光源从边缘向内辐射，而外发光可以想象为光源从中心向外辐射色彩，而且强度随着距离的增大而减小。下左图所示为内部效果，下右图所示为外部效果。

6．大小、扩展和阻塞

在投影和发光中，"大小"决定了产生投影和发光效果的填充色副本的模糊量。数值越大，投影和发光的模糊程度越大，也越能融合到周围的透明区域中。下左图所示是设置"大小"为15%时的内发光效果，下右图所示是设置"大小"为50%时的内发光效果。

"扩展"和"阻塞"与"大小"参数相互影响，增大投影效果中的"扩展"参数或发光效果中的"阻塞"参数，可以使效果更稠密或更集中；而"大小"参数决定了由颜色稠密区域向透明区域过渡的范围，控制过渡位置和渐变速度。

7．等高线

在投影和发光等效果中设置"等高线"选项，可重新规划模糊所产生的中间色调和色彩。

默认情况下，"等高线"选项为线性45°直线，色调和颜色将和轮廓线所产生的一样，从轮廓逐渐向外由不透明变为透明（内发光效果中，渐变将由外向内逐渐发生变换）。单击"等高线"选项右侧的下三角按钮，打开"等高线"拾色器，可以查看预设的多种等高线选项，如下图所示。

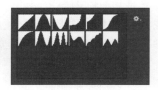

如果选择了其他形式的等高线，中间色调将根据选取的曲线变化，通过采用具有几个峰谷的等高线，可以得到精致的发光或阴影的边缘。

8．光泽

光泽效果是由两个图层内容轮廓的复制、相交而产生的，并对复制的图像进行模糊、平移和反射处理。光泽效果用于模拟内部反射或丝绸的表面效果。

9．描边

对于描边效果来说，"大小"选项是指轮廓周围描边的宽度，"位置"选项决定了描边的宽度处于图像的内部、中间还是外部；描边可以用颜色、图案或渐变色填充，这取决于"填充类型"选项的设置。

10. 斜面和浮雕

斜面和浮雕效果中的选项相对比较复杂，也更具有挑战性，如下图所示。此样式通过创建高光和阴影效果来模拟斜面的底纹，需要平移和修改灰度值和亮度，并通过对边缘图像的混合设置来产生斜面的效果。

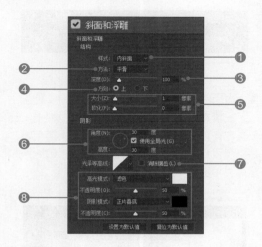

❶样式：控制斜面的位置，设置斜面在对象的外部、内部或在描边上的浮雕效果。默认情况下，"样式"选项为"内斜面"。下图分别展示了选择不同样式时得到的图像效果。

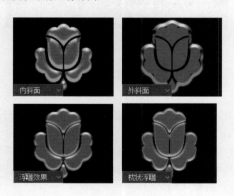

❷方法：用于控制斜面和浮雕产生的斜面的平滑效果。默认设置为"平滑"，产生最平滑的斜面效果，"雕刻清晰"产生明晰的陡峭斜面效果，而"雕刻柔和"是对陡峭斜面进行适当的模糊处理。下图分别是设置"方法"为"雕刻清晰"和"雕刻柔和"的效果。

❸深度：用于控制斜面两边的陡峭程度。较大的"深度"参数值增强了高光和阴影区域的色调对比度，使浮雕效果更明显。下图分别是设置"深度"为 100% 和 500% 的效果。

❹方向：默认设置为"上"，将对象从表面凸出；而"下"表示将对象表面进行深陷。下图分别是设置"方向"为"上"和"下"的效果。

❺大小和软化：这两个选项能够控制浮雕斜面的宽度和浮雕效果的模糊程度，通常是相互结合使用，如下图所示。

❻阴影：该选项组中，对于光源角度和全景光的设置与其他效果中光源的设置方法基本相同。"角度"用于控制高光与阴影的光线方向；"高度"用于控制光域离表面的高度，设置的"高度"值越大，表面看起来越有光泽，下左图为"高度"值较小时得到的图像效果，下右图为"高度"值较大时得到的图像效果。

❼光泽等高线：可以重绘高光和阴影的色调，使表面的光泽度数增加或减少。"光泽等高线"选项还可以用多个高亮模拟非常有光泽的表面。

❽高光、阴影的模式和不透明度：用于对斜面高光和阴影的模式、颜色和不透明度进行控制。

勾选左侧"斜面和浮雕"选项下的"等高线"和"纹理"复选框，可以显示为斜面指定弧度或添加纹理效果的选项，如下图所示。

❶等高线：用于设置斜面的弧度效果。在"等高线"拾色器中选择设置斜面弧度的色调变换，而"范围"滑块用于控制斜面弧度被削弱的程度。"范围"值越小，则斜面的弧度越小，而且离图层内容轮廓越远，如下左图所示。

❷纹理：可以浮雕化图案，如下右图所示。图案是从"图案"拾色器中选择的，设置为纹理的图案后，可通过图案的光线明暗来模拟表面的凸起和凹陷效果。

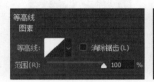 

在设置内斜面的浮雕上，图案出现在图层内容轮廓的内部；在设置外斜面的浮雕上，图案出现在图层内容轮廓的外部；对于描边效果来说，图案仅出现在描边的宽度之内。

应用一>>为图层快速添加图层样式

在需要添加图层样式的图层上双击（避开图层名称），即可打开"图层样式"对话框，并选中"混合选项"。

技巧一>>半三角滑块的拖曳

在"混合颜色带"选项组中，可通过拖曳完整的三角形滑块对相邻两个图层的颜色区域进行混合，也可以按住 Alt 键不放，拖曳半三角形滑块控制混合效果，设置图像的半透明区域，将下一图层的部分颜色区域显示出来，如下图所示。

应用二>>取消全局光的应用

在投影、内阴影、斜面和浮雕、光泽等图层样式中，均可对光源的角度进行设置。系统默认的光源角度为30°，并且会选中"使用全局光"复选框，用户可取消选中"使用全局光"复选框，如下图所示。

应用三>>设置图层样式中的颜色

在设置混合模式、颜色和渐变的过程中，若要选取颜色，可以直接在对话框中单击颜色块，将拾色器打开，选择合适的颜色，如下图所示。然后再单击"确定"按钮。

技巧二>>喷洒效果的实现

选择"外发光"样式，对图形的轮廓进行发光设置时，将外发光的颜色设为纯色，调整发光的抖动效果时，外发光效果并不会发生改变。若使用渐变色设置外发光效果，通过调整"抖动"值可以设置色彩的喷洒效果。数值越大，喷洒的强度越大。

应用四>>设置文字的荧光效果

使用"横排文字工具"，输入大写字母 J，在"图层样式"对话框的"混合选项"中设置填充不透明度为0%，为文字图层添加图层样式，如下图所示。

选中"外发光"样式，按下图所示设置各项参数，并调整发光颜色为 R10、G4、B254。

选择"内发光"样式，保持"结构"选项组中的参数不变，按下左图所示设置"阻塞"和"大小"参数。

选择"描边"样式，为文字添加 2 像素的描边，得到荧光效果文字，如下右图所示。

应用五>>通过等高线设置发光色调变换

设置前景色为 R132、G0、B152，使用"形状工具"绘制一个花朵形状图层，并按下图所示为其添加"内发光"样式。

使用默认的"等高线"参数设置内发光效果，如下图所示。

打开"等高线"拾色器，选择其他等高线时，内发光效果如下图所示。

应用六>>用等高线增强金属文字效果

使用"横排文字工具"添加文字，调整文字颜色为 R255、G68、B206，并为文字添加"斜面和浮雕"样式，选项设置如下图所示。

设置文字的斜面和浮雕效果如下图所示。

在对话框左侧的"斜面和浮雕"选项下选择"等高线"，设置等高线的类型为▲，设置等高线的"范围"为 80%，文字效果如下图所示。

技巧三>>描边浮雕的限制

在"斜面和浮雕"样式中，设置"样式"为"描边浮雕"之前，若没有为对象设置描边效果，那么浮雕效果并不能在画面中体现出来。此时应按下图所示为对象添加描边后，再设置"描边浮雕"效果。

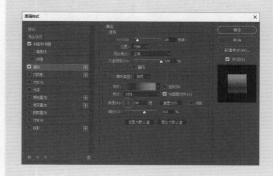

技巧四>>浮雕斜面的方向

在设置浮雕的"方向"选项时，选择"上"的浮雕效果并不一定就是从表面凸起，这里凸起的衡量还需要参考阴影选项中高光和阴影的颜色设置。若将高光和阴影的颜色交换，那么设置"方向"为"上"时，实际显示的效果是表面深陷的效果。所以，设置浮雕的凹凸效果需要预先考虑高光和阴影的颜色设置。

技巧五>>软化斜面和浮雕

通过"大小"对斜面和浮雕的宽度进行设置时，若设置了较大的数值，则不管在"软化"选项中设置何种数值，浮雕效果均不会发生变化。这是因为在添加斜面和浮雕的对象内部对浮雕的宽度显示已经达到极限，并自动进行了斜面的平滑处理，所以"软化"的设置并不能直观地表现出来。此时适当降低"大小"值后再进行设置，即可发现其变化的规律。

3.5.5 编辑图层样式

通过"图层"面板添加图层样式后，可以对图层样式重新进行编辑，设置图层样式的显示和隐藏效果。另外，还能够对图层样式进行复制、粘贴和清除等操作。

1. 重新编辑图层样式

在"图层"面板中，双击已添加图层样式的图层空白位置，打开"图层样式"对话框，默认选中"混合选项"，如下左图所示。若双击添加的图层样式名称，则弹出的对话框将显示相应图层样式的选项，如下右图所示。

2. 显示和隐藏图层样式

在添加了图层样式的图层上，单击"效果"前的眼睛图标 ，可以将添加在该图层上的所有图层样式效果隐藏，如下左图所示。若单击图层样式名称前的眼睛图标，则只隐藏选中的样式，如下右图所示。

3. 复制和粘贴图层样式

对于添加到图层中的图层样式，可以将其复制并粘贴到其他任意图层中。右击图层下方已添加的图层样式，在弹出的快捷菜单中选择"拷贝图层样式"命令，然后在需要添加相同样式的图层上右击，在弹出的快捷菜单中选择"粘贴图层样式"命令，即可快速复制和粘贴样式，如下图所示。

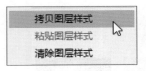
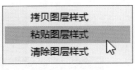

4. 清除图层样式

若要删除图层上添加的图层样式，可以右击图层样式，在弹出的快捷菜单中选择"清除图层样式"命令，将图层上的图层样式全部清除，如下左图所示；也可以直接拖曳"效果"名称至"删除图层"按钮 上，如下右图所示，将图层上的图层样式全部清除。

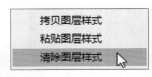

若只需要删除图层上的某一个样式，可以单独选中需要清除的图层样式，并将其拖曳至"删除图层"按钮 上，删除该样式。

例如，选中文字图层下的"颜色叠加"样式，并拖曳至"删除图层"按钮 上，如下左图所示。释放鼠标后，可以看到"颜色叠加"样式被删掉了，如下右图所示。

应用>>收缩和展开图层样式

在"图层"面板中，默认情况下，为图层添加图层样式后，在图层下方将列出为该图层添加的所有图层样式。若添加的样式过多，为方便对图层的查找，可以单击图层右端的上三角按钮，收缩图层下的图层样式，如下图所示。

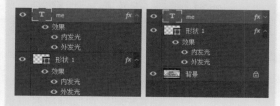

⭐ 技巧>>通过鼠标复制图层样式

选中需要复制的图层样式，按住 Alt 键的同时，将图层样式拖曳至需要粘贴的图层名上并释放鼠标，即可将拖曳的图层样式粘贴到相应的图层中，如下图所示。

3.5.6 图层样式的重复添加

Photoshop CC 2017 对图层样式的添加进行了改变，多种图层样式可以在同一图层中叠加，同一样式最多可以叠加 10 次。通过叠加图层样式的方式，可以避免图像产生噪点、水波纹等瑕疵。

叠加图层样式的设置方法非常简单，在"图层样式"对话框左侧选择需要添加的图层样式，单击其后的 ➕ 按钮，即可重复添加该图层样式，如下图所示。

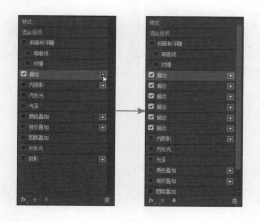

上图中，重复添加了"描边"图层样式，单击添加的"描边"选项，在对话框右侧设置参数，即可对描边的效果进行改变与加强，如下图所示。

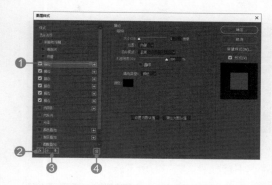

❶ "添加"按钮 ➕：单击此按钮，可添加对应的图层样式到指定图层上。该按钮可连续单击，实现样式的反复添加。

❷ "图层样式"按钮 fx：单击此按钮，在弹出的列表中可对左侧的图层样式进行选中或调整，包括复位，如下图所示。

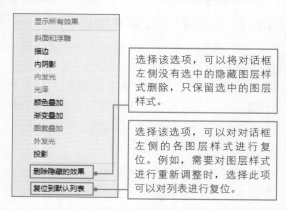

选择该选项，可以将对话框左侧没有选中的隐藏图层样式删除，只保留选中的图层样式。

选择该选项，可以对对话框左侧的各图层样式进行复位。例如，需要对图层样式进行重新调整时，选择此项可以对列表进行复位。

在上图中，选择"复位到默认列表"选项，复位图层样式列表的效果如下图所示。

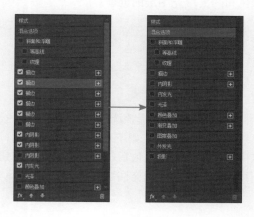

❸"向上移动效果"按钮 ⬆ 和"向下移动效果"按钮 ⬇：针对使用添加按钮 ⊞ 添加的相同类型的一系列图层样式，可以通过单击"向上移动效果"按钮 ⬆ 或"向下移动效果"按钮 ⬇，将其向上移动或向下移动，改变图层样式的位置，如下图所示。

❹"删除效果"按钮 🗑：单击此按钮，可删除选中的图层样式，如下图所示。

3.5.7　添加调整和填充图层

在"图层"面板中，可以快速创建调整图层和填充图层。具体方法为，单击"图层"面板底部的"创建新的填充或调整图层"按钮 ◑，在弹出的列表中选择要创建的填充或调整图层名称，即可创建相应的填充或调整图层。

1. 添加填充图层

单击"图层"面板底部的"创建新的填充或调整图层"按钮 ◑，在弹出的列表上部有 3个选项，分别为"纯色""渐变"和"图案"，如下图所示。它们可分别用于单一颜色、渐变颜色和图案填充图层的创建。

（1）纯色：选择该选项，将打开"拾色器（纯色）"对话框，如下左图所示。在该对话框中输入填充的颜色值后，单击"确定"按钮，即可添加一个颜色填充图层，如下右图所示。

（2）渐变：选择该选项，可打开"渐变填充"对话框，如下左图所示。在该对话框中单击渐变颜色条，将打开"渐变编辑器"对话框，在其中选择合适的渐变颜色后，返回上一对话框，设置渐变填充的样式、角度和缩放等，然后单击"确定"按钮，即可添加一个渐变填充图层，如下右图所示。

（3）图案：选择该选项，将打开"图案填充"对话框，如下左图所示。在其中单击"图案"右侧的下三角按钮，打开"图案"拾色器，选择填充的图案，根据需要设置图案的缩放百分比，然后单击"确定"按钮，即可在"图层"面板中看到创建的图案填充图层，如下右图所示。

2. 添加调整图层

单击"创建新的填充或调整图层"按钮 ◑，在弹出的列表中可以对图像的明暗、颜色和艺术化的色彩变换等调整图层进行创建。

例如，在弹出的列表中选择"曲线"选项，将打开"属性"面板，在面板中会显示曲线调整选项，如下左图所示。在其中对曲线加以设置后，在"图层"面板中将自动创建一个曲线调整图层，如下右图所示。

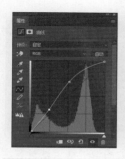 

知识二>> "调整" 面板

　　"调整" 面板对调整图层的管理和应用更具有操作性和协调性。

　　执行 "窗口 > 调整" 菜单命令，可以打开 "调整" 面板。单击 "调整" 面板中的按钮，可以在 "图层" 面板中创建对应的调整图层，如下图所示。

知识一>> 添加调整或填充图层的优点

　　在图层之上创建填充或调整图层，是用单一的图层来保存图层的填充或调整信息，并能够随时对图层属性进行更改。填充图层可以重复对颜色、渐变和图案进行设置，而调整图层可将颜色和色调调整应用于图像，它们的设置不会永久更改像素值。颜色和色调调整存储在调整图层中，并应用于它下面的所有图层，用户可以随时删除所做的更改，恢复原始图像效果。

实例演练：
制作全景照片

原始文件：随书资源 \ 素材 \03\01 ～ 03.jpg
最终文件：随书资源 \ 源文件 \03\ 制作全景照片 .psd

　　解析：现在许多人都喜欢在外出旅游的时候拍摄同一场景不同角度的照片，然后通过后期处理的方式，运用 Photoshop 中的 "自动对齐图层" 和 "自动混合图层" 等命令，将照片合成为更漂亮的全景照片效果。

1 执行 "文件 > 打开" 菜单命令，打开素材文件 01 ～ 03.jpg，如下图所示。

2 在选项卡栏中单击 01.jpg 文件，选中该文件，在图像窗口中查看打开的文件效果，如下图所示。

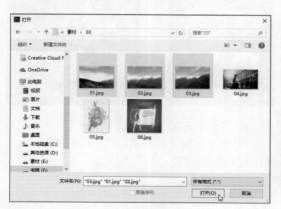 

3 双击"背景"图层，在弹出的"新建图层"对话框中直接单击"确定"按钮，将"背景"图层解锁，并将图层名称修改为"图层 0"，如下图所示。

4 在选项卡栏中选择 02.jpg 文件，在工具箱中选择"移动工具"，将 02.jpg 图像拖曳到 01.jpg 文件中，如下图所示。

5 拖曳后，在 01.jpg 图像中将生成"图层 1"图层，使用"移动工具"将"图层 1"中的图像与下层的图像对齐，如下图所示。

6 在选项卡栏中选择 03.jpg 文件，将其拖曳到 01.jpg 文件中，生成"图层 2"图层，如下图所示。

7 按住 Shift 键不放，选中"图层"面板中的 3 个图层，如下左图所示。执行"编辑 > 自动对齐图层"菜单命令，打开"自动对齐图层"对话框，如下右图所示。其中默认选择"自动"选项，勾选"镜头校正"下的两个复选框，单击"确定"按钮。

8 对选中的 3 个图层中的图像进行自动对齐，对齐后的图像效果如下图所示。几个图层自动进行了对齐和变换处理。

9 在"图层"面板中选中 3 个图层，按下快捷键 Ctrl+A，全选图像，如下图所示。

10 执行"编辑 > 自动混合图层"菜单命令，打开"自动混合图层"对话框，勾选"无缝色调和颜色"和"内容识别填充透明区域"复选框，如下左图所示。单击"确定"按钮，对图像进行自动混合，完成后将自动生成新图层，如下右图所示。

11 选中新生成的"图层 2（合并）"图层，执行"图像 > 自动对比度"菜单命令，自动调整图像的明暗对比，如下图所示。

12 完成明暗对比的调整之后，按下快捷键 Shift+Ctrl+Alt+E，盖印可见图层，创建 "图层 3" 图层。设置图层混合模式为 "柔光"、"不透明度" 为 80%，完成后单击 "图层" 面板下方的 "添加图层蒙版" 按钮，为该图层添加一个图层蒙版，如下图所示。

14 单击 "创建新的填充或调整图层" 按钮，在弹出的列表中选择 "照片滤镜" 选项，创建 "照片滤镜 1" 调整图层。按下图所示设置其调整参数，为画面添加青色调，完成全景照片的制作。

13 在工具箱中选择 "画笔工具"，设置前景色为黑色，在选项栏中设置该工具的属性，在山体过亮和过暗的地方涂抹，使 "柔光" 混合模式的效果减淡，如下图所示。

实例演练：
制作电影场景效果

 原始文件：随书资源 \ 素材 \03\04.jpg
最终文件：随书资源 \ 源文件 \03\ 制作电影场景效果 .psd

解析：在处理拍摄的照片时，可以根据照片整体效果对照片的颜色进行调整。在本实例中，将对图层进行滤色、饱和度、划分等混合模式的调整，并通过图层样式中的 "混合模式" 选项，打造具有电影场景效果的照片，操作简单且实用。

---

1 执行 "文件 > 打开" 菜单命令，打开素材文件 04.jpg，如下图所示。

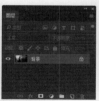

3 单击工具箱中的 "油漆桶工具" 按钮，在画面中单击鼠标，使用前景色填充 "图层 1" 图层。双击 "图层 1" 的图层缩览图，打开 "图层样式" 对话框，在对话框中设置 "填充不透明度" 为 50%，如下图所示。

2 在 "图层" 面板中新建 "图层 1" 图层，单击工具箱中的 "设置前景色" 按钮，在打开的 "拾色器（前景色）" 对话框中设置前景色为黑色，设置后单击 "确定" 按钮，如下图所示。

4 继续在"图层样式"对话框中进行设置，在下方的"混合颜色带"选项组中，选择"灰色"通道，按住 Alt 键的同时，拖曳"下一图层"中右侧的半个三角形滑块向中间位置滑动，调整灰阶至29/255；再选择"混合颜色带"选项组中的"红"和"绿"通道，调整滑块位置，如下图所示。

5 按下快捷键 Shift+Ctrl+Alt+E，在"图层1"图层上方盖印可见图层，得到"图层2"。调整"图层2"的图层混合模式为"滤色"、"不透明度"为 40%，如下左图所示。调整后的画面效果如下右图所示。

6 新建"图层3"图层，将其填充为白色，双击其图层缩览图，打开"图层样式"对话框，设置图层混合模式为"饱和度"、"不透明度"为50%、"填充不透明度"为80%，完成后单击"确定"按钮，降低图像的颜色饱和度，如下图所示。

7 创建"图层4"图层，并对其填充白色。在"图层"面板中设置其混合模式为"划分"、"填充"为 10%，如下图所示。

8 双击"图层4"图层的缩览图，在打开的"图层样式"对话框中勾选"颜色叠加"样式，在右侧对其参数进行设置，更改填充颜色为 R59、G171、B229，设置完成后单击"确定"按钮，应用样式，如下图所示。

9 单击"矩形选框工具"按钮█，在画面上方绘制一个矩形选区，再按住 Shift 键不放，继续在画面下方绘制一个与上方高度差不多的矩形选区，如下图所示。

11 在"图层"面板中单击"添加图层样式"按钮 *fx*，在弹出的列表中选择"投影"选项，设置投影参数，为黑色矩形添加投影，完善画面效果，如下图所示。

10 新建"图层 5"，设置前景色为黑色，按下快捷键 Alt+Delete，将矩形选区填充为黑色；按下快捷键 Ctrl+D，取消选区，如下图所示。

实例演练：
制作跳动的音符

原始文件：随书资源\素材\03\05.jpg
最终文件：随书资源\源文件\03\制作跳动的音符.psd

　　解析： 具有立体效果的音符仿佛在画面上翩翩起舞。在本实例中，通过"形状工具"创建音符的外形，并为其设置多种图层样式，创建具有立体光影效果的音符效果。

1 执行"文件 > 新建"菜单命令，弹出"新建"对话框，输入文件名称，设置文件大小为 20 像素 ×27 像素，分辨率为 96 像素／英寸，背景色为白色，设置后单击"确定"按钮，如下图所示。

2 新建"图层 1"，单击工具箱中的"自定形状工具"按钮，在选项栏中打开"自定形状"拾色器，单击拾色器右上角的扩展按钮，选择"全部"命令，在弹出的对话框中单击"确定"按钮，将预设形状全部导入，如下图所示。

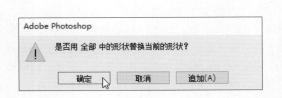

3 在"自定形状"拾色器中，选中"高音谱号"形状，在选项栏中设置参数，完成后在工具箱中设置前景色为黑色，再在画面合适位置绘制音符形状，绘制完成后按下快捷键 Ctrl+T，在音符形状上显示自由变换编辑框，如下图所示。

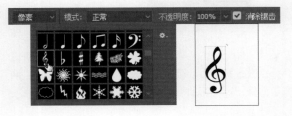

4 旋转音符的角度并调整其大小，完成后的效果
如下左图所示。双击形状图层的图层缩览图，
打开"图层样式"对话框，如下右图所示。

5 在"图层样式"对话框中勾选"斜面和浮雕"
样式，参照下图设置参数，调整形状浮雕效果。

6 设置后可以看到更立体的音符效果，如下左图
所示。继续在"图层样式"对话框中勾选"颜
色叠加"样式，如下右图所示。

7 在对话框右侧设置参数，将音符设置为蓝色。
单击"混合模式"后的颜色块，在弹出的
"拾色器（叠加颜色）"对话框中设置颜色为 R5、
G147、B230，设置完后单击"确定"按钮，完成颜
色叠加设置，如下图所示。

8 在"图层样式"对话框中继续对"投影"样式
进行设置。勾选"投影"样式，然后在右侧进
行参数设置，为音符添加阴影，设置完成后单击"确
定"按钮，应用所有样式，如下图所示。

9 在"图层"面板中单击"创建新图层"按钮，
新建"图层 2"，如下左图所示。单击工具箱
中的"自定形状工具"按钮，打开"自定形状"
拾色器，选中"十六分音符"形状，如下右图所示。

10 在画面右侧靠上位置绘制音符形状，在"图
层"面板中右击"图层1"，在弹出的快捷
菜单中选择"拷贝图层样式"命令，如下图所示。

11 在"图层"面板中选择"图层 2"图层，单
击鼠标右键，在弹出的快捷菜单中选择"粘
贴图层样式"命令，将之前音符设置的图层样式复
制到新的音符上，如下图所示。

12 双击"图层 2"图层，在打开的"图层样式"对话框中对颜色进行设置。单击"混合模式"选项后的颜色块，打开"拾色器（叠加颜色）"对话框，设置颜色为 R255、G247、B36，完成后单击"确定"按钮，将音符颜色更改为黄色，如下图所示。

13 执行"文件 > 打开"菜单命令，打开素材文件 05.jpg。选择"移动工具"，将其拖曳至绘制的音符图案下方，得到"图层 3"图层，如下图所示。

14 选择"图层 3"图层，按下快捷键 Ctrl+T，打开自由变换编辑框，将鼠标移动至变换框内移动图像，将其移动至合适位置，使其与绘制的音符更为协调。

实例演练：
制作页面登录按钮

 原始文件：随书资源 \ 素材 \03\06.jpg
最终文件：随书资源 \ 源文件 \03\ 制作页面登录按钮 .psd

解析： Photoshop 提供了大量的预设选项供用户直接选择和调用，避免某一类效果烦琐的制作过程。在本实例中，将通过形状工具和对形状图层的颜色叠加、高光图层的填充及多个图层的混合模式的更改，制作具有光滑玻璃质感的网页按钮。

1 执行"文件 > 新建"菜单命令，打开"新建"对话框，输入文件名称，设置文件大小为 25 厘米 ×25 厘米，分辨率为 96 像素／英寸，背景色为黑色，设置后单击"确定"按钮，新建文件，如下图所示。

2 在"图层"面板中单击"创建新组"按钮，新建"组 1"，在"组 1"文字上双击，将组名更改为"按钮"，如下图所示。

3 在"按钮"组内新建"图层 1"，在工具箱内选择"圆角矩形工具"，在选项栏中设置矩形的填充颜色与半径等，然后在画面中部绘制一个圆角矩形，如下图所示。绘制形状后，图层名会自动修改。

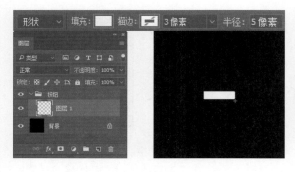
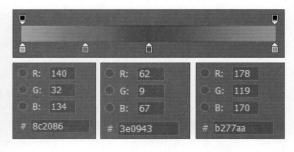

4　绘制完成后，在"图层"面板中单击"添加图层样式"按钮 *fx*，在弹出的列表中选择"渐变叠加"选项，打开"图层样式"对话框，如下图所示。

8　完成后返回"图层样式"对话框，在图像窗口中可以看到填充了渐变颜色的圆角矩形更有立体感，如下图所示。

5　在该对话框中单击"渐变"选项后的颜色渐变条，打开"渐变编辑器"对话框，在对话框中重新设置渐变颜色，如下图所示。

9　再在"图层样式"对话框中勾选"内发光"样式，并在右侧设置样式选项，设置后单击"确定"按钮，为绘制的按钮添加内发光效果，如下图所示。

6　单击颜色渐变条的第一个色标，单击下方的"颜色"选项后的颜色块，打开"拾色器（色标颜色）"对话框；在对话框中设置色标颜色，设置后单击"确定"按钮，更改色标颜色，如下图所示。

10　勾选"描边"样式，并对描边选项加以调整。单击"颜色"选项后面的颜色块，打开"拾色器（描边颜色）"对话框，在对话框中设置描边颜色为 R155、G149、B149，设置后单击"确定"按钮，如下图所示。

7　分别选中后面的 3 个色标，设置色标的颜色，如下图所示。

11　返回"图层样式"对话框，单击"确定"按钮，应用所有样式，效果如下图所示。

12 单击"横排文字工具"按钮 **T**，在按钮中部位置单击并输入"LOGIN"，如下图所示。此时 Photoshop 将自动在"图层"面板中生成文字图层。

13 单击选项栏中的"切换字符和段落面板"按钮 ▣，打开"字符"面板，在面板中设置字母的间距，如下图所示。

14 单击"添加图层样式"按钮 **fx**，在弹出的列表中选择"投影"选项，打开"图层样式"对话框；在该对话框中设置投影选项，设置后单击"确定"按钮，为文字添加投影效果，如下图所示。

15 按住 Ctrl 键不放，单击"圆角矩形 1"图层缩览图，载入圆角矩形选区，如下图所示。

16 新建"图层 1"，选择"油漆桶工具"，将选区填充为白色，按下快捷键 Ctrl+T，在选区上打开自由变换编辑框，对白色矩形进行调整，如下图所示。

17 将"图层 1"图层的填充不透明度设置为20%，在图像窗口中可看到呈现高反光效果的按钮，如下图所示。

18 按住 Ctrl 键不放，再次单击"圆角矩形 1"图层缩览图，载入圆角矩形选区，如下图所示。

19 新建"图层 2"图层，如下左图所示。执行"编辑 > 描边"菜单命令，打开"描边"对话框，在对话框中设置描边"宽度"为"2 像素"、"颜色"为白色、"位置"为"内部"，如下右图所示。

20 设置完成后单击"确定"按钮，返回图像窗口，为图形添加了描边效果；按下快捷键 Ctrl+D，取消选区，如下图所示。

21 双击"图层 2"图层的缩览图，打开"图层样式"对话框，设置"填充不透明度"为 0%；再在对话框中选中"渐变叠加"样式并设置参数，如下图所示，设置后单击"确定"按钮，调整描边的效果。

22 新建"图层 3"图层，单击工具箱中的"椭圆选区工具"按钮 ，在画面中绘制一个合适大小的椭圆选区；执行"选择 > 修改 > 羽化"菜单命令，在打开的"羽化选区"对话框中设置"羽化半径"为 2 像素，如下图所示，设置后单击"确定"按钮。

23 单击"渐变工具"按钮 ，在选项栏中选择"黑，白渐变"，单击"线性渐变"按钮 ，由上至下拖曳创建渐变效果；再次载入圆角矩形选区，选择"图层 3"，单击"添加图层蒙版"按钮 ，将超出圆角矩形选区之外的椭圆图像隐藏，并将此图层的混合模式更改为"柔光"，如下图所示。

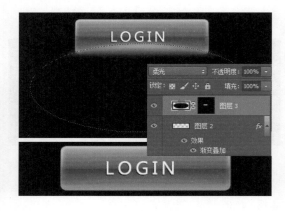

24 载入圆角矩形选区，新建"图层 4"图层，为选区填充由白至黑的渐变色，然后将"图层 4"图层的混合模式设为"柔光"，在页面按钮的边缘将呈现较深的颜色过渡效果，如下图所示。

25 复制"图层 4"图层，创建"图层 4 拷贝"图层，选择复制的图层，按下快捷键 Ctrl+T，打开自由变换编辑框，右击编辑框中的图像，在打开的快捷菜单中选择"水平翻转"命令，水平翻转图像，如下图所示。

26 载入圆角矩形选区，单击"图层"面板下方的"创建新的填充或调整图层"按钮 ◐，在弹出的列表中选择"色阶"选项，创建"色阶 1"调整图层，在"属性"面板中设置色阶选项，调整图像明暗，如下图所示。

 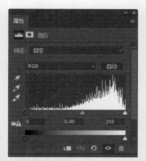

27 打开素材文件 06.jpg，将其拖入当前 PSD 文件中，"图层"面板中将生成"图层 5"，将其放置于"背景"图层上方。

28 选中"按钮"组，选择"移动工具"，将其移动至画面下方位置。在该组内选中"圆角矩形 1"图层，双击该图层，打开"图层样式"对话框，选择并设置"投影"样式，为按钮添加投影效果，完成登录按钮的制作，如下图所示。

第 4 章
选区

本章将介绍选区的基础知识。选区是 Photoshop 中既基本又重要的内容，若要利用 Photoshop 完成复杂的选择、制作精美的图像，则必须使用选区。选区被看作灰度文件，用来指明图像中的活动区域和非活动区域。若选区的边界为流动状态的虚线（俗称"蚂蚁线"），则该选区处于活动状态。本章将对创建选区、修改选区、存储与载入选区等知识进行详细介绍。

4.1 创建选区

Photoshop 在工具箱中提供了用于创建选区的工具，如选框工具、套索工具、魔棒工具等，单击相应按钮即可选中所要使用的工具。另外，还可以按住鼠标左键不放，在弹出的隐藏工具中选择该工具组中的其他工具。

4.1.1 了解选区

选区是指在 Photoshop 中选择图像的范围，选区内的图像可以进行任意的编辑，如移动、调色、复制、变形等，而选区外的图像会被保护起来，不能编辑。

> ✿ 技巧>>利用快捷键快速选择选框工具
>
> 在 Photoshop 中，可以利用快捷键快速选择选框工具。
>
> ▶ 矩形 / 椭圆选框工具：按 M 键可快速选择矩形 / 椭圆选框工具。
>
> ▶ 套索 / 多边形套索 / 磁性套索工具：按 L 键可快速选择套索 / 多边形套索 / 磁性套索工具。
>
> ▶ 魔棒工具：按 W 键可快速选择魔棒工具。

4.1.2 选框工具的应用

使用选框工具可以快速、简便地创建所需要的选区。选框工具包括规则选框工具和不规则选框工具，单击工具箱中相应的工具图标即可选中所需要的选框工具。

1. 规则选框工具

规则选框工具通常用于创建规则的形状区域。在工具箱中长按"矩形选框工具"按钮▦，即可打开隐藏的规则选框工具，如下图所示。

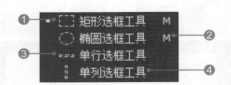

❶矩形选框工具：用于创建矩形选区。单击工具箱中的"矩形选框工具"按钮▦，将鼠标放在画面上，当鼠标指针呈"+"形时，单击并沿对角线方向拖曳鼠标，绘制合适的矩形区域后释放鼠标，即可创建一个矩形选区，如下图所示。

❷椭圆选框工具：用于创建椭圆形或圆形选区。单击工具箱中的"椭圆选框工具"按钮◯，将鼠标放在画面上，拖曳鼠标即可在图像中创建椭圆形或圆形选区，如下图所示。

❸单行选框工具：用于创建 1 像素高、水平方向的选区。单击工具箱中的"单行选框工具"按钮▥，然后在画面任意位置单击，即可创建单行选区，如下左图所示。单击选项栏中的"添加到选区"按钮▣，使用"单行选框工具"在图中单击，可创建多个单行选区，如下右图所示。

❹单列选框工具：用于创建 1 像素宽、垂直方向的选区。单击工具箱中的"单列选框工具"按钮▮，然后在画面任意位置单击，即可创建单列选区。单击选项栏中的"添加到选区"按钮▣，使用"单列选框工具"在图中单击，可创建多个单列选区。

2．不规则选框工具

在图像中，当所要选择的对象较为复杂时，使用规则选框工具无法准确地选择图像，此时就需要用到不规则选框工具。在工具箱中长按"套索工具"按钮◯，即可打开隐藏的工具，如下图所示。

❶套索工具：用于创建任意的、不规则的选区。使用"套索工具"选取图像时，单击工具箱中的"套索工具"按钮◯，在画面中按住鼠标左键不放并拖曳鼠标，进行自由绘制，选择所需要的区域，如下左图所示；当绘制的终点位置与起点位置相连时释放鼠标，就可以得到闭合的选区，如下右图所示。如果没有将起点和终点相连，释放鼠标后起点和终点将以直线连接。

❷多边形套索工具：用于完整地选择边缘较为平整的图像。使用"多边形套索工具"选取图像时，单击工具箱中的"多边形套索工具"按钮▨，使用鼠标在要选取的区域上沿着对象边界单击，单击的点将作为选区的分界点，选区将会以一段一段的方式相连，如下左图所示；直至起点与终点相连，就可以得到闭合的选区，如下右图所示。

❸磁性套索工具：用于在图像中沿颜色边界捕捉像素，从而形成选区。使用"磁性套索工具"选取图像时，单击工具箱中的"磁性套索工具"按钮▨，在需要选取的对象边缘单击并拖曳鼠标，拖曳的轨迹将会自动吸附在对象的边缘并形成节点，直至起点位置与终点位置相连，就可以得到闭合的选区。"磁性套索工具"选项栏中有多个选项，可以通过调整这些选项，控制选择图像的精确程度，如下图所示。

羽化: 0 像素　☑ 消除锯齿　宽度: 10 像素　对比度: 10%　频率: 57　⬚　选择并遮住...

▶ 宽度：主要用于设置检测的范围，系统会以当前光标所在的点位标准，在设置的范围内查找反差最大的边缘，设置的值越小，创建的选择越精确。下左图和下右图所示分别为设置"宽度"为"10 像素"和"250 像素"时的勾勒效果。在勾勒较规则的边界时，可以把"宽度"设为较大的数值；在勾勒边界比较模糊、对比效果比较弱的图像时，可以把"宽度"设为较小的数值。

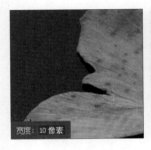 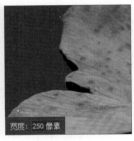

▶ 对比度：用于确定图像的边缘以多大的对比度值为标准。若所要选择的图像与周围颜色接近，则"对比度"可以设置为较低的数值；若要选择的对象与周围颜色差异较大，则"对比度"可设置得较高。下图为不同对比度下选择图像的效果。

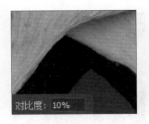 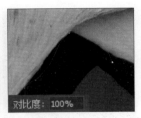

▶ 频率：用于控制选取图像时的节点数，数值越小，添加的节点就越少，如下左图所示；数值越大，添加的节点就越多，如下右图所示。

▶ 使用绘图板压力以更改钢笔宽度：该选项一般在绘图板中使用，增加压力可以减小钢笔的宽度，使鼠标可以更精确地沿着所选区域的边界进行选取。

技巧一>>对绘制的选区进行位置变换

使用"矩形选框工具"创建矩形选区后，把鼠标置于选区内，当鼠标指针显示为 时，即可对绘制的选区进行位置变换。

应用一>>用"椭圆选框工具"绘制圆形选区

使用"椭圆选框工具"创建选区时，按住 Shift 键拖曳，可以创建圆形选区。

技巧二>>利用快捷键创建多个单行选区/单列选区

用"单行选框工具"或"单列选框工具"在图像上创建选区后，按住 Shift 键，然后在图像任意位置单击，即可创建多个单行选区／单列选区。

技巧三>>使用快捷键切换不规则选框工具

按住 Alt 键单击"套索工具"按钮 ，可以在"套索工具""多边形套索工具"和"磁性套索工具"之间快速切换。

应用二>>"多边形套索工具"选项设置

运用"多边形套索工具"选取图像时，可以在其选项栏中设置羽化值、是否消除锯齿、选择并遮住等选项，如下图所示。

羽化: 0 像素　☑ 消除锯齿　选择并遮住...

下图是不同羽化值下，使用"多边形套索工具"选取图像的效果。

使用"多边形套索工具"创建选区时，终点必须和起点重合相连才能够创建选区。当线条过多而找不到起点时，只需双击鼠标左键，即可创建选区。

4.1.3 选择相似色彩区域

处理图像时，经常会根据颜色来选择图像。在 Photoshop 中可以使用"魔棒工具"快速选择颜色较为单一的对象。"魔棒工具"通过图像的色调、饱和度、亮度信息以及这些信息的混合来定义选区。

在工具箱中长按"魔棒工具"按钮，即可打开隐藏的工具，如下图所示。

1. 使用"魔棒工具"选取相似色彩区域

在工具箱中单击"魔棒工具"按钮，在需要选取的区域单击，以创建颜色相近的选区，所有被单击的图像及颜色都会被"魔棒工具"所选取。"魔棒工具"可以通过选项栏进行设置，调整选择的范围大小，如下图所示。

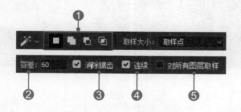

❶布尔运算：用于对图像中已存在的选区进行设置，包含 4 个选项，不同的选项创建的选区也不同。

▶新选区：用于在图像中创建新的选区。

▶添加到选区：可将新创建的选区与原选区相加。

▶从选区减去：可在原选区中减去新创建的选区。

▶与选区交叉：将新选区与原选区的重叠部分作为最终的选区。

❷容差：用于指定所要选取的图像的颜色范围，

取值范围在 0 到 255 之间。其数值越大，所选取的颜色范围就越大，如下图所示。

❸消除锯齿：勾选该复选框后，可以使选取的边界变得更平滑，如下图所示。默认状态下，该复选框处于勾选状态。

❹连续：勾选该复选框后，可在图像中单击连续选择颜色相同的区域，如下图所示。

❺对所有图层取样：勾选该复选框后，在由多个图层所组成的图像中，应用"魔棒工具"可以对所有图层进行取样；反之，则只能在当前图层中操作。

2. 使用"快速选择工具"选取相似色彩区域

"快速选择工具"存在于"魔棒工具"组中。利用该工具，通过鼠标在所要选择的区域上单击，就可以对颜色相近的区域进行选取，且可通过其选项栏上的布尔运算按钮对选区的区域进行变换，如下图所示。

❶布尔运算：此选项区中的按钮与"魔棒工具"类似，同样用于对图像中已存在的选区进行设置，其中包括了"新选区"、"添加到选区"和"从选区减去" 3 个按钮，单击不同的选项创建的选区也不同。

▶新选区：若在画面中选取了相应选区，则单击"新选区"按钮，在图像中单击会以新选区代替原选区，如下图所示。

▶添加到选区：若在画面中选取了相应选区，则单击"添加到选区"按钮，在图像中单击会将两次选取的区域合并为一个选区，扩展了选区的范围，如下图所示。

▶从选区减去：若在画面中选取了相应选区，则单击"从选区减去"按钮，在图像中单击会在所选取的区域中重新创建选区，之前的选区将会减少，减少的区域是后面所选取的区域，如下图所示。

❷设置画笔：对"快速选择工具"的画笔进行设置。打开"画笔"选取器，可以对其"大小""硬度"和"间距"等进行设置，"大小"的数值越大，所选择的区域越广，如下图所示。

❸对所有图层取样：在由多个图层组成的图像中，若未勾选此项，则只针对单个图层进行操作，范围和其他图层无关；若勾选此项，则可以对全部图层的相关区域进行选取，如下图所示。

⭐ 技巧一>>使用快捷键连续选取画面中具有相同颜色的区域

使用"魔棒工具"时，按住 Shift 键单击具有相同颜色的区域，则可在已有选区上添加新的区域。

用"魔棒工具"选取所需区域后,再将"魔棒工具"置于所要添加的区域或所要删除的区域上,右击并选择"添加到选区"或"从选区中减去"命令,即可为选区添加新的区域或删除不需要的区域,如下图所示。

在工具箱中选取"快速选择工具"后,按 [或] 键即可设置画笔笔触的大小。按 [键可将画笔笔触减小,按] 键可将画笔笔触增大。

4.1.4 使用色彩范围

"色彩范围"命令根据色彩区域的颜色差异来选取图像。应用此命令选择图像前,先使用"吸管工具"单击图像,吸取需要选择的颜色,然后根据指定的颜色,调整色彩范围选择图像。

执行"选择>色彩范围"菜单命令,打开"色彩范围"对话框,如下图所示。在该对话框中,利用"吸管工具"在图像中单击,选择所需要的颜色,然后单击"确定"按钮,即可创建选区。

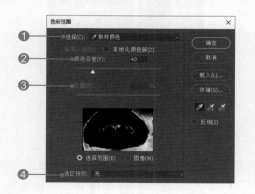

❶选择:选择颜色或色调范围,但是不能调整选区。

❷颜色容差:设置选择范围内色彩范围的广度,并增加或减少部分选定像素的数量。

❸范围:控制要包含在蒙版中的颜色与取样点的最大和最小距离。

❹选区预览:预览对图像中的颜色进行取样而得到的选区。包含了"灰度""黑色杂边""白色杂边"等多种不同的选区预览方式。

先观察哪个颜色通道内的对象特别亮且环境暗或者相反,然后单击"通道"面板下方的"将通道作为选区载入"按钮,即可创建对应的选区,如下图所示。

4.1.5 设置几何或自定义形状选区

Photoshop 中还有一些用于创建选区的工具,即先使用路径工具创建几何形状或自定义形状,再从路径转换为选区来选择图像。

1. 使用"矩形工具"

使用"矩形工具"绘制矩形路径,如下左图所示。打开"路径"面板,单击下方的"将路径作为选区载入"按钮,把路径转换为选区,如下右图所示。

2. 使用"自定形状工具"

选取"自定形状工具",在其选项栏的"选择工具模式"下拉列表框中选择"形状"选项;单击"形状"右侧的下三角按钮,打开"自定形状"拾色器，如下左图所示。在其中选取形状，然后在图像中拖曳，即可绘制路径，效果如下右图所示。

绘制完成后，打开"路径"面板，单击下方的"将路径作为选区载入"按钮，把路径转换为自定义形状的选区。

应用一>>使用快捷键将路径转换为选区
使用"矩形工具"画出合适的路径后，按下快捷键 Ctrl+Enter，即可将绘制的矩形路径转换为选区。

应用二>>设置自定义形状的大小、比例等
单击选项栏上的"几何体形状"按钮，在打开的列表中可以对将要绘制的图形进行大小、比例等选项的设置，如下图所示。

4.1.6　设置文字选区

本小节将介绍如何设置文字选区。要创建文字选区，可使用工具箱中的"横排文字蒙版工具"或"直排文字蒙版工具"来完成。

单击"横排文字蒙版工具"按钮或"直排文字蒙版工具"按钮，在图像上单击，输入所需要的文字，如下左图所示。输入完成后，单击工具箱中其他的任意工具，退出文字输入状态，此时刚输入的文字将转换为选区，如下右图所示。

应用>>使用横排/直排文字工具制作文字选区
选择"横排文字工具"或"直排文字工具"，在图像上输入所需要的文字，然后在"图层"面板中选择文字图层，按住 Ctrl 键不放，单击其图层缩览图，即可载入对应的文字选区。

4.1.7　设置蒙版选区

本小节将介绍如何设置蒙版选区。设置蒙版选区可以对选区内的图像进行修改，而不影响选区外的图像，把选区外的内容都保护起来。

使用选区工具在图像中建立选区，然后单击"图层"面板下方的"添加图层蒙版"按钮，即可创建蒙版选区，效果如下图所示。

技巧>>选择蒙版中的选区
按住 Ctrl 键的同时，单击"图层"面板中相应图层的图层蒙版缩览图，即可载入蒙版选区，如下图所示。

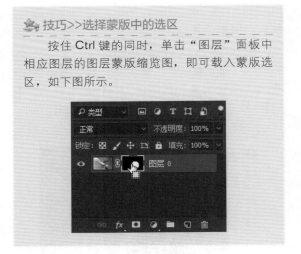

4.1.8　自由选区的创建

使用 Photoshop 选择图像时，会需要选择一些形状不规则或颜色与背景颜色对比不强烈的对象，这时可以利用"钢笔工具"创建自由选区来准确选择图像。

单击"钢笔工具"按钮 ，沿着所需要选取的图像边缘绘制工作路径，如下左图所示。当绘制的终点位置与起点位置相连时，即可形成闭合路径，如下右图所示。

单击鼠标右键，在弹出的快捷菜单中选择"建立选区"命令，如下左图所示。打开"建立选区"对话框，在对话框中可以对将要建立的选区进行羽化设置，如下右图所示。设置好后单击"确定"按钮，即可将绘制的路径转换为选区。

4.2 调整选区

在 Photoshop 中，可以使用各种创建选区的工具和"选择"菜单中的各种命令来调整和修正选区。例如，可以移动、显示、隐藏选区，可以对选区进行反向选取，可以对选区的形状进行变换，可以将选区羽化，可以删除选区内或选区外的图像等。

4.2.1 显示和隐藏选区

使用 Photoshop 编辑图像时，选区的显示可以帮助用户清楚地看到所选区域的图像，但是选区的流动边界常常会影响视觉，特别是在调色中，所以有时会用到将选区显示或隐藏的操作。

执行"选择 > 取消选择"菜单命令，即可隐藏选区轮廓，如下上图所示。执行"选择 > 重新选择"菜单命令，即可重新显示选区轮廓，如下下图所示。

4.2.2 选区的反向选择

在图像中创建选区后，有时需要选择所创建选区之外的图像，即将选区反转。

在图像上设置圆形选区，如下左图所示；执行"选择 > 反选"菜单命令，可将圆形选区反选，效果如下右图所示。

选择(S)	滤镜(T)	3D(D)	视图(V)
全部(A)			Ctrl+A
取消选择(D)			Ctrl+D
重新选择(E)			Shift+Ctrl+D

选择(S)	滤镜(T)	3D(D)	视图(V)
全部(A)			Ctrl+A
取消选择(D)			Ctrl+D
重新选择(E)			Shift+Ctrl+D

⭐ 技巧>>使用快捷键显示/隐藏选区

在 Photoshop 中可以通过快捷键 Ctrl+H 来进行选区的显示和隐藏，如下图所示。

在 Photoshop 中，还可以通过快捷键 Shift+ Ctrl+I 来进行选区的反选。

4.2.3 移动和变换选区

在 Photoshop 中建立选区后，有时需要对选区进行移动和调整，如扩大选区、缩小选区、对选区进行翻转等。同时，在调整选区时需要保证不对选区内的图像产生任何影响。

1．对选区进行移动

在图像中创建选区，如下左图所示；在工具箱中选择"矩形选框工具"，把鼠标置于选区内并拖曳，即可对选区进行移动，如下右图所示。

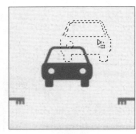

2．对选区进行变换

执行"选择 > 变换选区"菜单命令，打开自由变换编辑框；右击编辑框，在弹出的快捷菜单中有很多调整选区的命令，如下图所示。

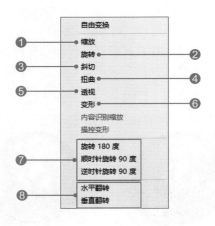

❶缩放：拖曳任意一个角的控制手柄，即可对选区任意进行伸缩，如下图所示。

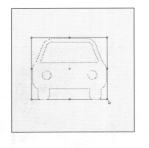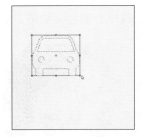

❷旋转：将鼠标放在选区自由变换编辑框的 4 个角外，当鼠标指针变成 ↰ 形状时，拖曳鼠标即可任意旋转选区，如下图所示。

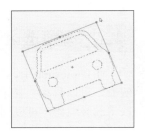

❸斜切：拖曳任意一个角的控制手柄，即可对选区进行斜切，如下图所示。

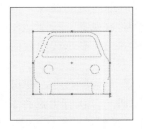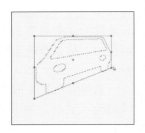

❹扭曲：拖曳任意一个角的控制手柄，即可对选区任意进行扭曲，如下图所示。

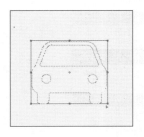

❺透视：拖曳任意一个角的控制手柄，即可以相应的角度进行透视，如下图所示。

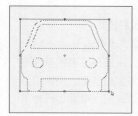 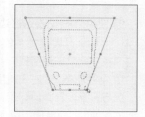

❻变形：拖曳选区的自由变换编辑框，即可对选区任意进行变形。

❼旋转 180 度 / 旋转 90 度（顺 / 逆时针）：对选区旋转 180°或 90°。

❽水平翻转 / 垂直翻转：拖曳任意一个角的控制手柄，即可对选区进行水平翻转或垂直翻转。

🌸 技巧>>打开选区自由变换编辑框的其他方法

选择"矩形选框工具"，将鼠标置于选区内，单击鼠标右键，在弹出的快捷菜单中选择"变换选区"命令，也可打开选区自由变换编辑框，如下图所示。

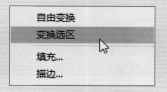

📷 应用一>>对选区进行精确变换

打开选区自由变换编辑框后，在选项栏中可以设置其各项参数，从而对选区进行精确变换。

◆设置参考点的水平 / 垂直位置：可以设置自由变换编辑框中间的参考点在画面中的位置，如下图所示。

X: 1624.50 像 △ Y: 722.50 像

◆设置水平 / 垂直缩放：用于设置自由变换编辑框水平伸缩和垂直伸缩的数值，如下图所示。

W: 100.00% ⌘ H: 100.00%

◆旋转：用于设置自由变换编辑框旋转的角度，如下图所示。

△ 0.00 度

◆设置水平 / 垂直倾斜：用于设置选区自由变换编辑框水平倾斜和垂直倾斜的数值，如下图所示。

H: 0.00 度 V: 0.00 度

📷 应用二>>手动调整选区

当图像的边缘出现自由变换编辑框时，单击并拖曳四周的控制手柄，即可自由调整选区的大小。

按住 Shift 键单击并拖曳任意一个角的控制手柄，即可对选区进行等比例伸缩。

将鼠标放置于自由变换编辑框外，当鼠标指针变成↻状时，单击并拖曳任意一个角，即可旋转选区。

将自由变换编辑框的中心点移至任意一点，再旋转选区，此时将依据新中心点所在位置旋转图像。

4.2.4 设置选区轮廓

在 Photoshop 中创建选区后，有时需要对选区的轮廓进行设置，包括对选区边界的修改、扩展、收缩和羽化选区等。

执行"选择 > 修改"菜单命令，在打开的级联菜单中有修改选区轮廓的命令，如下图所示。

❶边界：执行"边界"菜单命令，打开"边界选区"对话框，在其中可以对"宽度"进行设置，以制作选区轮廓的边框效果，如下图所示。

❷平滑：执行"平滑"菜单命令，打开"平滑选区"对话框，在其中可以对"取样半径"进行设置，从而使选区的轮廓边缘更柔和，如下图所示。

❸扩展：执行"扩展"菜单命令，打开"扩展选区"对话框，在其中可以对"扩展量"进行设置，从而对选区进行扩展，如下图所示。

❹收缩：执行"收缩"菜单命令，打开"收缩选区"对话框，在其中可以对"收缩量"进行设置，从而对选区进行缩小，如下图所示。

❺羽化：执行"羽化"菜单命令，打开"羽化选区"对话框。在 4.2.5 小节中，对此命令将会有详细介绍。

🎓 应用一>>更精确地对选区轮廓进行修改

在 Photoshop 中执行"选择 > 修改"级联菜单中的各项修改命令时，都会打开"选区"对话框，在该对话框中可以为将要设置的轮廓选区输入相应的数值，进行更精确的修改设置。

例如"边界选区"，在边界选区对话框内，可以设定边界选区的宽度像素。

🎓 应用二>>调整选区边缘的技巧

对于选区选定的图像的颜色与背景不同且颜色对比反差较明显时，运用选择工具能够快速地选择图像，但对于灰度图像或其选定图像的颜色与背景非常类似、颜色边缘呈现自然过渡效果的图像，想要准确地选择图像，可以先创建选区，并尝试对选区进行平滑处理，然后使用"羽化"选项和"收缩／扩展"选项调整选区边缘。

4.2.5 羽化选区

在 Photoshop 中，羽化选区可使选区的边缘轮廓产生自然柔和的效果。将选区羽化后作用于其他图像时，可以很自然地与其他图像融合在一起。

执行"选择 > 修改 > 羽化"菜单命令，打开"羽化选区"对话框，如下图所示。在该对话框内可以对"羽化半径"进行设置，数值越大，效果就越柔和。

在画面中创建选区，如下左图所示；对选区进行半径为 50 像素的羽化，效果如下右图所示。

🌸 技巧>>调出"羽化选区"对话框的其他方式

要调出"羽化选区"对话框，还可以通过按下快捷键 Shift+F6 来完成。另外，建立一个选区后，在选区内单击鼠标右键，在弹出的快捷菜单中选择"羽化"命令，也可以调出该对话框，如下图所示。

4.2.6 从选区中移去边缘像素

当使用选区工具创建选区后，为了让选区边缘更干净，需要将选区边缘多余的像素去掉。通过应用"选择并遮住"工作区可以清晰地分离前景和背景，移除选区边缘多余的像素，选取更精准的图像。

执行"选择 > 选择并遮住"菜单命令，即可切换到"选择并遮住"工作区，如下图所示。在工作区右侧可以对选区的边缘进行"羽化""平滑""移动边缘"等设置。

①视图：选择以哪种视图方式显示选区内的图像，包括"闪烁虚线""叠加""黑底"等。单击视图缩览图后的下三角按钮，在弹出的下拉列表中选择选项，即可以相应模式显示选区图像，如下图所示。

 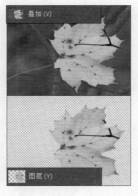

②半径：增加"半径"值可以在包含柔化过渡或细节的区域中创建更加精确的选区边界，如下图所示，然后可以通过"对比度"选项来去除不自然感。

③平滑：可以去除选区的锯齿状边缘，如下图所示，再配合"半径"选项以恢复部分细节。

④羽化：可以利用平均模糊来柔化选区边缘。若想获得更精细的结果，需配合"半径"选项使用。

⑤对比度：增加"对比度"值可以使选区边缘变得犀利，并去除选区边缘模糊的不自然感。

⑥移动边缘：通过调整百分比来确定创建选区边缘移动范围。

⑦输出设置：在此选项组内，可以在调整选区后选择以不同的形式输出选区，包括"选区""图层蒙版""新建图层"等，如下图所示。

> **技巧>>调出"选择并遮住"工作区的其他方式**
>
> 建立一个选区后，选择"矩形选框工具"，在选区内单击鼠标右键，在弹出的快捷菜单中选择"选择并遮住"命令，即可进入"选择并遮住"工作区。

4.3 编辑选区图像

在 Photoshop 中有很多对选区内的图像进行编辑的命令，如"自由变换""粘贴"等，使用这些命令可以对选区内的图像进行移动、删除等。

4.3.1 移动和变换选区图像

在 Photoshop 中创建一个选区后，常常需要对所选择的图像进行移动和变换。变换选区图像是指对选区内的图像进行扩展、收缩等操作，这也是选区最基础的应用。

1. 移动选区图像

执行"编辑 > 自由变换"菜单命令，如下左图所示；选区图像四周出现自由变换编辑框，用鼠标单击并拖曳选区图像即可将其移动，效果如下右图所示。

2. 变换选区图像

打开自由变换编辑框后，在选区图像上右击，在弹出的快捷菜单内有很多调整选区图像的命令。

（1）缩放：选择命令后，单击并拖曳任意一个角的控制手柄，即能对选区图像任意进行伸缩。

（2）旋转：选择命令后，将鼠标放在编辑框的四个角外，当鼠标变为↴形时，单击并拖曳任意一个角，即可任意旋转选区图像，如下图所示。

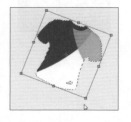

（3）斜切/扭曲：选择命令后，单击并拖曳任意一个角的控制手柄，即能对选区进行斜切/扭曲，如下图所示。

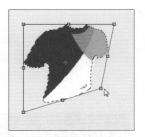

（4）透视/变形：选择命令后，单击并拖曳任意一个角的控制手柄，即能对相应的角度进行透视或对选区图像任意进行变形，如下图所示。

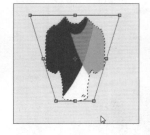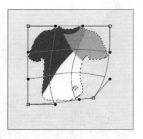

（5）旋转 180 度/旋转 90 度（顺/逆）时针：选择命令后，对选区进行旋转 180°和旋转 90°（顺时针）的操作，如下图所示。

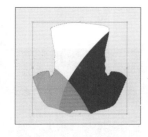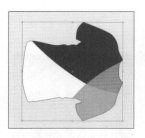

（6）水平翻转/垂直翻转：选择命令后，对选区进行水平翻转和垂直翻转，如下图所示。

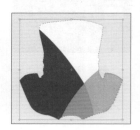

技巧一>>通过快捷键打开自由变换编辑框

创建选区后，按下快捷键 Ctrl+T，即可打开自由变换编辑框。

应用一>>手动变换选区图像

把鼠标置于控制手柄的四周，当鼠标指针变为双向直线箭头时，可以对选区图像进行扩大／缩小等变形操作；按住 Shift 键可按原比例变换选区图像；按住 Ctrl 键的同时用鼠标拖曳控制手柄，可对选区内的图像进行单边变形。

技巧二>>快速确认／取消变换

想要确认／取消变换，除了可以单击选项栏最右端的☑／◯按钮，还可以通过快捷键来完成。按 Enter 键将会确认变换并退出自由变换编辑框，而按 Esc 键则会取消对该选区图像所做的所有变换并退出自由变换编辑框。

应用二>>对选区图像进行精确变换

打开自由变换编辑框以后，可以在选项栏中设置各项参数来对其进行精确的设置。

◆设置参考点的水平／垂直位置：这两个选项可以设置"自由变换工具"中间参考点在画面中的位置，如下图所示。

X: 507.50 像素 △ Y: 310.50 像素

◆设置水平／垂直缩放：这两个选项可以设置"自由变换工具"水平伸缩和垂直伸缩的数值，如下图所示。

W: 100.00% ⊜ H: 100.00%

◆旋转：这个选项可以设置"自由变换工具"旋转的角度大小，如下图所示。

△ 0.00 度

◆设置水平垂直／倾斜：这个选项可以设置"自由变换工具"水平倾斜和垂直倾斜的数值，如下图所示。

H: 0.00 度 V: 0.00 度

4.3.2 复制选区图像

在 Photoshop 中创建一个选区后，常常需要对所选择的图像进行复制操作。下面介绍两种复制选区图像的方法。

方法 1：单击"图层"面板下方的"创建新图层"按钮，创建一个新图层，如下左图所示。选择需要复制图像的图层，如下右图所示。

执行"编辑>拷贝"菜单命令，如下左图所示。选择新创建的图层，如下右图所示。

执行"编辑>粘贴"菜单命令，如下左图所示，即可把选区内的图像复制到新的图层中，如下右图所示。

方法 2：选择"矩形选框工具"，把鼠标放置于创建好的选区内，单击鼠标右键，在弹出的快捷菜单内选择"通过拷贝的图层"命令，即可把选区内的图像复制到新的图层中，如下图所示。

执行"编辑 > 拷贝""编辑 > 粘贴"和"编辑 > 剪切"菜单命令时，可以通过按下快捷键 Ctrl+C（拷贝）、Ctrl+V（粘贴）和 Ctrl+X（剪切）来执行。

★ 应用>>利用快捷键在同一图层中复制所选区域的图像

在 Photoshop 中建立一个选区后，选择"移动工具"，将鼠标置于选区内，按住 Alt 键的同时，拖曳鼠标至同一图层内需要放置复制图像的区域，此时释放鼠标即可将所选区域复制到同一图层的其他区域，如下左图所示。若按住 Alt 键不放，不断重复之前的动作，即可一直执行复制操作，如下右图所示。

4.3.3　删除选区图像

在 Photoshop 中创建好选区后，有时只需要对选区内的图像进行删除操作，而不影响其他区域的图像。

例如，使用"套索工具"在需要删除的图像上创建选区，选择图像，如下左图所示。执行"编辑 > 清除"菜单命令或按 Delete 键，即可删除选区内的图像，如下右图所示。

★ 技巧>>不可删除"背景"图层的选区图像

在"背景"图层上创建选区后，若执行"编辑 > 清除"菜单命令，则会用背景色填充选区；若按 Delete 键，则会弹出"填充"对话框。

★ 应用>>删除选区外的图像

使用选区工具创建选区后，按下快捷键 Shift+Ctrl+I，反选图像。执行"编辑 > 清除"菜单命令，即可删除选区外的图像。

4.4　选区的基本应用

在 Photoshop 中可以运用前景色、背景色等纯色来填充选区，也可以用渐变色彩来填充选区，还可以使用图案填充选区。若使用图案填充选区，则用户既可以使用预设的图案，也可以使用自定义的图案。除此之外，对于创建的选区，还可以使用内容识别的方式进行填充，以修复画面中的缺陷部分。下面将介绍对选区进行填充和描边的方法。

4.4.1　填充选区

在 Photoshop 中创建选区后，可以通过执行菜单中的一些命令对选区进行填充操作。

1. 通过填充命令对选区进行填充

执行"编辑 > 填充"菜单命令，打开"填充"对话框，如下图所示。在该对话框中可以对所要填充的选区进行设置，设置好后单击"确定"按钮，即可填充选区。

❶内容：单击"内容"右侧的下三角按钮，在打开的下拉列表中可以选择使用何种模式来对选区进行填充，如下图所示。

❷混合模式：单击"模式"右侧的下三角按钮，在打开的下拉列表中可以对填充的混合模式进行选择。

❸不透明度：输入合适的数值，对填充进行不透明度的设置。

2. 使用填充工具对选区进行填充

在工具箱中，按住"渐变工具"按钮▣不放，即可打开隐藏的工具，包括以下两种。

（1）渐变工具▣：选择"渐变工具"后，使用鼠标在选区内拖曳，可对所选区域填充渐变效果，如下图所示。

（2）油漆桶工具▣：选择"油漆桶工具"后，在选区内单击，可对所选区域填充特定的颜色，如下图所示。

4.4.2 描边选区

描边选区是指为已创建的选区边缘应用轮廓线。在 Photoshop 中使用"描边"命令可以对选区进行快速描边，并且可以对描边的粗细、颜色等进行设置。

执行"编辑>描边"菜单命令，打开"描边"对话框，如下图所示。在"描边"对话框内可以指定描边宽度、位置和混合效果等。

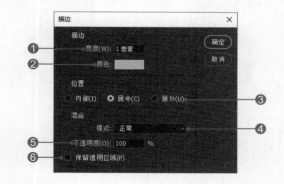

❶宽度：输入相应的数值，可以设置轮廓线的粗细，如下图所示。

❷颜色：单击颜色块，将会打开"拾色器（描边颜色）"对话框，在其中可以设置轮廓线的颜色。

❸位置：设置轮廓线在选区边缘的位置，如下图所示。

  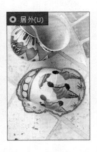

❹模式：在该下拉列表框中可设置轮廓线的混合模式。

❺不透明度：设置轮廓线的不透明度，分别设置轮廓线的"不透明度"值为 80% 和 20% 的图像效果如下图所示。

❻保留透明区域：勾选该复选框，可在图层的透明区域之外应用轮廓线。

🎓 **应用>>"保留透明区域"的使用**

对图像内的选区进行描边时，有的选区有一些透明区域，若勾选"保留透明区域"复选框，将只对选区内的不透明区域进行描边，而不影响透明区域，如下图所示。

🌸 **技巧>>调出"描边"对话框的其他方式**

建立一个选区后，选择"矩形选框工具"，在选区内单击鼠标右键，在弹出的快捷菜单中选择"描边"命令，同样可以打开"描边"对话框，如下图所示。

4.5　选区的存储

在 Photoshop 中设置好选区后，有必要对选区进行存储，以便在需要时将目标选区快速加载到图像中。选区可以存储为通道和路径两种类型。

4.5.1　将选区存储为通道

执行"选择 > 存储选区"菜单命令，打开"存储选区"对话框，在对话框中可以对相关参数进行设置，如下图所示。

❶"文档"下拉列表框：在该下拉列表框中可选择文件来源。默认状态下，以当前文件作为来源。

❷"通道"下拉列表框：在该下拉列表框中可选择一个新通道，或选择包含要载入的选区通道。

❸"名称"文本框：在该文本框中可输入一个名称。

❹"新建通道"单选按钮：选中通道将替换之前的通道。

❺"添加到通道"单选按钮：将当前选区添加到目标通道的现有选区中。

❻ "从通道中减去"单选按钮：从目标通道的现有选区中减去当前选区。

❼ "与通道交叉"单选按钮：将当前选区和目标通道中的现有选区交叉的区域存储为一个选区。

⭐ 技巧一>>打开"存储选区"对话框的其他方式

建立一个选区后，将鼠标置于选区内，单击鼠标右键，在弹出的快捷菜单内选择"存储选区"命令，也可打开"存储选区"对话框。

⭐ 技巧二>>将选区存储为通道的其他方式

建立一个选区后，打开"通道"面板，单击面板下方的"将选区存储为通道"按钮 ▣，即可将选区存储为一个新的 Alpha 通道，如下图所示。

4.5.2 将选区存储为路径

在 Photoshop 中设置好选区后，常常需要把选区转换为路径并进行存储，这样就可以通过增加、减少节点的方式调整路径的形状，从而对选区的形状进行调整。

建立一个选区后，打开"路径"面板，单击面板下方的"从选区生成工作路径"按钮 ▣，即可将选区存储为路径，如下图所示。

⭐ 技巧>>将选区存储为路径的其他方式

建立一个选区后，将鼠标置于选区内，单击鼠标右键，在弹出的快捷菜单中选择"建立工作路径"命令，打开"建立工作路径"对话框。在该对话框中设置路径容差的大小，单击"确定"按钮，也可将选区存储为路径。

实例演练：
通过描边选区设置虚线

 原始文件：随书资源\素材\04\01.jpg
最终文件：随书资源\源文件\04\通过描边选区设置虚线.psd

解析：在 Photoshop 中制作图像时，为了让图像更有创意，可能需要对图像进行虚线描边。要制作虚线的描边效果，首先应运用"钢笔工具"沿图像边缘绘制路径，再对"画笔工具"进行设置，选择笔尖的形状及颜色（即虚线的形状及颜色），调整间距的大小（即虚线间的间隔），然后用设置好的工具进行图像的描边操作。

1 执行"文件 > 打开"菜单命令，打开素材文件 01.jpg。打开"图层"面板，单击下方的"创建新图层"按钮 ▣，新建一个透明图层，如右图所示。

2 单击工具箱中的"钢笔工具"按钮 ✐，在新建的空白图层中使用"钢笔工具"勾勒出所需要描边的选区，如下图所示。

3 打开"路径"面板，可以看到所勾勒的选区已经形成了工作路径，如下左图所示。单击工具箱中的"画笔工具"按钮 ✐，执行"窗口 > 画笔"菜单命令，打开"画笔"面板，如下右图所示。

4 在"画笔"面板中选择一种画笔笔尖形状，作为将来产生的虚线点的形状，然后在"画笔"面板中设置"大小"为"4 像素"，该值将作为将来产生的虚线点的直径，如下图所示。

5 设置"间距"为 200%，如下图所示。恰当的"大小"和"间距"值是产生虚线的关键。

6 单击"路径"面板右上角的扩展按钮 ▤，在弹出的扩展面板菜单中选择"描边路径"命令，如下左图所示。在打开的"描边路径"对话框中选择"画笔"，单击"确定"按钮，如下右图所示。

7 这时会看到图像中的路径已经通过预置的画笔描边，按下快捷键 Ctrl+H，隐藏路径，仅显示描边的线条，如下图所示。

8 打开"图层"面板，在"图层 1"中已经形成了所需要的虚线描边，将描边的"不透明度"调低，如下左图所示，使其与图像更好融合，完成本实例的制作。在图像中查看通过描边选区设置的虚线，如下右图所示。

实例演练:
制作草地文字

原始文件: 随书资源 \ 素材 \04\02、03.jpg
最终文件: 随书资源 \ 源文件 \04\ 制作草地文字 .psd

解析: 用 Photoshop 可以制作出许多很漂亮的字体效果。在本实例中, 将介绍怎样制作漂亮的绿色草地文字效果。制作草地文字时, 首先需要制作作为草地文字背景的草地素材, 在素材中使用文字工具输入所需文字, 再通过"钢笔工具"细致地描绘出文字周围的不规则路径, 然后根据需要采用一定的混合模式效果。制作草地文字时, 会大量用到"钢笔工具", 所以对"钢笔工具"的掌握是很重要的。

1 执行"文件 > 新建"菜单命令, 打开"新建文档"对话框, 在对话框中输入文件名称, 设置文件大小为 900 像素 ×600 像素, 分辨率为 300 像素 / 英寸, 反向为横向, 背景内容为白色, 设置好后单击"创建"按钮, 如下图所示。

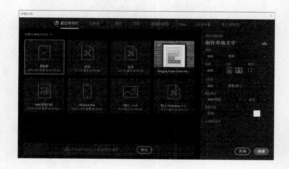

2 在"图层"面板中单击下方的"创建新图层"按钮 🗔, 新建一个名为"图层 1"的透明图层, 如下图所示。

3 单击工具箱中的"渐变工具"按钮 🔲, 单击工具选项栏中"点按可编辑渐变"按钮, 打开"渐变编辑器"对话框, 双击最左侧的渐变色标 🔳, 颜色值设为 R173、G191、B65, 如下左图所示; 双击最右侧的渐变色标 🔳, 颜色值设为 R168、G189、B64, 设置渐变颜色。在"渐变编辑器"中查看设置好的渐变色, 如下右图所示。

4 单击选项栏中的"径向渐变"按钮 🔲, 从图像的中心向四周拖曳渐变, 为"图层 1"填充渐变, 如下左图所示。执行"文件 > 打开"菜单命令, 打开素材文件 02.jpg, 如下右图所示。

5 执行"图像 > 调整 > 去色"菜单命令, 将打开的纸张素材做去色处理, 然后将修改过的纸张素材粘贴到新文档中, 将其置于最顶层, 设置图层混合模式为"叠加", 图层"不透明度"为70%, 如下图所示。

6 选择"加深工具", 设置"曝光度"为 50%, 选择"图层 2"图层, 在图像边缘部分进行涂抹操作, 加深边缘效果, 如下图所示。

7 执行"文件 > 打开"菜单命令，打开素材文件 03.jpg，选择"横排文字工具"，在画面中输入文字，如下图所示。

11 每绘制一个字母路径，单击"路径"面板下方的"创建新路径"按钮 ，将每个字母都保存为一个单独路径，如下左图所示。绘制完成后，返回"图层"面板，隐藏文字图层，选中"背景"图层，如下右图所示。

8 选中文字，执行"窗口 > 字符"菜单命令，打开"字符"面板，在面板中设置各项参数，调整文字大小和字体效果，如下图所示。

12 再返回"路径"面板，选中全部路径，单击下方的"将路径作为选区载入"按钮 ，在画面中载入文字选区，如下图所示。

9 选择文字图层，将其图层混合模式设置为"叠加"，效果如下图所示。

13 按下快捷键 Ctrl+J，复制选区内的图像，生成"图层 1"图层，将其移动至"制作草地文字 .psd"文件中成为"图层 3"，按下快捷键 Ctrl+T，打开自由变换编辑框，调整文字大小和位置，如下图所示。

10 单击工具箱中的"钢笔工具"按钮 ，围绕文字边缘绘制不规则路径，如下图所示。

14 双击"图层 3"的图层缩览图,在打开的"图层样式"对话框中选择"斜面和浮雕"样式,设置"斜面和浮雕"选项,如下图所示。

19 选择"图层 4",执行"滤镜 > 模糊 > 动感模糊"菜单命令,打开"动感模糊"对话框,在对话框中设置参数,调整阴影的动感模糊选项,如下图所示。

15 勾选左侧"斜面和浮雕"选项下的"等高线"样式,设置各项参数,如下图所示。

16 继续选择"投影"样式,设置"投影"选项,如下左图所示。设置完成后单击"确定"按钮,为文字添加并应用设置的样式效果,如下右图所示。

20 设置完成后单击"确定"按钮,并在图像窗口中查看效果,如下图所示。

17 新建"图层 4",将其放置在"图层 3"下方,按住 Ctrl 键单击"图层 3"的图层缩览图,载入文字选区,选择"图层 4",设置前景色为黑色,按下快捷键 Alt+Delete,将文字选区填充为黑色,如下图所示。

21 选择"图层 4",按下快捷键 Ctrl+J,复制图层,生成"图层 4 拷贝"图层,加强黑色的阴影效果,如下图所示。

18 取消选区,使用"移动工具"移动"图层 4"的黑色阴影位置,加强文字阴影效果。

22 按下快捷键 Shift+Ctrl+Alt+E，盖印可见图层，生成"图层5"。选择"椭圆选框工具"，在画面中创建椭圆选区，按下快捷键 Shift+Ctrl+I，对选区进行反选。反选后在选区内单击鼠标右键，在弹出的快捷菜单中选择"羽化"命令，打开"羽化选区"对话框，在对话框中设置参数，然后单击"确定"按钮，羽化选区，如下图所示。

23 按下快捷键 Ctrl+J，复制选区内的图像，生成"图层6"，将该图层的混合模式更改为"正片叠底"，加强四周暗角效果，如下图所示。至此，已完成本实例的制作。

实例演练：
融合多个图像合成广告效果

原始文件：随书资源\素材\04\04～07.jpg
最终文件：随书资源\源文件\04\融合多个图像合成广告效果.psd

解析：将背景图像、人物图像、首饰图像等放置在一个文件中，然后结合"钢笔工具""套索工具"等建立相应的选区，并结合图层蒙版将多个图像更好地融合在一起，其中涉及对选区的羽化、智能调整选区的边缘等。这些操作都是为了更好地将不同的图像协调地进行合成，使广告画面的最终视觉效果更加统一与和谐。

1 执行"文件 > 新建"菜单命令，打开"新建文档"对话框，输入文件名称，设置文件大小为 10 厘米 ×6 厘米，分辨率为 300 像素／英寸，背景色为黑色，如下左图所示，设置后单击"创建"按钮，新建文件。执行"文件 > 打开"菜单命令，打开素材文件 04.jpg，如下右图所示。

3 按 Enter 键，确认变换操作，使背景铺满整个画面，如下图所示。

2 单击"移动工具"按钮，将 01.jpg 文件拖入到新建的 PSD 文件中，生成"图层 1"图层，如下左图所示。按下快捷键 Ctrl+T，打开自由变换编辑框，调整图像大小和位置，如下右图所示。

4 直接将素材文件 05.jpg 拖入到当前 PSD 文件中，生成新的智能对象图层，按 Enter 键确认置入文件，然后使用"移动工具"将人物放置在画面的右侧，如下图所示。

5 在"图层"面板中选中智能对象图层，右击该图层，在弹出的快捷菜单中选择"栅格化图层"命令，栅格化图层，并将图层命名为"人物"图层，如下图所示。

6 选中"人物"图层，单击"图层"面板底部的"添加图层蒙版"按钮 ，为"人物"图层添加图层蒙版，如下图所示。

7 选择工具箱中的"渐变工具"，在选项栏中选择"黑，白渐变"，在图像上从左往右拖曳，释放鼠标填充渐变，隐藏部分人物图像，效果如下图所示。

8 选择"图层 1"，将素材文件 06.jpg 拖入到当前 PSD 文件中，生成新图层，并将图层命名为"首饰"，然后使用"移动工具"将图像移至人物左侧，如下图所示。

9 选择工具箱中的"钢笔工具"，沿着首饰边缘绘制路径，如下图所示。

10 按下快捷键 Ctrl+Enter，将路径转换为选区，如下左图所示。执行"选择 > 选择并遮住"菜单命令，打开"选择并遮住"工作区，在右侧的"属性"面板中设置各项参数，调整首饰选区的边缘，如下右图所示。

11 设置"白底"的视图模式，"不透明度"为 100%，查看首饰边缘效果，确认选区边缘合适后，单击"确定"按钮，返回图像窗口，如下左图所示。单击"图层"面板下方的"添加图层蒙版"按钮 ，为图层添加蒙版，隐藏首饰之外的背景图像，如下右图所示。

12 单击工具箱中的"移动工具"按钮，调整首饰的位置，如下图所示。

13 按住 Ctrl 键不放，单击"首饰"图层的图层蒙版缩览图，载入首饰选区，如下左图所示。新建"曲线 1"调整图层，打开"属性"面板，在面板中单击并拖曳曲线，调整其形状，如下右图所示。

14 根据设置的曲线，降低首饰的亮度，使其与背景影调更加协调，如下图所示。

15 打开"路径"面板，选中工作路径，单击右下角的"删除路径"按钮，在弹出的对话框中单击"是"按钮，将路径删除，如下图所示。

16 单击"图层"面板下方的"创建新的填充或调整图层"按钮，在弹出的列表中选择"色阶"命令，新建"色阶 1"调整图层，将选区内的图像调暗，如下图所示。

17 在工具箱中选择"画笔工具"，设置前景色为黑色，在选项栏中设置画笔的其他参数，设置好后单击"色阶 1"图层蒙版缩览图，使用画笔在不需要调暗的区域涂抹，还原图像亮度，如下图所示。

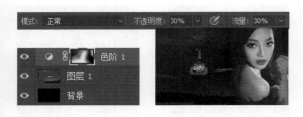

18 打开素材文件 07.jpg，选中"图层 1"，将素材图像拖入到当前 PSD 文件中，命名为"烟雾"图层，然后使用"移动工具"将其调整至合适大小和位置，如下图所示。

19 在"图层"面板中选择"烟雾"图层,将其图层混合模式设为"浅色",如下图所示。

20 观察添加的烟雾图像,可以看到较明显的边框效果。为"烟雾"图层添加图层蒙版,选择"画笔工具",将前景色设置为黑色,用画笔在烟雾图像边缘涂抹,隐藏多余的白色边框效果,如下图所示。

21 按下快捷键Ctrl+J,复制烟雾图像,生成"烟雾 拷贝"图层,删除图层蒙版,按下快捷键Ctrl+T,对新的烟雾图像进行大小、位置的调整,按Enter键完成操作,如下图所示。

22 在"图层"面板中选中"烟雾 拷贝"图层,更改其图层"不透明度"为25%,使其与画面融合得更加自然,如下图所示。

23 单击"图层"面板下方的"创建新组"按钮，新建"组 1",如下左图所示。在工具箱中选择"横排文字工具",设置前景色为白色,然后打开"字符"面板,在该面板中设置文字的字体、大小等,如下右图所示。

24 完成设置后,在图像下方输入文字。输入后在"图层"面板中将文字图层的"不透明度"设为20%,使其与画面结合得更加协调,如下图所示。

25 继续使用"横排文字工具"输入文字,按画面效果调整文字的大小、位置等,同样更改该文字图层的"不透明度"为20%,使其与画面结合得更加协调,如下图所示。

26 继续在首饰上方位置添加白色文字效果,按画面效果对文字的大小、位置、不透明度等进行调整,完善整体画面,如下图所示。

实例演练：
结合选区绘制网页中的图形

原始文件：随书资源 \ 素材 \04\08、09.jpg，10.png
最终文件：随书资源 \ 源文件 \04\ 结合选区绘制网页中的图形 .psd

解析： Photoshop 中的选区功能不仅可以用于图像的选择，而且可以用于绘制简单的图形，本实例将介绍如何利用选区绘制网页中的图形效果。在制作的过程中，结合"多边形套索工具"和其他选区工具在画面中创建选区，再对选区进行图案填充，然后利用"横排文字蒙版工具"在网页中输入文字，创建镂空文字效果，充分展示选区的实用性。

1 执行"文件 > 新建"菜单命令，打开"新建文档"对话框，输入文件名称，设置文件大小为 15 厘米 ×9 厘米，分辨率为 300 像素 / 英寸，背景色为白色，设置后单击"创建"按钮，新建文件，如下图所示。

2 在工具箱中选择"矩形选框工具"，沿着图像边缘绘制矩形选区，然后执行"编辑 > 填充"菜单命令，如下图所示。

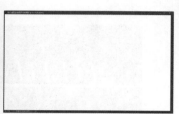

3 在弹出的"填充"对话框中选择填充内容为"图案"，单击"自定图案"后的下三角按钮▇，在弹出的列表中单击▇按钮，在弹出的菜单中选择"填充纹理 2"命令，然后在提示对话框中单击"确定"按钮，使用选中图案替换当前图案，并选择一种图案，如下图所示。

4 在"填充"对话框中设置"不透明度"为20%，单击"确定"按钮，填充图案，如下图所示。

5 打开素材文件 08.jpg，选择"移动工具"，将人物图像移动至新建 PSD 文件中，生成"图层 1"图层；单击"多边形套索工具"按钮▇，在人物上绘制三角形选区，如下图所示。

6 绘制完成后单击"图层"面板下方的"添加图层蒙版"按钮▇，为"图层 1"添加图层蒙版，隐藏多余图像，如下图所示。

7 打开素材文件 09.jpg，选择"移动工具"，将图像移动至当前 PSD 文件中，生成"图层 2"

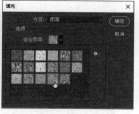

图层，调整图层中人物图像的大小，执行"图层 > 创建剪贴蒙版"菜单命令，使其只显示与下方图像重叠的区域，如下图所示。

11 选择"背景"图层，单击"创建新图层"按钮 ，新建"图层 3"；设置前景色为深蓝色，具体值为 R24、G37、B81，按下快捷键 Alt+Delete，填充选区，完成后取消选区，如下图所示。

8 为"图层 2"添加图层蒙版，设置前景色为黑色，在选项栏中设置画笔的属性，然后使用黑色画笔在两个人物图像的交界位置涂抹，使人物的融合更加自然，如下图所示。

12 在"图层 3"上方新建"图层 4"，单击"多边形套索工具"按钮 ，绘制选区，将其填充为浅蓝色，具体值为 R53、G80、B150，如下图所示。

9 按住 Ctrl 键，单击"图层 1"的图层蒙版，载入人物图像的选区；单击"图层"面板下方的"创建新的填充或调整图层"按钮 ，在弹出的列表中选择"黑白"命令，新建"黑白 1"调整图层，在"属性"面板中设置参数，如下图所示。

13 选择"图层 4"，按下快捷键 Ctrl+Alt+ G，创建剪贴蒙版，使其显示在下方图像上，如下图所示。

10 设置完成后，人物呈现黑白效果，如下左图所示。单击"多边形套索工具"按钮 ，在图像的右上角绘制多边形选区，如下右图所示。

14 继续新建"图层5"，使用"多边形套索工具"绘制选区，将绘制的选区颜色填充为R219、G36、B64，然后按下快捷键 Ctrl+Alt+G，创建剪贴蒙版，隐藏图形，如下图所示。

15 选择"黑白1"调整图层，新建"图层6"，按下图所示绘制选区，对其填充之前的深蓝色。

16 取消选区后，继续新建"图层7"图层，绘制三角形上方的选区，对其填充浅蓝色，并对该图层创建剪贴蒙版；重复此操作，制作红色三角形，对其创建剪贴蒙版，如下图所示。

17 重复之前的操作，新建多个图层，绘制如下图所示的图案。

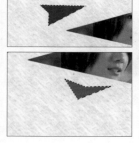

18 新建"图层13"，单击"矩形选框工具"按钮 ▣，绘制如下左图所示的矩形，将其颜色填充为 R220、G37、B65。取消选区后，使用"横排文字蒙版工具"在矩形上单击，显示插入光标，如下右图所示。

19 输入并选中文字，在选项栏中设置各项参数，选择"移动工具"，生成文字选区，如下图所示。

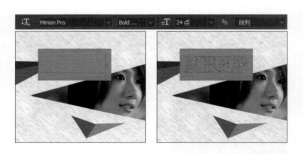

20 执行"选择 > 反选"菜单命令，反选文字选区，单击"图层"面板底部的"添加图层蒙版"按钮 ▣，为该图层创建图层蒙版，隐藏部分图形效果，如下图所示。

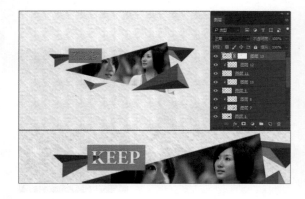

21 新建"图层14"，结合"矩形选框工具"和"填充"命令，绘制选区并填充颜色，制作红色矩形效果；使用"横排文字蒙版工具"在矩形内输入文字，创建文字选区，如下图所示。

23 打开素材文件 10.png，将导航条素材移动至当前文件中，完善整体图像，如下图所示，至此完成本实例的制作。

22 执行"选择 > 反选"菜单命令，反选文字选区，单击"图层"面板底部的"添加图层蒙版"按钮 ，为该图层创建图层蒙版，隐藏部分图形效果，如下图所示。

读书笔记

第5章
图像修复

本章将介绍 Photoshop 中关于图像修复的知识。在处理图像的时候，常常需要对图像中的瑕疵或缺陷进行修复处理。Photoshop 中提供了大量用于修饰图像瑕疵的工具和命令，如"裁剪工具""修补工具""污点修复画笔工具""内容识别缩放"等。使用这些工具和命令，可以灵活地对图像加以修饰，修复图像中的各类瑕疵和缺陷，使图像达到最佳效果。

5.1 图像的裁剪

图像的裁剪是移去图像中的部分图像，以形成突出或加强构图效果的过程。在 Photoshop 的工具箱中有专门适用于裁剪的工具，裁剪工具不仅能裁剪图像，还可以对图像进行透视、裁剪、对齐等操作。

5.1.1 裁剪图像

在 Photoshop 中通过"裁剪工具"对图像进行裁剪，能够删除画面中不必要的图像。同时，它也可以裁剪图像中指定的区域，并且可以在裁剪图像时随意调整裁剪方位的大小和角度，以便控制图像的整体构图效果。

1. 使用"裁剪工具"裁剪图像

打开一张素材图像，单击工具箱中的"裁剪工具"按钮，按住鼠标左键在图像上拖曳，如下图所示。

确定裁剪区域后释放鼠标，裁剪区域之外的图像区域将会变暗，按 Enter 键，裁剪区域之外的图像将会被裁剪，如下图所示。

使用"裁剪工具"裁剪图像时，可以在选项栏中设置相关参数，对"裁剪工具"进行精确控制。下面来对"裁剪工具"选项栏进行了解。

❶ "选择预设长宽比或裁剪尺寸"按钮：提供了多种裁剪的预设比例供用户选择，包括"原始比例""1：1（方形）""5：7""16：9""前面的图像""4×5 英寸 300ppi"等。

❷ "清除"按钮：可以清除之前选择的裁剪比例。

❸ "拉直"按钮：可通过在图像上绘制一条直线来拉直图像。

❹ "设置裁剪工具的叠加选项"按钮：设置"裁剪工具"的叠加选项。单击该按钮，在展开的下拉列表中可看到"三等分""网格""对角""三角形""黄金比例"等多种叠加选项。

❺ "删除裁剪的像素"复选框：勾选该复选框，在裁剪时就可以直接删除裁剪的像素；不勾选该复选框，在裁剪时会保留裁剪部分的图像。

> ★ 技巧一>>利用快捷键快速选择"裁剪工具"
>
> 在 Photoshop 中，按 C 键可快速选择"裁剪工具"。

应用>>选区工具和"裁剪"命令的结合使用

除了使用"裁剪工具"直接对图像进行裁剪外，还能结合选区工具和"裁剪"命令裁剪图像。打开一张素材图像，选择工具箱中的"矩形选框工具"，在图像中创建矩形选区，如下图所示。

执行"图像 > 裁剪"菜单命令，即可对图像进行裁剪。裁剪完成后，按Ctrl+D键取消选区。

技巧二>>确定裁剪图像的其他方法

确定裁剪图像除了按键盘中的 Enter 键，还可以单击选项栏中的"提交当前裁剪操作"按钮✔，或者双击鼠标左键。

2. 使用菜单命令裁切图像

裁切是一种特殊的裁剪方法，使用"裁切"命令可以将图像四周的部分图像删除。执行"图像 > 裁切"菜单命令，将打开"裁切"对话框，如下图所示。

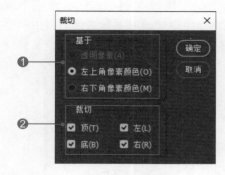

❶ "基于"选项组：用于选择裁切方式，基于颜色进行裁切。选择"透明像素"单选按钮，则删除图像边缘的透明区域，留下包含非透明的最小像素；分别选择"左上角像素颜色"和"右下角像素颜色"单选按钮，则从图像四周删除与左上角或右下角像素颜色相同的区域。

❷ "裁切"选项组：包括"顶""左""底"和"右"4 个复选框，如果选中所有复选框，就会裁切图像四周的区域。

5.1.2 变换图像透视

对于透视角度不正确的图像，可以使用"透视裁剪工具"裁剪图像并校正图像透视效果。按住工具箱中的"裁剪工具"按钮 不放，在弹出的列表中即可选择"透视裁剪工具"。

打开一张素材图像，在工具箱中单击"透视裁剪工具"按钮 ，在图像中拖曳出所要选择的区域，如下图所示。

移动裁剪框的角手柄，定义图像中的透视角度，精确匹配对象的边缘，按 Enter 键，裁剪区域外的图像将会被裁剪，如下图所示。

技巧>>变换图像透视时的注意事项

使用"透视裁剪工具" 裁剪图像时，必须在图像中选择轮廓为矩形的对象，否则 Photoshop 可能不会产生所需的透视变换。

应用>>调整透视变换框

使用"透视裁剪工具" ⊞ 在图像中拖曳之后，会显示出透视变换框，边框会显示小锚点，拖曳它就可以调整要裁剪的区域。

5.1.3　裁剪并修齐照片

在扫描仪中放入若干照片进行一次性扫描，将创建一个图像文件，此时利用"裁剪并修齐照片"命令可以将扫描文件创建成多个单独的图像文件。

执行"文件 > 打开"菜单命令，打开扫描文件，并将扫描文件解锁，如下左图所示。执行"文件 > 自动 > 裁剪并修齐照片"菜单命令，如下右图所示。

这时可以看到 Photoshop 自动将扫描文件中的图片裁剪出来，并制作成新的文件，如下图所示。此时可以对每张图片进行进一步修改。

技巧>>使用"裁剪并修齐照片"命令时的注意事项

为了获得最佳结果，应该在扫描的照片之间保持 0.3 厘米左右的间距，而且背景（扫描仪的台面）最好是没有杂色的均匀颜色。"裁剪并修齐照片"命令最适合于轮廓十分清晰的图像。

如果"裁剪并修齐照片"命令对某一张图像的裁剪不正确，则可以使用"矩形选框工具"围绕图像和部分背景建立一个矩形选区，然后在选择"裁剪并修齐照片"命令时按住 Alt 键，即可将图像从背景中分离出来，如下图所示。

5.2　图像的变换

图像的变换包括旋转、翻转、缩放、自由变换、更改图像的大小、斜切、透视等。在 Photoshop 中有很多专门用于图像变换的命令，使用这些命令可以快速对图像进行更自由的变换调整。

5.2.1　旋转和翻转整个图像

在 Photoshop 中使用"图像旋转"命令可以旋转或翻转整个图像，但该命令不适用于单个图层或图层中的部分图像、路径以及选区边界的旋转。

执行"图像 > 图像旋转"菜单命令，在打开的级联菜单中有对图像进行旋转和翻转的各项命令，如右图所示。

❶旋转图像：执行该部分命令可依照命令旋转整个图像。若选择"任意角度"命令，则会弹出"旋转画布"对话框，在对话框中可设置旋转角度，如下图所示。

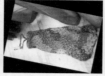

❷翻转图像：执行该部分命令可依照命令将整个图像进行水平或垂直方向的翻转，如下图所示。

5.2.2 更改画布大小

画布是指可以编辑的区域，更改画布大小调整的其实是要制作图像的区域。通过调整画布大小，还可以减少画布尺寸来裁剪图像。

执行"图像 > 画布大小"菜单命令，打开"画布大小"对话框，在对话框中有修改画布大小的选项，如下图所示。

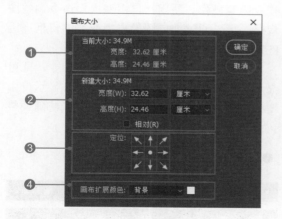

❶当前大小：显示当前图像的宽度、高度以及文件大小。

❷新建大小：在"高度"和"宽度"数值框中输入画布的尺寸，从"宽度"和"高度"数值框旁边的下拉列表框中可选择所需的测量单位。若选择"相对"，则"高度"和"宽度"数值框中的值表

示要从图像的当前画布中增加或减去的画布大小，输入正数，将为画布添加一部分；输入负数，将为画布减去一部分。

❸定位：单击某个方块，以指示现有图案在新画布中的位置，效果如下图所示。

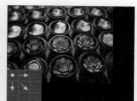
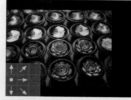

❹画布扩展颜色：在"画布扩展颜色"下拉列表框中可以选择"前景""背景""白色""黑色""灰色"或"其他"来设置画布的扩展颜色。选择"其他"选项时，会打开"拾色器（画布扩展颜色）"对话框，在此对话框内可以自由地对画布的扩展颜色进行设置，如下图所示。另外，还可以通过单击"画布扩展颜色"右侧的颜色块，打开"拾色器（画布扩展颜色）"对话框。

应用 >> 缩小"高度"和"宽度"裁剪图像

当设置的"高度"和"宽度"值比原数值小时，就会根据新输入的参数值对图像进行裁剪，如下图所示。

5.2.3 对图像进行变换

在 Photoshop 中有专门对图像进行变换的工具，可以对图像进行缩放、旋转、斜切、扭曲、透视、变形等操作。其操作方法与对选区进行移动和变换操作的方法类似。

执行"编辑 > 变换"菜单命令，在打开的级联菜单中有对图像进行变换的各项命令，如下图所示。

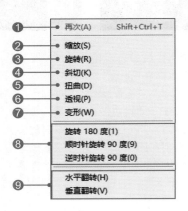

❶再次：可重复执行作用于图像的变换命令，多次单击可多次重复。

❷缩放：单击并拖曳任意一个角的控制手柄，即可对图像任意进行伸缩。

❸旋转：单击后将鼠标放置于自由变换编辑框的 4 个转角位置，当鼠标指针变成↰状时，单击并拖曳任意一个角，即可任意旋转图像。

❹斜切：单击并拖曳任意一个角的控制手柄，即可对图像进行斜切。

❺扭曲：单击并拖曳任意一个角的控制手柄，即可对图像任意进行扭曲。

❻透视：单击并拖曳任意一个角的控制手柄，即可按相应的角度进行透视。

❼变形：单击并任意拖曳自由变换编辑框上的变形控制点或线条，即可对图像进行任意变形。

❽旋转 180 度 / 旋转 90 度（顺 / 逆时针）：将图像旋转 180° 或 90° （顺 / 逆时针）。

❾水平翻转 / 垂直翻转：单击菜单命令即可对图像进行水平翻转或垂直翻转操作。

5.2.4 图像的自由变换

在 Photoshop 中，应用"自由变换"命令可以对图像应用连续的旋转、缩放、扭曲与透视变换等操作。使用"自由变换"命令调整图像时，可以通过拖曳图像自由变换编辑框周围 8 个角的控制手柄来完成图像的变换。

执行"编辑 > 自由变换"菜单命令，即可显示自由变换编辑框，并在窗口上方显示自由变换选项栏，在其中输入参数，可以精确调整自由变换效果，如下图所示。

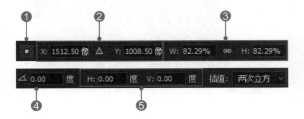

❶参考点：单击选项栏中参考点定位符■上的方块，即可更改变换图像时的位置参考点，如下图所示。

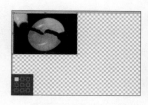

❷在画面中移动图像：可在 X（水平位置）和 Y（垂直位置）数值框中输入参考点新位置的值，以移动图像，如下图所示。单击"相关定位"按钮△，可以相对于当前位置指定新位置。

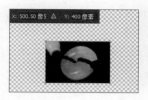
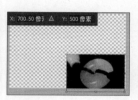

❸根据数值对图像进行缩放：在 W（宽度）和 H（高度）数值框中输入百分比，即可根据数值对图像进行缩放，如下图所示。单击"链接"图标，可以在缩放时保持长宽比。

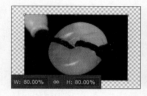

❹根据数值对图像进行旋转：在该数值框中输入度数，即可根据数值对图像进行旋转，如下左图所示。

❺根据数值对图像进行斜切：在 H（水平斜切）和 V（垂直斜切）数值框中输入度数，可根据数值对图像进行斜切，如下右图所示。

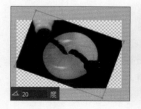
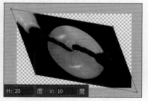

通过拖曳进行缩放时，按住 Shift 键拖曳手柄可按比例进行缩放。

通过拖曳进行旋转时，将鼠标移到定界点之外，当鼠标指针变为弯曲的双向箭头时，

按住 Shift 键拖曳可将旋转限制为按 15° 增量进行。

要相对于外框的中心点扭曲，可按住 Alt 键拖曳手柄。

要自由扭曲，可按住 Ctrl 键拖曳手柄。

要斜切，可按住 Shift+Ctrl 键拖曳手柄，当定位到手柄上时，鼠标指针将变为带一个小双向箭头的白色箭头。

要应用透视，可按住 Shift+Ctrl+Alt 键拖曳手柄，当将鼠标放置在手柄上方时，鼠标指针将变为灰色箭头。

要还原到上一次的手柄调整，执行"编辑 > 还原"菜单命令即可。

单击"提交变换"按钮✓，可以提交变换；按 Enter 键或在变换选框内双击，也可提交变换。单击"取消变换"按钮⊘，或者按 Esc 键，则会取消变换。

5.2.5 对图像进行变形

在 Photoshop 中可以使用"变形"命令来拖曳控制点，以变换图像的形状、路径等。此外，也可以在自由变换选项栏的"变形"下拉列表框中选择变形样式，对形状或路径进行变换。

执行"编辑 > 自由变换"菜单命令，单击选项栏右侧的"在自由变换和变形模式之间切换"按钮，图像中会出现变形框，此时在选项栏中可以选择变形的样式，对图像应用不同的变形效果，如下图所示。

变形： 自定 ⌄

单击选项栏的"变形"按钮，在打开的下拉列表中可以选择使用何种模式来变形图像。下图为选择不同变形样式变形的图像效果。

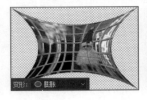

拖曳控制点、外框、网格的一段或网格内的某个区域即可变换形状。

> ✿ 技巧一>>执行"变形"命令和取消"变形"命令的方法
>
> 执行"编辑 > 变换"菜单命令，在打开的级联菜单中选择"变形"命令，即可执行"变形"命令。

执行"编辑 > 还原"菜单命令，即可取消作用于图像的"变形"命令。

> ✿ 技巧二>>使用"变形工具"时的注意事项
>
> 要更改所选取的变形样式的方向，可以单击选项栏中的"更改变形方向"按钮 。
>
> 要更改参考点，可单击选项栏中参考点定位符上的方块。
>
> 要通过数值指定变形量，可在选项栏的"弯曲"（设置弯曲）、H（设置水平扭曲）和 V（设置垂直扭曲）数值框中输入数值。如果在"变形"下拉列表中选择了"无"或"自定"选项，则无法输入数值。

5.3 内容识别缩放

常规缩放在调整图像大小时会统一影响所有像素，甚至可以导致缩放后的图像变形，而"内容识别缩放"命令主要影响没有重要可视内容区域中的像素。"内容识别缩放"命令可以放大或缩小图像以改善合成效果、适合版面或更改方向。在调整图像大小时可以指定使用内容识别缩放或常规缩放。

5.3.1 调整图像并包含内容

调整图像并包含内容就是对图像进行放大、缩小等调整时，Photoshop 可以感知图片中的重要部分，并保持这些部分不变，而只缩放其余的部分。

执行"编辑 > 内容识别缩放"菜单命令，拖曳图像 4 个角的控制手柄，即可对图像进行包含内容的调整，如下图所示。

> ✿ 技巧>>使用快捷键进行内容识别缩放
>
> 按下快捷键 Shift+Ctrl+Alt+C，可快速执行"内容识别缩放"菜单命令。

> 🐾 应用>>内容识别缩放的适用范围
>
> 内容识别缩放适合于处理图层和选区。图像可以是 RGB、CMYK、Lab 或灰度颜色模式及所有位深度。内容识别缩放不适合于处理调整图层、图层蒙版、各个通道、智能对象、3D 图层、视频图层、图层组，或者同时处理多个图层。

5.3.2 缩放时保留可视内容

执行"内容识别缩放"菜单命令，对图像进行调整时，在选项栏中有对"内容识别缩放"进行精确设置的选项，指定选项可在缩放时保留可视内容。

执行"编辑 > 内容识别缩放"菜单命令，在选项栏中可以对图像缩放时保留可视内容进行设置，如下图所示。

❶ 参考点：单击参考点定位符 ■ 上的方块，指定缩放图像时要围绕的固定点。默认状态下，该参考点位于图像中心。

❷ 使用参考点相关定位：单击"使用参考点相关定位"按钮 △，指定相对于当前参考点的新参考点的位置，通过输入坐标值将参考点放置于特定位置。

❸ 缩放比例：指定图像按原始大小的百分比进行缩放。单击 ∞ 按钮，可保持长宽比。

❹ 数量：在该数值框中输入数值，指定内容识别缩放的百分比。

❺ 保护：选取要保护区域的通道。

❻ 保护肤色：单击"保护肤色"按钮 ♣，将保留包含肤色的区域。

> 🌸 技巧>>缩放图像
> 拖曳图像中"变形框"周围 4 个角的控制手柄，缩放图像。拖曳控制手柄时按住 Shift 键，可按比例缩放。当放置在控制手柄上方时，鼠标指针将变为双向箭头。

> 🎩 应用>>缩放"背景"图层
> 要缩放"背景"图层，需要先执行"选择 > 全部"菜单命令，再对选中的"背景"图层中的图像进行缩放。

5.3.3 指定要保留的内容

利用"内容识别缩放"命令对图像进行缩放调整时，可将需要保护的图像存储为通道，通道中的内容不受缩放的影响。

打开一张素材图像，在需要保护的主体部分绘制选区并反选选区，如下左图所示。在"通道"面板中单击"将选区存储为通道"按钮 □，新建 Alpha1 通道，如下右图所示。

按下快捷键 Ctrl+D，取消选区，执行"编辑 > 内容识别缩放"菜单命令，在选项栏的"保护"下拉列表中选取 Alpha1 通道，拖曳图像中"变形框"周围的控制手柄缩放图像，效果如下图所示。此时可以看到选取的区域不受缩放的影响。

> 🌸 技巧>>指定要保留的内容时的注意事项
> 使用选区工具设置选区，并存储为通道之后，必须先取消选区，再执行"编辑 > 内容识别缩放"菜单命令，否则该命令将对选区产生作用，而不是图像。

5.4 图像的修复

在 Photoshop 中能使用修图工具修复图像中的各种瑕疵和缺陷，并结合修饰工具对图像进行修饰，以获取更加完美的图像。常用的图像修复与修饰工具包括"仿制图章工具""修补工具""颜色替换工具"等，下面将对这些工具的使用方法进行详细讲解。

5.4.1 图像的仿制

图像的仿制主要使用"仿制图章工具"，应用"仿制图章工具"可以像盖章一样，将指定的图像区域复制到指定的区域。使用时应先指定要复制的基准点，再通过拖曳鼠标涂抹或单击的方式，完成图像的仿制操作。

打开一张素材图像，单击工具箱中的"仿制图章工具"按钮，在选项栏中单击画笔右侧的下三角按钮，在打开的"画笔预设"选取器中选择画笔，并调整画笔大小，如下图所示。

按住 Alt 键不放，鼠标指针变成靶心形状，在图像中单击要复制的部分进行取样，然后将鼠标放置在需要修复的区域，持续拖动鼠标进行涂抹，此时该区域将复制取样的图像，如下图所示。

🎓 应用一>>调整画笔大小

根据要复制的图像的大小来调整画笔大小，复制较小的图像时，要设置较小的画笔尺寸，这样才能保证复制图像操作的精确性。

🌸 技巧>>使用快捷键选择"仿制图章工具"

在 Photoshop 中，按 S 键可快速选择"仿制图章工具"。

🎓 应用二>>"仿制图章工具"选项栏

"仿制图章工具"选项栏中的"画笔""模

式""不透明度"和"对所有图层取样"等选项的功能与其他图像修复类工具选项中的选项功能相同，利用"仿制图章工具"选项栏中的"对齐"复选框可以进行规则复制，无论对绘画停止和继续过几次，都可以重新使用最新的取样点。

5.4.2 修复有瑕疵的图像

使用"修复画笔工具"能够修复图像中的瑕疵，并使修复后的区域与周围的图像融合在一起。另外，利用该工具修复时，同样可以使用图像中的样本像素进行绘制。

按住工具箱中的"污点修复画笔工具"按钮不放，在打开的隐藏工具中选择"修复画笔工具"，如下左图所示。在选项栏中单击画笔右侧的下三角按钮，在弹出的"画笔预设"选取器中设置画笔大小为柔角 62 像素，如下右图所示。

确定要复制的基准部分，按住 Alt 键单击人物脸部干净且颜色接近的部分进行取样，清除时就会以选取部分为基础进行复制，单击人物脸颊上的雀斑部分，清除雀斑。使用相同的方法，去除剩余的雀斑部分，使人物脸部变得干净，如下图所示。

"修复画笔工具"选项栏有多个选项，可以通过调整这些选项，使修复图像的操作更准确，如下图所示。

①取样：单击"取样"按钮并按住 Alt 键，当鼠标指针变为靶心形状时，在图像中单击取样，即可获得样本像素，然后在图像中拖曳鼠标，在需要修改的区域进行涂抹，即可消除瑕疵。

②图案：单击"图案"按钮并单击"图案"选项右侧的下三角按钮，在弹出的"图案"拾色器中可以选择不同的图案进行修复操作，如下图所示。

③对齐：勾选"对齐"复选框，则释放鼠标时当前取样点不会丢失；不勾选"对齐"复选框，则每次停止和继续绘画时，都将从初始取样点开始应用像素。

④样本：在"样本"下拉列表中可以选择不同的取样方式。

前图层"；要从所有可见图层中取样，可选择"所有图层"；要从调整图层以外的所有可见图层中取样，可选择"所有图层"，之后单击"取样"下拉列表右侧的"打开以在修复时忽略调整图层"按钮。

5.4.3 修饰有污迹的图像

使用"污点修复画笔工具"可以快速修复图像中的污点和其他不理想的部分。利用"污点修复画笔工具"修复图像时，利用图像或图案中的样本像素进行绘制，并将样本像素中的纹理、光照、透明度和阴影等与要修复的像素相匹配，使修复的图像自然地融合在一起。

单击工具箱中的"污点修复画笔工具"按钮，在选项栏中设置画笔大小，然后单击选项栏中的"近似匹配"按钮，接着在图像中需要修复的污迹处单击并涂抹，涂抹完成后释放鼠标左键，污迹将被擦除，如下图所示。

使用"污点修复画笔工具"修复图像瑕疵时，可以通过调整"污点修复画笔工具"选项栏中的多个选项，控制修复效果的准确度，如下图所示。

①模式：在"模式"下拉列表中可以选择混合模式，以指定图像与合成效果的合成方式。

②近似匹配：单击"近似匹配"按钮，使用周围的像素修复图像。

③创建纹理：单击"创建纹理"按钮，将以纹理的质感修复图像。

④内容识别：单击"内容识别"按钮，将通过内容识别填充的方式修复图像。

⑤对所有图层取样：勾选"对所有图层取样"复选框，可以从所有的可见图层中进行取样。

在 Photoshop 中，按 J 键可快速选择"污点修复画笔工具"。

应用>>"污点修复画笔工具"和"修复画笔工具"的区别

"污点修复画笔工具"和"修复画笔工具"的区别在于，"污点修复画笔工具"不要求指定样本像素，它可以自动从所修饰区域的周围取样。如果要修饰大片区域或需要更大程度地控制取样源，则可使用"修复画笔工具"。

5.4.4　修补区域

图像中大面积瑕疵的修复可以使用"修补工具"。"修补工具"可以使用其他区域或图案中的像素来修复选区中的瑕疵图像。

按住工具箱中的"污点修复画笔工具"按钮 ，在打开的隐藏工具中选择"修补工具"，在选项栏中单击"源"按钮 源 ，在图像中沿着需要修补的区域拖曳鼠标，创建选区，将其拖动到干净的背景位置，释放鼠标后即会用旁边的干净图像修复选区中的瑕疵图像，如下图所示。

"修补工具"选项栏有多个选项，可以对图像的修补操作进行更精确的控制，如下图所示。

❶修补：单击"源"按钮后，先选择要修补的区域，接着将它拖曳到要取样的区域；单击"目标"按钮后，先选择要取样的区域，接着将取样区域拖曳到需要修补的区域。

❷透明：勾选"透明"复选框后，样本像素与源像素匹配时会自动调节透明效果。

❸使用图案：当使用"修补工具"在图像中创建一个选区时，单击"图案"选项右侧的下三角按钮，在弹出的列表中选择需要的图案，再单击"使用图案"按钮，即可在选区内填充该图案。

5.4.5　去除红眼

在夜晚的灯光下或使用闪光灯拍摄人物照片时，常常会出现人物眼球变红的情况，这样的情况称为红眼现象。使用 Photoshop 中的"红眼工具"可以轻松去除人物照片中的红眼。

选择工具箱中的"缩放工具"，放大眼球部分，长按工具箱中的"污点修复画笔工具"按钮 ，在打开的隐藏工具中选择"红眼工具"，在"红眼工具"选项栏中设置"瞳孔大小"为50%，"变暗量"为 50%，然后在图像中的红眼位置绘制一个矩形选框，如下图所示。

释放鼠标即可将选区的红眼替换成正常情况下拍摄的眼睛颜色；使用相同的方法，去除另一只眼睛的红眼，如下图所示。

"红眼工具"选项栏有多个选项，可以对去除红眼的操作进行更精确的控制，如下图所示。

❶瞳孔大小：设置瞳孔的大小。
❷变暗量：设置瞳孔的暗度。

红眼是由于相机闪光灯在主体视网膜上反光引起的。在光线暗淡的房间里照相时，由于主体的虹膜张开得很宽，将会更加频繁地看到红眼。为了避免红眼，可以使用相机的红眼消除功能，或者使用可安装在相机上远离相机镜头位置的独立闪光装置。

应用>>"红眼工具"不同设置下的效果

不同的参数设置会导致红眼的修复呈现不同的效果。设置"瞳孔大小"和"变暗量"都为 30% 时，去除人物红眼后，人物瞳孔与周围眼球的过渡较自然；设置"瞳孔大小"和"变暗量"都为 100% 时，去除人物红眼后，人物瞳孔的颜色更深，与周围眼球图像反差更大，如下图所示。

5.4.6 替换图像中的特定颜色

使用"颜色替换工具"能够简化图像中特定颜色的替换，使用校正颜色在目标颜色上进行绘制，即可快速完成图像颜色的替换。

按住工具箱中的"画笔工具"按钮，在打开的隐藏工具中选择"颜色替换工具"，在工具箱中把前景色设为蓝色，然后在图像中人物身上的红色部分涂抹，即可替换红色的图像，如下图所示。

"颜色替换工具"选项栏有多个选项，可以对替换颜色的操作进行更精确的控制，如下图所示。

❶模式：在"模式"下拉列表中包括"色相""饱和度""颜色"和"亮度"4 个选项。

❷取样：包括"取样：连续""取样：一次"和"取样：背景色板"3 个选项。

▶取样：连续：拖曳时连续对颜色取样。

▶取样：一次：只替换包含用户一次单击的颜色区域中的目标颜色。

▶取样：背景色板：只替换包含当前背景色的区域。

❸限制："限制"下拉列表中包括"连续""不连续"和"查找边缘"3 个选项。

▶连续：替换与鼠标处的颜色相近的颜色。

▶不连续：替换出现在任何位置的样本颜色。

▶查找边缘：替换包含样本颜色的连接区域，同时能更好地保留形状边缘的锐化程度。

❹消除锯齿：勾选"消除锯齿"复选框，可以为校正区域定义平滑边缘。

知识>>"颜色替换工具"的适用范围

"颜色替换工具"不适用于索引和多通道颜色模式的图像。

应用>>"颜色替换工具"中的"模式"选项

使用"颜色替换工具"替换颜色时，可以在选项栏中选择不同的颜色替换模式。下图为不同模式下替换颜色的效果。

5.5 校正图像的扭曲和杂色

在拍摄照片时，拍摄的图像常常会发生扭曲或出现图像杂色等现象，如桶形和枕形失真。桶形失真是一种镜头缺陷，会导致直线向外弯曲到图像的边缘；枕形失真的效果与其相反，直线会向内弯曲。在 Photoshop 中有专门的菜单命令，能够快速修复扭曲的图像并去掉图像中的明显杂色。

5.5.1 校正镜头扭曲

"镜头校正"滤镜可修复常见的镜头瑕疵，如桶形失真、枕形失真、晕影和色差。"镜头校正"滤镜只可处理 8 位 / 通道和 16 位 / 通道的图像。

执行"滤镜 > 镜头校正"菜单命令，打开"镜头校正"对话框，在对话框中单击"自定"按钮，即可切换至"自定"选项卡，如下图所示。在该选项卡中有多个选项，可以对校正镜头扭曲做精确的设置。

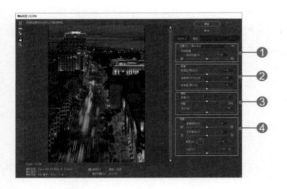

❶几何扭曲：用于校正镜头桶形或枕形失真，移动滑块可拉直从图像中心向外弯曲或向图像中心弯曲的水平和垂直线条；也可以使用"移去扭曲工具"■来进行此校正，朝图像中心拖曳可校正枕形失真，而朝图像边缘拖曳可校正桶形失真。

❷色差：校正色边。在进行校正时，放大预览的图像可更近距离地查看色边。

▶修复红 / 青边：通过调整红色通道相对于绿色通道的大小，针对红 / 青边进行补偿。

▶修复绿 / 洋红边：通过调整绿色通道相对于红色通道的大小，针对绿 / 洋红边进行补偿。

▶修复蓝 / 黄边：通过调整蓝色通道相对于绿色通道的大小，针对蓝 / 黄边进行补偿。

❸晕影：校正由于镜头缺陷或镜头遮光处理不正确而导致边缘较暗的图像。

▶数量：设置沿图像边缘变亮或变暗的程度。

▶中点：指定受"数量"选项影响的区域的宽度。如果指定较小的值，则会影响较多的图像区域；如果指定较大的值，则只会影响图像的边缘。

❹变换：包括"垂直透视""水平透视""角度"和"比例"4 个选项。

▶垂直透视：校正由于相机向上或向下倾斜而导致的图像透视，使图像中的垂直线平行。

▶水平透视：校正图像透视，并使水平线平行。

▶角度：旋转图像以针对相机歪斜加以校正，或在校正后进行调整；也可以使用"拉直工具"■来进行此校正，沿着图像中作为横轴或纵轴的直线拖曳。

▶比例：向上或向下调整图像的缩放，图像像素尺寸不会改变，主要用于移去枕形失真、旋转或透视校正而产生的图像空白区域。增大"比例"值将导致裁剪图像，并使插值增大到原始像素尺寸。

📖 **知识>>桶形失真和枕形失真效果图**

桶形失真和枕形失真的效果如下图所示。

| 桶形失真 | 枕形失真 |

🖱 **应用一>>调整镜头校正预览和网格**

要更改图像预览的放大率，可使用"缩放工具"■或预览图像左下方的缩放控件。

要在预览窗口中移动图像，可使用"抓手工具"■在预览图像中拖曳。

要使用网格，可选择对话框底部的"显示网格"复选框。使用"大小"控件可调整网格间距，使用"颜色"控件可更改网格的颜色，使用"移动网格工具"■可移动网格，将其与图像对齐。

在 Photoshop 中，可以存储"镜头校正"对话框中的设置，以便重复作用于相同相机、镜头和焦距拍摄的其他图像。

在对话框中设置好选项后，从"管理设置"列表中选择"存储设置"命令，即可存储相关设置。要使用存储的设置，可以从"管理设置"列表中选择，也可以使用"管理设置"列表中的"载入设置"命令，载入列表中未显示的已存储设置。

5.5.2 减少图像杂色

图像的杂色显示为随机的无关像素，这些像素不是图像细节的一部分。在 Photoshop 中，利用"减少杂色"滤镜可以减少图像中的杂色，同时保留图像的边缘。另外，还可以移去 JPEG 图像的不自然感。

执行"滤镜 > 杂色 > 减少杂色"菜单命令，即可打开"减少杂色"对话框，如下图所示。下面对该对话框中的选项进行了解。

❶强度：控制应用于所有图像通道的明亮度杂色减少量。

❷保留细节：保留边缘和图像细节。如果值为 100%，则会保留大多数图像细节，但会将明亮度杂色减到最少。应平衡设置"强度"和"保留细节"值，以便对杂色减少操作进行微调。

❸减少杂色：移去随机的颜色像素，值越大，减少的颜色杂色越多。

❹锐化细节：对图像进行锐化。移去杂色将会降低图像的锐化程度，可使用该选项或其他的锐化滤镜来恢复图像的锐化程度。

❺移去 JPEG 不自然感：移去由于使用低 JPEG 品质存储图像而导致的斑驳图像伪像和光晕。

图像杂色可能会以如下两种形式出现。

◆明亮度（灰度）杂色：这些杂色使图像看起来斑斑点点。

◆颜色杂色：这些杂色通常看起来像是图像中的彩色伪像。

明亮度杂色在图像的某个通道（通常是蓝色通道）中可能更加明显，因此用户可以在"减少杂色"滤镜中的"高级"模式下单独调整每个通道的杂色。在打开滤镜之前，先检查图像中的每个通道，以确定某个通道中是否有很多杂色，通过校正一个通道，而不是对全部通道进行整体校正。单击"高级"单选按钮，然后从"通道"下拉列表框中选取颜色通道，使用"强度"和"保留细节"选项来减少该通道中的杂色。

实例演练：
利用图像修复破旧书本封面

原始文件：随书资源 \ 素材 \05\01、02.jpg
最终文件：随书资源 \ 源文件 \05\ 利用图像修复破旧书本封面 .psd

解析：本实例将介绍如何为书本的封面贴图，首先要选择合适的书本素材与封面图像，然后对封面图像执行"编辑 > 自由变换"菜单命令，将封面图像按照书本的透视关系进行 4 个节点的调整，并适当为封面添加文字，丰富封面内容。

1 执行"文件 > 打开"菜单命令，打开素材文件 01、02.jpg，如下图所示。

2 使用"移动工具"将 02.jpg 素材图像拖动到 01.jpg 书籍素材中，生成"图层 1"图层，如下图所示。

3 选择"图层 1"，执行"编辑 > 自由变换"菜单命令，在图像上显示自由变换编辑框，如下图所示。

4 按住 Ctrl 键，选择自由变换编辑框左上角的节点，将其拖动到书本左上角的位置，使图像与书本边缘的点对齐，然后继续将右下角的节点选中，将其拖动到书本右下角位置，如下图所示。

5 将图像的 4 个节点与书本的 4 个角对应起来后，在变换框内右击，在弹出的快捷菜单中选择"变形"命令，如下图所示。

6 使用"缩放工具"将图像放大，用鼠标拖动图像顶部的节点，移动节点使其与书本边缘吻合，如下图所示。

7 按 Enter 键确认操作，如下左图所示。选择"多边形套索工具"，沿着书籍封面内侧绘制矩形选区，如下右图所示。

8 按下快捷键 Shift+Ctrl+I，反选选区。执行"选择 > 修改 > 羽化"菜单命令，打开"羽化选区"对话框，设置"羽化半径"为 15 像素；然后执行"滤镜 > 模糊 > 高斯模糊"菜单命令，在打开的对话框中设置"半径"为 4 像素，将封面图像的边缘虚化，使其与书本融合得更加自然，如下图所示。

9 单击"多边形套索工具"按钮 ，在书本下半部分绘制四边形选区，新建"图层 2"图层，设置前景色为 R220、G202、B3，按下快捷键 Alt+Delete，将选区填充为黄色，取消选区，然后在"图层"面板中选择"图层 2"，执行"图层 > 创建剪贴蒙版"菜单命令，创建剪贴蒙版，将四边形显示在封面上，如下图所示。

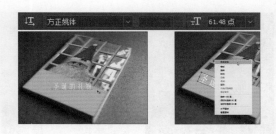

10 新建组，并更名为"文字"。选择"横排文字工具"，在图像上单击并输入文字，在选项栏中调整文字的字体、字号、颜色；按下快捷键 Ctrl+T，显示自由变换编辑框，将其旋转至与书本底边平行，右击变换编辑框内的图像，在弹出的快捷菜单中选择"自由变换"命令，如下图所示。

11 按住 Ctrl 键，选择文字上自由变换编辑框的节点，调整文字，使其与书本底边平行。使用相同的方法，继续输入多行文字，丰富书籍封面内容，如下图所示。

实例演练：
美化人物的皮肤

原始文件：随书资源 \ 素材 \05\03.jpg
最终文件：随书资源 \ 源文件 \05\ 美化人物的皮肤 .psd

解析： 美化人物包括去除人物脸颊的雀斑、增白人物皮肤等。在本实例中，首先会适当提亮脸部，再使用"污点修复画笔工具"去除人物脸颊的痣与雀斑，然后使用"修补工具"圈选脸部的杂发，将杂发清除，接着使用"仿制图章工具"对人物眼袋、嘴角等部位进行盖印美化，最后结合"减少杂色"滤镜与图层蒙版对人物皮肤进行整体美化。

1 执行"文件 > 打开"菜单命令，打开素材文件 03.jpg，单击"套索工具"按钮，在人物面部绘制选区，如下左图所示。执行"选择 > 修改 > 羽化"菜单命令，打开"羽化选区"对话框，在对话框中输入"羽化半径"为 50 像素，羽化选区，如下右图所示。

3 按下快捷键 Shift+Ctrl+Alt+E，盖印可见图层，生成"图层 1"，如下左图所示。单击"污点修复画笔工具"按钮，在脸部雀斑和痣的位置单击进行去除，如下右图所示。

2 在"图层"面板中单击"创建新的填充或调整图层"按钮，在弹出的列表中选择"曲线"命令，创建"曲线 1"调整图层，并设置相关参数，如下图所示。

4　继续使用"污点修复画笔工具"在人物脸部瑕疵处单击，如下图所示。

5　单击"修补工具"按钮🔲，在人物脸部杂发的位置创建选区，按住鼠标左键，将其拖动到附近的干净皮肤位置，去除杂乱头发，如下图所示。

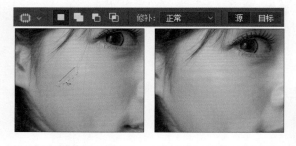

6　杂发清除之后，单击"仿制图章工具"按钮💎，在选项栏中设置参数，按住 Alt 键，在眼袋下方干净皮肤位置单击取样，松开 Alt 键并在眼袋上涂抹，重复此操作，减淡眼袋，如下图所示。

7　继续选择"仿制图章工具"，按住 Alt 键，在嘴角旁边干净皮肤处单击，松开 Alt 键并在人物嘴角处涂抹，将人物嘴角的阴影减淡，如下图所示。

8　复制图层，创建"图层1拷贝"图层，如下左图所示。执行"滤镜 > 杂色 > 减少杂色"菜单命令，打开"减少杂色"对话框，在对话框中设置参数，设置后单击"确定"按钮，应用滤镜去除杂色，使人物肤色更加柔和，如下右图所示。

9　单击"图层"面板底部的"添加图层蒙版"按钮🔲，为"图层1拷贝"图层添加图层蒙版，如下左图所示。单击"画笔工具"按钮🖌，设置前景色为黑色，在选项栏中设置画笔的其他参数，然后单击"图层1拷贝"图层蒙版缩览图，在人物的头发、眼睛等位置涂抹，恢复这部分图像的细节，还原清晰的五官效果，如下右图所示。

10　创建"色阶1"调整图层，按下左图所示设置参数，增强画面明暗对比，对人物进行整体美化，效果如下右图所示。

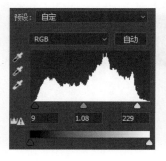

实例演练：
校正变形照片

原始文件：随书资源 \ 素材 \05\04.jpg
最终文件：随书资源 \ 源文件 \05\ 校正变形照片 .psd

解析： 使用广角镜头拍摄照片时，经常会因为受到拍摄技术的影响，使拍摄的照片产生变形的现象，尤其是建筑物的变形，在视觉上非常明显。在 Photoshop 中可以使用"镜头校正"滤镜对图像进行适当的调整，并结合"画布大小""内容识别缩放"命令对变形的照片进行矫正。

1 执行"文件 > 打开"菜单命令，打开素材文件 04.jpg，按下快捷键 Ctrl+J，复制"背景"图层，创建"图层 1"图层，如下图所示。

2 执行"滤镜 > 镜头校正"菜单命令，打开"镜头校正"对话框，在对话框中设置参数，校正变形的建筑物照片，如下图所示。

3 单击"背景"图层前的"指示图层可见性"图标，隐藏"背景"图层，如下图所示。

4 使用"矩形选框工具"在图像左侧绘制矩形选区，执行"编辑 > 内容识别缩放"菜单命令，显示自由变换编辑框，拖动左侧节点使其填充左侧画面，如下图所示。

5 按 Enter 键应用变换效果，再重复此操作，对画面右侧空白部分进行修饰，填满图像，如下图所示。

6 复制"图层 1"，创建"图层 1 拷贝"图层，如下左图所示。单击"仿制图章工具"按钮，按住 Alt 键不放，在下侧笔直的斑马线位置单击取样，然后在弯曲的斑马线位置涂抹，修复弯曲的斑马线，如下右图所示。至此就完成了本实例的制作。

实例演练：
降低照片噪点

原始文件：随书资源 \ 素材 \05\05.jpg
最终文件：随书资源 \ 源文件 \05\ 降低照片噪点 .psd

解析：光线不足的情况下用高感光度进行拍摄时，所拍摄的照片会带有比较多的噪点。在 Photoshop 中，"减少杂色"滤镜专门用于降低照片中的噪点。所以在本实例中，熟练使用此命令非常重要。此外，还可以通过"曲线""修补工具""历史记录画笔工具"将图像加以美化。

1 执行"文件 > 打开"菜单命令，打开素材文件 05.jpg，如下左图所示。按下快捷键 Ctrl+J，复制"背景"图层，创建"图层 1"。单击"缩放工具"按钮🔍，在图像上单击，放大图像，可以查看照片的噪点情况，如下右图所示。

 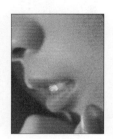

2 单击"修补工具"按钮▦，在人物脸部、头发等瑕疵部位创建选区，并将其拖动到旁边干净的图像位置，修饰图像，去除图像瑕疵，如下图所示。

3 执行"滤镜 > 杂色 > 减少杂色"命令，打开"减少杂色"对话框，在对话框中设置参数，如下图所示。

4 按 Enter 键完成参数设置，应用滤镜去除杂色，然后按下快捷键 Ctrl+F，重复对画面执行此操作，使画面杂色去除得更彻底，如下左图所示。去除杂色后复制"图层 1"，创建"图层 1 拷贝"图层，如下右图所示。

5 执行"滤镜 > 模糊 > 特殊模糊"菜单命令，在打开的"特殊模糊"对话框中设置参数，设置后单击"确定"按钮，模糊图像，如下图所示。

6 单击"历史记录画笔工具"按钮🖌，在选项栏中设置参数，然后在画面中对人物头发高光部分、眼睛、嘴唇等位置进行涂抹，恢复这些部分的细节，如下图所示。

7 在"图层"面板中单击"创建新的填充或调整图层"按钮，在弹出的列表中选择"曲线"命令，创建"曲线 1"调整图层。选择"绿"通道并按下左图所示设置参数，修正画面偏红色调，如下右图所示。

8 继续选择"蓝"通道，按下左图所示设置参数，调整画面色调，如下右图所示。

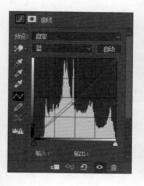

实例演练：
去除风景照片中的多余杂物

 原始文件：随书资源 \ 素材 \05\06.jpg
最终文件：随书资源 \ 源文件 \05\ 去除风景照片中的多余杂物 .psd

解析：使用 Photoshop 处理照片时，常常要把照片中一些不必要的杂物去除。在本实例中，去除风景照片中多余的杂物使用了"修补工具"和"填充"命令。除此之外，"仿制图章工具""污点修复画笔工具"等都可以快速去除照片杂物，因此可以采用多种方式尝试完成本实例的修复工作。

1 执行"文件 > 打开"菜单命令，打开素材文件 06.jpg，复制"背景"图层，创建"图层 1"图层。选择"修补工具"，在画面中部靠右边位置将人物勾选出来，如下左图所示。执行"编辑 > 填充"菜单命令，在打开的"填充"对话框中勾选"颜色适应"复选框，其他参数按下右图所示进行设置，完成后单击"确定"按钮。

3 拖曳选区内的图像至旁边干净的沙滩海水图像上，修补图像，如下图所示。注意，选区内部海水与沙滩的衔接要自然。

2 填充选区后，选区中的人物会被周围的景象替换，这时可以看到沙滩上的石墩比较影响风景的美感，接下来可以将其去除。使用"修补工具"绘制选区，选中石墩。

4 按下快捷键 Ctrl+D，取消选区。继续使用"修补工具"在画面右下角的石墩位置绘制选区，将其拖动至旁边干净图像位置，修补图像，如下图所示。

5 使用这种方法将沙滩与海水结合处的石墩全部清除掉，完成风景照片的调整，得到更干净的画面效果，如下图所示。

读书笔记

第6章
图像润饰

在处理图像时，为了让图像能够达到更完美的效果，常常需要使用图像润饰工具或命令对图像加以美化。在 Photoshop 中，对图像进行润饰的工具和命令有很多，包括加深/减淡工具、"锐化工具""调整"命令等。使用这些工具和命令不但可以调整图像的明暗及色调，还能对图像进行艺术化编辑，从而创造出更有特色的图像。

6.1 区域图像的润饰

在编辑图像时，经常需要对图像中的某些区域进行润饰操作。Photoshop 的工具箱中提供了专门用于图像局部修饰的工具，应用这些工具可以对图像中的部分区域实现模糊、锐化、加深和减淡等操作。

6.1.1 模糊区域图像

工具箱中的"模糊工具"与"滤镜"菜单中"高斯模糊"滤镜的功能类似。"模糊工具"通过画笔的形式对图像进行涂抹，涂抹的区域将根据设置参数值的不同，创造不同程度的模糊效果。

在工具箱中单击"模糊工具"按钮 ⬤，在"模糊工具"选项栏中可以设置各项参数，控制图像模糊效果，如下图所示。

❶模式：在"模式"下拉列表中包含"正常""变暗""变亮""色相""饱和度""颜色"和"明度"7个选项，用户可以根据不同的需要，在其中选择不同的模式模糊图像。

❷强度：设置画笔的强度，参数值越大，涂抹的线条色越深。

❸对所有图层取样：勾选该复选框，使用"模糊工具"时将对所有图层都起作用。

打开一张素材图像，如下左图所示，选择"模糊工具"，在选项栏中设置画笔为"柔边圆"，设置"大小"为90像素。在图像中心区域单击并进行涂抹，使背景图像变得模糊，效果如下右图所示。

技巧>>使用快捷键选择"模糊工具"
按 R 键可快速选择"模糊工具"；按下快捷键Shift+R，可以在效果类修饰工具之间切换。

应用>>"模糊工具"不同画笔强度的效果图
在"模糊工具"选项栏中，设置不同的"强度"值时，得到的模糊效果也不同。下图为分别设置"强度"为 20% 与 100% 时所得到的模糊效果。

6.1.2　锐化区域图像

　　"锐化工具"用于在图像的指定范围内涂抹，以增加颜色的强度，使颜色柔和的线条更锐利，图像的对比度更明显，从而让图像变得更清晰。使用"锐化工具"绘制的次数越多，得到的锐化效果越明显。

　　打开一张素材图像，如下左图所示。长按工具箱中的"模糊工具"按钮 ，在打开的隐藏工具中单击"锐化工具"按钮 ，在选项栏中设置画笔为"柔边圆"，设置"大小"为90像素，在图像中单击并进行涂抹，锐化图像，效果如下右图所示。

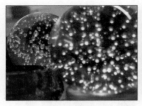

　　应用>>"锐化工具"不同画笔强度的效果图

　　在"锐化工具"选项栏中，设置不同的"强度"值时，锐化效果也会不同。将"强度"分别设置为20%与100%时所得到的效果如下图所示。

6.1.3　涂抹区域图像

　　"涂抹工具"模拟将手指拖过湿油漆时看到的效果，可拾取描边开始处的颜色，并沿拖曳的方向展开颜色。图像中颜色与颜色的边界较生硬时，利用"涂抹工具"进行涂抹，能够使图像的边缘部分变得柔和。

　　长按工具箱中的"模糊工具"按钮 ，在打开的隐藏工具中选择"涂抹工具" ，可以看到"涂抹工具"选项栏中的参数设置比"模糊工具"多一个"手指绘画"功能。勾选"手指绘画"复选框后，效果类似于用手指蘸着前景色在图像中涂抹。

　　打开一张素材图像，设置前景色为蓝色，如下左图所示。使用"涂抹工具"在首饰边缘单击并向内涂抹，涂抹的笔触为前景色，如下右图所示。

　　打开一张素材图像，如下左图所示。取消"手指绘画"复选框的勾选状态，在选项栏中设置画笔为"柔边圆"，设置"大小"为100像素，在图像中的背景部分单击并涂抹，效果如下右图所示。

　　技巧>>使用快捷键启用"手指绘画"功能

　　使用"涂抹工具"拖曳时，按住 Alt 键即可启用"手指绘画"功能。

　　应用>>"涂抹工具"不同画笔强度的效果图

　　"涂抹工具"主要通过选项栏中的"强度"控制涂抹后的图像效果。将"强度"分别设置为50%与100%时所得到的效果如下图所示。

6.1.4 减淡和加深区域图像

"减淡工具"能够表现图像中的高亮度效果。使用"减淡工具"在特定的图像区域内拖曳，能够让图像的局部颜色变得更加明亮，对处理图像中的高光非常有用。

"加深工具"的功能与"减淡工具"的相反，使用"加深工具"在图像中涂抹，可以使图像亮度降低，以表现图像中的阴影效果。

长按工具箱中的"减淡工具"按钮，在打开的隐藏工具中可选择"加深工具"。"减淡工具"和"加深工具"的选项栏相同，在选项栏中可以设置各项参数，控制图像减淡/加深的效果，如下图所示。

❶范围：在"范围"下拉列表中包含"阴影""中间调"和"高光"3个选项。

▶阴影：能够更改图像中阴影区域的像素。

▶中间调：能够更改图像中的中间调部分的像素。

▶高光：能够更改图像中高光区域的像素。

❷曝光度：设置"减淡工具"或"加深工具"的曝光量，范围为1%～100%之间。

❸喷枪：单击"喷枪"按钮，能够使"减淡工具"或"加深工具"的绘制具有喷枪效果。

1. 减淡区域图像效果

打开一张素材图像，选择"减淡工具"，设置画笔为"柔边圆"，设置"范围"为"中间调"，设置"曝光度"为50%，如下左图所示。在图像中的人物剪影位置反复涂抹，使图像变亮，效果如下右图所示。

2. 加深区域图像效果

打开一张素材图像，如下左图所示。选择"加深工具"，设置画笔为"柔边圆"，设置"范围"为"中间调"，设置"曝光度"为80%。在图像中玻璃瓶的阴影部分反复涂抹，使图像颜色加深，效果如下右图所示。

> 技巧>>使用快捷键选择"减淡工具"
>
> 按O键可快速选择"减淡工具"；按下快捷键Shift+O，可以在颜色类修饰工具之间切换。

> 应用>>"减淡工具"和"加深工具"不同"曝光度"的效果图
>
> 将"曝光度"分别设置为30%与80%时，使用"减淡工具"涂抹画面，所得到的效果如下图所示。

> 将"曝光度"分别设置为30%与80%时，使用"加深工具"涂抹画面，所得到的效果如下图所示。

6.1.5 调整区域图像饱和度

"海绵工具"主要用于精确增加或减少图像的饱和度。使用"海绵工具"在特定的区域内拖曳，会根据图像的不同特点来改变图像的颜色饱和度及亮度，以调节图像的色彩效果，让图像更完美。

长按工具箱中的"减淡工具"按钮🔍，在打开的隐藏工具中选择"海绵工具"，在"海绵工具"选项栏中可以设置各项参数来控制图像修饰效果，如下图所示。

❶模式：在"模式"下拉列表中包含"去色"和"加色"两个选项。

▶ 去色：减弱图像的颜色饱和度。

▶ 加色：增强图像的颜色饱和度。

❷流量：设置"海绵工具"在图像中的作用速度。

❸喷枪：单击"喷枪"按钮，能够使"海绵工具"的绘制具有喷枪效果。

❹自然饱和度：勾选"自然饱和度"复选框，将以最小化完成饱和色或不饱和色的修剪。

打开一张素材图像，选择"海绵工具"，在选项栏中设置画笔为"柔边圆"，设置"模式"为"加色"，"流量"为80%，在图像中的植物部分涂抹，增强其颜色饱和度，效果如下图所示。

6.2 自动调整图像色彩

对图像进行简单的色彩调整时，可采用快速的调整方法。在 Photoshop 中可以通过"自动色调""自动对比度""自动颜色"等命令，快速对图像的整体明暗、色调进行调整，赋予图像特殊的颜色效果。

1. 自动色调

打开一张素材图像，如下左图所示。执行"图像 > 自动色调"菜单命令，使图像像素值平均分布的同时，按照自动色调校正白色和黑色的像素比，效果如下右图所示。

2. 自动对比度

打开一张素材图像，如下左图所示。执行"图像 > 自动对比度"菜单命令，快速按照自动颜色校正值，剪切白色和黑色像素的百分比，调整图像的对比度，效果如下右图所示。

3. 自动颜色

打开一张素材图像，执行"图像 > 自动颜色"菜单命令，图像会自动校正颜色，以默认的 RGB 灰色值为中间调，对图像的阴影和高光部分进行修剪，快速调整图像的颜色，效果如下图所示。

技巧二>>使用快捷键执行"自动对比度"菜单命令

　　按下快捷键 Shift+Ctrl+Alt+L，可快速对图像执行"自动对比度"菜单命令。

技巧一>>使用快捷键执行"自动色调"菜单命令

　　按下快捷键 Shift+Ctrl+L，可快速对图像执行"自动色调"菜单命令。

技巧三>>使用快捷键执行"自动颜色"菜单命令

　　按下快捷键 Shift+Ctrl+B，可快速对图像执行"自动颜色"菜单命令。

6.3 图像明暗的调整

　　在 Photoshop 中提供了很多调整图像明暗的命令，包括"亮度/对比度""色阶""曲线""曝光度"和"阴影/高光"等。合理利用这些命令，可制作出画面效果极佳的图像。

6.3.1 亮度/对比度

　　使用"亮度/对比度"命令可以对图像的亮度和对比度进行调整。对偏暗或偏亮的图像文件使用"亮度/对比度"菜单命令，容易使图像丢失细节。

　　打开一张素材图像，执行"图像>调整>亮度/对比度"菜单命令，打开"亮度/对比度"对话框，在对话框内可以对各项参数进行设置，如下图所示。

应用>>"使用旧版"复选框

　　在"亮度/对比度"对话框中勾选"使用旧版"复选框，可将图像调整为 Photoshop CC 2015 及以前版本的"亮度/对比度"特性。

6.3.2 色阶

　　使用"色阶"命令可精确调整图像的阴影、中间调和高光的强度级别，校正图像的色调范围和色彩平衡。

　　执行"图像>调整>色阶"菜单命令，打开"色阶"对话框，在对话框内可以对各项参数进行设置，如下图所示。

❶亮度：拖曳滑块或输入数值，调节像素的亮度。
❷对比度：拖曳滑块或输入数值，调节像素的对比度。不同对比度的图像效果如下图所示。

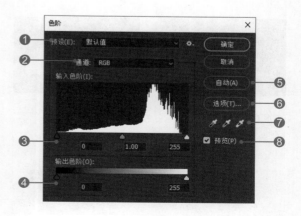

❶ "预设"下拉列表框：选择调节图像中所有的颜色或单独调节特定颜色的阴影、中间调、高光、对比度，如下图所示。

❷ "通道"下拉列表框：可以选择要调整的颜色通道。通过选择不同通道进行参数设置，可得到不同色调的图像效果，如下图所示。

❸ "输入色阶"选项："输入色阶"下包括3个选项滑块，第一个黑色滑块用于设置图像暗部区域的明暗；第二个灰色滑块用于设置图像中间调部分的明暗；第三个白色滑块用于设置图像亮部区域的明暗。下图分别为调整灰色滑块和白色滑块时的图像效果。

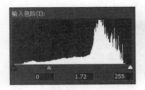 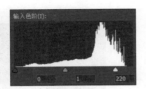

❹ "输出色阶"选项：使用"输出色阶"选项可以使图像中较暗的像素变亮，较亮的像素变暗，如下图所示。

❺ "自动"按钮：单击该按钮，可以自动调整图像的对比度及明暗度。

❻ "选项"按钮：单击该按钮，可以打开"自动颜色校正选项"对话框，如下图所示。在该对话框内可以对自动调整图像的整体色调范围进行设置。

❼ 取样按钮：包括"在图像中取样以设置黑场"、"在图像中取样以设置灰场"和"在图像中取样以设置白场"3个按钮，单击不同的按钮，能够将取样的像素设置为最暗像素、中间调像素和最亮像素。

❽ "预览"复选框：勾选该复选框，将会在图像窗口中显示色调调整时的预览图像。

技巧>>使用快捷键打开"色阶"对话框

按下快捷键 Ctrl+L，可快速打开"色阶"对话框。

应用>>使用"自动颜色校正选项"

在"色阶"对话框中单击"选项"按钮，即可打开"自动颜色校正选项"对话框。

在该对话框中可设置应用"自动对比度""自动色阶"和"自动颜色"时调出的图像效果。

6.3.3 曲线

使用"曲线"命令不但可以对图像的整体明暗进行调整，也可以对个别颜色通道进行精确调整，从而更改图像的色调效果。

执行"图像 > 调整 > 曲线"菜单命令，打开"曲线"对话框，在对话框内可以对各项参数进行设置，如下图所示。

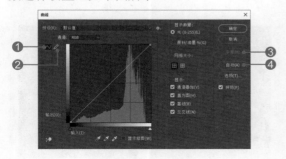

❶ "编辑点以修改曲线"按钮 ～：默认情况下，"编辑点以修改曲线"按钮为选中状态，这时可以根据需要在曲线上添加、移动和删除控制点，如下图所示。

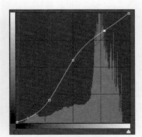

❷ "通过绘制来修改曲线"按钮 ✎：单击"通过绘制来修改曲线"按钮 ✎，然后使用铅笔可以在网格中画出各种曲线，绘制完成后单击 ～ 按钮，曲线上将自动生成节点以便调整，如下图所示。

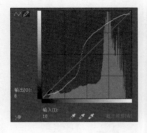
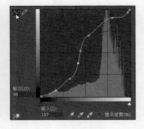

❸ "平滑"按钮：单击"通过绘制来修改曲线"按钮 ✎，并在网格中绘制了曲线，"平滑"按钮才可用。单击此按钮，能够让曲线更加平滑，直到变成默认的直线状态。

❹ "自动"按钮：单击该按钮，系统会对图像应用"自动颜色校正选项"对话框中的设置。

★ 技巧>>使用快捷键打开"曲线"对话框

按下快捷键 Ctrl+M，可快速打开"曲线"对话框。

🛈 知识>>在"曲线"对话框中调整网格

在"曲线"对话框的"网格大小"选项组中单击"以四分之一色调增量显示简单网格"按钮 ⊞ 和"以 10% 增量显示详细网格"按钮 ⊞，可以显示不同的网格模式，如下图所示。

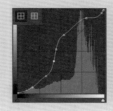
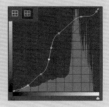

6.3.4 阴影 / 高光

使用"阴影 / 高光"命令可以矫正由强逆光导致的局部过暗的图像，也可以校正由于太接近相机闪光灯而过亮的照片。

执行"图像 > 调整 > 阴影 / 高光"菜单命令，打开"阴影 / 高光"对话框，在对话框内可以对各项参数进行设置，如下图所示。

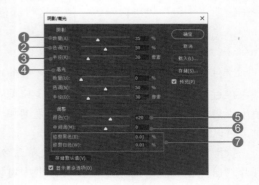

❶ "数量"选项：调整光照校正量，一般用来提亮阴影，如下图所示。

❷"色调"选项：控制阴影中的修改范围。

❸"半径"选项：控制每个像素周围的局部相邻像素的大小。

❹"高光"选项组：设置"高光"的"数量""色调"和"半径"，用来恢复图像的高光，如下图所示。

❺"颜色"选项：在图像中已更改区域微调颜色，该调整只适用于彩色图像，如下图所示。

 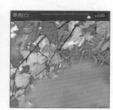

❻"中间调"选项：调整中间调的对比度。

❼"修剪黑色"和"修剪白色"数值框：指定在图像中多少阴影和高光剪切到新的极端阴影。

📎 应用>>设置"修剪黑色"和"修剪白色"的效果图

在"阴影/高光"对话框中，设置"修剪黑色"和"修剪白色"时所得到的效果如下图所示。

6.4 图像色彩的调整

Photoshop 提供了很多用于调整图像色彩的命令，包括"自然饱和度""色相/饱和度""色彩平衡""去色""黑白"等。使用这些调整命令，可以对图像的色调进行更加精确的调整。

6.4.1 自然饱和度

"自然饱和度"用于调整饱和度，以便在颜色接近最大饱和度时最大限度地减少修剪。使用"自然饱和度"命令调整图像颜色饱和度时，可以防止肤色过度饱和。

执行"图像>调整>自然饱和度"菜单命令，打开"自然饱和度"对话框，在对话框内可以对各项参数进行设置，如下图所示。

❶"自然饱和度"选项：调节图像的自然饱和度。向右拖曳滑块，可增加饱和度；向左拖曳滑块，可降低饱和度，如下图所示。

❷"饱和度"选项：调节图像的饱和度，即色彩的纯度。向右拖曳滑块，可增加饱和度；向左拖曳滑块，可降低饱和度，如下图所示。

要将更多调整应用于不饱和的颜色，并在颜色接近完全饱和时避免颜色修剪，则可将"自然饱和度"滑块移动到右侧。

要将相同的饱和度调整量应用于所有的颜色，则可移动"饱和度"滑块至同一位置。

要减少饱和度，可将"自然饱和度"或"饱和度"滑块移动到左侧。

6.4.2 色相/饱和度

使用"色相/饱和度"命令可以调整单个颜色的色相、饱和度及亮度值，此命令尤其适用于微调 CMYK 格式图像中的颜色，以便使图像适合输出设备的色域。

执行"图像>调整>色相/饱和度"菜单命令，打开"色相/饱和度"对话框，在对话框内可以对各项参数进行设置，如下图所示。

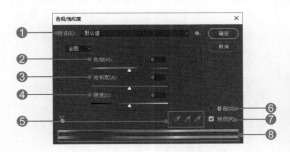

❶ "预设"下拉列表框：选择调节图像中所有的颜色或特定颜色的色相、饱和度、明度，如下图所示。

❷ "色相"选项：调节图像的色相，如下图所示。

❸ "饱和度"选项：调节图像的饱和度。向右拖曳可增加饱和度，向左拖曳可降低饱和度。

❹ "明度"选项：调节像素的亮度。

❺ 取样按钮：可使用不同的取样按钮对图像中的颜色进行取样，如下图所示。

❻ "着色"复选框：勾选后可将图像变成单一颜色的图像，如下图所示。

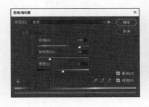

❼ "预览"复选框：勾选后可随时观察调整的效果。

❽ 颜色条：上方的颜色条显示调整前的颜色样本，下方的颜色条显示调整后的颜色。

按下快捷键 Ctrl+U，可快速打开"色相/饱和度"对话框。

在"色相/饱和度"对话框中对"明度"设置不同的值，则画面的效果也不同，如下图所示。

6.4.3 调整色彩平衡

"色彩平衡"命令不仅可以更改图像的整体颜色混合，纠正图像中出现的色偏，还可以根据需要调出具有特殊色彩效果的艺术图像。此命令只有在"通道"面板中选择了复合通道才可用。

执行"图像 > 调整 > 色彩平衡"菜单命令，打开"色彩平衡"对话框，在对话框内可以对各项参数进行设置，如下图所示。

❶ "色阶"数值框：输入数值或通过拖曳下方的 3 个滑块来改变图像的颜色。

❷ "色调平衡"选项组：选择"阴影""中间调"或"高光"单选按钮，即可选择要着重更改的色调范围，同时可以勾选"保持明度"复选框。下图分别为对图像的阴影、中间调、高光加入青色后的效果。

❸ "预览"复选框：勾选后能随时观察调整的图像效果。

6.4.4 去色

"去色"命令可以将当前打开的图像转换为灰度图像，其作用与将图像的颜色饱和度降低为-100的效果相同。执行"去色"菜单命令后，图像的亮度、对比度和颜色模式保持不变。

打开一张素材图像，如下左图所示。执行"图像 > 调整 > 去色"菜单命令，对图像进行去色处理，效果如下右图所示。

6.4.5 照片滤镜

"照片滤镜"命令是通过颜色的冷、暖色调来调整图像。执行"照片滤镜"菜单命令会打开"照片滤镜"对话框，在对话框中不仅可以选择预设的颜色调整图像颜色，还可以通过

"拾色器（照片滤镜颜色）"对话框重新设置并应用颜色调整。

执行"图像>调整>照片滤镜"菜单命令，打开"照片滤镜"对话框，在对话框内可以对各项参数进行设置，如下图所示。

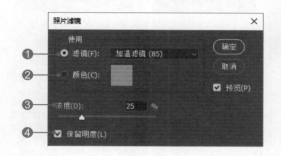

❶"滤镜"选项：选择"滤镜"单选按钮，再单击其右侧的下三角按钮，即可在展开的下拉列表中根据需要选择预设滤镜调整图像，如下图所示。

❷"颜色"选项：选择"颜色"单选按钮，再单击其右侧的颜色块，在弹出的"拾色器（照片滤镜颜色）"对话框中也可以设置滤镜颜色，如下图所示。

❸"浓度"选项：拖曳滑块可以设置应用于图像的颜色数量，如下图所示。

❹"保留明度"复选框：勾选该复选框后，可以保证添加颜色滤镜后，图像的明暗不发生变化。

应用>>未勾选和勾选"保留明度"的效果

在"照片滤镜"对话框中未勾选"保留明度"和勾选"保留明度"时的效果图如下图所示。

6.4.6　通道混合器

"通道混合器"命令主要是利用保存颜色信息的通道来混合颜色，可以分别为各个通道进行颜色调整。

执行"图像>调整>通道混合器"菜单命令，打开"通道混合器"对话框，在对话框内可以对各项参数进行设置，如下图所示。

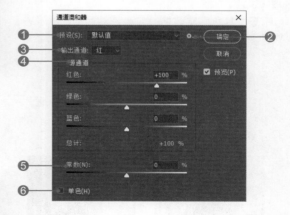

❶"预设"下拉列表框：其中提供了多种通道预设选项，可以选择不同的通道预设来调整图像，如下图所示。

② "预设选项" 按钮：单击该按钮，可以存储或载入预设。

③ "输出通道" 下拉列表框：在其中可以选择要调整的颜色通道。

④ "源通道" 选项组：通过拖曳其中的 "红色" "绿色" 和 "蓝色" 滑块，可以调整颜色，如下图所示。

⑤ "常数" 选项：拖曳滑块可以调整通道的不透明度。

⑥ "单色" 复选框：勾选该复选框，能够将彩色图像转换成灰度图像。

📌 应用>> "输出通道" 选项的不同效果

在 "通道混合器" 对话框的 "输出通道" 下拉列表框中选择不同的通道，将得到不同的效果图，如下图所示。

 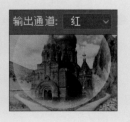

 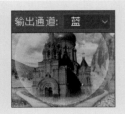

6.4.7 匹配颜色

"匹配颜色" 命令可以将一张图像中的颜色与另一张图像中的颜色相匹配，也可以将一个图层中的颜色与另一个图层或图层组中的颜色相匹配，还可以将一个选区中的颜色与同一图像或不同图像另一个选区中的颜色相匹配。使用该命令调整颜色时，可以调整亮度和颜色的范围，并中和图像中的色痕，但仅适用于 RGB 模式的图像。

执行 "图像 > 调整 > 匹配颜色" 菜单命令，打开 "匹配颜色" 对话框，在对话框内可以对各项参数进行设置，如下图所示。

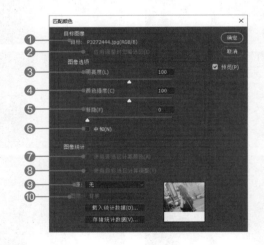

① "目标" 选项：显示当前图像文件的信息。

② "应用调整时忽略选区" 复选框：若在图像中创建了选区，并想将调整应用于整个目标图像，则勾选此项后将会忽略目标图像中的选区，并调整整个目标图像。

③ "明亮度" 选项：拖曳滑块可以调节图像的亮度。设置的数值越大，得到的图像的亮度就越高，反之则越低。

④ "颜色强度" 选项：拖曳滑块可以调节图像的颜色饱和度。设置的数值越大，得到的图像所匹配的颜色饱和度就越大，如下图所示。

⑤ "渐隐"选项：调节图像的颜色与图像原色的近似程度，如下图所示。

⑥ "中和"复选框：勾选该复选框后，会自动去除目标图像中的色痕。

⑦ "使用源选区计算颜色"复选框：若在图像中建立了选区，并想使用选区中的颜色来计算调整，则需勾选该复选框。

⑧ "使用目标选区计算调整"复选框：若在目标图像中建立了选区，并想使用选区中的颜色来计算调整，则需勾选该复选框。

⑨ "源"下拉列表框：可以选取目标图像中的颜色要匹配的源图像。

⑩ "图层"下拉列表框：选择要匹配其颜色的源图像所在的图层。

📖 应用>>使用"匹配颜色"替换背景颜色

打开一张人物素材图像，再打开一张不同色调的人物素材图像，如下图所示。

选择先打开的人物图像作为需要匹配颜色的图像，执行"图像 > 调整 > 匹配颜色"菜单命令，在打开的"匹配颜色"对话框的"源"下拉列表框中选择打开的第二张人物素材图像，设置"明亮度""颜色强度""渐隐"等选项的值，单击"确定"按钮，应用设置进行颜色匹配，如下图所示。

6.4.8 替换颜色

"替换颜色"命令可以对指定区域的色相、饱和度及明度进行调整，该命令通过"吸管工具"取样颜色，对取样颜色进行色彩校对时，只适用于色调简单、易于隔离的图像。"替换颜色"命令不能为再次更改提供可操作的灵活性，因为此命令不能将创建的选区进行还原，而且不能作用于调整图层和智能滤镜。

执行"图像 > 调整 > 替换颜色"菜单命令，打开"替换颜色"对话框，在对话框内可以对各项参数进行设置，如下图所示。

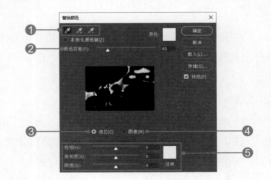

❶取样按钮：单击"吸管工具"按钮🖊、"添加到取样"按钮🖊或"从取样中减去"按钮🖊，再在预览框中单击，即可选择蒙版显示的区域。如果在"选区"状态下的预览框中单击鼠标两次，则可使用拾色器设置要替换的目标颜色。

❷颜色容差：设置拾取颜色的范围大小，如下图所示。

❸ "选区"单选按钮：选择该单选按钮后，可以在预览框中显示蒙版。被蒙版区域呈黑色，未蒙版区域呈白色，部分被蒙版区域会根据不透明度显示不同的灰色色阶。

❹ "图像"单选按钮：选择后可以在预览框中显示图像。

❺ "结果"选项组：调整"色相""饱和度"及"明度"选项，可以设置替换颜色的各项参数。

📖 应用>>使用"替换颜色"替换图像中的指定颜色

执行"图像 > 调整 > 替换颜色"菜单命令，在打开的"替换颜色"对话框中单击"吸管工具"按钮🔍，在图像中单击取样树木的颜色，如下图所示。

在"替换颜色"对话框中单击"添加到取样"按钮🔍，在图像中单击不同深浅的树木颜色进行取样，直到预览框内的大部分树木被显示为白色，然后在对话框下方设置各项参数，更改树木的颜色为绿色，如下图所示。

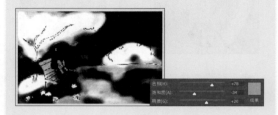

设置完成后单击"确定"按钮，替换树木的颜色，效果如下图所示。

6.5 艺术化图像调整

在 Photoshop 中执行"渐变映射""色调分离""阈值"等菜单命令可以调整图像的颜色，使图像产生特殊的色调效果。

6.5.1 反相

执行"图像 > 调整 > 反相"菜单命令，可对图像中的颜色进行反转处理，效果类似于将图像转换为底片的效果。

打开一张素材图片，如右一图所示。执行"图像 > 调整 > 反相"菜单命令，对图像进行反相处理，效果如右二图所示。

⭐ 技巧>>使用快捷键对图像执行"反相"菜单命令

按下快捷键 Ctrl+I，可快速对图像执行"反相"菜单命令。

6.5.2 色调分离

"色调分离"命令可以指定图像中每个通道的色调或亮度的数目，然后将像素映射为最接近的匹配级别。"色调分离"命令适合在照片中创建特殊的颜色分离效果。

打开一张素材图片，执行"图像 > 调整 > 色调分离"菜单命令，在打开的"色调分离"对话框中设置"色阶"为 2，设置后单击"确定"按钮，应用色调分离效果，如下图所示。

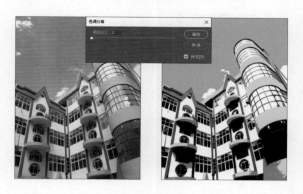

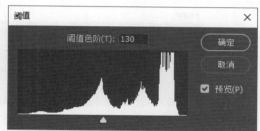

在"色调分离"对话框中，设置的"色阶"值越小，图像的颜色信息就越少；设置的"色阶"值越大，图像的颜色信息就越多，如下图所示。

在"阈值"对话框中，设置的"阈值色阶"过大或过小时，会出现过白或过黑的黑白图像，如下图所示。

6.5.3 阈值

"阈值"命令可以将灰度或彩色图像转换为较高对比度的黑白图像。在转换过程中，Photoshop 将会使所有比该阈值亮的像素都转换为白色，将所有比该阈值暗的像素都转换为黑色。

打开一张素材图像，执行"图像 > 调整 > 阈值"菜单命令，在打开的"阈值"对话框中设置"阈值色阶"为 130，然后单击"确定"按钮，如下图所示。

6.5.4 渐变映射

"渐变映射"命令用于将图像灰度范围映射到指定的渐变填充色。若指定双色渐变填充，则图像中的阴影会映射到渐变填充的一个端点颜色，高光会映射到另一个端点颜色，而中间调会映射到两个端点颜色之间的渐变。

执行"图像 > 调整 > 渐变映射"菜单命令，打开"渐变映射"对话框，在对话框内可以对各项参数进行设置，如下图所示。

❶渐变色条：单击该色条，打开"渐变编辑器"对话框，设置一种渐变颜色，或者单击渐变条右侧的下三角按钮，在弹出的面板中选择一种渐变色，如下左图所示。此时，如果单击面板右侧的扩展按钮，则在弹出的菜单中可以执行载入渐变、复位渐变或载入系统预设的渐变颜色等操作，如下右图所示。

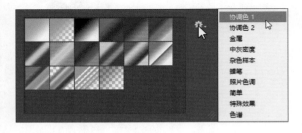

❷"仿色"复选框：勾选该复选框后，在映射时将添加随机杂色，以平滑渐变填充外观并减少带宽效果。

❸"反向"复选框：勾选该复选框后，会将相等的图像灰度范围映射到渐变色的反向，使渐变效果呈现反向效果，如下图所示。

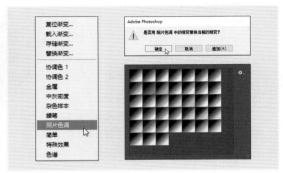

6.5.5　可选颜色

"可选颜色"命令可以有选择地修改任何主要颜色中的印刷色数量，而不会影响主要颜色。"可选颜色"命令的调整对单个通道不起作用。

执行"图像 > 调整 > 可选颜色"菜单命令，打开"可选颜色"对话框，在对话框内可以对各项参数进行设置，如下图所示。

❶"颜色"下拉列表框：在其中可以选择要调整的颜色，包括"红色""黄色""绿色""青色""蓝色""洋红""白色""中性色"和"黑色"等选项。

❷颜色滑块：用于调节青色、洋红、黄色和黑色的含量，如下图所示。

技巧>>载入软件预设的渐变效果

打开"渐变编辑器"对话框，单击渐变条，在弹出的面板中单击右侧的按钮，在弹出的菜单中选择"照片色调"命令，接着在弹出的对话框中单击"确定"按钮，即可将软件预设的渐变效果显示在面板中，如下图所示。

❸ "相对"单选按钮：选中后可以按照总量的百分比更改现有的青色、洋红、黄色和黑色的含量，如下图所示。

❹ "绝对"单选按钮：选中后可以按照增加或减少的绝对值更改现有的颜色，如下图所示。

📖 应用>>使用"可选颜色"修改图像颜色

打开一张素材图像，执行"图像 > 调整 > 可选颜色"菜单命令，打开"可选颜色"对话框，设置"颜色"为"黄色"，"青色"为 -73，"洋红"为 +26，完成后单击"确定"按钮，渲染更浓郁的秋色效果，如下图所示。

实例演练：
调整画面曝光

原始文件：随书资源 \ 素材 \06\01.jpg
最终文件：随书资源 \ 源文件 \06\ 调整画面曝光 .psd

解析：用 Photoshop 处理图像时，经常需要调整图像的曝光度，当图像曝光不理想时，图像会偏暗或偏亮。本实例就介绍如何调整画面的曝光。通过将"阴影 / 高光""曲线"等调整命令与图层蒙版相结合，可对画面过暗部分进行提亮，使其呈现一定的画面细节，展现更漂亮的自然风光。

1 执行"文件 > 打开"菜单命令，打开素材文件 01.jpg，按下快捷键 Ctrl+J，复制"背景"图层，生成"图层 1"图层，如下图所示。

2 选择"图层 1"，执行"图像 > 调整 > 阴影 / 高光"命令，打开"阴影 / 高光"对话框，在对话框中设置阴影与高光的参数，将画面暗部细节提取出来，如下图所示。

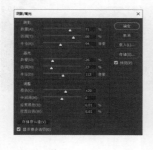

3 按下快捷键 Shift+Ctrl+Alt+E，盖印可见图层，生成"图层 2"图层。执行"图像 > 调整 > 色阶"菜单命令，在打开的"色阶"对话框中按下左图所示设置参数，加强画面的明暗对比，效果如下右图所示。

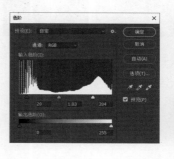

4 单击"图层"面板下方的"添加图层蒙版"按钮 ◻，为该图层添加图层蒙版。设置前景色为黑色，选择"画笔工具"，单击图层蒙版缩览图，在图像中对云朵、天空以及画面左下角很暗的山体部分进行涂抹，还原该部分的图像亮度，如下图所示。

8 按下快捷键 Shift+Ctrl+Alt+E，盖印可见图层，生成"图层 4"图层。执行"图像 > 调整 > 曲线"菜单命令，按下图所示设置参数。

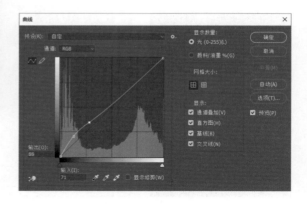

5 按下快捷键 Shift+Ctrl+Alt+E，盖印可见图层，生成"图层 3"。执行"图像 > 调整 > 色相/饱和度"菜单命令，在打开的"色相/饱和度"对话框中选择"蓝色"选项，再单击"吸管工具"，在图像中的天空位置单击吸取蓝色，如下图所示。

9 单击"添加图层蒙版"按钮，为"图层 4"添加图层蒙版，在蒙版中对云朵和天空部分进行涂抹，还原该部分的图像，如下图所示。

6 返回"色相/饱和度"对话框，按下左图所示设置参数，对画面中天空的蓝色进行调整。调整后，画面的天空色调得到了改变，如下右图所示。

7 确保"图层 3"为选中状态，执行"图像 > 调整 > 照片滤镜"菜单命令，在打开的"照片滤镜"对话框中按下左图所示设置参数，为画面添加颜色滤镜效果，如下右图所示。

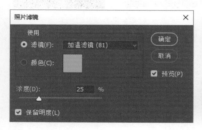

10 按下快捷键 Shift+Ctrl+Alt+E，盖印可见图层，生成"图层 5"。执行"图像 > 调整 > 亮度/对比度"菜单命令，在打开的对话框中按下左图所示设置参数，调整画面的明暗对比，效果如下右图所示。

实例演练：
制作矢量图像效果

原始文件：随书资源 \ 素材 \06\02.jpg
最终文件：随书资源 \ 源文件 \06\ 制作矢量图像效果 .psd

解析： 使用 Photoshop 处理图像时，常常要将图像处理成各种特殊的效果。本实例就将图像处理成类似矢量图像的效果。首先将需要编辑的图像复制，然后对复制的图像进行编辑，通过"阈值"命令调整图像，将其转换为黑白效果，再应用"木刻"滤镜让黑白图像转换为矢量绘画效果，最后设置图层混合模式并添加单色图层，增强其效果。

1 执行"文件 > 打开"菜单命令，打开素材文件 02.jpg，按下快捷键 Ctrl+J，复制"背景"图层，生成"图层 1"图层，如下图所示。

2 执行"图像 > 调整 > 阈值"菜单命令，在弹出的"阈值"对话框中按下图所示设置参数。

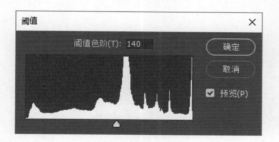

3 设置完成后单击"确定"按钮，画面呈现黑白效果，如下左图所示。对"图层 1"执行"滤镜 > 滤镜库"菜单命令，打开"滤镜库"对话框，如下右图所示。

4 在"滤镜库"对话框中选择"艺术效果"滤镜组中的"木刻"滤镜，在右侧的对话框中设置"木刻"滤镜的参数，然后单击"确定"按钮，如下图所示。

5 选择"图层 1"，将此图层的混合模式更改为"柔光"，如下图所示。

6 选择"背景"图层，拖曳到"图层"面板下方的"创建新图层"按钮上，生成"背景 拷贝"图层，如下左图所示。执行"图像 > 调整 > 色阶"菜单命令，在打开的"色阶"对话框中按下右图所示设置参数。

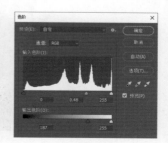

7 设置完成后，画面呈现如下左图所示的效果。确保"背景 拷贝"图层为选中状态，执行"图像 > 调整 > 阈值"菜单命令，打开"阈值"对话框，在对话框中设置参数，如下右图所示。

9 选择"图层 1"，单击"图层"面板下方的"创建新图层"按钮，新建"图层 2"，设置前景色为 R94、G51、B30，如下图所示。

8 调整完成后，画面效果如下左图所示。选择"背景 拷贝"图层，将此图层的混合模式更改为"颜色减淡"，效果如下右图所示。

10 按下快捷键 Alt+Delete，使用前景色填充"图层 2"；完成后更改"图层 2"的混合模式为"强光"，调整画面矢量图像效果，如下图所示。

实例演练：
打造浪漫的紫罗兰色调

原始文件：随书资源 \ 素材 \06\03.jpg
最终文件：随书资源 \ 源文件 \06\ 打造浪漫的紫罗兰色调 .psd

解析：在 Photoshop 中调整图像颜色，可以通过创建调整图层来完成操作，也可以通过执行"图像 > 调整"级联菜单下的命令，对图像的颜色加以调整。本实例将使用调整命令调整图像颜色，打造出浪漫的紫罗兰色调效果。

1 执行"文件 > 打开"菜单命令，打开素材文件 03.jpg，按下快捷键 Ctrl+J，复制"背景"图层，生成"图层 1"图层，如下图所示。

2 执行"图像 > 调整 > 色彩平衡"菜单命令，在打开的"色彩平衡"对话框中设置参数，调整画面偏紫色调，如下图所示。

 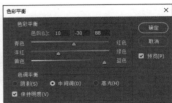

3 单击"添加图层蒙版"按钮 ▢ ，为该图层添加图层蒙版。在工具箱中单击"画笔工具"按钮 ▨ ，设置前景色为黑色，在选项栏中设置"不透明度"和"流量"，完成后使用画笔在蒙版中对人物皮肤进行涂抹，还原该部分的图像，如下图所示。

4 按下快捷键 Shift+Ctrl+Alt+E，盖印可见图层，生成"图层2"。执行"图像 > 调整 > 色阶"菜单命令，在打开的对话框中选择"加亮阴影"选项，提亮图像，如下图所示。

5 单击"添加图层蒙版"按钮 ▢ ，为"图层2"添加图层蒙版。在工具箱中单击"渐变工具"按钮 ▨ ，在选项栏中选择"黑，白渐变"，勾选"反向"复选框，从图像中间位置向左上角拖曳线性渐变，还原左上角图像的亮度，如下图所示。

6 按下快捷键 Shift+Ctrl+Alt+E，盖印可见图层，生成"图层3"。执行"图像 > 调整 > 曲线"菜单命令，在弹出的"曲线"对话框中设置 RGB 和"蓝"通道的参数，继续对画面颜色进行调整，如下图所示。

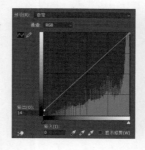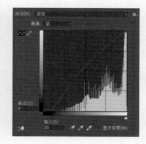

7 调整后返回图像窗口，可以看到图像颜色变得更加唯美，如下图所示。

8 盖印可见图层，生成"图层4"图层。执行"图像 > 调整 > 颜色查找"菜单命令，在弹出的"颜色查找"对话框中设置"3DLUT 文件"选项，单击"确定"按钮；选择"图层4"，将"不透明度"设置为25%，完成画面紫色调的调整，如下图所示。

实例演练：
制作手绘效果画面

原始文件：随书资源 \ 素材 \06\04.jpg
最终文件：随书资源 \ 源文件 \06\ 制作手绘效果画面 .psd

解析：使用 Photoshop 可以将图像制作成仿手绘效果。其方法是先利用"图像 > 调整"级联菜单中的命令对图像的颜色做适当调整，将其转换为黑白图像效果，然后应用"滤镜库"中的"绘画涂抹""绘图笔"等滤镜对图像进行艺术化处理，完成画面手绘效果的制作。

1 打开素材文件 04.jpg，按下快捷键 Ctrl+J，复制"背景"图层，生成"图层 1"图层，如下图所示。

4 打开"色调分离"对话框，设置"色阶"选项，调整画面效果，如下图所示。

2 执行"图像 > 调整 > 色调均化"菜单命令，对图像色调进行调整，如下图所示。

5 按下快捷键 Ctrl+J，复制"图层 1 拷贝"图层，生成"图层 1 拷贝 2"图层，执行"图像 > 调整 > 去色"菜单命令，如下图所示。

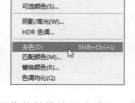

3 按下快捷键 Ctrl+J，复制"图层 1"，生成"图层 1 拷贝"图层，执行"图像 > 调整 > 色调分离"菜单命令，如下图所示。

6 完成去色操作后，图像将转换为黑白效果，如下图所示。

7 继续在"图层"面板中复制"图层 1 拷贝 2"图层,生成"图层 1 拷贝 3"图层,执行"图像 > 调整 > 阈值"菜单命令,如下图所示。

8 在打开的"阈值"对话框中设置参数,调整画面黑白图像效果,如下图所示。

9 选择"图层 1 拷贝 3"图层,更改其图层混合模式为"颜色加深",加深画面的暗部,如下图所示。

10 按下快捷键 Shift+Ctrl+Alt+E,盖印可见图层,生成"图层 2",执行"滤镜 > 滤镜库"菜单命令,如下图所示。

11 打开"滤镜库"对话框,在对话框中选择"艺术效果"滤镜组下的"绘画涂抹"滤镜,在右侧的对话框中设置各项参数,调整画面效果,如下图所示。

12 设置完成后,单击"滤镜库"对话框右下方的"新建效果图层"按钮,新建一个效果图层;然后在"素描"滤镜组下选择"绘图笔"滤镜,如下图所示。

13 设置"描边长度""明 / 暗平衡""描边方向"等选项,单击"确定"按钮,将图像转换为手绘素描效果,如下图所示。

15 选中"图层 2 拷贝"图层，将此图层的混合模式更改为"溶解"，设置"填充"为 1%，为画面添加杂点质感，完成整体图像的制作，如下图所示。

14 复制"图层 2"，生成"图层 2 拷贝"图层，执行"图像 > 调整 > 反相"菜单命令，将图像进行反相，如下图所示。

读书笔记

第7章
绘画

Photoshop 提供了强大的图像绘制功能,用户通过选择工具箱中的各种绘画工具,并熟练掌握相关的绘图技巧,就可以绘制富有创造性的图像。此外,Photoshop 中改进后的绘画工具是传统绘画工具所无法比拟的,具有用手进行绘画的功能,可帮助用户完成更多不同绘画作品的设计。

7.1 使用画笔进行绘画

画笔是 Photoshop 中用于绘画的重要工具,"画笔工具"是手工操作的,如何操作画笔是用户必须掌握的基础知识。Photoshop 中提供了若干画笔的预设,用户可以利用这些预设完成绘画操作。

7.1.1 使用画笔进行绘制

"画笔工具"是 Photoshop 中图像绘制的基本工具,它既可以在空白图层中绘画,也可以对已有图像进行修饰和变化。

使用"画笔工具"进行绘制时,先单击工具箱中的"画笔工具"按钮,在显示的"画笔工具"选项栏中可以设置各项参数,从而对"画笔工具"进行精确变换,如下图所示。

❶画笔大小:单击其右侧的下三角按钮,打开"画笔预设"选取器。在"画笔预设"选取器中显示有画笔直径的大小、硬度以及可以选择的画笔形状,如下图所示。

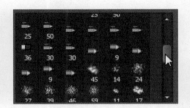

❷模式:与图层混合模式的选项相同,用于设置应用"画笔工具"在图像中绘制的图像与原图像之间的混合模式。打开一张素材图像,单击"模式"下三角按钮,打开下拉列表,选择所要使用的模式,

设置所需颜色后,应用"画笔工具"在图像中涂抹,可以将所设置的颜色应用到图像中,效果如下图所示。

❸不透明度:设置画笔的"不透明度",数值越小越透明,其取值范围为0%~100%,如下图所示。

❹流量:设置画笔笔触的密度。如果"流量"较小,则所绘制的画笔效果将会带有模糊效果,如下图所示。

❺启用喷枪样式的建立效果:单击"启用喷枪样式的建立效果"按钮后,可以将画笔转换为喷枪,也可以将所设置的画笔等相关参数应用到喷枪中。未

启用喷枪功能时，将鼠标置于图像中的一个位置上，颜色不会堆积；启用喷枪功能后，将鼠标置于图像中的一个位置上越久，颜色就越明显。若把"流量"的数值设置得较大，所绘制的画笔效果会达到"不透明度"为100%时的效果。如下图所示。

★ 技巧一>>使用快捷键选取"画笔工具"、变换画笔大小

按键盘中的 B 键，可快速选择"画笔工具"。
按键盘中的括号键[、]，可快速变换画笔大小。

★ 技巧二>>使用键盘修改选项的值

需要对"模式""不透明度""流量"等选项进行修改时，单击相应选项，使用键盘中的上、下方向键可修改其参数值。

7.1.2 使用图案进行绘制

"图案图章工具"是通过在图像中涂抹的方式将图案应用到图像中，即在图像中覆盖一层新的区域。使用时，用户可以在图案库中选择已有的图案进行绘制，也可以自己创建新的图案进行绘制。

长按工具箱中的"仿制图章工具"按钮，在弹出的隐藏工具中可选择"图案图章工具"，如下图所示。

在"图案图章工具"选项栏中提供了调整工具效果的各种选项，如下图所示。

不透明度：100% ∨ 流量：100% ∨ ☑对齐 □印象派效果

单击"图案"拾色器右边的下三角按钮，在打开的"图案"拾色器中可以选择所要复制的图案类型，也可以自定义图案，如下左图所示。若要添加 Photoshop 预设的图案，

则可以单击"图案"拾色器右上角的扩展按钮，在弹出的菜单中选择预设的图案选项，如下中图和下右图所示。

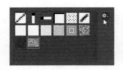

选择所需要的图案，使用鼠标在图像中单击，可将选择的图案通过所设置的混合模式和原图像进行混合，如下左图所示。选择的图案相同，但若设置了不同的混合模式，则所得到的图像也会有很大的差异，效果如下右图所示。

单击"图案"拾色器右上角的扩展按钮，在弹出的菜单中选择所要载入的图案命令，会打开提示对话框，单击"确定"按钮，如下左图所示。在"图案"拾色器中将会以选择的图案替换当前图案。

若在提示对话框中单击"追加"按钮，则可将载入的图案追加到当前图案的后面，效果如下右图所示。

★ 技巧>>使用快捷键选取"图案图章工具"

按键盘中的 S 键，可快速选择"图案图章工具"。

★ 应用一>>"印象派效果"的使用

在"图案图章工具"选项栏中提供了一个特殊的选项"印象派效果"，勾选此复选框后，可以在图像中模拟出印象派绘画效果。下图为"印象派效果"的应用效果。

展开的下拉列表中可以选择多种样式。应用不同的样式，所绘制出的图像效果也不同，如下图所示。

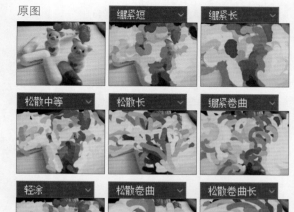

🎩 应用二>>对图案的显示方式进行设置

　　单击"图案"拾色器右上角的扩展按钮，在弹出的菜单中可以对图案在"图案"拾色器中的显示方式进行设置，如下图所示。

❸区域：指定绘画描边所覆盖的区域。设置的数值越小，绘画效果越稀疏；数值越大，绘画效果越密集，如下图所示。

7.1.3　使用历史记录艺术画笔

　　"历史记录艺术画笔工具"可以指定历史记录状态或快照中的源数据，以风格化的描边进行绘画，创建不同的颜色和艺术风格。

　　要使用"历史记录艺术画笔工具"绘制，可按住工具箱中的"历史记录画笔工具"按钮 🖌，在弹出的隐藏工具中选择"历史记录艺术画笔工具" 🖌，如下图所示。

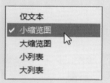

❹容量：用于设置笔触的色彩范围。数值越大，间隔越大；数值越小，所应用的范围越广，画笔的应用越细腻，如下图所示。

　　在"历史记录艺术画笔工具"选项栏中可以设置各项参数，对其进行精确的控制，如下图所示。

❶模式：单击"模式"右侧的下三角按钮 ❙，在展开的下拉列表中可以选择多种模式，主要用于绘制的区域与原图像合成为新的效果。

❷样式：设置"历史记录艺术画笔工具"的画笔笔触效果。单击"样式"右侧的下三角按钮 ❙，在

🌟 技巧一>>使用快捷键选取"历史记录艺术画笔工具"

　　按 Y 键，可快速选择"历史记录艺术画笔工具"。

知识>>"历史记录画笔工具"与"历史记录艺术画笔工具"的不同

"历史记录画笔工具"主要用于修复图像的状态，而"历史记录艺术画笔工具"是将图像转换为一种特殊的艺术绘画效果。

应用一>>使用"历史记录艺术画笔工具"模仿绘画

使用"历史记录艺术画笔工具"绘图时，使用"绷紧长"样式可以使笔触变得粗糙。

技巧二>>"历史记录艺术画笔工具"的使用技巧

使用"历史记录艺术画笔工具"绘图时至少有 3 种方法，分别为单击、按住和拖动。在应用单击时，可以观察笔触堆积后的效果，也可以通过拖动画笔设置笔触。

下图分别为使用"历史记录艺术画笔工具"在画面上单击、按住和拖动的绘画效果。

使用"历史记录艺术画笔工具"绘图时，通常状况下都将该工具的样式设为"绷紧长"。

使用"历史记录艺术画笔工具"绘画之前，为了获得各种视觉效果，可以尝试应用滤镜或纯色填充图像。

设置好"历史记录艺术画笔工具"选项栏后，要先进行试验操作，应用该工具在图像中单击，查看是否能得到理想的效果。

应用二>>"历史记录艺术画笔工具"的"容差"设置

使用"历史记录艺术画笔工具"绘图时，如果将"容差"值设为 0%，则用户可以在之前应用的笔触效果上自由绘画。

7.2 绘画的擦除

对图像进行擦除主要应用的是橡皮擦工具组。该工具组包括 3 种工具，分别为"橡皮擦工具""魔术橡皮擦工具"和"背景橡皮擦工具"。由于这 3 种工具在擦除时所作用的范围不相同，所以可以将其用于不同图像的修改和调整。

使用橡皮擦工具组对绘画进行擦除时，按住"橡皮擦工具"按钮 ，即可打开隐藏的工具，如下图所示。

- ✐ 橡皮擦工具   E
- ✎ 背景橡皮擦工具   E
- ✦ 魔术橡皮擦工具   E

技巧>>使用快捷键选取"橡皮擦工具"

按键盘中的 E 键，可快速选择"橡皮擦工具"。

7.2.1 使用橡皮擦

"橡皮擦工具"主要用来清除图像的像素

或更改像素的颜色。在"背景"图层中，使用"橡皮擦工具"进行拖曳，可以将拖曳区域以背景颜色填充。在其他图层中，使用"橡皮擦工具"会将图像的像素擦除或更改为透明。

使用"橡皮擦工具"进行擦除时，单击工具箱中的"橡皮擦工具"按钮 ，在选项栏中可以设置各项参数，如下图所示。

❶模式：在使用"橡皮擦工具"时，"模式"选项用于设置擦除边缘的类型。在"模式"下拉列表中有 3 个选项，分别为"画笔""铅笔"和"块"。

使用"画笔"模式时，擦除后的图像边缘将呈现光滑状；使用"铅笔"模式时，擦除后的图像边缘将呈现锯齿状；使用"块"模式时，擦除后的图像边缘将呈现棱角状态，如下图所示。

❷不透明度：设置"橡皮擦工具"所擦除图像的不透明度。较小的数值会显示出擦除图像的透明效果；底色为背景色时，若设置较大的数值，则图像会以背景色进行填充，如下图所示。

🖌 应用一>>在"背景"图层使用"橡皮擦工具"拖曳

在"背景"图层上使用"橡皮擦工具"时，由于"背景"图层不存在透明区域的特殊性质，擦除后的区域将被背景色所填充。因此，如果要擦除"背景"图层上的内容并使其透明，则应先将其转换为普通图层，如下图所示。

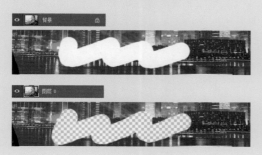

🖌 应用二>>勾选"抹到历史记录"的作用

使用"橡皮擦工具"对图像进行擦除后，

有时想恢复一些已经被擦除的区域，这时可以勾选"橡皮擦工具"选项栏中的"抹到历史记录"复选框，再对需要恢复的图像区域进行拖曳，涂抹过的区域即可恢复擦除前的图像，如下图所示。在这里，"抹到历史记录"的作用同"历史记录画笔工具"的作用相同。

7.2.2 使用魔术橡皮擦

"魔术橡皮擦工具"是通过颜色之间的差异将临近颜色图像擦除来进行操作的。使用"魔术橡皮擦工具"在图像中拖曳，它会将相似的颜色图像擦除。

使用"魔术橡皮擦工具"进行擦除时，按住工具箱中的"橡皮擦工具"按钮 ，在打开的隐藏工具中选择"魔术橡皮擦工具" ，在其选项栏中可以通过各项参数对"魔术橡皮擦工具"进行精确的设置，如下图所示。

❶容差：用于控制所擦除区域的范围。将"容差"设置为较小的数值时，可以将所选区域相似的颜色擦除；将"容差"设置为较大的数值时，所擦除的区域会较大，如下图所示。

❷消除锯齿：勾选该复选框，可使擦除区域的边缘平滑。

❸连续：勾选该复选框，在图像中单击，将只擦除与单击像素连续的像素；取消勾选时，则会擦除图像中的所有相似像素，如下图所示。

④对所有图层取样： 勾选该复选框，则可以利用所有可见图层中的组合数据来采集擦除的色样。

⑤不透明度： 定义擦除图像的不透明度。

7.2.3 使用背景橡皮擦

"背景橡皮擦工具"就是擦除图像背景的工具。使用它在图像中拖曳，可将图层上的像素擦除而变得透明，从而在擦除背景的同时在前景中保留对象的边缘。

使用"背景橡皮擦工具"擦除时，按住工具箱中的"橡皮擦工具"按钮 ，在打开的隐藏工具中即可选择"背景橡皮擦工具" 。在"背景橡皮擦工具"选项栏中可以设置各项参数，控制图像擦除效果，如下图所示。

①连续取样： 单击该按钮，使用"背景橡皮擦工具"连续在图像中拖曳，所拖曳的区域都会被擦除，如下左图所示。

②取样一次： 单击该按钮，设置背景颜色后，使用"背景橡皮擦工具"在图像中单击，擦除的图像颜色均为第一次所设置的颜色，如下中图所示。

③背景色板： 单击该按钮，使用"背景橡皮擦工具"所擦除的图像颜色均为设置的背景色，如下右图所示。

④"限制"下拉列表框： 其中包括"连续""不连续"和"查找边缘"3个选项。

▶**连续：** 擦除包含样本颜色且相互连接的区域。

▶**不连续：** 擦除出现在画笔下任何位置的样本颜色。

▶**查找边缘：** 擦除包含样本颜色的连续区域。

⑤容差： 用于控制所要擦除图像的范围。

⑥保护前景色： 勾选该复选框，使用"背景橡皮擦工具"擦除图像时，可以保护所设置的前景色不被擦除，如下图所示。

应用一>>"魔术橡皮擦工具"与"背景橡皮擦工具""魔棒工具"之间的区别

"魔术橡皮擦工具"在作用上与"背景橡皮擦工具"类似，都是在图像中拖曳以得到透明的区域，但是两者的操作方法不同。

"背景橡皮擦工具"采用了类似画笔的拖曳型操作方式，而"魔术橡皮擦工具"采用了区域型操作方式，即一次单击就可针对一片区域进行操作，如下图所示。

"魔术橡皮擦工具"的工作原理和"魔棒工具"相同，都是利用颜色之间的差异来进行操作。不同的地方在于，"魔棒工具"是将临近的颜色选取后产生一个选区，"魔术橡皮擦工具"则是将临近颜色的图像都擦除，而留下透明的区域。

应用二>>"背景橡皮擦工具"与"橡皮擦工具""颜色替换工具"之间的区别

"背景橡皮擦工具"的使用效果与"橡皮擦工具"相同，都是擦除像素。"背景橡皮擦工具"可直接在"背景"图层上使用，使用后"背景"图层将自动转换为普通图层。其选项栏与"颜色替换工具"的有些类似，区别在于"颜色替换工具"是改变像素的颜色，而"背景橡皮擦工具"是将像素替换为透明。

7.3 对画笔进行创建和修改

在 Photoshop 中常常要对画笔执行各种命令，这时就要用到画笔预设。画笔预设涉及载入画笔、存储画笔、替换画笔等命令以及针对画笔的各种设置，包括调整画笔的大小、旋转角度、笔触的深浅程度和新建画笔等。

7.3.1 设置画笔预设

画笔预设是指存储了画笔的笔尖大小、形状和硬度等特性，可以使用常用的特性来存储画笔预设，也可以为"画笔工具"存储工具预设。

在"画笔工具"选项栏中单击画笔右侧的下三角按钮■，即可打开"画笔预设"选取器，单击选取器右上方的扩展按钮■，弹出的菜单中包含了可以对画笔进行设置的各项命令，如下图所示。

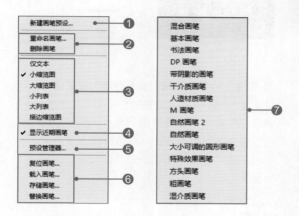

❶ 新建画笔预设：用于创建新的画笔预设。选择该命令后，会打开"画笔名称"对话框，如下左图所示。在对话框中输入新建画笔的名称，单击"确定"按钮，即可新建画笔，如下右图所示。

❷ 重命名 / 删除画笔：选择"重命名画笔"命令，打开"画笔名称"对话框，在其中可重命名画笔；选择"删除画笔"命令，会弹出询问对话框，单击"确定"按钮，可删除画笔，如下图所示。

❸ 预设画笔的显示方式：用于选择画笔在"画笔形态面板"中的显示形式，默认设置为"小缩览图"。更改不同的画笔显示方式，展示效果如下图所示。

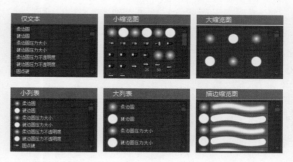

❹ 显示近期画笔：选择该命令，则在"画笔预设"选取器中会显示近期使用过的画笔，如下左图所示；取消选中该命令，则在"画笔预设"选取器中不会显示近期使用过的画笔，如下右图所示。

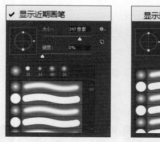

❺ 预设管理器：选择该命令后，会打开"预设管理器"对话框，单击"载入"按钮，在打开的"载入"对话框内选择画笔，然后单击"载入"按钮，即可载入画笔，如下图所示。

❻ 复位、载入、存储和替换画笔：选择"复位画笔""载入画笔""存储画笔"或"替换画笔"

命令后，会打开相应的对话框，在对话框中可对各项参数进行设置。

▶ 复位画笔：返回预设菜单的默认画笔库。

▶ 载入画笔：将预设的画笔库添加到当前列表中。

▶ 存储画笔：将画笔存储到画笔库中。

▶ 替换画笔：用另一个画笔库替换当前列表中的画笔。

❼ 预设画笔的种类：显示了 Photoshop 提供的预设画笔的种类。选择不同的命令，即可弹出提示对话框，如下图所示。单击"确定"按钮，可以替换该画笔库到面板中；单击"追加"按钮，可以在当前面板的画笔后追加新载入的画笔。

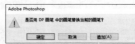

下图是不同种类画笔的"小缩览图"显示效果。

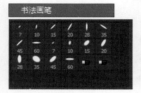

🖌 应用一>>设置预设画笔的"大小"和"硬度"

在"画笔预设"选取器中可以对画笔的"大小"和"硬度"进行设置，通过拖曳鼠标移动滑块或者直接输入数值，就可以改变预设画笔的"大小"和"硬度"，如下图所示。

⭐ 技巧一>>"新建画笔预设"的其他方法

更改预设画笔的大小、形状或硬度时，更改是临时性的。当下一次选取该预设时，画笔将使用其原始的设置，要使更改成为永久性的，就需要创建一个新的预设。新建画笔预设的方法除了选择"画笔预设"选取器中扩展菜单的"新建画笔预设"命令外，还可以直接单击"画笔预设"选取器右上角的"从此画笔创建新的预设"按钮，如下图所示。

⭐ 技巧二>>重命名/删除画笔的其他方法

在显示画笔形态的面板中，在需要重命名的画笔上单击鼠标右键，在打开的快捷菜单中有两个命令："重命名画笔"和"删除画笔"。选择"重命名画笔"，打开"画笔名称"对话框，在其中即可重命名预设画笔；选择"删除画笔"命令，则会弹出询问对话框，单击"确定"按钮，可删除画笔，如下图所示。

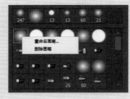

🖌 应用二>>将一组预设画笔存储为画笔库

在"画笔预设"选取器的扩展菜单中选择"存储画笔"命令，在打开的"另存为"对话框中选取需要存储的位置，并输入存储的文件名，然后单击"保存"按钮，即可将设置的画笔存储至画笔库，如下图所示。

7.3.2 "画笔"面板

在 Photoshop 中要设置画笔笔触时，需要用到"画笔"面板。使用"画笔"面板可以调整画笔的大小和旋转角度、笔触的深浅等。

单击工具箱中的"画笔工具"按钮，在"画笔工具"选项栏中单击"切换画笔面板"按钮，即可打开"画笔"面板，如下图所示。

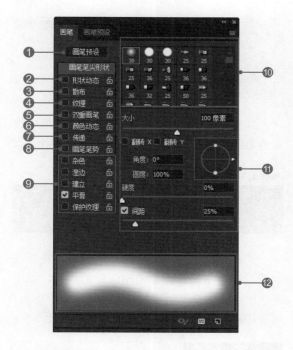

① **画笔预设**：单击此按钮将打开"画笔预设"面板，在该面板中可以直接选择所需要的画笔。

② **形状动态**：调整画笔的形态。

③ **散布**：调整画笔笔触的分布密度，如下图所示。

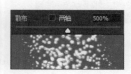

④ **纹理**：设置笔触的纹理。

⑤ **双重画笔**：设置笔触纹理，将不同的画笔合成，制作出独特效果的画笔。

⑥ **颜色动态**：根据拖曳画笔的方式调整颜色、明度及饱和度。

⑦ **传递**：包括设置不透明度抖动、流量抖动等。不透明度抖动的值越小，不透明度的随机变化越弱，笔触越鲜明；值越大，不透明度的随机变化越强，笔触越容易出现断断续续的现象，如下图所示。

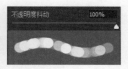

⑧ **画笔笔势**：调整画笔的笔势。

⑨ **给纹理加入变化**：包括"杂色""湿边""建立""平滑"和"保护纹理"。

▶ **杂色**：在笔触的边缘部分加入杂色，如下图所示。

▶ **湿边**：应用水彩画特色的画笔笔触效果，如下图所示。

▶ **建立**：应用喷枪样式的建立效果。

▶ **平滑**：实现柔滑的画笔笔触。

▶ **保护纹理**：保护画笔笔触中应用的纹理图案。

⑩ **画笔样式预览框**：在预览框内可以查看画笔的缩览图。

⑪ **画笔笔尖形状**：用于调整画笔的形状，设置画笔的大小、角度、间隔等。

▶ **大小**：通过拖曳滑块或者输入数值，可以调整画笔的大小，即尺寸大小。数值越大，笔触越粗。

▶ **翻转**：勾选复选框可启用垂直／水平画笔翻转。

▶ **角度**：调整笔触的角度。可以在该数值框中指定角度值，也可以在右侧的坐标上通过拖曳鼠标进行指定。

▶ **圆度**：调整画笔的笔触形状。当值为 100% 时，为圆形，当值变小时，会逐渐变成椭圆形。

▶ **硬度**：调整笔触的硬度。数值越大，画笔笔触越明显。

▶ **间距**：调整笔触的间隔，默认值为 25%。值越大，笔触间隔越宽，如下图所示。

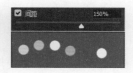

⑫ **预览框**：预览调整后的画笔笔触效果。

应用一>>画笔设置预览

在"画笔"面板中选择任意画笔，并设置画笔选项，都可以在"画笔"面板最下方的方框内预览所设置的画笔笔触效果。

在"画笔"面板左侧的"画笔预设"中，每个画笔设置右侧都有一个锁定图标🔓，表示对画笔设置进行锁定。若显示"锁定"状态🔒，那么再设置画笔选项就对画笔不起作用；若显示"解锁"状态🔓，那么就可以自由地设置画笔选项。要设置"锁定"或者"解锁"，只需要单击锁形图标🔒，即可自由地改变其状态。

打开"画笔名称"对话框，在对话框中设置画笔的名称，单击"确定"按钮，如下图所示。

单击"画笔"面板左上角的"画笔预设"按钮，在打开的"画笔预设"面板中单击右上角的扩展按钮，即可打开"画笔预设"扩展菜单，如下图所示。

选择"画笔工具"，打开"画笔预设"选取器，在最下端就会显示刚创建的画笔，如下左图所示。选择刚创建的画笔，在画面中单击，即可用定义的画笔进行绘画，如下右图所示。

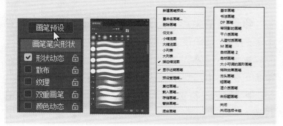

7.3.3 用图像创建画笔

在 Photoshop 中可以载入特定形态的图像并设置为画笔，以便使用。

要用图像创建画笔，可使用合适的选区工具选取要创建为画笔的图像，如下左图所示；接着执行"编辑 > 定义画笔预设"菜单命令，如下右图所示。

用图像创建画笔后，无论之前的图像是什么颜色的，都可以给创建的画笔自定义颜色。选择创建的画笔后，更改前景色的设置，即更改了画笔的颜色。

7.4 设置动态的画笔

在 Photoshop 中使用画笔时，常常要根据需要设置动态的画笔，包括画笔形状的动态设置、画笔中散布密度的设置、笔触的纹理以及画笔在路径中颜色变化的设置等。

7.4.1 形状动态画笔

画笔的形状动态可以调整画笔在画面中的形态变换，它决定了描边时画笔笔迹的变化。

打开"画笔"面板，选择左侧的"形状动态"后，在面板右侧可以对画笔的形状动态进行设置，如右图所示。

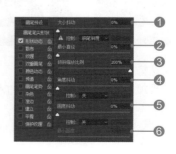

❶**大小抖动**: 调整画笔抖动的大小。值越大,抖动的幅度越大。在"控制"下拉列表中提供了多个控制选项,可以对画笔的抖动做细致的调整。

▶ 关: 不指定画笔的抖动程度。

▶ 渐隐: 使画笔逐渐缩小。

▶ 钢笔压力: 根据画笔的用笔强度调整画笔的大小。

▶ 钢笔斜度: 根据倾斜度调整画笔的大小。

▶ 光笔轮: 根据旋转程度调整画笔的大小。

❷**最小直径**: 设置幅度的最小直径。值越小,画笔抖动的强度越大。

❸**倾斜缩放比例**: 在画笔的抖动幅度中指定倾斜幅度。必须将"大小抖动"的"控制"选项设为"钢笔斜度",此选项才能使用。

❹**角度抖动**: 在画笔的抖动幅度中指定画笔的角度。值越小,越接近保存的角度值。在其"控制"下拉列表中提供了多个控制选项,可以调整画笔的抖动效果。

▶ 关: 不指定画笔的抖动程度。

▶ 渐隐: 使笔触的角度逐渐缩小。

▶ 钢笔压力: 根据用笔强度调整笔触的角度。

▶ 钢笔斜度: 根据倾斜度调整笔触的角度。

▶ 光笔轮: 根据旋转程度调整笔触的角度。

▶ 旋转: 根据旋转程度调整画笔。

▶ 初始方向: 维持原始值的同时调整笔触的角度。

▶ 方向: 调整笔触的角度。

❺**圆度抖动**: 在画笔的抖动幅度中指定笔触的椭圆程度。值越大,椭圆形状越扁。在其"控制"下拉列表中提供了多个控制选项,可以调整画笔的效果。

▶ 关: 不指定画笔的抖动程度。

▶ 渐隐: 设置圆角的动态控制。

▶ 钢笔压力: 根据画笔的用笔强度调整笔触的椭圆程度。

▶ 钢笔斜度: 根据倾斜度调整笔触的椭圆程度。

▶ 光笔轮: 根据旋转程度调整笔触的椭圆程度。

▶ 旋转: 根据旋转程度调整画笔的旋转圆度。

❻**最小圆度**: 根据画笔的抖动程度,指定画笔的最小直径,其中有"翻转 X 抖动"和"翻转 Y 抖动"两个选项可供选择。

> 🖉 知识>>画笔"形状动态"各选项变化的效果图
>
> 画笔"形状动态"各选项变化的效果图如下图所示。

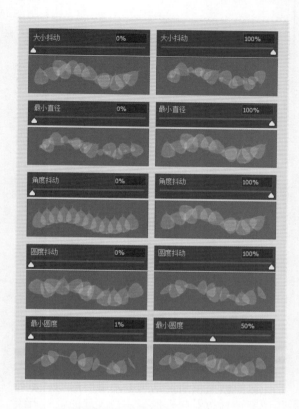

7.4.2 画笔的散布

画笔的散布可以调整画笔笔触在画面中散布的密度,用以确定描边时笔迹的数目和位置。

打开"画笔"面板,选择左侧的"散布"后,在面板右侧可以对画笔的散布进行设置,如下图所示。

❶**散布**: 调整画笔笔触的分布密度。值越大,分布密度越大。

❷**两轴**: 勾选该复选框后,画笔笔触的分布范围将缩小。

❸**数量**: 指定在每个间距应用的画笔笔迹数量。

❹**数量抖动**: 指定画笔笔迹的数量如何针对各种间距而变化。

应用>>无"画笔散布"和有"画笔散布"的区别

无"画笔散布"和有"画笔散布"的区别如下图所示。

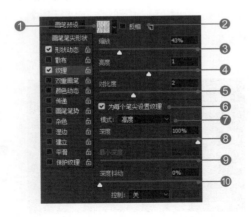

不设置"画笔散布"

设置"画笔散布"

知识>>散布中的"数量"

如果在不增大间距值或散布值的情况下增加"数量"，则绘画性能可能会降低。

7.4.3 纹理画笔

纹理画笔是指设置画笔笔触的纹理。它利用图案使描边看起来像是在带纹理的画布上绘制的。

打开"画笔"面板，选择左侧的"纹理"选项后，在面板右侧可以对画笔的纹理进行设置，如下图所示。

❶图案：单击"图案"缩览图可打开"图案"拾色器，在其中可选择需要的图案。

❷反相：勾选"反相"复选框，可反相纹理图案。

❸缩放：放大或缩小图案纹理。

❹亮度：设置纹理亮度。

❺对比度：设置纹理对比度。

❻为每个笔尖设置纹理：勾选该复选框后，可

以通过调整"最小深度"和"深度抖动"等来更加细腻地完成创作。

❼模式：在该下拉列表中有多种与笔触效果混合应用的选项。

❽深度：通过鼠标拖曳移动滑块或者直接输入数值来调整油彩渗入纹理中的深度。

❾最小深度：调整油彩可渗入的最小深度。

❿深度抖动：调整画笔抖动幅度的深度。

应用>>无"纹理画笔"和有"纹理画笔"的区别

无"纹理画笔"和有"纹理画笔"的区别如下图所示。

不设置"纹理画笔"　　设置"纹理画笔"

7.4.4 颜色动态画笔

颜色动态画笔是根据拖动画笔的方式调整画笔颜色、明度及饱和度，它决定描边路径中油彩颜色的变化方式。

打开"画笔"面板，选择"画笔"面板左侧的"纹理"后，在面板右侧可以对画笔的颜色动态进行设置，如下图所示。

❶应用每笔尖：勾选该复选框，可对画笔笔尖应用颜色动态。

❷前景/背景抖动：使用工具箱中的"设置前景色"和"设置背景色"来调整画笔的颜色范围。

❸控制：在该下拉列表中可以通过选项来控制画笔颜色动态。

❹色相抖动：以前景色为准，调整整个颜色的范围。

❺饱和度抖动：调整颜色饱和度的范围，数值越高，饱和度越低。

❻亮度抖动：调整颜色亮度范围，数值越高，图像越暗。

❼纯度：调整颜色的纯度，负值为无色，正值将表现为深色。

🎓 应用>>无"颜色动态"和有"颜色动态"的区别

无"颜色动态"和有"颜色动态"的区别如下图所示。

不设置"颜色动态"　　　　设置"颜色动态"

7.5　填充和描边图像

在 Photoshop 中，一般使用"油漆桶工具"和"渐变工具"在所创建的选区内应用设置的颜色、图案或者渐变色来对图像进行填充。另外，用户也可以利用菜单命令对图像进行描边，或通过创建填充图层来对图像做进一步的编辑等。

7.5.1　用前景色填充

用前景色对图像进行填充，就要用到"油漆桶工具"。"油漆桶工具"可以将图层或者选区填充上纯色。设置好前景色，就可以利用该工具对图像进行填充，并且可以在其选项栏中对所填充的内容进行设置。

前景色可以通过"色板"面板进行选取，先单击工具箱中的"油漆桶工具"按钮 ，如下左图所示；执行"窗口>色板"菜单命令，在打开的"色板"面板中显示了 Photoshop 默认的纯色，将鼠标置于"色板"面板中的颜色块上，单击鼠标即可选定颜色，如下右图所示。

选定所需要填充的颜色之后，打开图像，如下左图所示。使用"油漆桶工具"在图像中需要填充颜色的区域单击，填充颜色效果如下右图所示。

在"油漆桶工具"选项栏中可以设置各项参数，从而对"油漆桶工具"进行精确的控制，如下图所示。

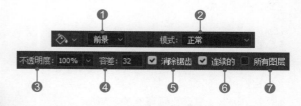

❶前景/图案：可以选择使用"油漆桶工具"填充图像的方式，如下图所示。

❷模式：可以选择填充颜色或图案的模式，如下图所示。

❸不透明度：用来定义填充的不透明度。

❹容差：决定了填充区域的范围。数值越大，所填充的区域就越广，而且填充图像的边缘越光滑，如下图所示。

❺消除锯齿：勾选该复选框后，可令填充图像的边缘平滑。

❻连续的：勾选该复选框后，仅填充与所单击像素邻近的像素，否则会填充图像中的所有相似像素，如下图所示。

❼所有图层：勾选该复选框后，使用可见图层中的合并颜色数据填充像素。

> **知识>>"油漆桶工具"的作用范围**
>
> "油漆桶工具"所填充的区域是与单击像素相似的相邻像素。要填充特定的区域，则必须先用选区工具选出需填充的区域。

> **技巧>>用工具箱中的前景色填充**
>
> 利用"油漆桶工具"对图像进行填充时，还可以直接通过工具箱中的前景色选取所需要填充的颜色，而不必使用"色板"面板。
>
> 单击工具箱中的"设置前景色"图标，会打开"拾色器（前景色）"对话框，在此对话框中选择要填充的颜色，单击"确定"按钮。使用"油漆桶工具"在图像上单击，即可用设置的颜色填充图像。

7.5.2 用图案填充

用图案对图像进行填充同样是使用"油漆桶工具"。在"油漆桶工具"选项栏中可以选择对图像进行前景色填充或图案填充。使用图案对图像进行填充的"模式"和"画笔工具"选项栏中的"模式"相同，可以先设置"模式"，再进行填充；也可以对"不透明度"以及"容差"进行设置，控制图案填充效果。

使用图案对图像进行填充，首先应单击"油漆桶工具"按钮，在选项栏的"设置填充区域的源"下拉列表中选择"图案"选项，如下左图所示。单击"图案"拾色器 右边的下三角按钮，打开"图案"拾色器，选择填充的图案类型，如下右图所示。

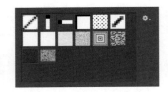

选定所需要的图案之后，打开需要填充的图像，如下左图所示。使用"油漆桶工具"在图像中所要填充的区域单击，效果如下右图所示。

> **知识>>"油漆桶工具"填充与快捷键填充的区别**
>
> 创建选区后使用"油漆桶工具"在图像上单击，会将所单击范围内的区域填充为所设置的颜色，而利用快捷键填充，则会将创建的选区整个填充上所设置的颜色。
>
> 如果不创建选区，直接使用"油漆桶工具"在图像中单击，将会出现别的图像效果，将"容差"设置为10，鼠标单击的区域将会被前景色所取代，其余部分图像不变，而按快捷键Alt+Delete，则会将整个图像都填充上颜色。

7.5.3 填充渐变

在 Photoshop 中常常要使用"渐变工具"对图像进行填充，所填充的图像由多种颜色的过渡色组成。"渐变工具"提供了丰富多样的颜色，在填充渐变时，可以直接使用预设的渐变，也可以根据需要对渐变颜色进行设置。另外，还可以创建新的渐变并将其存储，以便再次使用。应用"渐变工具"填充图像时，填充的图像会受"渐变工具"选项栏中渐变方向、角度的影响，从不同的方向、角度拖曳，得到的填充效果也不同。

单击工具箱中的"渐变工具"按钮，在显示的"渐变工具"选项栏中可以设置各项参数，如下图所示。

❶渐变编辑器：单击色标将打开"渐变编辑器"对话框，在对话框中可对渐变颜色进行设置，如下图所示。

▶预设：显示系统预设的多种渐变颜色。单击"预设"选项组右上角的扩展按钮，在弹出的菜单中不仅可以选择渐变预设的显示方式，还可以载入系统自带的渐变颜色等。

▶渐变色块：使用鼠标单击任意一个渐变色块，即可创建新的渐变颜色。

▶名称：用于输入渐变的名称。

▶"新建"按钮：单击该按钮，可以将当前所设置的渐变存储，并且可以反复使用。

▶渐变类型：设置颜色与不透明度混合后的效果，有"实底"和"杂色"两种，如下图所示。

▶平滑度：设置所选择色标的平滑度，使用鼠标拖动滑块即可设置其数值。

▶渐变色条：在预览栏中单击，可以添加新的色标或者添加透明色标，也可以将多余的色标删除，如下图所示。

▶颜色色块：单击该色块，会打开"拾色器（色标颜色）"对话框，在对话框中可以自由选取所需要的颜色，还可以通过输入颜色的数值精确设置颜色。

▶"删除"按钮：单击该按钮，可以将所选择的色标删除。

❷渐变类型：在"渐变工具"选项栏中单击渐变类型按钮，可以选择合适的渐变类型。这里有 5 种渐变类型供用户选择，分别为"线性渐变"按钮、"菱形渐变"按钮、"角度渐变"按钮、"对称渐变"按钮、"径向渐变"按钮。"线性渐变"是使用鼠标由起点向终点拖曳，其他渐变则是将鼠标从图像的中心向四周拖曳，效果如下图所示。

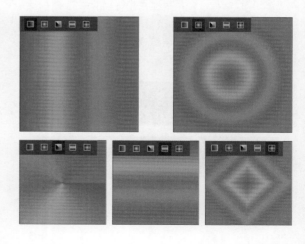

应用一>>指定渐变透明度

要调整渐变的不透明度，可在"渐变编辑器"对话框中，单击渐变条中需要调整不透明度的区域上方的不透明度色标。若没有不透明度色标，单击即可出现。当色标下方的三角形变成黑色时，表示正在编辑渐变的不透明度。在"渐变编辑器"对话框中，在"色标"选项组的"不透明度"数值框中输入数值，或者拖动"不透明度"滑块，都可对渐变的不透明度进行设置，如下图所示。

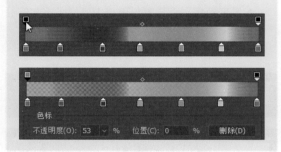

应用二>>载入预设的颜色

打开"渐变编辑器"对话框后，单击"预设"选项组右上角的扩展按钮，在弹出的菜单中选择所要载入的渐变后，会打开提示对话框。单击对话框中的"确定"按钮，就可将默认的渐变类型替换为新选择的渐变类型；单击"追加"按钮，就可将选择的渐变追加到默认类型的后面。

应用三>>添加色标

在"渐变编辑器"对话框中，添加色标是指在预览栏中间添加多个渐变颜色。打开"渐变编辑器"对话框，使用鼠标在预览栏的底部单击，即可添加新的色标，如下图所示。双击颜色色标，可以打开"拾色器（色标颜色）"对话框，在对话框中可对所添加的色标颜色进行设置。

7.5.4 添加颜色调整图层

添加颜色调整图层可以对图像颜色和色调进行调整，而不会更改图像中的像素。它对颜色或色调的更改位于调整图层内，该图层像一层透明膜一样，下层图像可以透过它显示出来。

要添加颜色调整图层，可单击"图层"面板中的"创建新的填充或调整图层"按钮，如下左图所示。在弹出的列表中可选择所要对图像进行调整的选项，如下右图所示。

选择"色相/饱和度"命令，如下左图所示。打开"属性"面板，在面板中可对调整选项做精细设置，如下右图所示。

应用>>调整图层的使用和修改

调整图层可以对图像颜色和色调进行调整，每个调整图层都带有一个图层蒙版，可以利用"画笔工具"对其进行编辑或修改，其操作方式和通道相似，只有黑或白两种颜色。黑色的地方可以看成是透明的，它不对下面的图像产生调整效果；而白色的地方反映的是对图像所做的调整。

在 Photoshop 中要打开"属性"面板，除了执行命令以外，也可以通过单击"调整"面板中的按钮来打开。执行"窗口 > 调整"菜单命令，打开"调整"面板，在其中可直接单击所需要的按钮为图像创建调整图层，即可打开"属性"面板，如右图所示。

7.6 图案的创建和管理

图案的创建和管理包括把图像定义为图案、管理图案和预设等。在 Photoshop 中可以创建新图案并将它们存储在图案库中，并通过"预设管理器"对话框来管理图案预设，以便不同的工具和命令调用。

7.6.1 将图像定义为图案

将图像定义为图案就是将所要定义为图案的图像通过菜单命令存储在图案库中，这样可以方便不同的工具和命令使用该图案。

将图像定义为图案时，首先使用选区工具选取出需要定义为图案的图像，然后执行"编辑 > 定义图案"菜单命令，如下左图所示。打开"图案名称"对话框，在对话框中设置名称后，单击"确定"按钮，如下右图所示。

定义后的图案将会出现在"图案"拾色器中。单击定义的图案，使用"油漆桶工具"在需要填充的图像中单击，即可填充连续的图案，如下图所示。

将图像定义为图案前，必须先使用选区工具选取出所要定义为图案的图像，并且必须将羽化设置为 0。如果要定义为图案的图像为大图像，那么软件的运行会更慢，存储起来也更耗时间。

如果正在使用某个图像中的图案，并要将它应用于另一个图像中，则 Photoshop 将会自动转换为被应用的另一个图像的模式。

7.6.2 管理图案和预设

管理图案和预设包括新建图案、对图案进行载入、将一组图案存储到图案库中、返回默认图案库、删除和重命名图案等。管理图案和预设中的命令与 7.3.1 节中的类似。

在"油漆桶工具"选项栏中单击"图案"拾色器右侧的下三角按钮，打开"图案"拾色器，单击其右上方的扩展按钮，在弹出的菜单中有多项命令，可以对图案进行精确设置，如下图所示。

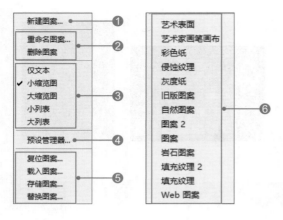

❻预设图案的种类：显示了 Photoshop 中提供的预设图案的种类，如下图所示。

 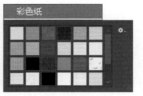

❶新建图案：用于创建新的图案预设。

❷重命名 / 删除图案：重命名或者删除图案。若要重命名图案，则单击"重命名图案"命令，在打开的"图案名称"对话框中为图案输入新名称并单击"确定"按钮。若要删除图案，则选中需删除的图案，单击"删除图案"命令，即可删除选中图案。

❸预设图案的显示方式：用于选择图案在"图案形态面板"中的显示形式，默认设置为"小缩览图"。

❹预设管理器：单击此命令，会打开"预设管理器"对话框，如下图所示。在"预设管理器"对话框中，可以载入新的图案，也可以对选中图案重新进行命名等。

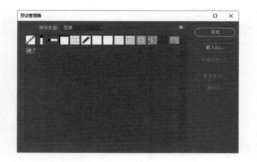

❺复位、载入、存储和替换图案：单击"复位图案""载入图案""存储图案"或"替换图案"命令，会打开相应对话框，在对话框中可对各项命令进行操作，如下图所示。

应用>>重定义图案预设

如果使用的是未定义的图案，或者通过"复位图案"或"替换图案"删除了正在使用的预设，则可以从"图案"拾取器的弹出菜单中选择"新建图案"命令以重定义图案。

技巧>>删除图案的其他方法

在"图案"拾取器中所要删除的图案上单击鼠标右键，在弹出的快捷菜单中选择"删除图案"命令，如下左图所示，即可删除图案。另外，还可以按住 Alt 键，将鼠标放在图案上，当鼠标指针变成剪刀状时，单击鼠标即可删除图案，如下右图所示。

实例演练：
绘制水粉画作品

 原始文件：随书资源 \ 素材 \07\01.jpg
最终文件：随书资源 \ 源文件 \07\ 绘制水粉画作品 .psd

解析：在 Photoshop 中有很多工具和命令都可以把普通照片处理成艺术画效果。本实例将选用"历史记录艺术画笔工具"来绘制水粉画效果的作品。使用"历史记录艺术画笔工具"可以表现笔触的质感，再利用选项栏中不同的笔触效果就可以制作非常漂亮的绘画效果。在使用"历史记录艺术画笔工具"绘制图像时，要注意设置画笔的大小和效果选项，不同的画笔大小和效果选项作用于图像，效果会有很大的不同。

1 执行"文件 > 打开"菜单命令，打开素材文件 01.jpg，如下图所示。

2 执行"窗口 > 历史记录"菜单命令，打开"历史记录"面板，单击下方的"创建新快照"按钮 📷，为图层新建一个快照，以便在处理过程中能够快速返回原状态，如下图所示。

3 在工具箱中选择"历史记录艺术画笔工具"，在"历史记录艺术画笔工具"选项栏中打开"画笔预设"选取器，设置画笔"大小"为16像素，"硬度"为100%；继续在选项栏中设置"不透明度"为50%，样式为"绷紧短"，"区域"为10像素，完成后在图像上涂抹，如下图所示。

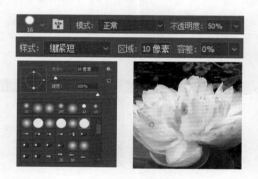

4 使用设置好的画笔继续在图像中涂抹，绘制画笔特效，在整个图像中应用此特效工具，效果如下图所示。

5 在工具箱中单击"历史记录画笔工具"按钮 ✎，在选项栏中设置工具的各项参数，完成后在荷花某些花瓣边缘位置涂抹，清除一些画笔绘制的特效，将图像还原，增加图像的真实性，效果如下图所示。

6 按下快捷键Ctrl+J，复制"背景"图层，生成"图层1"；在工具箱中选择"模糊工具"，在选项栏中设置工具的参数，接着在荷花图像的下半部分涂抹，虚化下方的荷叶，如下图所示。

7 新建"图层2"图层，如下左图所示。在工具箱中选择"画笔工具"，打开"画笔预设"选取器，单击面板右侧的扩展按钮 ⚙，在弹出的菜单中选择"自然画笔2"命令。在弹出的对话框中单击"确定"按钮，将自然画笔2的笔触载入面板内，选择"粉笔-亮"画笔，并调整画笔大小，如下右图所示。

9 选择"图层2"，执行"滤镜＞模糊＞高斯模糊"菜单命令，在弹出的对话框中设置模糊"半径"为15像素，对白色部分进行模糊处理，完成本实例的制作，如下图所示。

8 继续在选项栏中设置画笔的"不透明度"与"填充"，完成后在画面下方单击，绘制白色笔触效果，在画面上方边缘也进行单击绘制，完成绘制后更改"图层2"的"不透明度"为80%，如下图所示。

实例演练：
为人物添加精致妆容

原始文件：随书资源＼素材＼07＼02.jpg
最终文件：随书资源＼源文件＼07＼为人物添加精致妆容 .psd

解析：使用 Photoshop 处理照片时，常常要为人物添加精致的妆容，使人物显得更精神，这时需要用到"画笔工具"。本实例的重点就是使用"画笔工具"为人物进行妆面的美化，运用工具对人物的眼睛上妆，对嘴唇等不同区域进行涂抹，使图像中的人物显得更加甜美。

1 执行"文件＞打开"菜单命令，打开素材文件 02.jpg，在"图层"面板中双击"背景"图层缩览图，将图层转换为"图层0"，如下图所示。

2 在工具箱中选择"画笔工具"，在"画笔预设"选取器中选择"柔边圆"画笔，并设置画笔大小，完成后在选项栏中设置画笔的"不透明度"与"填充"；设置好后在工具箱中单击"设置前景色"图标，打开"拾色器（前景色）"对话框，在对话框中设置前景色为 R255、G245、B239，如下图所示。

3 在"图层"面板中新建"图层1"，更改图层混合模式为"滤色"，"不透明度"为20%，使用"画笔工具"在肤色较暗和不均匀的地方涂抹，提亮肤色，使皮肤亮度更加均匀，如下图所示。

4 为"图层1"添加图层蒙版，选择"画笔工具"，设置前景色为黑色，运用画笔在人物眼角、头发边缘等处涂抹，隐藏肤色的作用范围，如下图所示。

5 按下快捷键Shift+Ctrl+Alt+E，盖印可见图层，生成"图层2"图层。在工具箱中单击"修补工具"按钮，在脸上痣的位置勾画，建立选区，按住鼠标左键，拖动到干净皮肤位置后释放鼠标，修复面部瑕疵，如下图所示。

6 继续使用"修补工具"在脸上瑕疵位置勾画，建立选区，拖动至干净皮肤处进行修补，对脸上的痘痘、发丝等进行清理。修复瑕疵后，单击"仿制图章工具"按钮，在选项栏中设置参数，然后在人物鼻翼、嘴角等位置按住Alt键取样，松开后将鼻翼的阴影减淡、嘴角的汗毛进行修复，如下图所示。

7 修复完成后，选择"历史记录画笔工具"，在人物嘴唇上涂抹，修复被影响的嘴角等位置，如下图所示。

8 新建"图层3"图层，选择"画笔工具"，设置前景色为白色，在人物牙齿位置涂抹，完成后更改图层混合模式为"柔光"，如下图所示。

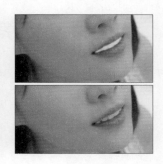

9 新建"图层4"图层，在工具箱中单击"设置前景色"图标，打开"拾色器（前景色）"对话框，设置颜色为R238、G136、B154，单击"确定"按钮，如下左图所示。使用"画笔工具"在人物嘴唇位置涂抹，涂抹完成后更改图层混合模式为"颜色"，"不透明度"为70%，效果如下右图所示。

10 继续新建图层，单击"设置前景色"图标，打开"拾色器（前景色）"对话框，设置颜色为R132、G159、B167，单击"确定"按钮；使用"画笔工具"在人物眼影位置涂抹，完成后更改图层混合模式为"柔光"，"不透明度"为50%，效果如下图所示。

12 复制"图层6"，生成"图层6拷贝"图层；选择"减淡工具"，在选项栏中设置各项参数，在人物鼻梁、脸颊、颧骨、下巴等位置涂抹，提亮这些部位，加强脸部的立体感，如下图所示。

11 盖印可见图层，生成"图层6"图层；选择"加深工具"，在选项栏中设置各项参数，然后在人物眼角和眼角上方涂抹，加深阴影效果，如下图所示。

实例演练：
为婚纱添加图案

原始文件：随书资源＼素材＼07＼03～05.jpg
最终文件：随书资源＼源文件＼07＼为婚纱添加图案.psd

解析：在Photoshop中经常会通过自定义图案的方式来为图像进行图案的填充操作。本实例将介绍怎样使用自定义图案来为婚纱添加图案和制作背景，同时会介绍如何使用"画笔工具"在画面中绘制花朵等元素。

1 执行"文件＞打开"菜单命令，打开素材文件03.jpg，如下左图所示。执行"图像＞画布大小"菜单命令，在打开的"画布大小"对话框中按下右图所示设置参数。

2 完成设置后单击"确定"按钮，扩展画布效果；在工具箱中选择"快速选择工具"，沿着婚纱图像单击，绘制选区，如下图所示。

3 执行"选择＞选择并遮住"菜单命令，在打开的"选择并遮住"工作区中按下左图所示设置参数。设置后单击"确定"按钮，调整选区，按

下快捷键 Ctrl+J，复制婚纱图像，生成"图层 1"图层，如下右图所示。

4 选择"背景"图层，对其填充白色，打开素材文件 04.jpg，如下图所示。

5 使用"矩形选框工具"在玫瑰上建立矩形选区，执行"编辑 > 定义图案"菜单命令，在弹出的对话框中设置图案的名称，设置后单击"确定"按钮，定义图案，如下图所示。

6 继续打开素材文件 05.jpg，在图像上使用"矩形选框工具"创建矩形选区；执行"编辑 > 定义图案"菜单命令，在弹出的对话框中设置图案的名称，设置后单击"确定"按钮，定义图案，如下图所示。

7 在"图层"面板中选择"图层 1"，单击"添加图层样式"按钮 fx，在弹出的列表中选择"图案叠加"命令，打开"图层样式"对话框；在对话框中选择自定义的"玫瑰"图案，并设置参数，如下图所示。

8 调整过程中，使用"移动工具"拖动"玫瑰"图案，使其位于合适位置，完成后选择"背景"图层，如下图所示。

9 双击"背景"图层，将其转换为普通图层，如下左图所示。双击图层，打开"图层样式"对话框，在对话框中单击"图案叠加"样式，选择自定义的"背景"图案，按下右图所示进行参数设置。

10 完成后单击"图层样式"对话框中的"确定"按钮，应用图案叠加效果，为图像叠加新的背景图案，如下图所示。

11 双击"图层 1"缩览图，打开"图层样式"对话框，在对话框中选择"投影"样式，并设置参数，为婚纱添加投影效果，如下图所示。

12 新建"图层 2"图层，单击"画笔工具"按钮，选择"柔边圆"画笔，设置前景色为黑色，在画面四周涂抹，如下左图所示。执行"滤镜 > 模糊 > 高斯模糊"菜单命令，打开"高斯模糊"对话框，在对话框中设置选项，如下右图所示。

13 设置完成后单击"确定"按钮，模糊图像，新建"图层 3"图层，如下图所示。

14 选择"画笔工具"，在选项栏中单击"画笔预设"选取器右上角的扩展按钮，在弹出的菜单中选择"特殊效果画笔"命令，将其载入到"画笔预设"选取器中，选择"杜鹃花串"画笔，如下图所示。

15 单击选项栏中的"切换画笔面板"按钮，打开"画笔"面板，选择"画笔笔尖形态"和"散布"选项，并设置参数，调整画笔形态，如下图所示。

16 单击工具箱中的"设置前景色"图标，打开"拾色器（前景色）"对话框，设置前景色为 R252、G249、B175，设置后单击"确定"按钮；在画面中从上至下沿着裙子绘制一条曲线，如下图所示。

17 单击"添加图层蒙版"按钮，为该图层添加图层蒙版，使用黑色画笔擦除婚纱上多余的花朵图案；单击"添加图层样式"按钮，选择"投影"命令，打开"图层样式"对话框，设置参数，为花朵添加投影效果，如下图所示。

18 新建"图层 4"，设置前景色为 R255、G172、B13，按下快捷键 Alt+Delete，用设置的前景色填充图层；选中"图层 4"，将此图层的图层混合模式更改为"柔光"，设置"填充"为 30%，使画面整体色调偏暖色，如下图所示。

读书笔记

第8章
路径

路径是使用曲线所构成的一段闭合或开放的线段。Photoshop 拥有强大的矢量绘图能力，提供了大量绘制路径和矢量图形的工具，如矩形工具、椭圆工具、钢笔工具等。应用这些路径绘制工具可以绘制出多种形状的图形，并且可以应用编辑路径的工具对绘制的路径进行编辑，从而创建更为丰富的图形效果。

8.1 绘制模式

使用形状工具或"钢笔工具"绘制路径时，可以使用 3 种不同的模式进行绘制，包括"形状""路径"和"像素"。选定工具后，可以通过选项栏中的选项来选取一种模式，如下图所示。

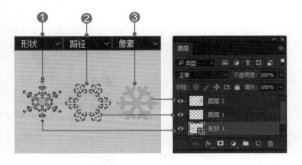

❶ "形状"模式：在单独的图层中创建形状。可以使用形状工具或"钢笔工具"来创建形状图层。因为可以方便地移动、对齐、分布形状图层以及调整大小，所以形状图层非常适用于创建图形。用户还可以在一个图层上绘制多个形状。形状图层包含定义形状颜色的填充图层以及定义形状轮廓的链接矢量蒙版。形状轮廓是路径，出现在"路径"面板中。

❷ "路径"模式：在当前图层中绘制一个工作路径，然后可使用它来创建选区、矢量蒙版等，或者通过颜色填充和描边来创建栅格图像。

❸ "像素"模式：直接在图层上绘制，与绘画工具的功能十分相似。在此模式下，只能使用形状工具，且创建的是栅格图像，而不是矢量图形，可以像处理任何栅格图像一样来处理绘制的形状。

> **应用>>绘制形状和路径**
>
> 在 Photoshop 中可以使用任何形状工具、"钢笔工具"或"自由钢笔工具"进行绘制，在绘图之前，必须从选项栏中选取绘图模式，所绘制的形状和路径如下。
>
> ◆ **矢量形状**：使用形状工具或"钢笔工具"绘制的直线和曲线。矢量形状与分辨率无关，因此在调整大小、打印、存储或导出时，会保持清晰的边缘。另外，还可以创建自定形状库和编辑形状的路径和属性。
>
> ◆ **路径**：可以转换为选区或者使用颜色填充和描边的轮廓。形状的轮廓是路径，通过编辑路径的锚点，可以改变路径的形状。
>
> ◆ **工作路径**：出现在"路径"面板中的临时路径，用于定义形状的轮廓。

8.2 绘制和编辑形状

在 Photoshop 中绘制和编辑形状包括在形状图层上创建形状、在一个图层上创建多个形状、绘制自定义形状、创建新的自定义形状、创建栅格化形状和编辑形状等。

8.2.1 在形状图层上创建形状

形状图层包括位图、矢量图两种元素，使用 Photoshop 在形状图层上绘制时，可以以某种矢量形式保存图像。

在工具箱中选择形状工具或"钢笔工具"，在选项栏中选择"形状"模式，在图像中绘制，如下左图所示；即可在形状图层上创建形状，如下右图所示。

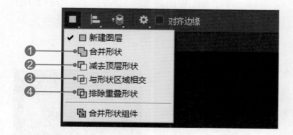

应用>>选取形状的颜色

要选取形状的颜色，可单击工具箱中的"设置前景色"图标，在打开的"拾色器（前景色）"对话框中选取所需的颜色。

8.2.2 在一个图层上创建多个形状

使用 Photoshop 可以在图层中绘制单独的形状，还可以通过使用"路径操作"按钮中的"合并形状""减去顶层形状""与形状区域相交"或"排除重叠形状"等选项来修改图层中的当前形状。

在工具箱中选择形状工具、"钢笔工具"或者"路径选择工具"，在选项栏中单击"路径操作"按钮，在弹出的列表中可选择不同的路径组合方式，如下图所示。

❶ **合并形状**：将新的区域添加到现有形状或路径中，如下左图所示。

❷ **减去顶层形状**：将重叠区域从现有形状或路径中移去，如下右图所示。

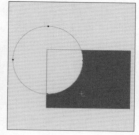

❸ **与形状区域相交**：将区域限制为新区域与现有形状或路径的交叉区域，如下左图所示。

❹ **排除重叠形状**：从新区域和现有区域的合并区域中排除重叠区域，如下右图所示。

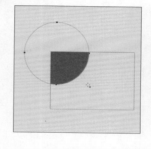

应用>>移动路径

要移动路径，可单击工具箱中的"路径选择工具"按钮，在路径上单击，可以选择或移动整个路径，如下图所示。

按住 Shift 键不放，可选择多条路径；按住 Alt 键并拖曳路径，可复制当前路径，如下图所示。

8.2.3 绘制自定形状

"自定形状工具"用于绘制各种不规则形状。在其选项栏中单击"形状"右侧的下三角按钮，可打开"形状"拾色器，其中提供了多种形状，用户可以根据需要选择不同的形状进行绘制。

单击工具箱中的"自定形状工具"按钮 ，在选项栏中单击"几何体形状"按钮 ，即可打开"几何体形状"面板，如下图所示。

❶ "不受约束"单选按钮：选中后可以无约束地绘制形状，如下图所示。

❷ "定义的比例"单选按钮：选中后可以约束自定义形状的宽度和高度。在图像上单击，即可在弹出的"创建自定形状"对话框中设置相关参数，单击"确定"按钮之后，即可绘制出一定比例的形状，如下图所示。

❸ "定义的大小"单选按钮：选中后可以智能地绘制系统默认大小的自定义形状。

❹ "固定大小"单选按钮：选中后可以在其右侧的数值框中自定义形状的宽度和高度。

在工具箱中选择"自定形状工具"，在选项栏中单击"形状"右侧的下三角按钮，在弹出的"形状"拾色器中选择一种形状，如下左图所示。在图像中拖曳，绘制形状，如下右图所示。

❺ "从中心"复选框：勾选该复选框后，在绘制形状时，将从鼠标单击位置自动绘制形状。

应用>>选取其他类别的形状

如果在"形状"拾色器中找不到所需形状，则单击拾色器右上角的扩展按钮，在弹出的菜单中选取其他类别的形状，如下左图所示。选取后会弹出对话框，询问是否替换当前形状，单击"确定"按钮，仅显示新类别中的形状；单击"追加"按钮，可将新类别中的形状添加到已显示的形状列表中，如下右图所示。

8.2.4 创建新的自定形状

在 Photoshop 中可以根据需要创建自定形状，以便再次使用。

要创建自定形状，首先在图像中使用"路径选择工具"选取出所要创建为自定形状的图像，如下左图所示；再在"路径"面板中选择所创建的自定形状的路径，如下右图所示。

执行"编辑>定义自定形状"菜单命令，在打开的"形状名称"对话框中输入自定形状的名称，如下图所示。

在工具箱中单击"自定形状工具"按钮，在选项栏中单击"形状"右侧的下三角按钮，在弹出的形状列表的最下端就会显示刚创建的自定形状，如下左图所示。选择所创建的自定形状，在新画面中拖曳，即可绘制自定形状路径，如下右图所示。

技巧>>创建新的自定形状的其他方法

在"路径"面板中选择所要创建的自定形状路径后，在工具箱中选择形状工具或"钢笔工具"，在图像的路径区域单击鼠标右键，在弹出的快捷菜单中选择"定义自定形状"命令；打开"形状名称"对话框，在对话框中设置形状名，单击"确定"按钮，同样可创建新的自定形状，如下图所示。

8.2.5 创建栅格化形状

使用 Photoshop 创建栅格化形状时，将会删除路径轮廓并用前景色进行填充。不能像处理矢量对象那样来编辑栅格化形状，因为栅格化形状是使用当前的前景色创建的。

在工具箱中选择一个形状工具，在图像中绘制图形，绘制后在"图层"面板中会创建形状图层，如下左图所示。右击该图层，在弹出的快捷菜单中选择"栅格化图层"命令，即可栅格化形状，如下右图所示。

应用>>设置栅格化形状

在图像中创建栅格化形状前，可以在选项栏中对所要创建的栅格化形状进行设置。

◆模式：控制形状如何影响图像中的现有像素。

◆不透明度：决定形状遮蔽或显示其下层像素的程度。

◆消除锯齿：平滑地混合边缘像素和周围像素。

8.2.6 编辑形状

形状是链接到矢量蒙版的填充图层。通过编辑形状的填充图层，可以很容易地将填充更改为其他颜色、渐变或图案，也可以编辑形状的矢量蒙版，以修改形状轮廓，并对图层应用样式。

1. 更改形状颜色

双击"图层"面板中形状图层的缩览图，打开"拾色器（纯色）"对话框，在对话框中可以设置形状颜色，单击"确定"按钮，即可更改形状颜色，如下图所示。

2．使用渐变或图案来填充形状

在"图层"面板中选中形状图层，并选择相应的形状工具，在选项栏中单击"填充"右侧的色块，在弹出的面板中单击"渐变"按钮，即可在列表下方设置渐变颜色，并应用设置的渐变颜色填充形状，如下图所示。

单击面板中的"图案"按钮，则可在下方的"图案"拾色器中选择图案来填充形状，如下图所示。

3．修改形状轮廓

单击"图层"面板中形状图层的矢量蒙版缩览图，在工具箱中单击"直接选择工具"按钮，显示路径及路径上的锚点，单击并拖曳路径锚点，即可利用鼠标更改形状轮廓，如下图所示。

4．移动形状而不更改其大小

单击工具箱中的"路径选择工具"按钮，在图像中单击，选择所需移动的形状，再拖曳鼠标即可移动形状位置，如下图所示。

应用>>使用渐变或图案填充形状的其他方法

在"图层"面板中选择形状图层，单击鼠标右键，在弹出的快捷菜单中选择"混合选项"命令，如下图所示；或直接双击形状图层。

| 混合选项... | 紫色 |
| 编辑调整... | 灰色 |

打开"图层样式"对话框，在对话框中可单击"渐变叠加"和"图案叠加"样式，为绘制的形状叠加渐变和图案效果，如下图所示。

8.3 绘制路径

在 Photoshop 中，通常使用"钢笔工具" 和"自由钢笔工具" 来绘制路径。使用这两个工具还可以对图像中比较复杂的区域进行精确选取。

8.3.1 应用"钢笔工具"

使用"钢笔工具"可以在图像中绘制各种简单的线条和图形，也可以创建各种复杂的图案、选区等。

单击工具箱中的"钢笔工具"按钮 ，在"钢笔工具"选项栏中可以通过各项参数来对"钢笔工具"进行精确设置，如下图所示。

❶"自动添加/删除"复选框：勾选该复选框后，将鼠标移到绘制的路径上，当鼠标指针变成 时，单击可添加锚点；当鼠标指针变成 时，单击可删除锚点。

❷"橡皮带"复选框：勾选该复选框后，在图像中绘制路径时可以预览路径。

1. 用"钢笔工具"绘制直线段

选择"钢笔工具"，将鼠标移动到图像窗口中，当鼠标指针变为 时，单击确定第一个锚点，如下左图所示。在图像的不同位置多次单击，以绘制直线段路径，如下右图所示。

将鼠标移动到起始锚点上，当鼠标指针变为 时，如下左图所示，在起始锚点上单击鼠标，闭合路径，如下右图所示。

2. 用"钢笔工具"绘制曲线

选择"钢笔工具"，在图像中创建第一个锚点，沿着曲线延伸的方向单击并拖曳鼠标，即可创建一条曲线路径，经过连续的单击并拖曳鼠标，可以绘制任意形状的曲线路径，效果如下图所示。

> 🌸 **技巧一>>使用快捷键选择"钢笔工具"**
>
> 按键盘中的 P 键，可快速选择"钢笔工具"；按快捷键 Shift+P，可以在"钢笔工具""自由钢笔工具""添加锚点工具"等工具之间切换。

> 🖐 **应用一>>自动将工作路径存储为命名的路径**
>
> 使用"钢笔工具"绘图之前，可以在"路径"面板中创建新路径，以便自动将工作路径存储为命名的路径。

> 🖐 **应用二>>绘制直线段的注意事项**
>
> 单击第二个锚点之前，绘制的第一段将不可见。如果显示方向线，则表示意外拖曳了"钢笔工具"，需执行"编辑 > 还原"菜单命令，并再次单击。
>
> 按住 Shift 键单击，会将线段的角度限制为 45° 的倍数。
>
> 最后添加的锚点总是显示为实心方形，表示为已选中状态。当添加更多的锚点时，之前定义的锚点会变为空心方形并取消选中。

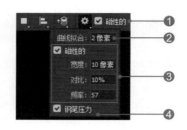

应用三>>绘制曲线段的注意事项

方向线的长度和斜率决定了曲线段的形状。可以调整方向线的一端或两端来改变曲线的形状。按住 Ctrl 键朝相反方向拖曳方向点，可以创建平滑的曲线；向同一方向拖曳方向点，可以创建 S 形曲线。

技巧二>>完成路径绘制

◆闭合路径：将"钢笔工具"定位在第一个锚点上，鼠标指针呈 状时，单击或拖曳可闭合路径。

◆保持路径开放：按住 Ctrl 键单击远离所有对象的任何位置，或执行"选择 > 取消选择"菜单命令，可保持路径为开放状态。

8.3.2 应用"自由钢笔工具"

"自由钢笔工具"可用于随意绘图，就像用铅笔在纸上绘图一样。使用它绘图时将自动添加锚点，无须确定锚点的位置，完成路径后可进一步对其进行调整。

按住工具箱中的"钢笔工具"按钮 ，在打开的隐藏工具中可选择"自由钢笔工具" ，在选项栏中可以通过各项参数来对"自由钢笔工具"进行精确设置，如下图所示。

❶"磁性的"复选框：勾选该复选框，可以打开磁性钢笔的默认设置。

❷"曲线拟合"数值框：在此数值框中输入的数值越大，创建的路径锚点越少，路径越简单。

❸"磁性的"选项组：在该选项组中可以设置"宽度""对比"和"频率"等选项。

❹"钢笔压力"复选框：勾选后可根据钢笔压力进行路径的创建。

应用>>利用磁性钢笔工具绘图

在"自由钢笔工具"选项栏中勾选"磁性的"复选框，即可使用磁性钢笔工具 绘图。

在图像中单击，设置第一个路径锚点，移动鼠标或沿着图像的边缘拖曳，即可手绘路径段，如下图所示。

8.4 路径的编辑

"路径"面板中显示并存储了在图像中绘制的每条路径、当前工作路径和当前矢量蒙版的名称和缩览图等，用户可以通过单击"路径"面板中的按钮来编辑路径，也可以使用"路径选择工具""直接选择工具""添加锚点工具""删除锚点工具"和"转换点工具"来编辑路径。

8.4.1 路径的选择

选择路径或路径段将显示选中路径上的所有锚点，包括全部的方向线和方向点，方向点显示为实心圆，选中的锚点显示为实心方形，而未选中的锚点显示为空心方形。

在工具箱中单击"路径选择工具"按钮 ，在路径上单击或拖曳鼠标，可以选择或移动整

个路径，如下左图所示。按住 Shift 键不放，可选择多条路径，如下右图所示。

 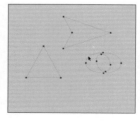

8.4.2 调整路径段

在 Photoshop 中可以随时编辑路径段，但是编辑现有路径段与绘制路径段之间存在些许差异。下面分别对多种路径段的调整进行具体介绍。

1. 调整直线段的长度或角度

单击工具箱中的"直接选择工具"按钮，在要调整的线段上选择一个锚点，如下左图所示。将锚点移动到所需位置，释放鼠标即可完成调整，如下右图所示。

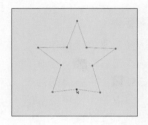 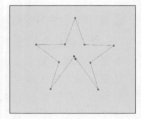

2. 调整曲线段的位置或形状

单击工具箱中的"直接选择工具"按钮，按住曲线段或曲线段任意一个端点上的一个锚点，如下左图所示。拖曳此曲线段，即可调整曲线段的位置或形状，如下右图所示。

要调整所选锚点任意一侧线段的形状，可单击并拖曳此锚点，如下左图所示；或单击并拖曳方向点，如下右图所示。

3. 连接两条开放路径

要将一条路径连接到另一条开放路径上，可单击工具箱中的"钢笔工具"按钮，将"钢笔工具"精确地放在另一个路径的端点上，当鼠标指针呈状时，单击即可连接两条开放路径，如下图所示。

应用一>>移动直线段

单击工具箱中的"直接选择工具"按钮，拖曳要移动的直线段到新的位置，即可移动直线段，如下图所示。

应用二>>删除线段

单击工具箱中的"直接选择工具"按钮，选择要删除的线段，按 Delete 键即可删除所选线段，再次按 Delete 键可删除路径的其余部分。

应用三>>扩展开放路径

单击"钢笔工具"按钮，将鼠标准确定位在要扩展的开放路径的端点上，鼠标指针将发生变化，单击此端点，再执行下列操作之一。

◆创建角点：将"钢笔工具"定位到所需的新段的终点并单击，如果是扩展一个以平滑点为终点的路径，则新段将被现有方向线创建为曲线。

◆创建平滑点：将"钢笔工具"定位到所需的新曲线段的终点，然后拖曳鼠标即可创建平滑点。

8.4.3　调整路径组件

通过"路径选择工具"可以将路径组件重新放在图像中的任意位置。用户可以在一个图像中或两个图像之间复制组件，也可以将重叠组件合并为单个组件，还可以更改路径的形状或删除组件。

1．对齐和分布路径组件

要对齐和分布单个路径中的路径组件，单击"路径选择工具"按钮，选择要对齐的组件，然后从选项栏中选择一个对齐选项，如下图所示。

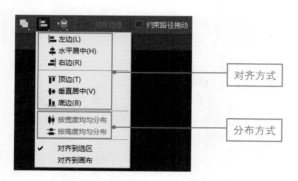

对齐方式

分布方式

下图是不同对齐方式对路径的调整效果。

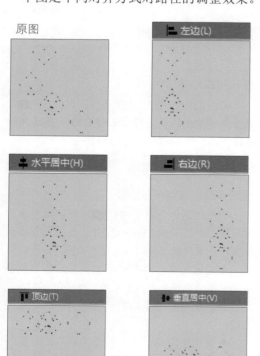

原图

左边(L)

水平居中(H)

右边(R)

顶边(T)

垂直居中(V)

2．更改路径组件的形状

在"路径"面板中选择要更改形状的路径名，单击工具箱中的"直接选择工具"按钮，选择路径中的锚点，将锚点或其手柄拖曳到新位置即可。

应用一>>显示或隐藏所选路径组件

执行"视图 > 显示 > 目标路径"菜单命令或执行"视图 > 显示额外内容"菜单命令，可显示或隐藏所选路径组件。

应用二>>合并重叠路径组件

在"路径"面板中选择重叠路径组件名，单击工具箱中的"路径选择工具"，在选项栏中单击"路径操作"按钮，在弹出的列表中选择"合并形状组件"命令，即可将所有的重叠组件合并为一个组件，如下图所示。

8.4.4　锚点的添加和删除

"添加锚点工具"用于在现有路径上添加锚点，单击即可添加；"删除锚点工具"用于在现有路径上删除锚点，单击即可删除。

在图像中绘制一条路径，如下左图所示。按住工具箱中的"钢笔工具"按钮，打开隐藏工具，如下右图所示。

单击"添加锚点工具"按钮，在路径上单击，即可添加锚点，如下左图所示；单击"删除锚点工具"按钮，在路径上多余的锚点处单击，即可删除多余的锚点，如下右图所示。

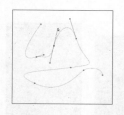 

在使用"钢笔工具"绘制路径时,勾选选项栏中的"自动添加／删除"复选框,可以直接在路径中添加或删除锚点,以避免反复选用"添加锚点工具"或"删除锚点工具",如下图所示。

8.4.5 将路径转换为选区

在图像中创建好路径后,可将路径转换为选区,也可将图像中创建好的选区转换为路径进行编辑。通过这些操作,在图像中创建选区将会更加方便。

方法 1:使用"钢笔工具"创建好路径后,

在路径上单击鼠标右键,在弹出的快捷菜单中选择"建立选区"命令,可将路径转换为选区,且不保留路径,如下左图所示。

方法 2:在"路径"面板中右击路径缩览图,在弹出的快捷菜单中选择"建立选区"命令,如下右图所示;或直接单击"路径"面板下方的"将路径作为选区载入"按钮 ,可以在保留路径的情况下,将路径转换为选区。

按住 Ctrl 键单击路径缩览图,可以在保留路径的情况下,将路径转换为选区;按 Ctrl+ Enter 键,也可以将路径转换为选区。

8.5 管理路径

在 Photoshop 中可以使用"路径"面板来管理路径。例如,在"路径"面板中创建新的路径以及存储、重命名和删除路径等,也可以使用"路径"面板中的按钮再次编辑路径。

8.5.1 "路径"面板

要了解如何进行路径的管理操作,就需要对"路径"面板有一定的了解。执行"窗口>路径"菜单命令,即可打开"路径"面板,如下图所示。

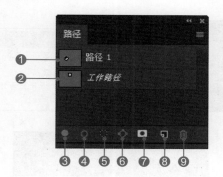

❶路径:路径缩览图。

❷工作路径:工作路径缩览图。

❸"用前景色填充路径"按钮 :单击后,将使用前景色填充闭合的区域。对于开放路径,Photoshop 将使用最短的直线将路径闭合,然后在闭合的区域内填充颜色,如下图所示。

❹"用画笔描边路径"按钮 :单击后,可用当前画笔设置为路径描绘边缘,如下图所示。

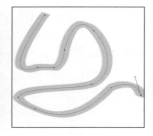

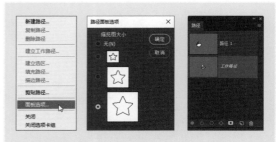

❺ "将路径作为选区载入"按钮 ：单击后，可将路径转换为选区，如下图所示。

❻ "从选区生成工作路径"按钮 ：单击后，可将当前选区转换为工作路径。

❼ "添加蒙版"按钮 ：单击后，可以在路径所在的图层上添加图层蒙版。

❽ "创建新路径"按钮 ：单击后，可以创建一个新路径。如果在"路径"面板中拖曳某个路径到"创建新路径"按钮上，将会复制该路径；拖曳工作路径到该按钮上，会将该路径转换为新建路径；拖曳矢量蒙版到该按钮上，会将蒙版的副本以新建路径的形式存储在"路径"面板中，原矢量蒙版不变。

❾ "删除当前路径"按钮 ：选择路径后单击此按钮，即可删除所选路径。

👒 应用>>"路径"面板的操作

◆选择路径：在"路径"面板中单击路径名即可，一次只能选择一条路径。

◆取消选择路径：在"路径"面板的空白区域单击或按 Esc 键。

◆更改路径缩览图的大小：单击"路径"面板右上角的扩展按钮 ，在弹出的菜单中选择"面板选项"命令，如下左图所示。

打开"路径面板选项"对话框，如下中图所示，在对话框中选择缩览图大小或选择"无"，以关闭缩览图显示。

设置后"路径"面板会发生相应的改变，如下右图所示。

◆更改路径的堆栈顺序：在"路径"面板中选择相应的路径并将其上下拖曳，当目标位置出现黑色实线时，释放鼠标即可更改路径的堆栈顺序。

8.5.2　在"路径"面板中创建新路径

创建新路径的操作可以通过"路径"面板下方的按钮来完成，也可以通过"路径"面板菜单中的命令来创建并命名新路径。

1. 创建路径

单击"路径"面板底部的"创建新路径"按钮 ，即可创建新路径，如下图所示。

2. 创建并命名路径

在"路径"面板中确保没有选择路径，单击"路径"面板右上角的扩展按钮 ，在弹出的菜单中选择"新建路径"命令，打开"新建路径"对话框，在对话框中输入路径名后单击"确定"按钮，即可新建并命名路径，如下图所示。

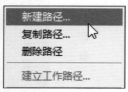

按住 Alt 键，单击"路径"面板底部的"创建新路径"按钮 □，在打开的"新建路径"对话框中输入路径名后，单击"确定"按钮，可新建并命名路径。

在绘制较复杂的图形时，应对新建的路径按绘制图形的类型进行命名，以便对路径进行查找和选择。

8.5.3 复制、重命名和删除路径

在创建路径之后，可以对创建的路径进行复制、重命名和删除等操作。下面将简单介绍如何复制、重命名和删除路径。

1. 复制路径

在"路径"面板中选中要复制的路径，将路径拖曳到"路径"面板底部的"创建新路径"按钮 □ 上，如下左图所示。释放鼠标即可复制路径，如下右图所示。

2. 重命名路径

在"路径"面板中双击要重命名路径的路径名，如下左图所示。输入新的名称，然后按 Enter 键，即可重命名路径，如下右图所示。

3. 删除路径

在"路径"面板中选中要删除的路径，将路径拖曳到"路径"面板底部的"删除当前路径"按钮 回 上，如下左图所示。释放鼠标即可删除路径，如下右图所示。

在"路径"面板中选中要复制的路径，单击"路径"面板右上角的扩展按钮 ▤，在弹出的面板菜单中选择"复制路径"命令，即可复制生成新的路径，双击此路径即可重命名路径。

在"路径"面板中选中要删除的路径，单击"路径"面板右上角的扩展按钮 ▤，在弹出的菜单中选择"删除路径"命令，即可将路径删除，如下图所示。

8.6 路径的描边和填充

在图像中创建好路径后，可以对现有路径进行描边或填充操作。通过这些操作，可以绘制出更加精致的图形效果。

8.6.1 描边路径

"描边路径"命令用于绘制路径的边框，可以沿任何路径创建绘画描边，这和"图层样式"下的"描边"效果完全不同，它并不模仿任何绘画工具的效果。

1. 使用当前描边路径设置对路径进行描边

在"路径"面板中选择需要描边的路径，单击"路径"面板底部的"用画笔描边路径"按钮，即可对路径进行描边，如下图所示。每次单击"用画笔描边路径"按钮，都会增加描边的不透明度。

2. 设置参数并对路径进行描边

在"路径"面板中选择所要进行描边的路径，单击"路径"面板右上角的扩展按钮，在弹出的面板菜单中选择"描边路径"命令，在打开的"描边路径"对话框中可以设置参数，以对路径进行描边，如下图所示。

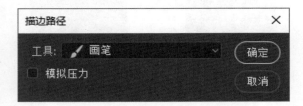

★ 技巧>>打开"描边路径"对话框的其他方式

按住 Alt 键，单击"路径"面板底部的"用画笔描边路径"按钮，可打开"描边路径"对话框。

按住 Alt 键，在"路径"面板中将需要描边的路径拖曳到面板底部的"用画笔描边路径"按钮上，可打开"描边路径"对话框。

在工具箱中单击"钢笔工具"按钮，在需要描边的路径上右击，在弹出的快捷菜单中选择"描边路径"命令，可打开"描边路径"对话框，如下图所示。

8.6.2 填充路径图形

在图像窗口中创建好路径后，可以用任意颜色填充该路径。通过填充路径的方法，可以对复杂的图像区域填充喜欢的颜色。

1. 使用当前设置填充路径

在"路径"面板中选择需要填充的路径，单击"路径"底部的"用前景色填充路径"按钮，即可对路径进行填充，填充的颜色为前景色，如下图所示。

2. 设置参数并填充路径

在"路径"面板中选择需要填充的路径，单击"路径"面板右上角的扩展按钮，在弹出的面板菜单中选择"填充路径"命令，在打开的"填充路径"对话框中可以设置参数，并对路径进行填充，如下图所示。

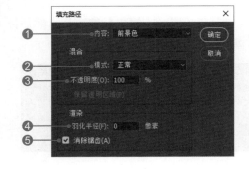

❶ "内容"下拉列表框：选取要填充的内容。在该下拉列表框中有 9 个选项，分别为"前景色""背景色""颜色""内容识别""图案""历史记录""黑色""50% 灰色"和"白色"。下图为路径的填充效果。

❷"模式"下拉列表框：选择所填充内容的模式。其中提供了"清除"模式，使用此模式可将路径部分抹除为透明部分，但必须在"背景"图层以外的图层中才能使用。

❸"不透明度"数值框：输入数值，以设置所填充颜色的不透明度，如下图所示。

❹"羽化半径"数值框：输入以像素为单位的值，定义羽化边缘在选区边框内外的伸展距离，如下图所示。

❺"消除锯齿"复选框：勾选该复选框，通过填充选区的部分边缘像素，在选区像素和周围像素之间创建精细的过渡效果。

⭐ 技巧>>打开"填充路径"对话框的其他方式

按住 Alt 键，单击"路径"面板底部的"用前景色填充路径"按钮 ⬤，可打开"填充路径"对话框。

按住 Alt 键，在"路径"面板中将所需填充的路径拖曳到面板底部的"用前景色填充路径"按钮 ⬤ 上，可打开"填充路径"对话框。

在工具箱中单击"钢笔工具"按钮 ✒️，在需要填充的路径上右击，在弹出的快捷菜单中选择"填充路径"命令，可打开"填充路径"对话框，如下图所示。

实例演练：
剪影效果的制作

原始文件：随书资源 \ 素材 \08\01、02.jpg
最终文件：随书资源 \ 源文件 \08\ 剪影效果的制作 .psd

解析：使用 Photoshop 时，常常需要制作剪影效果，剪影效果能给观者一种视觉上的吸引。本实例就来介绍如何制作剪影效果。要制作剪影效果，首先要将需要制作为剪影效果的图像存储为自定形状，以便在新图像中使用，并在画面中添加一些装饰元素，丰富画面的同时，使剪影效果更具动态感和冲击力。

1 执行"文件 > 打开"菜单命令，打开素材文件 01.jpg，如下左图所示。在工具箱中单击"钢笔工具"按钮 ✒️，沿着人物边缘勾画，建立路径，如下右图所示。

2 执行"编辑 > 定义自定形状"菜单命令，在打开的"形状名称"对话框中设置形状名称为"武术人物"，设置后单击"确定"按钮，定义形状，如下图所示。

3 按下快捷键 Ctrl+Enter，将之前创建的路径转换为选区，如下左图所示。按下快捷键 Ctrl+J，复制选区内的人物图像，生成"图层 1"图层，如下右图所示。

4 执行"文件 > 新建"菜单命令，打开"新建文档"对话框，在对话框中输入文件名称，设置文件大小为 7 厘米 ×5 厘米，分辨率为 300 像素 / 英寸，背景色为白色，单击"创建"按钮，新建文件，如下图所示。

5 单击"自定形状工具"按钮，在"形状"拾色器中选择"武术人物"形状，设置颜色为黑色，按住 Shift 键不放，在新建的文件中单击并拖曳鼠标，绘制武术人物形状，如下图所示。绘制后在"图层"面板中会生成"形状 1"图层。

6 为"形状 1"图层添加图层蒙版，单击工具箱中的"画笔工具"按钮，在选项栏中选择"柔边圆"画笔，设置画笔"大小"为 60 像素，"不透明度"为 20%，"流量"为 10%，在蒙版中涂抹出人物的反光部位，如下图所示。

7 将之前复制的人物图像拖入新建的文件中，生成"图层 1"图层；按下快捷键 Ctrl+T，打开自由变换编辑框，拖曳变形框的四周，将人物图像调整至与图像中的剪影人物大小相同，效果如下图所示。

8 单击"图层"面板下方的"添加图层蒙版"按钮，为"图层 1"添加图层蒙版，将蒙版填充为黑色，使用白色柔边圆画笔在人物轮廓处涂抹，显现一些人物细节，效果如下图所示。

9 在"图层"面板中选择"形状 1"图层，按下快捷键Ctrl+J，复制该图层，生成"形状 1 拷贝"图层；双击该图层，打开"图层样式"对话框，在对话框中单击"颜色叠加"样式，设置叠加颜色为R247、G237、B82，设置后单击"确定"按钮，返回"图层样式"对话框，再单击"确定"按钮，应用样式，如下图所示。

10 在"图层"面板中将"形状 1 拷贝"图层移动到"形状 1"图层的下方。在工具箱中单击"移动工具"按钮，将该形状图层向左、向上移动一定位置，效果如下图所示。

11 在"图层"面板中右击"形状 1 拷贝"图层，在弹出的快捷菜单中选择"栅格化图层"命令，将图层栅格化；继续选择该图层，执行"滤镜 > 模糊 > 高斯模糊"菜单命令，打开"高斯模糊"对话框，在对话框中设置"半径"为 40 像素，设置完成后单击"确定"按钮，模糊图像，将黄色的人影形状进行虚化，如下图所示。

12 在"图层"面板底部单击"创建新图层"按钮，新建空白图层，即"图层 2"图层，如下图所示。

13 单击工具箱中的"钢笔工具"按钮，在图像中沿人物边缘创建路径，如下左图所示。单击工具箱中的"画笔工具"按钮，在选项栏中选择"硬边圆"画笔，设置"大小"为 2 像素，"不透明度"为 100%，"流量"为 100%，颜色为黑色，如下右图所示。

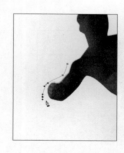

14 在"路径"面板中右击"路径 1"，在弹出的快捷菜单中选择"描边路径"命令，打开"描边路径"对话框，在对话框中选择"画笔"，勾选"模拟压力"复选框，单击"确定"按钮，对路径进行描边，如下图所示。

15 描边后，按下快捷键 Ctrl+H，隐藏路径，效果如下图所示。

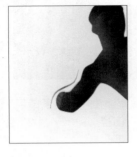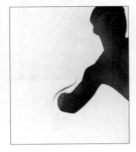

16 使用相同的方法，在图像中创建其他位置的路径，并描边路径，效果如下左图所示。完成后打开素材文件 02.jpg，如下右图所示。

17 拖动 02.jpg 文件到当前 PSD 文件中，将其放在"背景"图层上方，成为画面的背景，如下图所示。

18 继续在"图层"面板中新建"图层 4"，单击"钢笔工具"按钮 🖉，沿着人物的动势绘制两处闭合路径，如下图所示。

19 按下快捷键 Ctrl+Enter，将闭合路径转换为选区，对选区填充白色，如下图所示。

20 选择当前图层，执行"滤镜 > 模糊 > 径向模糊"菜单命令，在弹出的"径向模糊"对话框中设置参数，设置后单击"确定"按钮，模糊图像，增强动感效果，如下图所示。

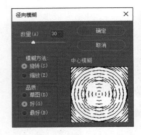

21 完成后按下两次快捷键 Ctrl+F，对白色部分继续应用径向模糊效果，完成后按下快捷键 Ctrl+T，旋转图像，使其更符合人物的动态，如下图所示。

22 在"图层"面板中选择"图层 3"，在工具栏中选择"椭圆选框工具"，在画面中沿着人物绘制一个椭圆选区，按下快捷键 Shift+Ctrl+I，反选选区，如下图所示。

23 按下快捷键 Alt+Delete，填充黑色；取消选区，执行"滤镜 > 模糊 > 高斯模糊"菜单命令，在弹出的对话框中设置"半径"为 40 像素，如下图所示。

24 完成后更改该图层的"不透明度"为 80%，加强画面四角的暗影效果，如下图所示。

实例演练：
矢量人物的制作

原始文件：随书资源 \ 素材 \08\03.jpg
最终文件：随书资源 \ 源文件 \08\ 矢量人物的制作 .psd

解析：使用 Photoshop 制作图像时，常常要制作矢量图，其中用矢量人物制作海报尤为常用。本实例就来介绍如何绘制矢量人物，先使用"钢笔工具"绘制出矢量人物的轮廓路径，然后根据需要的效果对路径运用不同的颜色进行填充，再通过对人物细节的刻画，展现更完整的画面效果。

1 执行"文件 > 新建"命令，弹出"新建"对话框，输入文件名称，设置文件大小为 30 厘米 ×45 厘米，分辨率为 72 像素 / 英寸，背景色为白色，如下图所示。

2 打开素材文件 03.jpg，将其拖入新建文件中；执行"滤镜 > 模糊 > 径向模糊"命令，在打开的"径向模糊"对话框中设置参数，设置后单击"确定"按钮，调整画面径向模糊效果，如下图所示。

 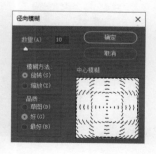

3 按下两次快捷键 Ctrl+F，对画面的径向模糊效果进行调整，完成后在"图层"面板中新建"图层 2"图层，如下图所示。

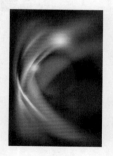 

4 在工具箱中单击"钢笔工具"按钮，在画面中绘制人物的侧面轮廓路径，并将路径闭合，如下图所示。

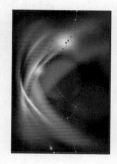 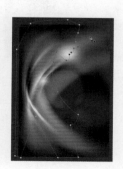

5 绘制完成后按下快捷键 Ctrl+Enter，将绘制的工作路径转换为选区，设置前景色为 R218、G171、B165，按下快捷键 Alt+Delete，使用设置的前景色填充选区，如下图所示。

6 继续使用"钢笔工具"沿着人物脸部轮廓勾画闭合路径，按下快捷键 Ctrl+Enter，将绘制的工作路径转换为选区，设置前景色为 R204、G147、B139，按下快捷键 Alt+Delete，使用设置的前景色填充选区，填充后按下快捷键 Ctrl+D，取消选区，如下图所示。

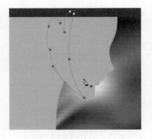
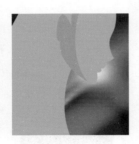

7 使用"钢笔工具"绘制脖子处的阴影路径，转换为选区后，将其颜色填充为 R197、G131、B123，如下图所示。

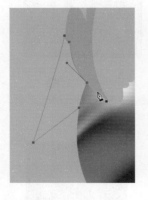

8 继续使用"钢笔工具"绘制手臂处的阴影路径，转换为选区后，将其颜色填充为 R197、G131、B123，如下图所示。

9 继续使用"钢笔工具"沿着人物身体部分绘制闭合路径，在"图层"面板中单击"创建新图层"按钮，新建"图层 3"图层，如下图所示。

10 按下快捷键 Ctrl+Enter，将路径转换为选区并将其填充为白色，取消选区后，再使用"钢笔工具"沿着侧面继续绘制闭合路径，如下图所示。

11 将路径转换为选区后，将其颜色填充为 R232、G220、B220；取消选区后，继续使用"钢笔工具"绘制人物脸部眉毛与睫毛的闭合路径，如下图所示。

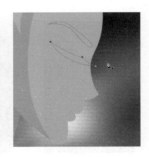

12 将路径转换为选区后，对其填充黑色，然后取消选区，如下图所示。

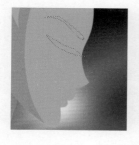

13 使用"钢笔工具"在人物睫毛下方绘制眼睛的闭合路径，转换为选区后，对其填充白色并取消选区，如下图所示。

14 继续在眼睛中绘制闭合路径，转换为选区后，对其填充颜色 R92、G9、B20；继续用"钢笔工具"绘制上嘴唇的闭合路径，转换为选区后，对其填充颜色 R174、G99、B69，如下图所示。

15 继续在下嘴唇位置绘制闭合路径，转换为选区后，对其填充颜色 R138、G55、B44；取消选区，继续用"钢笔工具"绘制嘴唇上高光的闭合路径，转换为选区后，对其填充白色，如下图所示。

16 在"图层"面板中单击"创建新图层"按钮，新建"图层 4"图层；使用"钢笔工具"沿着头发位置绘制闭合路径，如下图所示。

17 按下快捷键 Ctrl+Enter，将路径转换为选区，对其填充颜色 R128、G31、B22，如下图所示。

18 继续使用"钢笔工具"沿着头发位置绘制闭合路径，转换为选区后，对其填充颜色 R163、G65、B50；取消选区，完成矢量人物的绘制，如下图所示。

实例演练：
个性时尚花纹的制作

原始文件：无
最终文件：随书资源 \ 源文件 \08\ 个性时尚花纹的制作 .psd

解析： 使用 Photoshop 制作海报时，常常需要使用时尚花纹增添画面的华丽感。本实例就来介绍如何制作个性时尚花纹。首先使用"钢笔工具"绘制出花纹轮廓的路径，再用画笔描边路径，然后不断重复这样的操作即可。个性时尚花纹都是通过"钢笔工具"打造的，所以本实例中对"钢笔工具"的掌握是重点。在制作的时候，多发挥想象力，仔细、认真就可以制作出许多漂亮的个性时尚花纹。

1 执行"文件 > 新建"菜单命令，弹出"新建文档"对话框，输入文件名称，设置文件大小为 800 像素 ×600 像素，分辨率为 300 像素 / 英寸，背景色为黑色，设置后单击"创建"按钮，新建文件，如下图所示。在"图层"面板底部单击"创建新图层"按钮，新建一个空白图层，即"图层 1"。

2 单击工具箱中的"钢笔工具"按钮，在图像中绘制弧形路径，如下左图所示。设置前景色为白色，单击工具箱中的"画笔工具"按钮，在选项栏中选择"硬边圆"画笔，设置画笔大小为 2 像素，如下右图所示。

3 继续在"画笔工具"选项栏中调整工具选项；打开"路径"面板，右击面板中的"路径 1"，在弹出的快捷菜单中选择"描边路径"命令；在打开的"描边路径"对话框中选择"画笔"，不勾选"模拟压力"复选框，单击"确定"按钮，完成花纹的绘制，如下图所示。

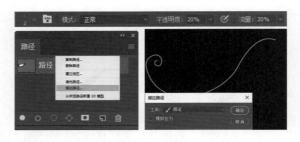

4 使用相同的方法，绘制多个弧形路径，并为路径描边，效果如下图所示。

5 单击工具箱中的"钢笔工具"按钮，在图像中绘制月牙路径，如下左图所示。设置前景色为白色，按下快捷键 Ctrl+Enter，将路径转换为选区，按下快捷键 Alt+Delete，填充前景色，效果如下右图所示。

6 使用相同的方法，绘制多个月牙路径，将绘制的闭合路径转换为选区，按 Alt+Delete 键填充前景色，效果如下图所示。

7 在"图层"面板中右击"图层 1"，在弹出的快捷菜单中选择"复制图层"命令，生成"图层 1 拷贝"图层；选择"移动工具"，将花纹移动至画面右侧，如下图所示。

8 按 Ctrl+T 键，打开自由变换编辑框，拖曳变形框的四周，调整"图层 1 拷贝"图层中图像的大小，并旋转方向，置于图像的右下角，调整完成后按 Enter 键确认，如下图所示。

9 为画面添加合适的文字对象；新建"图层 2"，对其填充黄色（R245、G157、B4），更改图层混合模式为"正片叠底"，为花纹添加颜色，效果如下图所示。

第 9 章
文字

文字的运用非常重要，文字可以起到烘托整个画面效果的作用。无论是广告、特效制作，还是数码照片处理等方面，为图像添加适当的文字效果，可以使图像更加完美。Photoshop 中提供了多种不同的文字编辑工具，使用这些工具可以在图像中的指定位置添加合适的文字，并且还可以对添加的文字进行组合、变形及创建为形状、设置文字特效等。通过本章的学习，读者能够对文字的设置与应用有更深层次的认识和了解。

9.1 创建文字

使用 Photoshop 制作图像文件时，可以使用文字工具为图像添加各式各样的文字。文字工具包括"横排文字工具""直排文字工具""横排文字蒙版工具"和"直排文字蒙版工具"，使用不同的文字工具，可以在图像中创建不同样式的文字效果。

9.1.1 文字和文字图层

创建文字时，"图层"面板中会添加一个新的文字图层。创建文字图层后，可以编辑文字并对其应用图层命令。

1. 文字工具

按住工具箱中的"横排文字工具"按钮■T，即可打开隐藏工具，如下图所示。

- ❶ T 横排文字工具　　　T
- ❷ ↓T 直排文字工具　　　T
- ❸ ↓T 直排文字蒙版工具　T
- ❹ T 横排文字蒙版工具　T

❶ **横排文字工具** T：使用"横排文字工具"可以创建横排文字。单击工具箱中的"横排文字工具"按钮 T，然后在图像中单击并输入文字，即可创建横排文字，如下左图所示。

❷ **直排文字工具** IT：使用"直排文字工具"可以创建直排文字。单击工具箱中的"直排文字工具"按钮 IT，然后在图像中单击并输入文字，即可创建直排文字，如下右图所示。

❸ **横排文字蒙版工具** T：使用"横排文字蒙版工具"可以创建横排蒙版文字。单击工具箱中的"横排文字蒙版工具"按钮 T，然后在图像中单击并输入文字，即可创建横排蒙版文字，如下左图所示。

❹ **直排文字蒙版工具** IT：使用"直排文字蒙版工具"可以创建直排蒙版文字。单击工具箱中的"直排文字蒙版工具"按钮 IT，然后在图像中单击并输入文字，即可创建直排蒙版文字，如下右图所示。

2. 文字工具选项栏

在文字工具选项栏中可以通过设置各项参数来对文字工具进行精确控制，如下图所示。

❶ "切换文本取向"按钮 ⊞：单击 ⊞ 按钮，可以将水平方向排列的文字更改为垂直方向排列的文字，或将垂直方向排列的文字更改为水平方向排列的文字。

❷ "设置字体系列"/"设置字体样式"下拉列表框：在"设置字体系列"下拉列表框中选择需要的字体，在"设置字体样式"下拉列表框中设置文字的字体形态，如下图所示。

❸ "设置字体大小"下拉列表框：在该下拉列表框中可以设置字体大小。

❹ "设置消除锯齿的方法"下拉列表框：在该下拉列表框中可以选择 7 种控制文字边缘的方式，即"无""锐利""犀利""浑厚""平滑""Windows LCD"和"Windows"。

❺ 对齐文本按钮：单击"左对齐文本"按钮，可以将文字设置为左对齐；单击"居中对齐文本"按钮，可以将文字设置为居中对齐；单击"右对齐文本"按钮，可以将文字设置为右对齐。

❻ "设置文本颜色"选项：单击颜色块，打开"拾色器（文本颜色）"对话框，在对话框中可以设置当前文字的颜色，如下图所示。

❼ "创建文字变形"按钮：单击该按钮，可以打开"变形文字"对话框。

❽ "切换字符和段落面板"按钮：单击该按钮，可以切换到"字符"和"段落"面板。

3. 文字图层

单击工具箱中的"横排文字工具"按钮或"直排文字工具"按钮，在图像中单击，即可在"图层"面板中创建文字图层，如下图所示。

创建文字图层后，可以编辑文字并对其应用图层命令，可以更改文本取向、应用消除锯齿、在点文字与段落文字之间转换、基于文字创建工作路径或将文字转换为形状。另外，还可以像处理正常图层那样，移动、重新叠放和复制文字图层。

> **技巧>>使用快捷键选择文字工具**
> 按 T 键可快速选择文字工具，按 Shift+T 键可以在文字类工具之间切换。

> **应用>>文字工具和文字蒙版工具的区别**
> 文字工具在图像中创建的是文字的实体，而文字蒙版工具在图像中创建的是文字的选区。

> **知识>>栅格化文字图层**
> 对于多通道、位图或索引颜色模式的图像，将不会创建文字图层，因为这些颜色模式不支持图层。在这些颜色模式的图像中，文字将以栅格化文本的形式出现在背景上。栅格化会将文字图层转换为正常图层，并使其内容不能再作为文本进行编辑。

9.1.2 创建点文字

使用 Photoshop 在图像中输入点文字时，每行文字都是独立的，行的长度随着编辑增加或缩短，但不会换行，输入的文字将出现在新的文字图层中。

在工具箱中单击"横排文字工具"按钮或"直排文字工具"按钮，在图像中单击，为文字设置插入点；"I"形光标中的小线条标记的是文字基线的位置，如下左图所示，直排文字基线标记的是文字字符的中心轴，如下右图所示；编辑完成后，单击选项栏中的"提交"按钮。

在编辑模式下，按住 Ctrl 键，文字周围将出现变形框，用鼠标拖曳变形框四周的手柄，即可缩放、倾斜文字。

9.1.3 创建段落文字

输入段落文字时，文字会基于外框的尺寸在外框内换行，可以输入多个段落并选择段落调整选项。

在工具箱中单击"横排文字工具"按钮 T 或"直排文字工具"按钮 IT，在图像中沿对角线方向拖曳，为文字定义一个外框，如下左图所示。输入文字，如下右图所示。此时可以根据需要调整外框的大小，以及进行旋转或斜切。

按住 Alt 键在图像中拖曳创建时，会打开"段落文字大小"对话框，在对话框内输入相应的"宽度"和"高度"值后，单击"确定"按钮即可以指定的大小创建外框，如下图所示。

9.1.4 变换文字边框

当文字工具处于选中状态时，选择"图层"面板中的文字图层，并在图像的文本中单击，即可对文字外框进行以下操作。

1. 调整外框大小

将鼠标指针定位在外框四周的手柄上，当鼠标指针变为双向箭头 时拖曳鼠标，即可调整外框的大小，如下图所示。

2. 旋转外框

将鼠标定位在框外，当鼠标指针变为折线箭头 时，拖曳鼠标即可旋转外框，如下图所示。

3. 斜切外框

按住 Ctrl 键，单击外框四周任意一个中间手柄，当鼠标指针变为空心箭头 时，拖曳鼠标即可斜切外框，如下图所示。

◆调整外框大小：按住 Shift 键拖曳，可保持外框的比例。

◆旋转外框：按住 Shift 键拖曳，可将旋转限制为按 15° 增量进行。要更改旋转中心，则按住 Ctrl 键并将中心点拖动到新位置，中心点可以设在框外。

◆调整外框大小时缩放文字：按住 Ctrl 键，拖曳外框四周任意一个手柄。

◆从中心点调整外框的大小：按住 Alt 键，拖曳外框四周任意一个手柄。

9.1.5 点文字和段落文字的转换

将点文字转换为段落文字，可以方便地在外框内调整字符排列。将段落文字转换为点文字，可以使各文本行独立排列。将段落文字转换为点文字时，每个文本行的末尾都会添加一个回车符，最后一行除外。

在"图层"面板中选择文字图层，执行"文字>转换为点文本"菜单命令，即可将段落文字转换为点文字，如下左图所示；若要将点文字转换为段落文字，则执行"文字>转换为段落文本"菜单命令，即可将点文字转换为段落文字，如下右图所示。

| 栅格化文字图层(R) |
| 转换为点文本(P) |
| 文字变形(W)... |

| 栅格化文字图层(R) |
| 转换为段落文本(T) |
| 文字变形(W)... |

> **知识>>将段落文字转换为点文字的注意事项**
>
> 将段落文字转换为点文字时，所有溢出外框的字符都会被删除。要避免丢失文字，在将段落文字转换为点文字之前，应先调整外框，使全部文字在转换前都可见。

9.2 编辑文字

在图像窗口中输入文字后，可以根据需要对其进行编辑，包括设置文字的走向、消除文字的锯齿、检查和更正拼写、查找和替换文字等。

9.2.1 设置文字走向

文字图层的方向决定了文本行相对于点文字或段落文字的方向。当文字图层的方向为垂直时，文字上下排列；当文字图层的方向为水平时，文字左右排列。注意不要混淆文字图层的方向与文本行中字符的方向。

在"图层"面板中选择文字图层，执行"文字>文本排列方向>竖排"菜单命令，即可设置文字方向为垂直，如下左图所示；执行"文字>文本排列方向>横排"菜单命令，即可设置文字方向为水平，如下右图所示。

> **技巧>>设置文字走向的其他方法**
>
> 在工具箱中选择文字工具，单击文字工具选项栏中的"切换文本取向"按钮, 即可更改文字方向。

9.2.2 消除文字锯齿

消除文字锯齿是通过填充部分边缘像素来产生边缘平滑的文字，使文字边缘融合到背景中。

在"图层"面板中选择文字图层，执行"文字>消除锯齿"菜单命令，在打开的级联菜单中选择一个消除锯齿选项，如下图所示。

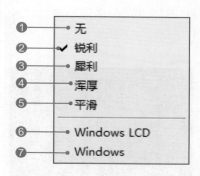

❶无：不应用消除锯齿选项，如下左图所示。

❷锐利：文字以最锐利的形式出现，如下右图所示。

❸犀利：文字显示较锐利。

❹浑厚：文字显示较粗。

❺平滑：文字显示较平滑。

❻ Windows LCD：旧版本 Photoshop 在使用微软雅黑字体时，无法清晰显示，而在新版本 Photoshop 中添加了 Windows LCD 功能后，在编辑文字时选择 Windows LCD，就可在 Photoshop 中获得文字外观的真实预览效果。

❼ Windows：此选项作用与 Windows LCD 作用相同。

9.2.3 检查和更正拼写

检查文档中的拼写时，Photoshop 会对其词典中任何不存在的文字进行询问。如果被询问的文字拼写正确，则可以通过将相应文字添加到自己的词典中来确认其拼写；如果被询问的文字错误，则可以更正它。

在"图层"面板中选择文字图层，执行"编辑 > 拼写检查"菜单命令，若文档中存在 Photoshop 不能识别的字词，则会打开"拼写检查"对话框，如下图所示。

❶"不在词典中"文本框：显示不在词典中的文字。

❷"更改为"文本框：输入更改后的文字。

❸"建议"列表框：建议更改为的文字。

❹"检查所有图层"复选框：如果选择了一个文字图层，并且只想检查该图层的拼写，则不勾选"检查所有图层"复选框。

❺"忽略"按钮：继续拼写检查而不更改文字。

❻"全部忽略"按钮：在剩余的拼写检查过程中忽略有疑问的文字。

❼"更改"按钮：校正拼写错误。确保正确的文字出现在"更改为"文本框中，然后单击"更改"按钮，即可以"更改为"中的文字替换错误的文字。如果建议的文字不是想要的，则在"建议"文本框中选择另一个文字，或在"更改为"文本框中输入正确的文字。

❽"更改全部"按钮：校正文档中出现的所有拼写错误。确保拼写正确的文字出现在"更改为"文本框中。

❾"添加"按钮：将无法识别的文字存储在词典中，以后出现该文字时就不会被标记为拼写错误了。

9.2.4 查找和替换文字

查找和替换文字时，可以选择要查找和替换文字的图层，并将插入点设置在要搜索的文字的开头。如果有多个文字图层，并且要搜索文档中的所有图层，则选择一个非文字图层。

执行"编辑 > 查找和替换文本"菜单命令，打开"查找和替换文本"对话框，如下图所示。

❶"查找内容"文本框：输入想要查找的文字。

❷"更改为"文本框：输入更改后的文字。

❸"搜索所有图层"复选框：搜索文档中的所有图层。在"图层"面板中选择非文字图层时，此选项可用。

❹"向前"复选框：从文本中的插入点开始向前搜索。取消勾选此复选框，可搜索图层中的所有文字，无论插入点在何处。

⑤ "区分大小写"复选框：搜索与"查找内容"文本框中的文字大小写完全匹配的内容。

⑥ "全字匹配"复选框：忽略嵌入在更长文字中的搜索文本。

⑦ "忽略重音"复选框：忽略文本中的重音字。

⑧ "查找下一个"按钮：单击后开始搜索。

⑨ "更改"按钮：用指定文字替换找到的文字。要重复该搜索，可单击"查找下一个"按钮。

⑩ "更改全部"按钮：搜索并替换所找到的所有文字。

⑪ "更改 / 查找"按钮：用指定的文字替换找到的文字，然后搜索下一个匹配项。

技巧>>使用快捷键快速打开"查找和替换文本"对话框

按下快捷键 Alt+E，再按 X 键，可快速打开"查找和替换文本"对话框。

知识>>查找和替换文本的注意事项

在"图层"面板中，确保要搜索的文字图层可见且未被锁定，"查找和替换文本"命令不检查已隐藏或锁定图层中的拼写。

9.3 设置字符格式

可以在输入字符之前设置文字的相关属性，也可以在输入文字后再设置这些属性，以更改文字图层中所选字符的外观。在设置各个字符的格式之前，必须先选择这些字符。可以在文字图层中选择一个字符、一系列字符或图层中的所有字符。

9.3.1 字符的选择

在 Photoshop 中可对所输入的字符进行选择，包括选择一个或多个字符、选择一定范围内的字符或选择全部字符等。

在工具箱中单击"横排文字工具"按钮[T]或"直排文字工具"按钮[IT]，在"图层"面板中选择文字图层，或在文本中单击以自动选择文字图层，执行下列操作之一以选择字符。

1. 通过拖曳选择字符

在已经输入的文本上方拖曳可以选择一个或多个字符。

2. 通过单击选择字符

在文本中单击，如下左图所示；按住 Shift 键单击，以选择一定范围内的字符，如下右图所示。

3. 执行菜单命令选择字符

执行"选择 > 全部"菜单命令，可选择图层中的全部字符。

4. 快速选择字符

双击一个字，可选择该字；三次连击一行，可选择该行；四次连击一段，可选择该段；在文本中的任何地方连击五次，可选择外框中的全部字符。

技巧>>使用方向键选择字符

使用方向键选择字符时，先在文本中单击，接着按住 Shift 键并按→或←键即可。要使用这些键选择单词，则按住 Shift+Ctrl 键并按→或←键即可。

应用>>不定位插入点选择图层中的所有字符

要选择图层中的所有字符，且不在文本中定位插入点，则先在"图层"面板中选择文字图层，然后双击图层的文字图标即可。

9.3.2 "字符"面板

在"字符"面板中，可以对要输入的文字的字体、大小、颜色、行距、字距、基线偏移及对齐方式等进行设置，也可以对已编辑好的文字进行重新调整。

执行"窗口>字符"菜单命令，打开"字符"面板，如下图所示。

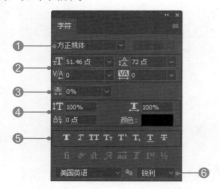

❶"设置字体系列"下拉列表框：在该下拉列表框中可以选择字体。

❷字体大小、字符字距等下拉列表框：可对字体大小、行距、字距等进行设置。

▶"设置字体大小"下拉列表框：在该下拉列表框中可以设置字体大小，如下图所示。

▶"设置行距"下拉列表框：在该下拉列表框中可以直接输入数值或选择一个数值来设置行距，数值越大，行距越大。

▶"设置两个字符间的字距微调"下拉列表框：微调两个字符的间距，范围为 -1000 ~ 10000。

▶"设置所选字符的字距调整"下拉列表框：微调所选字符的间距，范围为 -1000 ~ 10000，如下图所示。

❸"设置所选字符的比例间距"下拉列表框：在该下拉列表框中可以设置所选字符之间的比例间距，范围为 0% ~ 100%。数值越大，字符之间的间距就越小。

❹文字缩放、偏移等选项：可设置文字的垂直缩放、水平缩放、基线偏移、字体颜色等。

▶"垂直缩放"数值框：在该数值框中可设置选中文字的高度缩放比例，范围为 0% ~ 100%，如下左图所示。

▶"水平缩放"数值框：在该数值框中可设置选中文字的宽度缩放比例，范围为 0% ~ 100%，如下右图所示。

▶"设置基线偏移"数值框：用于设置选中字符与基线的距离。在其中输入正值，可以使文字向上移动；输入负值，可以使文字向下移动。

▶"设置文本颜色"选项：单击色块，在弹出的对话框中可设置需要的颜色。

❺"字体特殊样式"选项：在"字体特殊样式"选项中包括"仿粗体"按钮、"仿斜体"按钮、"全部大写字母"按钮、"小型大写字母"按钮、"上标"按钮、"下标"按钮、"下画线"按钮和"删除线"按钮。下图为设置为斜体和删除线的效果。

❻语言与消除锯齿下拉列表框：可选择所需语言以及消除锯齿的方法。

▶"设置语言"下拉列表框：在该下拉列表框中可选择需要的语言。

▶"设置消除锯齿的方法"下拉列表框：在该下拉列表框中可以选择 7 种控制文字边缘的方法，即"无""锐利""犀利""浑厚""平滑""Windows LCD"与"Windows"。

9.3.3 设置字体和大小

文字的字体和大小表示文字在图像中显示的文字样式和大小。默认的文字度量单位是点，可以在"首选项"对话框的"单位与标尺"选项中更改默认的文字度量单位。

1. 设置字体

在"字符"面板的"设置字体系列"下拉列表框中选择文字所要应用的字体。下图为不同的字体效果。

2. 设置字体大小

在"字符"面板的"设置字体大小"下拉列表框中可以选择字体的大小，也可以直接输入所要设置的大小。下图为不同字体大小的文字效果。

> **技巧>>在选项栏中设置字体和字体大小**
>
> 在工具箱中单击"横排文字工具"按钮，可以在选项栏中对字体 和字体大小 进行设置。

> **应用>>更改度量单位**
>
> 要使用替代度量单位，可在"设置字体大小"下拉列表框的数值后面输入单位，如英寸、厘米、毫米、点、像素或派卡。

要更改文字的度量单位，可执行"编辑 > 首选项 > 单位与标尺"菜单命令，打开"首选项"对话框，从"文字"下拉列表框中选取一个度量单位。

9.3.4 更改文本颜色

更改文本颜色是指采用当前前景色渲染所输入的文字，可以在输入文字之前或之后更改文字颜色。在编辑文字图层时，也可以更改图层中部分选中字符或所有文字的颜色。

单击"字符"面板中的"颜色"色块，如下左图所示。在打开的"拾色器（文本颜色）"对话框中选择所需的颜色，即可更改文本颜色，如下右图所示。

> **技巧>>使用其他方法更改文本颜色**
>
> ◆使用快捷键：使用填充的快捷键，用前景色填充按下快捷键 Alt+Delete，用背景色填充按下快捷键 Ctrl+Delete。
>
> ◆使用文字工具选项栏：在工具箱中选择文字工具，在选项栏中单击"设置文本颜色"色块，打开"拾色器（文本颜色）"对话框，在对话框中设置所需的颜色。

9.3.5 设置文本行距和字距

行距是指各个文本行之间的垂直间距，它是从一行文字的基线到上一行文字的基线的距离。字距是指各个文字之间的水平间距，设置字距包括字距微调和字距调整。字距微调是增加或减少两个字符之间间距的过程，字距调整是放宽或收紧选定文本或整个文本块中字符之间的间距的过程。

1．设置文本行距

在创建新文本前或选择所要更改的字符，在"字符"面板中单击"设置行距"下三角按钮，在其下拉列表中可以选择文本行距的大小，也可以在其中直接输入所要设置的大小，效果如下图所示。

2．设置文本字距

选择所要更改的字符，在"字符"面板中单击"设置所选字符的字距调整"下三角按钮，在其下拉列表中可以选择文本字距的大小，也可以在其中直接输入所要设置的大小，效果如下图所示。

☆技巧>>更改默认的自动行距百分比

单击"段落"面板右上角的扩展按钮，在展开的面板菜单中选择"对齐"命令，打开"对齐"对话框，在"自动行距"数值框中输入新的默认百分比。

应用>>调整字距微调

在需要微调字距的两个字符间放置插入点，在"字符"面板的"设置两个字符间的字距微调"下拉列表框中设置所需的数值。

另外，按 Alt+ →或←键，可以减小或增大两个字符间的字距。

9.3.6　基线偏移

可以通过基线偏移，以周围文本的基线为参照上下移动所选字符。以手动方式设置分数或调整图片文字位置时，基线偏移尤其有用。

选择要更改的文本对象，在"字符"面板的"基线偏移"数值框中输入正值，可将字符的基线移动到文本行基线的上方；输入负值，则可将基线移动到文本行基线的下方，如下图所示。

应用>>未选择任何文本时的基线偏移

在使用基线偏移时，如果未选择任何文本，则偏移会应用于所创建的新文本中。

9.3.7　快速变换字符

在 Photoshop 中，可以对已输入的字符进行快速变换，包括为文字加下画线或删除线、应用全部大写字母或小型大写字母、上标字符或下标字符等。

1．为文字加下画线或删除线

选择要加下画线或删除线的文字。要为水平文字加下画线或删除线，可单击"字符"面板中的"下画线"按钮或"删除线"按钮，效果如下图所示。

要对直排文字的左侧或右侧应用下画线，可单击"字符"面板右上角的扩展按钮，在打开的面板菜单中选择"下画线左侧"或"下画线右侧"命令。

2. 应用全部大写字母或小型大写字母

选择要更改的文字，单击"字符"面板中的"全部大写字母"按钮 TT 或"小型大写字母"按钮 Tr，效果如下图所示。

3. 指定上标字符或下标字符

选择要更改的文字，单击"字符"面板中的"上标"按钮 T¹ 或"下标"按钮 T₁，效果如下图所示。

应用>>对直排文字应用删除线

要对直排文字应用垂直删除线，可单击"字符"面板中的"删除线"按钮 ，或单击"字符"面板右上角的扩展按钮 ，在打开的面板菜单中选择"删除线"命令。

9.4 设置段落格式

对于点文字，每行即是一个单独的段落；对于段落文字，一段可能有多行，具体行数视外框的尺寸而定。在 Photoshop 中可以利用"段落"面板为文字图层中的段落设置格式选项。

9.4.1 "段落"面板

通过"段落"面板可以更改段落的格式设置，包括设置段落的对齐方式、指定段落文本对齐方式、控制对齐文本的间距、设置段落缩进和段落间距等。

执行"窗口>段落"菜单命令，打开"段落"面板，如下图所示。

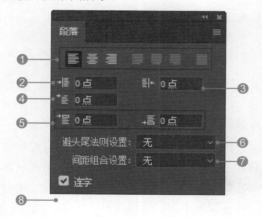

❶对齐方式选项：从左至右依次为"左对齐文本"按钮 、"居中对齐文本"按钮 、"右对齐文本"按钮 、"最后一行左对齐"按钮 、"最后一行居中对齐"按钮 、"最后一行右对齐"按钮 和"全部对齐"按钮 。下图为不同对齐方式的效果。

❷"左缩进"数值框：用于设置段落左边的缩进。对于直排文字，此按钮用于设置段落顶端的缩进。

❸"右缩进"数值框：用于设置段落右边的缩进。对于直排文字，此按钮用于设置段落底部的缩进。

❹"首行缩进"数值框：用于设置缩进段落中的首行文字。对于横排文字，首行缩进与左缩进有

关；对于直排文字，首行缩进与顶端缩进有关。如果要创建首行悬挂缩进，则必须输入一个负值。

❺"段前添加空格"和"段后添加空格"数值框：用于控制段落上下的间距。

❻"避头尾法则设置"下拉列表框：选取避头尾字符集。

❼"间距组合设置"下拉列表框：选取内部字符间距组合集。

❽"连字"复选框：勾选该复选框，可对文字进行连字设置。

> 🖐 应用>>"直排文字工具"的"段落"面板
>
> 在工具箱中选择"直排文字工具"，则"段落"面板中的对齐方式选项与"横排文字工具"的对齐方式选项不同，如下图所示。

"直排文字工具"的对齐方式选项从左至右依次为"顶对齐文本"按钮▥、"居中对齐文本"按钮▥、"底对齐文本"按钮▥、"最后一行顶对齐"按钮▥、"最后一行居中对齐"按钮▥、"最后一行底对齐"按钮▥和"全部对齐"按钮▥。

9.4.2 指定对齐方式

可以将文字与段落的某个边缘对齐，如横排文字的左边、中心或右边；直排文字的顶边、中心或底边。对齐方式选项只可用于段落文字。

在"图层"面板中选择文字图层，在"段落"面板中单击所需的对齐方式按钮，即可调整文字对齐效果。下左图所示为默认的左对齐文本效果，单击"居中对齐文本"按钮▤，可居中对齐文本，效果如下右图所示。

> 🖐 应用>>指定某些段落的对齐方式
>
> 如果要对某些段落指定对齐方式，则先选择需要指定对齐方式的段落，再在"段落"面板中单击所需的对齐方式按钮。

9.4.3 控制对齐文本间距

在 Photoshop 中可以精确控制字符间距和单词间距及字符的缩放方式。处理两端对齐文字时常常要用到调整间距的选项。

在"图层"面板中选择文字图层，单击"段落"面板右上角的扩展按钮▤，在打开的面板菜单中选择"对齐"命令，打开"对齐"对话框，如下图所示。

❶字间距：按下空格键而在单词之间产生的间距。"字间距"值的范围为 0% ～ 1000%，"字间距"为 100% 时，将不会向文字间添加额外的空格。

❷字符间距：字母间的距离，包括字距微调和字距调整。"字符间距"值的范围为 -100% ～ 500%，设置为 0% 时，表示字母间不添加任何间距；设置为 100% 时，表示各字母之间将添加一个字母宽度的间距。

❸字形缩放：字符的宽度。这里的字形是指任何字体字符。"字形缩放"值的范围为 50% ～ 500%，设置为 100% 时，字符宽度不会做任何缩放处理。

> 🖐 应用>>调整特定字符的间距
>
> 间距选项总是应用于整个段落。要调整特定字符而非整个段落的间距时，可以使用"字距调整"选项。

9.4.4 段落缩进

段落缩进用于指定文字与外框之间或与包含该文字的行之间的间距。由于段落间距只影响选定的一个或多个段落，因此可以轻松地为各个段落设置不同的缩进效果。

1. 左缩进

在"图层"面板中选择文字图层或选择要设置缩进的段落，在"段落"面板的"左缩进"数值框中输入相应数值，效果如下图所示。

2. 右缩进

在"图层"面板中选择文字图层或选择要设置缩进的段落，在"段落"面板的"右缩进"数值框中输入相应数值，效果如下图所示。

3. 首行缩进

在"图层"面板中选择文字图层或选择要设置缩进的段落，在"段落"面板的"首行缩进"数值框中输入相应数值，效果如下图所示。

9.4.5　段落间距

段落间距是指段落前后的间距。在 Photoshop 中，可以在"段落"面板的"段前添加空格"和"段后添加空格"数值框中输入数值来设置段落间距。

在"图层"面板中选择文字图层，或选择要设置间距的段落，在"段落"面板的"段前添加空格"和"段后添加空格"数值框中输入相应数值，效果如下图所示。

知识>>段落间距的注意事项

如果没有在段落中插入光标或未选择文字图层，则设置将应用于创建的新文本中。

9.5　制作文字效果

在 Photoshop 中，可以对文字执行各种操作以更改其外观，如使文字变形、将文字转换为形状或向文字添加投影等。除此之外，用户还可以对文字图层添加 Photoshop 默认的文本效果。

9.5.1　在路径上创建文字

在路径上创建文字是指沿路径边缘输入文字，或在闭合路径内输入文字，这样的文字可以随意设置其位置与形态。根据路径来输入文字，可以方便用户创建一些特殊的文字排列效果。

1. 沿路径边缘输入文字

在工具箱中单击"钢笔工具"按钮，在图像中绘制路径，效果如下左图所示；单击"横排文字工具"按钮，将鼠标移动到路径一端，当鼠标指针变为形状时单击，如下右图所示。

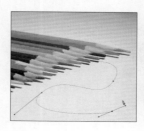

在路径中输入文字，如下左图所示；单击"钢笔工具"按钮 🖊 并按 Enter 键，完成编辑，效果如下右图所示。

2. 在闭合路径内输入文字

单击"钢笔工具"按钮 🖊，在图像中创建闭合的工作路径，效果如下左图所示；单击"横排文字工具"按钮 Ｔ，将鼠标移动到路径中，当鼠标指针变为 ⬧ 形状时单击，如下右图所示。

在路径中输入文字，如下左图所示；单击"钢笔工具"按钮 🖊 并按 Enter 键，完成编辑后适当调整其位置，效果如下右图所示。

📎 **应用一>>在路径上移动或翻转文字**

在工具箱中单击"直接选择工具"按钮 ▶ 或"路径选择工具"按钮 ▶，将鼠标定位到文字上，当鼠标指针变为带箭头的 I 型光标 ⬧ 时，可执行下列操作。

◆移动文字：单击并沿路径拖曳文字，如下图所示。

◆翻转文字：单击并横跨路径拖曳文字，如下图所示。

📎 **应用二>>移动文字路径**

在工具箱中单击"移动工具"按钮 ✛ 或"路径选择工具"按钮 ▶，单击并将文字路径拖曳到新的位置，如下图所示。

📎 **应用三>>改变路径形状**

在工具箱中单击"直接选择工具"按钮 ▶，单击路径上的锚点，使用手柄改变路径形状，如下图所示。

9.5.2 设置文字的变形

使用变形文字功能可以制作出丰富多彩的文字变形效果，使文字的样式更丰富。要为文字设置变形效果时，可以在"变形文字"对话框中选择需要的样式，并对其选项进行调整，控制文字变形效果。

在"图层"面板中选中需要变形的文字图层，执行"文字 > 文字变形"菜单命令，或单击文字工具选项栏中的"创建文字变形"按钮 ，打开"变形文字"对话框，如下图所示。

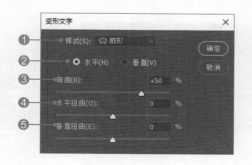

❶ "样式"下拉列表框：在该下拉列表框中有 15 种文字变形的样式供选择，其中 4 种样式的效果如下图所示。

❷ "水平"和"垂直"单选按钮：设置文字是根据"水平"方向变形，还是根据"垂直"方向变形，效果如下图所示。

❸ "弯曲"选项：通过移动滑块或在数值框中输入数值来设置文字应用变形的程度，数值范围为 -100% ～ 100%。设置其为 60% 和 -10% 时的效果如下图所示。

❹ "水平扭曲"选项：通过移动滑块或在数值框中输入数值来设置文字水平扭曲的程度，数值范围为 -100% ～ 100%。设置其为 -100% 和 +100% 的效果如下图所示。

❺ "垂直扭曲"选项：通过移动滑块或在数值框中输入数值来设置文字垂直扭曲的程度，数值范围为 -100% ～ 100%。设置其为 -50% 和 50% 时的效果如下图所示。

🎬 应用>>取消文字变形

在"图层"面板中选择已应用了变形的文字图层，在工具箱中选择文字工具，单击选项栏中的"创建文字变形"按钮 ，或者执行"文字 > 文字变形"菜单命令，在打开的"变形文字"对话框的"样式"下拉列表框中选择"无"，再单击"确定"按钮，即可取消文字变形。

9.5.3 从文字创建工作路径

在 Photoshop 中可以将文字转换为路径，从而通过编辑路径的方式对文字进行编辑。与将文字转换为形状不同的是，转换为工作路径后，原文字图层不受影响。

打开需要将文字转换为路径的图像，在"图层"面板中选择文字图层，如下左图所示。执行"文字 > 创建工作路径"菜单命令，即可将文字转换为工作路径，效果如下右图所示。

9.5.4 为文字增加立体感

在图像中输入文字后，可以对文字进行特效处理，增强其立体感。在 Photoshop 中，利用"图层样式"对话框可以为文字添加投影、外发光、内发光、斜面和浮雕等图层样式，增强文字质感。

1. 文字的投影效果

在"图层"面板中双击需要添加投影效果的文字图层，打开"图层样式"对话框，勾选"投影"复选框，设置各项参数，如下左图所示。设置完成后单击"确定"按钮，为文字添加投影效果，效果如下右图所示。

2. 文字的斜面和浮雕效果

在"图层"面板中双击需要添加斜面和浮雕效果的文字图层，打开"图层样式"对话框，勾选"斜面和浮雕"复选框，设置各项参数，设置完成后单击"确定"按钮，为文字添加斜面和浮雕效果，如下图所示。

3. 文字的渐变叠加效果

在"图层"面板中双击需要添加渐变叠加效果的文字图层，打开"图层样式"对话框，勾选"渐变叠加"复选框，设置各项参数，设置完成后单击"确定"按钮，为文字添加渐变叠加效果，如下图所示。

🌸 技巧一>>打开"图层样式"对话框的其他方法

单击"图层"面板底部的"图层样式"按钮 fx ，或在"图层"面板的图层上单击鼠标右键，在打开的快捷菜单中选择"混合选项"命令，可打开"图层样式"对话框。

🌸 技巧二>>在另一图层上使用相同的图层样式

要在另一图层上使用相同的图层样式，可按住 Alt 键，将"图层"面板中所需要的图层样式拖曳到其他图层后释放鼠标，Photoshop 会将图层样式应用于该图层。

🌸 技巧>>使用快捷键快速用图像填充文字

按下快捷键 Ctrl+Alt+G，可快速为文字填充图像图层中的图像。

🎓 应用>>移动图像在文字中的位置

在工具箱中单击"移动工具"按钮 ，选择图像所在图层，对图像进行拖曳，即可调整图像在文字内的位置，如下图所示。

9.5.5 用图像填充文字

要使用图像填充文字，只需要将剪贴蒙版应用于文字图层上方的图像图层即可。

打开图像后，使用文字工具在图像中输入文字，如下左图所示。复制需要添加的图案至文字图层上方，如下右图所示。

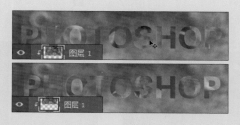

若要移动文字，而不是图像，则应在"图层"面板中选择文字图层，然后使用"移动工具"进行移动，如下图所示。

在"图层"面板中选择图像图层，执行"图层 > 创建剪贴蒙版"菜单命令，即可通过应用剪贴蒙版为文字填充图像，如下图所示。

实例演练：
制作立体文字

原始文件：随书资源 \ 素材 \09\ 01、02.png
最终文件：随书资源 \ 源文件 \09\ 制作立体文字 .psd

解析： 使用 Photoshop 时，经常需要制作立体的文字效果。立体文字不但可以使画面具有时尚感和美感，还可以突出文字的主要表达内容，吸引观者的眼球。本实例就介绍如何制作立体文字，先使用文字工具创建所需要的文字，结合自由变换编辑框对文字的透视效果进行调整，然后通过"图层样式"对话框为文字添加图层样式，制作出具有超强质感的立体文字效果。

1 执行"文件 > 新建"菜单命令，弹出"新建文档"对话框，输入文件名称，设置文件大小为 10 厘米 ×13 厘米，分辨率为 300 像素／英寸，背景色为白色，确认设置，新建文件，如下图所示。

2 单击"创建新图层"按钮，新建"图层 1"图层。单击"渐变工具"按钮，在选项栏中单击渐变颜色条，在打开的"渐变编辑器"对话框中设置下方的颜色渐变条，单击"确定"按钮；在选项栏中单击"径向渐变"按钮，从画面中心向外拖曳径向渐变，如下图所示。

3 在工具箱中单击"横排文字工具"按钮，在画面中输入英文文字。执行"窗口 > 字符"菜单命令，打开"字符"面板，设置文字字体、大小等，如下图所示。

4 复制文字图层，生成文字图层副本。单击下方文字图层的"指示图层可见性"图标，隐藏下方的文字图层。选择复制的文字图层，单击鼠标右键，在弹出的快捷菜单中选择"栅格化文字"命令，将文字图层栅格化，如下图所示。

5 按下快捷键 Ctrl+T，在文字上显示自由变换编辑框。右击编辑框中的文字，在弹出的快捷菜单中选择"透视"命令，对文字右侧进行透视调整；再右击编辑框中的文字，选择"旋转"命令，旋转文字，如下图所示。

6 继续单击鼠标右键，在弹出的快捷菜单中选择"斜切"命令，按下左图所示进行调整，按 Enter 键完成操作，效果如下右图所示。

7 按住 Ctrl 键，单击该图层的图层缩览图，创建文字选区。选择"移动工具"，将选区向下移动一定距离，在"图层"面板中新建"图层 2"，设置前景色为白色，按下快捷键 Alt+Delete，填充选区为白色，如下图所示。

8 取消选区后，在"图层"面板中将"图层 2"
拖放至"RUN 拷贝"图层下方，如下图所示。

9 在工具箱中单击"多边形套索工具"按钮，
在"图层 2"上方新建"图层 3"，设置前景
色为白色，使用"多边形套索工具"沿着文字边缘
绘制选区，对其填充白色，将文字边缘缺失的部分
进行填补，如下图所示。

10 使用"多边形套索工具"在文字下方缺失
的部分绘制多边形选区，对其填充白色，
如下图所示。

11 将白色部分填补完成后，取消选区，效果
如下左图所示。在"图层"面板中按住 Ctrl
键不放，单击"图层 2"和"图层 3"，同时选中这
两个图层，如下右图所示。

12 按下快捷键 Ctrl+E，将选中的图层合并为
"图层 2"。选中该图层，单击"添加图层
样式"按钮 fx ，在弹出的列表中选择"渐变叠加"
命令，在打开的对话框中单击渐变颜色条，在弹出
的"渐变编辑器"对话框中设置渐变颜色条，如下
图所示。

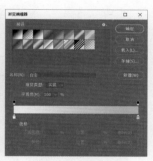

13 继续在"图层样式"对话框中设置参数，
设置完成后单击"确定"按钮，为白色部
分添加渐变效果，如下图所示。

14 选择"RUN 拷贝"图层，为该图层添加"渐
变叠加"样式，在弹出的对话框中单击渐
变颜色条，在打开的"渐变编辑器"对话框中设置
渐变颜色条，如下图所示。

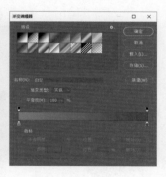

15 完成后继续在"图层样式"对话框中设置"渐
变叠加"选项的参数，为黑色文字添加渐变
效果，如下图所示。

16 在"图层"面板中新建"图层 3"，单击"钢笔工具"按钮 ✐，沿着文字上半部分绘制闭合路径，如下图所示。

17 按下快捷键 Ctrl+Enter，将工作路径转换为选区，设置前景色为 R220、G49、B49，按下快捷键 Alt+Delete，将选区填充为设置的颜色，如下图所示。

18 按住 Ctrl 键，单击"RUN 拷贝"图层的图层缩览图，载入文字选区。选中"图层 3"，单击"添加图层蒙版"按钮 ▢，为该图层添加图层蒙版，隐藏文字之外的多余颜色，画面效果如下图所示。

19 更改"图层 3"图层的"不透明度"为50%，减淡其颜色效果，如下图所示。

20 打开素材文件 01.png，将其拖动至当前PSD 文件中，生成"图层 4"图层。在"图层"面板中将该图层拖动至"图层 1"上方，使用"移动工具"将光影图像移动至文字的尾部。

21 打开素材文件 02.png，将其拖动至当前PSD 文件中，生成"图层 5"图层。在"图层"面板中将该图层拖动至"图层 4"上方，选择"移动工具"，将白点图像移动至文字的位置，如下图所示。

22 单击"图层"面板下方的"创建新的填充或调整图层"按钮 ◐，在弹出的列表中选择"色阶"命令，在弹出的"属性"面板中设置参数，调整画面的明暗对比，完成立体文字的制作，如下图所示。

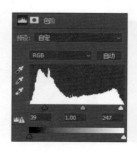

实例演练:
制作沙滩文字

原始文件: 无
最终文件: 随书资源 \ 源文件 \09\ 制作沙滩文字 .psd

解析: 使用 Photoshop 可以制作出很多有特色的字体,用于设计或处理图片。本实例就介绍如何制作沙滩文字,首先要制作具有沙滩感觉的背景画面,再使用"画笔工具"书写出沙滩文字,并利用"图层样式"为其添加"斜面和浮雕"效果,然后执行"滤镜"中的命令,使沙滩文字具有真实感。

1 执行"文件 > 新建"菜单命令,弹出"新建"对话框,输入文件名称,设置文件大小为 7 厘米 ×5 厘米,分辨率为 300 像素／英寸,背景色为白色,如下图所示。

2 单击工具箱中的"设置前景色"图标,打开"拾色器(前景色)"对话框,设置颜色为 R217、G205、B163,设置完成后单击"确定"按钮;按下快捷键 Alt+Delete,填充"背景"图层为土黄色,如下图所示。

3 执行"滤镜 > 杂色 > 添加杂色"菜单命令,打开"添加杂色"对话框。设置"数量"为 20%,"分布"为"高斯分布",勾选"单色"复选框,如下左图所示。设置完成后单击"确定"按钮,效果如下右图所示。

4 单击"图层"面板下方的"创建新图层"按钮 □ ,新建"图层 1";单击"自定形状工具"按钮 ,在选项栏中单击"形状"后的下三角按钮,在展开的"形状"拾色器中选择"红心形卡"形状,如下图所示。

5 在选项栏中设置其他参数,绘制红心形状路径;单击"画笔工具"按钮 ,在选项栏中单击画笔右侧的下三角按钮,在弹出的"画笔预设"选取器中选择"硬边圆压力大小"画笔,设置"大小"为 15 像素,如下图所示。

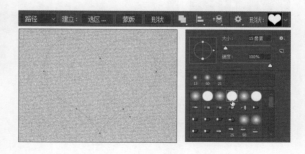

6 设置前景色为黑色,继续在选项栏中对画笔的其他参数进行设置;选择"路径选择工具",右击绘制的心形路径,在弹出的快捷菜单中选择"描边路径"命令;打开"描边路径"对话框,在对话框中设置各项参数,设置完成后单击"确定"按钮,为心形形状添加描边效果,如下图所示。

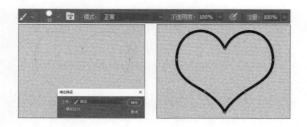

10 按下快捷键 Ctrl+J，复制文字图层，生成 "LOVE 拷贝" 图层。单击 LOVE 文字图层前的"指示图层可见性"图标👁，隐藏文字图层；选择 "LOVE 拷贝" 图层，单击鼠标右键，在弹出的快捷菜单中选择"栅格化文字"命令，将文字图层栅格化，如下图所示。

7 按下快捷键 Ctrl+H，隐藏心形路径。双击该图层的图层缩览图，在打开的"图层样式"对话框中选择"斜面和浮雕"样式，然后在对话框右侧设置"斜面和浮雕"的参数，设置完成后单击"确定"按钮，为绘制的心形图案添加浮雕效果，如下图所示。

11 双击 "LOVE 拷贝" 图层的图层缩览图，在打开的"图层样式"对话框中选择"斜面和浮雕"样式，在对话框右侧设置样式参数，单击"确定"按钮，为文字添加浮雕效果，如下图所示。

8 在"图层"面板中选择"图层 1"，更改其"填充"为 0%，如下左图所示。完成后心形效果如下右图所示。

12 更改该图层的"填充"为 0%，完成文字的浮雕效果，如下图所示。至此，已完成沙滩文字的制作。

9 单击"横排文字工具"按钮 T，在心形中间单击并输入大写英文字母"LOVE"。在选项栏中单击"切换字符和段落面板"按钮，打开"字符"面板，设置参数，调整文字效果，如下图所示。

实例演练：
火焰文字的合成特效

原始文件：随书资源 \ 素材 \09\03.jpg、04.png
最终文件：随书资源 \ 源文件 \09\ 火焰文字的合成特效 .psd

解析： 使用 Photoshop 制作文字时，可以将文字与很多图像相结合，打造华美的文字效果。本实例介绍如何制作火焰文字。火焰文字是将火的图像与文字相结合，首先使用文字工具输入需要制作成火焰效果的文字，并对文字进行栅格化、复制和填充等处理，使文字呈现燃烧时发红、发光的效果，再打开火焰素材，丰富画面效果。

1 执行"文件 > 新建"菜单命令，打开"新建"对话框，在对话框中输入文件名称，设置文件大小为 800 像素 ×600 像素，分辨率为 300 像素／英寸，背景色为白色，如下左图所示。在"图层"面板中，单击下方的"创建新图层"按钮，新建"图层 1"图层，如下右图所示。

2 单击"渐变工具"按钮，单击选项栏中的渐变条，打开"渐变编辑器"对话框。双击最左侧的色标，设置颜色为 R90、G59、B9，双击最右侧的色标，设置颜色为 R37、G24、B9，设置好渐变颜色后单击"确定"按钮；返回图像窗口，在选项栏中单击"径向渐变"按钮，在画面上方由内向外拖曳渐变，如下图所示。

3 对"图层 1"填充渐变颜色，效果如下左图所示。打开素材文件 03.jpg，如下右图所示。

4 将纹理素材拖入当前 PSD 文件中，生成"图层 2"图层，将此图层的混合模式设置为"叠加"，"不透明度"设为 60%，为画面添加纹理效果，如下图所示。

5 继续在"图层"面板中新建"图层 3"，设置前景色为 R102、G80、B15，按下快捷键 Alt+Delete，为图层填充颜色，如下图所示。

6 执行"滤镜 > 滤镜库"菜单命令，在打开的"滤镜库"对话框中选择"纹理"滤镜组中的"纹理化"滤镜，在对话框右侧设置参数，单击"确定"按钮，添加纹理效果；再选择"图层 3"，将图层的混合模式设置为"叠加"，如下图所示。

7 新建"图层4"图层，选择"渐变工具"，在选项栏中单击颜色渐变条，打开"渐变编辑器"对话框，选择"前景色到透明渐变"，双击最左侧的色标，设置颜色为R75、G79、B59，单击"确定"按钮，如下图所示。

8 在选项栏中单击"线性渐变"按钮，选择"图层4"，由图像下部向上拖曳渐变，完成后更改该图层的"不透明度"为60%，如下图所示。

9 单击"横排文字工具"按钮，设置前景色为R150、G52、B9，输入大写字母"HOT"，在"字符"面板中设置参数，如下图所示。

10 按下快捷键Ctrl+J，复制文字图层，生成"HOT拷贝"图层。单击HOT文字图层前的"指示图层可见性"图标，隐藏图层；选择"HOT拷贝"文字图层，右击该图层，在弹出的快捷菜单中选择"栅格化文字"命令，将文字栅格化，如下图所示。

11 在"HOT拷贝"图层下方新建"图层5"图层，按住Ctrl键，单击"HOT拷贝"图层的图层缩览图，载入文字选区，如下图所示。

12 执行"选择＞修改＞扩展"菜单命令，在弹出的对话框中设置参数，扩展选区，如下图所示。

13 设置前景色为R41、G17、B2，按下快捷键Alt+Delete，填充选区为深褐色；按下快捷键Ctrl+D，取消选区，如下图所示。

14 继续在"图层"面板中新建"图层6"，按住Ctrl键，单击"HOT拷贝"图层的图层缩览图，载入文字选区，如下图所示。

15 在工具箱中单击"渐变工具" 🔲，在选项栏中单击颜色渐变条，打开"渐变编辑器"对话框。在对话框中选择"前景色到透明渐变"，双击最左侧的色标，设置颜色为 R205、G107、B18，在文字上半部分由上至下拖曳渐变，为文字添加渐变颜色效果，如下图所示。

16 按下快捷键 Ctrl+D，取消选区。在"图层"面板中新建"图层 7"，按住 Ctrl 键，单击"HOT 拷贝"图层的图层缩览图，载入文字选区；设置前景色为黑色，按下快捷键 Alt+Delete，将选区填充为黑色，如下图所示。

17 按下快捷键 Ctrl+D，取消选区。选择"移动工具"，将黑色文字向上移动一定距离，效果如下左图所示。执行"滤镜 > 模糊 > 高斯模糊"菜单命令，在打开的"高斯模糊"对话框中设置"半径"为 4 像素，完成后单击"确定"按钮，如下右图所示。

18 在工具箱中选择"涂抹工具"，在选项栏中设置该工具的各项参数，使用"涂抹工具"在黑色的虚化文字上涂抹，效果如下图所示。

19 在"图层"面板中将"图层 7"的"不透明度"设置为 80%。单击"图层"面板中的"添加图层蒙版"按钮 🔲，为"图层 7"添加图层蒙版，使用黑色画笔在文字上的黑色阴影位置涂抹，隐藏文字上的阴影，如下图所示。

20 打开素材文件 04.png，将其拖入当前 PSD 文件中，生成"图层 8"图层，更改该图层的混合模式为"滤色"，如下左图所示。选择"移动工具"，将火焰移至文字上方的合适位置，效果如下右图所示。

21 复制"图层 8"，生成"图层 8 拷贝"图层，将此图层的"不透明度"设置为 50%，降低不透明度效果，如下图所示。

22 选择"横排文字工具"，在图像上输入文字，完善整体画面效果，如下图所示。

第10章
蒙版

本章主要讲述蒙版的基础知识及蒙版在图层中的操作和应用。蒙版是 Photoshop 的核心功能之一，常用于图像的调整、抠取与合成。蒙版可以看作遮挡在物体上的一块镜片，透过镜片在看到物体的同时，还能应用它来随意控制物体的显示部位和显示程度。在 Photoshop 中处理图像时，使用蒙版可以起到保护图像的作用。在蒙版中对图像进行上色、编辑时，被蒙版遮盖起来的部分并不会改变。

10.1　认识蒙版

蒙版作为 Photoshop 中的核心技术，与图层不同的是，蒙版用于控制图层的显示区域，并不参与图层的操作。但蒙版和图层是息息相关的，可把它们共同作为一个平面来对待。

10.1.1　蒙版概述

蒙版是一种灰度图像，并具有透明特性，它将不同的灰度值转换为不同的透明度，并作用到它所在的图层，可以遮盖图像的部分区域。当蒙版的灰度加深时，被覆盖的区域会变得愈加透明，这种处理方式不但对图像没有一点损害，而且能起到保护图像的作用。

由以下 3 幅图像可看出，蒙版设置的灰度级别不同，显示的图像也会发生变化。下左图所示是蒙版的"浓度"为 90%，"羽化"为 0 像素的显示效果；下中图所示是蒙版的"浓度"为 60%，"羽化"为 30 像素的显示效果；下右图所示是蒙版的"浓度"为 20%，"羽化"为 0 像素的显示效果。

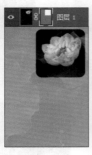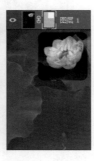

10.1.2　蒙版的分类

在 Photoshop 中，蒙版主要可以分为图层

蒙版、剪贴蒙版和矢量蒙版三大类。其中，矢量蒙版主要应用于图形，其他蒙版则应用于图像；剪贴蒙版是将当前图层的效果应用于它所在位置的下一级图层上，其他蒙版则将效果应用于当前图层。

1. 图层蒙版

图层蒙版可以理解为在当前图层上覆盖一层玻璃片，玻璃片只可由黑色和白色组成。白色代表透明位置，黑色代表隐藏位置，透明的程度由灰度级别决定。

为打开的图像添加图层蒙版，图像效果如下左图所示。再在"图层"面板中查看，位于图层缩览图右侧的就是图层蒙版缩览图，如下右图所示。

2. 剪贴蒙版

剪贴蒙版将上一级图层的颜色、样式等处理应用在下一级图层上，并不应用在其他图层

上，从而达到一种剪贴画的效果，即"下形状上颜色"。

下左图所示为顶部的图层将颜色叠加在下层图层上，但不会将颜色叠加到底部的图层上，效果如下右图所示。

3. 矢量蒙版

矢量蒙版是一种路径遮罩，在路径内不会显示当前图层的图像；在路径外则显示当前图层的图像。

矢量蒙版中黑色的地方会隐藏对应的图像，白色的地方则显示。下左图所示的图层，添加矢量蒙版后的图像效果如下右图所示。

技巧>>快速蒙版

快速蒙版模式可以将任何选区作为蒙版进行编辑，即最终得到的是对选区的变化。将选区作为蒙版来编辑的优点是几乎可以使用 Photoshop 中的任何工具或滤镜来修改蒙版。

下图所示为在快速蒙版模式下使用"画笔工具"绘制的蒙版。

退出快速蒙版模式后，会发现被绘制的区域将转换为选区，如下图所示。

知识>>像素蒙版

像素蒙版其实就是图层蒙版，是根据当前图像的像素分布情况创建蒙版。

10.1.3 查看蒙版属性

在对蒙版进行编辑之前，必须对其"属性"面板有所了解。在"属性"面板中提供了当前蒙版的浓度、羽化等信息，用户可以对这些信息进行设置并应用到蒙版中。

1. 查看蒙版"属性"面板

启动 Photoshop 应用程序，打开一张图像，在"图层"面板中为其添加图层蒙版。双击图层蒙版缩览图，在打开的"属性"面板中可以查看蒙版的各项参数，如下图所示。

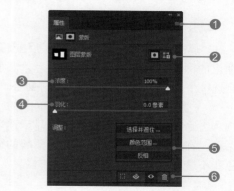

❶**面板菜单**：单击面板右上角的扩展按钮▤，在弹出的面板菜单中有"蒙版选项""添加蒙版到选区"和"关闭"等命令。

❷**蒙版添加按钮**：单击可以为图层添加蒙版。

▶"选择图层蒙版"按钮▣：单击可为当前图层创建图层蒙版。

▶"添加矢量蒙版"按钮▦：单击可为当前图层创建矢量蒙版。

❸**浓度**：可以控制蒙版的灰度级别。"浓度"为 0% 时，表示蒙版灰度为白色，蒙版以完全透明的方式显示；"浓度"为 100% 时，表示蒙版灰度为黑色，蒙版以不透明的方式显示。

❹**羽化**：用于控制蒙版的边缘。"羽化"值越小，表示边缘模糊的强度越低；"羽化"值越大，表示边缘模糊的强度越高，扩散的边缘就更大。

❺**调整按钮**：包括"选择并遮住""颜色范围"和"反相"3 个按钮。

▶"选择并遮住"按钮：单击会打开"选择并遮

住"工作区，在工作区中可设置蒙版边缘的"半径""对比度""平滑"和"羽化"等参数。

▶ "颜色范围"按钮：单击会弹出"色彩范围"对话框，在对话框中可根据图像颜色的不同来创建蒙版。

▶ "反相"按钮：可以使蒙版中的灰度颜色进行相反的处理。蒙版中黑色的区域会变为白色，白色的区域会变为黑色。

❻蒙版选项按钮：包括"应用蒙版" 、"停用／启用蒙版" 、"删除蒙版" 等按钮。

▶ "从蒙版中载入选区"按钮 ：单击可从蒙版中载入选区。

▶ "应用蒙版"按钮 ：单击可将蒙版应用到图层，并合并为一个图层。

▶ "停用／启用蒙版"按钮 ：单击可显示或隐藏蒙版叠加在图层上的效果。

▶ "删除蒙版"按钮 ：单击可删除当前蒙版。

2．"属性"面板菜单

在"属性"面板中单击右上角的扩展按钮 ，在弹出的面板菜单中有"蒙版选项""添加蒙版到选区"和"蒙版与选区交叉"等命令。

（1）蒙版选项：选择面板菜单中的"蒙版选项"命令，可打开"图层蒙版显示选项"对话框，在对话框中可以设置图层蒙版的显示颜色和不透明度。

（2）添加蒙版到选区：选择"添加蒙版到选区"可以将蒙版载入选区，并对载入的选区进行计算操作。

（3）关闭：并不是真正意义上的关闭"属性"面板，而是将其隐藏起来。

🎈 应用一>>设置蒙版颜色

单击"属性"面板右上角的扩展按钮 ，在弹出的菜单中选择"蒙版选项"命令，打开"图层蒙版显示选项"对话框。单击对话框中的颜色块，即可打开"拾色器（蒙版颜色）"对话框，如下图所示。在该对话框中可以像编辑前景色一样设置蒙版颜色。

⭐ 技巧>>打开"图层蒙版显示选项"对话框

"图层蒙版显示选项"对话框除了可以从"属性"面板菜单中打开外，还可以通过下面两种方法打开。

◆方法1：通过双击"通道"面板中的图层蒙版缩览图打开。

◆方法2：右击"图层"面板中的蒙版缩览图，在弹出的快捷菜单中选择"蒙版选项"命令。

🎈 应用二>>选择蒙版

◆选择图层蒙版：如果"属性"面板中有"选择图层蒙版"按钮 ，则表示当前图层已添加图层蒙版。单击此按钮，可以选中图层蒙版，如下图所示。

◆选择矢量蒙版：如果"属性"面板中有"选择矢量蒙版"按钮 ，则表示当前图层已添加矢量蒙版。单击此按钮，可以选中矢量蒙版，如下图所示。

10.2 蒙版的基本操作

从10.1.3小节的知识讲解中，已经了解了蒙版"属性"面板的大致情况。在本节中将讲述蒙版"属性"面板的基本操作，如创建蒙版、从蒙版载入选区、应用蒙版等。本节主要以图层蒙版为例进行讲述，其他蒙版可进行同样的操作。

10.2.1 创建蒙版

创建蒙版有多种操作方法，比如通过菜单命令创建，通过"属性"面板创建，通过"图层"面板创建。在本小节中，主要讲述如何通过"图层"和"属性"面板创建蒙版。在"图层"面板中，可以快速创建图层蒙版和矢量蒙版。

1. 创建图层蒙版

打开一幅图像，查看"图层"面板中的图层情况，如下左图所示。在"图层"面板中单击"添加图层蒙版"按钮 ◨ ，可添加图层蒙版，然后在"图层"面板中进行查看，如下右图所示。

2. 创建矢量蒙版

按住 Ctrl 键，单击"图层"面板下方的"添加图层蒙版"按钮 ◨ ，可为图层创建矢量蒙版。

选择形状工具或者"钢笔工具"，在画面上创建形状或路径，单击选项栏上的"新建矢量蒙版"按钮，也可为图层创建矢量蒙版，并在蒙版中绘制了形状。透过蒙版中的形状，可以看到图像的内容，效果如下图所示。

10.2.2 编辑蒙版

创建好蒙版后，不仅可以对蒙版进行复制、粘贴等操作，还可以进入蒙版编辑状态，使用工具对蒙版的内容进行涂抹等操作。

1. 进入蒙版编辑状态

如果需要直接对图层蒙版中的内容进行编辑，则可在按住 Alt 键的同时单击该图层蒙版缩览图，即可选中图层蒙版，如下左图所示。为了方便用户对图层蒙版的内容进行编辑，Photoshop 还在画面上显示了图层蒙版的内容，如下右图所示。这个方法不适用于矢量蒙版的编辑。

2. 退出蒙版编辑状态

进入蒙版编辑状态后，可以对图层蒙版的内容进行编辑。用"自定形状工具"在画面中建立路径，将其转换为选区，并填充白色，然后在"图层"面板中可看到蒙版缩览图也发生了改变，如下图所示。

确认图层蒙版的修改后，按住 Alt 键单击蒙版缩览图，即可退出蒙版编辑状态。此时，画面效果也因为蒙版的改变而发生了变化，如下图所示。

🎓 应用>>编辑蒙版

打开一幅图像，如下图所示。

为图像添加图层蒙版，按住 Alt 键单击该蒙版缩览图，进入蒙版编辑状态。为蒙版填充黑色，然后使用白色画笔在蒙版中涂抹，如下图所示。

再次按住 Alt 键，同时单击该蒙版缩览图，退出蒙版编辑状态，图像效果如下图所示。

10.2.3 从蒙版载入选区

从蒙版载入选区的意思是，根据蒙版内的形状，沿着形状的边缘生成选区，然后反映在图层上。在 Photoshop 中，从蒙版载入选区可以通过 3 种方式实现，在本小节中将详细讲述。

下左图所示为应用蒙版抠出的图像，将蒙版载入选区后，Photoshop 会自动沿着图像的边缘生成选区，方便用户进行后续操作，如下右图所示。

1. 从"属性"面板载入选区

在"属性"面板中，有两种方法可以从蒙版载入选区。首先双击图层蒙版，打开"属性"面板。

方法 1：单击"属性"面板底部的"从蒙版中载入选区"按钮，即可将蒙版图形载入选区，如下左图所示。

方法 2：单击"属性"面板右上角的扩展按钮，在打开的面板菜单中选择"添加蒙版到选区"命令，也可将蒙版图形载入选区，如下右图所示。

2. 从其他面板载入蒙版选区

如果一个图层存在蒙版，并且在蒙版中设置了形状，则可以在蒙版缩览图上右击，在弹出的快捷菜单中选择"添加蒙版到选区"命令，即可载入蒙版选区，如下左图所示。另一种方法是切换至"通道"面板，找到所在的蒙版通道，单击面板底部的"将通道作为选区载入"按钮，如下右图所示。

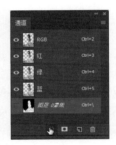

3. 运用快捷方式载入蒙版选区

从蒙版载入选区其实与载入普通图层选区一样，可以按住 Ctrl 键的同时单击蒙版缩览图，即可载入蒙版选区，如下左图所示。如果需要载入不止一个蒙版的选区，则可以按住 Shift+Ctrl 组合键的同时单击另外的蒙版缩览图，如下右图所示。

技巧>>蒙版与选区的运算

蒙版与选区的运算有：并、交、差。这些操作可以在"属性"面板的面板菜单中执行，如下左图所示。

首先载入左边的心形图形选区（见下中图），然后选中右边的心形图形（见下右图），接着分别执行如下命令。

◆并：是将两者合并的意思。单击"属性"面板右上角的扩展按钮 ，在弹出的面板菜单中选择"添加蒙版到选区"命令。使用此命令，Photoshop 会自动将蒙版中的图形载入选区，并与当前存在的选区进行合并运算，如下图所示。

◆交：是取蒙版选区与当前选区的公共部分。单击"属性"面板右上角的扩展按钮 ，在面板菜单中选择"蒙版与选区交叉"命令，效果如下图所示。

◆差：是在当前选区中减去蒙版所生成的选区。单击"属性"面板右上角的扩展按钮 ，在面板菜单中选择"从选区中减去蒙版"命令，效果如下图所示。

10.2.4 将蒙版应用于另一图层

在 Photoshop 中没有专门复制蒙版的命令，

如果需要将一个图层的蒙版效果复制到另一图层上，则可以借助快捷键实现。本小节将详细讲述其具体操作方法。

如下左图所示，"图层 1"没有添加图层蒙版；按住 Alt 键的同时拖曳"图层 0"图层的蒙版缩览图至"图层 1"图层上，如下右图所示。

释放鼠标后，"图层 0"图层的蒙版就被复制到"图层 1"图层上了。添加蒙版后，"图层 1"的效果如下图所示。

应用>>将图层蒙版应用于另一图层

打开一幅云彩的图像，并为其创建图层蒙版，如下图所示。

打开"图层"面板，在图像上置入另一幅图，按住 Alt 键的同时拖曳蒙版缩览图至上一图层上，效果如下图所示。

10.2.5 应用蒙版

应用蒙版就是使图层和蒙版一体化。对于

一幅图像来说，添加蒙版后，可能某些部位的显示程度会不同，如果只需要添加蒙版后的图像效果，则可以利用应用蒙版功能将图层和图层上的蒙版合并为一个图层，使之成为一个整体，以便在图层上进行各种操作。

应用蒙版的方法有很多种，下面将具体讲述。

1. 通过菜单命令应用蒙版

选中"图层"面板中的蒙版缩览图，如下左图所示；执行"图层 > 图层蒙版 > 应用"菜单命令，即可把添加蒙版的图层合并为一个普通图层，如下右图所示。

2. 通过"图层"面板应用蒙版

打开"图层"面板，右击蒙版缩览图，在弹出的快捷菜单中选择"应用图层蒙版"命令即可，如下左图所示。合并后的"图层"面板如下右图所示。

3. 通过"属性"面板应用蒙版

选中图层蒙版，单击"属性"面板底部的"应用蒙版"按钮 ，也可以将蒙版应用于图层，如下左图所示。应用蒙版后的"属性"面板如下右图所示。

应用>>应用图层蒙版

首先打开一幅图像，并为打开的图像添加图层蒙版，然后使用黑色画笔在马以外的图像上涂抹，效果如下图所示。

查看"图层"面板，发现黑色遮盖的图像被隐藏了，如下左图所示。执行"图层 > 图层蒙版 > 应用"菜单命令，将蒙版应用于图层。应用蒙版后的"图层"面板如下右图所示。

10.2.6 删除蒙版

学习了蒙版的创建、编辑和应用后，用户已经大致了解了蒙版在图层上的使用方法。如果对蒙版的编辑效果不满意，还可以将蒙版删除。删除蒙版的方法很简单，具体操作如下。

1. 通过菜单命令删除蒙版

选中"图层"面板中的蒙版缩览图，执行"图层 > 图层蒙版 > 删除"菜单命令，即可删除蒙版，如下左图所示。删除蒙版后查看效果，发现图层上已没有蒙版缩览图了，如下右图所示。

2. 通过"图层"面板删除蒙版

通过"图层"面板删除蒙版的方法有以下两种。

方法 1：直接拖曳蒙版缩览图至"图层"面板底部的"删除图层"按钮 🗑 上，在弹出的对话框中单击"删除"按钮，即可删除蒙版效果，如下图所示。

方法 2：先选中蒙版缩览图，然后单击"图层"面板底部的"删除图层"按钮 🗑，在打开的对话框中单击"删除"按钮即可。

3. 通过"属性"面板删除蒙版

在"图层"面板中选中要删除的蒙版，打开"属性"面板，单击面板底部的"删除蒙版"按钮 🗑，即可将蒙版删除，删除蒙版前后的对比效果如下图所示。

技巧>>删除蒙版的方法

选中蒙版后单击面板底部的"删除图层"按钮 🗑，会弹出 Photoshop 警告对话框，询问用户是否要在移去之前将蒙版应用到图层，如下图所示。

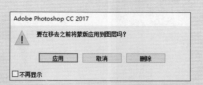

◆ "应用"按钮：单击可以将蒙版应用于图层，即将图层和蒙版合并。

◆ "取消"按钮：单击可以取消本次操作。

◆ "删除"按钮：单击可以删除蒙版，显示图层中原本的图像。

应用>>合并图层并保留蒙版

合并多个含有不同蒙版的图层，选中最上层图层的蒙版，如下左图所示；按下快捷键 Ctrl+E，然后在弹出的对话框中单击"保留"按钮，合并后的效果如下右图所示。

10.2.7 停用 / 启用蒙版

停用蒙版也就是隐藏蒙版的显示效果，但并不会删除蒙版。当文件过大时，为了快速查看添加蒙版前后的图像对比效果，可以使用停用 / 启用蒙版功能。

Photoshop 还使用了专门的符号来标志蒙版的停用或启用状态。下左图所示为蒙版显示的正常状态，也就是启用蒙版状态；如果蒙版为停用状态，则 Photoshop 会在蒙版缩览图上显示一个红色的叉号，表明当前蒙版处于停用状态，显示的是图层的原始内容，如下右图所示。

1. 通过菜单命令停用/启用蒙版

选中蒙版缩览图，执行"图层 > 图层蒙版 > 停用 / 启用"菜单命令，即可停用 / 启用图层蒙版，如下图所示。

2．通过"图层"面板停用/启用蒙版

在"图层"面板中，几乎可以对其中的对象进行一切操作。若要停用蒙版，则可以右击蒙版缩览图，在弹出的快捷菜单中选择"停用图层蒙版"命令，如下左图所示；对于已停用的蒙版，右击蒙版缩览图，在弹出的快捷菜单中可以选择"启用图层蒙版"命令，如下右图所示。

3．通过"属性"面板停用/启用蒙版

执行"窗口 > 属性"菜单命令，打开"属性"面板；在"图层"面板中选中添加了蒙版的图层，此时可以看到"属性"面板底部的"停用 / 启用蒙版"按钮 为选中状态，单击该按钮，即可停用蒙版。

4．使用快捷键停用/启用蒙版

在 Photoshop 中，还有一种简单的快捷方法可停用蒙版。按住 Shift 键的同时单击蒙版

缩览图，即可将蒙版效果隐藏起来；再次按住 Shift 键并单击蒙版缩览图，此时蒙版效果就会被启用。

技巧>>蒙版保护

如下图所示，图像被 4 种色块分隔成 4 份，它们各自受图层蒙版保护，所以不会将颜色越出到不属于它们的色块。

打开"图层"面板，按住 Shift 键的同时单击图层蒙版缩览图，如下左图所示。停用图层蒙版后，处于最高层的颜色将覆盖整个图像，效果如下右图所示。

10.3　蒙版的进一步设置

前面讲述了蒙版的创建、编辑、应用等基本操作，但"属性"面板的功能远远不止这些。在本节中主要讲述如何使用"属性"面板中的调整功能来对蒙版进行高级处理。

10.3.1　编辑蒙版边缘

使用蒙版边缘功能可以调节蒙版中的形状边缘。例如，调整蒙版边缘的半径、对比度、平滑、羽化以及收缩 / 扩展蒙版边缘等。

要设置蒙版的边缘，必须先确保图层存在蒙版。

如下左图所示，从"图层"面板中可以看出，该蒙版用于抠出人物对象，抠出的图像效果如下右图所示。

确保蒙版缩览图处于选中状态，打开"属性"面板，在面板中单击"选择并遮住"按钮，即可切换到"选择并遮住"工作区，在右侧的"属性"面板中可以调整属性，如下图所示。

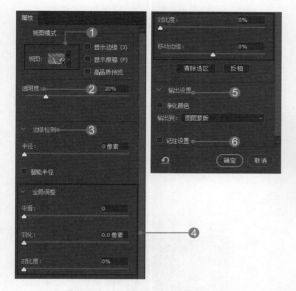

④**全局调整**：通过该选项组可调节蒙版边缘的柔化和大小。

▶ **平滑**：增加"平滑"值，可以去除选区边缘的锯齿状边缘，如下图所示。"平滑"可以与"半径"同用，以修复一些细节。

▶ **羽化**：增加"羽化"值，可以使用平均模糊柔化选区边缘，如下图所示。

▶ **对比度**：增加"对比度"值，可以使柔化边缘变得锐利，并去除选区边缘模糊的不自然感，如下图所示。

▶ **移动边缘**：向左移动滑块，收缩选区；向右移动滑块，扩大选区。

⑤**输出设置**：用于设置调整后的蒙版输出效果。

▶ **净化颜色**：勾选该复选框后，可以将彩色边替换为附近完全选中的像素的颜色。颜色替换的强度与选区边缘的软化度成正比。

▶ **输出到**：决定调整后的选区是变为当前图层上的选区、蒙版，或者是生成一个新图层或文档等。

⑥**记住设置**：勾选"记住设置"复选框，可存储设置。设置会重新应用于以后的所有图像，如果在"选择并遮住"工作区中重新打开当前图像，这些设置也会重新应用。

①**视图模式**：单击其右侧的下三角按钮，可以选择以不同的视图模式查看蒙版效果。按 F 键，可以循环切换视图；按 X 键，可以暂时停用所有视图。

▶ **洋葱皮**：在未使用蒙版的情况下，将选区显示为动画样式的洋葱皮结构。

▶ **闪烁虚线**：查看带有标准选区边界的选区。在柔化边缘选区上，边界将会围绕被选中 50% 以上的像素。

▶ **叠加**：将选区作为快速蒙版查看，按住 Alt 键单击，可以编辑快速蒙版。

▶ **黑底**：在黑色背景上查看选区。

▶ **白底**：在白色背景上查看选区。

▶ **黑白**：将选区作为蒙版查看。

▶ **图层**：背景显示为透明，即将选区周围变成透明区域。

②**透明度**：为视图模式设置透明度／不透明度。

③**边缘检测**：通过调整"半径"滑块来调整蒙版边缘的细节。

▶ **智能半径**：自动调整边界区域中发现的硬边缘和柔化边缘的半径。

▶ **半径**：确定发生边缘调整的选区边缘的大小，要获取生硬的边缘，可使用较小的半径，对较柔和的边缘则使用较大的半径。下图为不同"半径"调整后的效果。

应用>>调整边缘

　　打开一幅图像，运用"色彩范围"命令创建蒙版，抠出小狗图像，但部分毛发图像还需要修复，如下图所示。

　　为图像添加图层蒙版，再单击"属性"面板中的"选择并遮住"按钮，如下图所示。

　　切换到"选择并遮住"工作区，扩大蒙版边缘的半径以覆盖部分毛发。切换多种视图模式，以查看小狗毛发边缘的痕迹，其他参数可参照下左图所示进行设置。设置好后单击"确定"按钮，退出"选择并遮住"工作区，查看画面中小狗的毛发边缘，发现多余的颜色消失了，如下右图所示。

　　将抠出的图像放置在其他背景上，然后运用自由变换工具调整抠出图像的位置，再按Enter键确认变换操作，为小狗图像添加新背景后的效果如下图所示。

10.3.2　从颜色范围设置蒙版

　　在 Photoshop 中，蒙版还可以根据图像中颜色分布的情况来建立。当为图像添加了图层蒙版后，可以通过应用"属性"面板中的"色彩范围"功能选择不同的颜色范围，从而控制蒙版的显示效果。

　　打开一张图像，复制图层并为图层添加图层蒙版，打开"属性"面板，单击"颜色范围"按钮，即可打开"色彩范围"对话框，如下图所示。

　　❶选择：单击下三角按钮，会弹出如下左图所示的预设选项，通过这些预设选项可快捷地选取图像中的不同色相。例如，选择"红色"选项，Photoshop 会自动计算出图像中的红色色调，并在"色彩范围"对话框中的图像预览框中显示出来，如下右图所示。

　　❷本地化颜色簇：用于设置选区边缘衰减等。
　　▶颜色容差：主要用于调整选区边缘的衰减情况，也就是调整固定范围内的显示程度，不同容差的对比如下图所示。

▶范围：调整选区的范围大小，当范围值很小的时候，可以查看图像中的取样个数。

 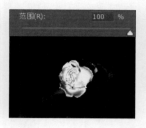

❸图像预览：可快速地在蒙版和原图间进行切换查看。

▶选择范围：单击查看选区的蒙版，如下左图所示。

▶图像：单击查看原图像，如下右图所示。

❹选区预览：单击下三角按钮，在展开的下拉列表框中，可以选择蒙版的显示模式，如下左图所示。选择"白色杂边"选项，蒙版显示效果如下右图所示。

❺载入/存储：通过"存储"或"载入"按钮，可以对色彩范围进行保存，或者是载入另外的替换颜色。

▶载入：单击"载入"按钮，可载入替换的颜色。

▶存储：单击"存储"按钮，可存储当前的色彩范围设置。

❻吸管工具：吸管工具是"色彩范围"对话框中必不可少的一个工具，应该好好地掌握。通过这个工具可以对图像中的各种色彩进行选取，从而利用选取的色彩生成蒙版。

▶吸管工具：使用"吸管工具" ✐，可以吸取图像中的任意色彩，并反映到蒙版中。

▶添加到取样：使用"添加到取样" ✐工具，可以添加图像取样颜色点。

▶从取样中减去：使用"从取样中减去" ✐工具，可以减少图像取样颜色点。

❼反相：勾选此复选框，可以将蒙版进行反相选取，即黑色变为白色、白色变为黑色。

技巧>>快速切换蒙版和图像的显示

在"色彩范围"对话框中按 Ctrl 键，可以快速在原始图像与取样之间切换显示，而不用单击单选按钮，如下图所示。

应用>>利用色彩范围创建蒙版

打开一幅图像，如下图所示，如果想要抠出图像中的树枝，观察图像后发现天空的颜色占了图像的80%，所以可以利用"色彩范围"对话框吸取天空图像。

为图像所在的图层添加图层蒙版，打开"属性"面板，单击"颜色范围"按钮，打开"色彩范围"对话框，在对话框中先勾选"反相"复选框，然后用"吸管工具"在图像中的天空背景上单击，设置取样范围。

按住 Shift 键，继续使用"吸管工具"在天空背景上多次单击，扩大选择范围，单击"确定"按钮退出"色彩范围"对话框，画面效果如下图所示。

打开一幅图像，添加图层蒙版。打开"色彩范围"对话框，使用"吸管工具"对图像进行如下左图所示的调整，然后勾选"反相"复选框，反相蒙版，效果如下右图所示。

知识>>了解补色

在色相环上夹角为 180°的两种颜色互为补色，也称为反相。也就是在色相环上的每个颜色，在其对面都有一个跟其成互补关系的颜色，它们的连接线经过色相环的圆心。

例如，黑色在色相环上旋转180°后，将指向白色，所以黑色的补色为白色；而绿色的补色为紫色。

10.3.3　设置蒙版的反相

反相就是将颜色进行反转，运用相反的颜色替换原来的颜色。蒙版是由灰度级构成的，蒙版反相就是将蒙版中的灰度级反相，图像的显示效果也会随之发生变化。

10.4　图层蒙版

通过前面对蒙版基础内容的讲述，相信读者对蒙版已经比较了解。在本节中将主要讲述图层蒙版的具体运用以及创建和编辑图层蒙版的一些技巧。

10.4.1　创建图层蒙版

前面介绍了使用"图层"面板来创建图层蒙版和矢量蒙版，下面将介绍用菜单命令创建图层蒙版的方法。

执行"图层 > 图层蒙版"命令，在弹出的级联菜单中可创建两种不同的图层蒙版。

❶显示全部：如果选择"显示全部"命令，则创建出来的蒙版为白色，如下左图所示。

❷隐藏全部：如果选择"隐藏全部"命令，则创建出来的蒙版为黑色，如下右图所示。

应用>>在图层蒙版上创建矢量蒙版

在图层蒙版上创建矢量蒙版的方法很简单，就是单击"添加图层蒙版"按钮 ◻ 两次，如下图所示。

10.4.2 图层蒙版的应用

学习完图层蒙版的各种功能后，本小节中将会针对图层蒙版在图像处理中的几大主要应用进行介绍。

蒙版号称图层的神秘"面纱"，通过对图层的遮罩，可以实现图像的抠取、合成、渐变透视等应用。

1. 抠图应用

使用蒙版的"属性"面板中的"颜色范围""选择并遮住"功能可以抠出图像中的任何画面。

给图像添加图层蒙版，然后在"色彩范围"对话框中抠出花朵并生成蒙版，单击"属性"面板中的"选择并遮住"按钮，在"选择并遮住"工作区中调整蒙版的边缘，抠出更完整的花朵图像，如下图所示。

2. 渐变透视应用

应用渐变透视非常简单，这类应用往往需要两幅或两幅以上的图像。首先将两幅图像重叠起来，然后为上方的图层添加图层蒙版，使用"渐变工具"在蒙版中拖曳，所用的渐变色为从黑色到白色的渐变，效果如下图所示。

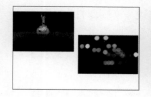

3. 借助通道的蒙版应用

可以借助通道的功能来对蒙版进行处理。通道中包含不同颜色的分布情况，可通过不同颜色的范围生成蒙版并进行处理。

例如，想要提高一幅光线暗淡的图像的亮度，可先复制"背景"图层，切换到"通道"面板，将其中一个颜色的通道载入到选区，反选选区，添加图层蒙版，在蒙版中会以不同灰度级别展现通道中的内容，然后将图层的混合模式设置为"滤色"，提高选区中的图像亮度，如下图所示。采用这种方法的处理效果非常自然。

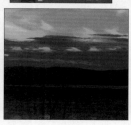

4. 结合调整图层的应用

调整图层是应用在图层上的一层效果，添加调整图层的同时会自动为调整图层附加一个图层蒙版。在调整图层的蒙版中可以像在普通的图层蒙版中一样进行操作，如使用黑色画笔涂抹以隐藏调整图层的部分效果，如下图所示。

5. 滤镜应用

在图层蒙版中可以应用普通图层的任何操作，当然也可以运用滤镜。如果对图像应用了多种滤镜效果，可能会导致图像的主体被掩盖，这时可以在蒙版中涂抹，隐藏部分滤镜效果，使处理效果更加自然，如下图所示。

应用>>应用通道蒙版处理照片

打开一幅图像，复制"背景"图层，生成"图层 1"图层；打开"通道"面板，按住 Ctrl 键单击"绿"通道缩览图，为"图层 1"添加图层蒙版，如下图所示。

创建"色相/饱和度 1"调整图层，在打开的"属性"面板中设置调整选项，如下左图所示。此时会在"图层"面板中显示创建的"色相/饱和度 1"调整图层，按下快捷键 Ctrl+Alt+G，如下中图所示。根据创建的剪贴蒙版应用色彩调整，效果如下右图所示。

10.5 快速蒙版

快速蒙版模式就是将图像作为蒙版进行编辑，当编辑完毕之后，未被涂抹或编辑的部分将转换为选区，同时用户还可以自由地在选区与蒙版之间切换。将选区作为蒙版来编辑的优点是几乎可以使用任何 Photoshop 工具或滤镜来修改蒙版。

10.5.1 通过临时蒙版创建选区

学习快速蒙版的重点就是将处理过的蒙版转换为选区。这种蒙版是临时产生的，当退出蒙版后就会消失。

如果想通过快速蒙版创建选区，可先进入快速蒙版编辑状态。单击工具箱中的"以快速蒙版模式编辑"按钮，进入快速蒙版编辑状态。

1. 通过工具创建

单击工具箱中的"以快速蒙版模式编辑"按钮，然后使用"画笔工具"在图像中涂抹。在快速蒙版编辑状态下，被涂抹过的地方会以 50% 的红色覆盖，涂抹完毕后，单击工具箱

中的"以标准模式编辑"按钮，即可退出快速蒙版编辑状态。退出后会发现图像中被红色覆盖的区域以外的图像被载入选区，如下图所示。

2. 通过通道创建

进入快速蒙版编辑状态时，会在"通道"面板中自动创建一个快速蒙版。

要将快速蒙版中的内容载入选区，可以在按住 Ctrl 键的同时单击"快速蒙版"缩览图，即可载入快速蒙版选区，如下左图所示。如果通过工具箱中的"以标准模式编辑"按钮■载入选区，那么面板中的"快速蒙版"通道就会消失，如下右图所示。

❶色彩指示：通过设置色彩指示，可以更改蒙版转换为选区的指示区域。

▶被蒙版区域：选中此选项，会将封闭选区以外的图像创建为蒙版，如下左图所示。

▶所选区域：选中此选项，会将选区包含的区域创建为蒙版，如下右图所示。

☆技巧>>从选区到蒙版

在 Photoshop 中，除了可以通过快速蒙版创建选区外，还可以将临时选区转换为快速蒙版。

利用"魔棒工具"在图像上单击，创建选区，如下左图所示。单击工具箱中的"以快速蒙版模式编辑"按钮■，进入快速蒙版编辑状态，此时会自动将选区包含的区域转换为蒙版，如下图所示。

 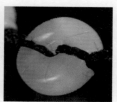

❷颜色：在此选项组中，可以设置蒙版的颜色和不透明度。

▶颜色块：单击左侧的色块，将打开"拾色器（快速蒙版颜色）"对话框，在对话框中可以重新设置快速蒙版的颜色，如下图所示。

10.5.2 设置快速蒙版选项

在 10.5.1 小节中提到快速蒙版是以 50% 的红色显示，对于快速蒙版的显示颜色和不透明度，可以在"快速蒙版选项"对话框中进行设置。除此之外，在"快速蒙版选项"对话框中还可以设置蒙版色彩指示的两种模式，调整选择对象的范围。下面将详细介绍。

Photoshop 中打开"快速蒙版选项"对话框的方法非常简单，双击工具箱中的"以快速蒙版模式编辑"按钮■即可。下图为"快速蒙版选项"对话框。

▶不透明度：通过不透明度的设置，可以更改蒙版颜色的显示浓度。当"不透明度"为 0% 时，表示不显示蒙版；当"不透明度"为 100% 时，表示蒙版为实色。如下图所示，图像分别为"不透明度"为 30% 和 90% 时的快速蒙版效果。

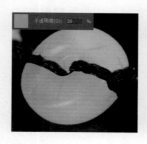 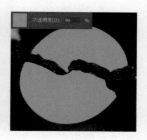

　　打开一幅图像，单击工具箱中的"以快速蒙版模式编辑"按钮▣，即可进入快速蒙版编辑状态。使用"画笔工具"在黑色背景上涂抹，如下图所示。

　　退出快速蒙版，执行"选择 > 反选"菜单命令，反选选区，按 Delete 键即可删除小狗旁边的黑色背景，如下左图所示。再打开一幅图像，放置到小狗图层的下方，效果如下右图所示。

10.6　剪贴蒙版

　　剪贴蒙版又称为剪贴组，通过利用位于下方的图层的形状来限制上方图层的显示状态。剪贴蒙版是一种很特殊的蒙版，它并不能像图层蒙版一样，可简单地理解为遮挡。剪贴蒙版作用于一定范围内，它既具有作用范围，也具有作用效果，比一般图层蒙版的作用域更广。

　　（1）剪贴蒙版的组成。剪贴蒙版是由多个图层或图层组组成的群体，位于最下面的是基底图层，位于基底图层上的图层为内容图层。剪贴蒙版中的基底图层只有一个，基底图层名称带有下画线，而内容图层可以有多个，图层缩览图以缩进方式显示，并在图层前显示剪贴蒙版图标，如右图所示。

　　（2）剪贴蒙版与其他蒙版的区别。剪贴蒙版自身是被作用对象，它承受着基底图层的一切影响；而其他蒙版自身是作用对象，是以自身的效果去影响所在的图层。

内容图层，即作用图层

基底图层，即受用图层

10.6.1　制作剪贴蒙版

　　通过前面的学习，掌握了什么是剪贴蒙版以及它与其他蒙版的区别。本小节将详细介绍如何创建剪贴蒙版。

1. 从菜单命令创建

　　选中图层，如下左图所示。执行"图层 > 创建剪贴蒙版"菜单命令，即可创建剪贴蒙版，如下右图所示。

2. 从"图层"面板创建

　　右击"图层"面板的空白区域，在弹出的

快捷菜单中选择"创建剪贴蒙版"命令，如下
左图所示。即可创建剪贴蒙版，如下右图所示。

> **技巧>>使用快捷键创建剪贴蒙版**
>
> 使用快捷键创建剪贴蒙版有以下两种方法。
> ◆ **方法 1**：选中图层，然后按下快捷键
> Ctrl+Alt+G，即可将当前图层创建为剪贴蒙版。
> ◆ **方法 2**：打开"图层"面板，按住 Alt 键
> 的同时在两个图层之间单击，即可创建剪贴蒙
> 版，如下图所示。

10.6.2 剪贴蒙版的应用

要学会剪贴蒙版的应用，就必须掌握剪贴
蒙版的原理。剪贴蒙版的应用分为 3 个方面，
一是利用剪贴蒙版实现遮罩功能，二是利用剪
贴蒙版实现抠图，三是利用剪贴蒙版对局部区
域应用调整图层效果。

1. 遮罩应用

遮罩就是将与遮罩层相链接的图层中的图
像遮盖起来。在 Photoshop 中，利用剪贴蒙版
制作遮罩效果的原理是，利用基底图层的形状
将顶部图层中除形状之外的区域遮盖起来，也
就是只显示形状内的图像。

如下图所示，"图层 1"图层中的图像发
生了遮罩，只显示了文字形状内的图像，其余
都被隐藏了。

2. 完美的抠图应用

使用剪贴蒙版进行抠图，可以弥补抠图的
一些缺陷。

如下左图所示，要抠出其中的文字，在抠
出的图像上也许会残留多余的杂边。这种情况
下，一般可先利用"魔棒工具"等将细节部分
图像载入选区，并使用"橡皮擦工具"擦除选
区外的多余图像，接着将上方图层填充为黑色，
然后为其创建剪贴蒙版，这样就可将黑色图像
应用到文字的细节边缘上，抠出的图像效果如
下右图所示。

3. 借助调整图层的应用

在对照片进行后期处理时，常常需要借助
调整图层为照片进行补色。但调整图层是将自
身的效果应用到其下方的所有图层上，这就将
图像原有的效果完全覆盖了，这时就需要使用
图层蒙版功能对图像进行恢复。另外，用户还
可以运用剪贴蒙版来处理。剪贴蒙版只在相邻
的两个图层（或者是一组剪贴）之间发生作用。
即在一组剪贴中上方的图像只影响下方的图
像，而不影响剪贴组外的图像。

如下图所示，"图层 1"图层是由"背景"
图层复制而来的，它包含了背景图像中的右半
部分；添加"黑白 1"调整图层后，整体图像
就变为了黑白效果；将"黑白 1"调整图层创
建为剪贴蒙版，那么黑白效果只应用在"图层 1"
图层上，而不会影响到背景图像。

应用>>剪贴蒙版应用实例

在 Photoshop 中新建一个文件，对其填充黑色，新建 3 个图层，然后使用"自定形状工具"在 3 个图层上分别绘制 3 个白色的六边形，如下图所示。

打开一张素材图像，将其拖入新建文件中，生成"图层 5"图层，将其放置在"图层 1"上方；按下快捷键 Ctrl+Alt+G，创建剪贴蒙版，将多余的图像隐藏，如下图所示。

继续将第二张素材图像拖入新建文件中，生成"图层 6"图层，将其放置在"图层 2"上方；按下快捷键 Ctrl+Alt+G，创建剪贴蒙版，如下图所示。

按照以上操作，将第三张和第四张素材图像添加到文件中，得到"图层 7"和"图层 8"图层，分别置于"图层 3"和"图层 4"上方；创建剪贴蒙版，拼合图像，如下图所示。

10.6.3　释放剪贴蒙版

通过前面的讲解，读者已经掌握了剪贴蒙版的组成、创建及应用。在本小节中将讲述如何释放剪贴蒙版。在 Photoshop 中释放剪贴蒙版有以下多种方法。

1. 通过菜单命令释放

在"图层"面板中选中创建了剪贴蒙版的图层，如下左图所示。执行"图层 > 释放剪贴蒙版"菜单命令，即可释放剪贴蒙版，释放后的图像效果如下右图所示。

2. 在"图层"面板中释放

打开"图层"面板，右击面板中的剪贴蒙版旁边的空白区域，然后在弹出的快捷菜单中选择"释放剪贴蒙版"命令即可。

技巧>>使用快捷键释放剪贴蒙版

通过快捷键释放剪贴蒙版有以下两种方法。

◆方法 1：选中剪贴蒙版，然后按下快捷键 Ctrl+Alt+G，即可快速释放剪贴蒙版。

◆方法 2：打开"图层"面板，按住 Alt 键，在有剪贴蒙版的图层与下级图层之间单击，即可释放剪贴蒙版。

实例演练:
人物的抠图应用

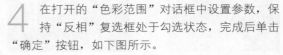

原始文件: 随书资源 \ 素材 \10\01、02.jpg, 03、04.png
最终文件: 随书资源 \ 源文件 \10\ 人物的抠图应用 .psd

解析: 所谓"抠图",是指将图像中的某一部分从原图像中"剥离"出来。抠图是一个复杂的过程,尤其是对于一些较精细的图像,如人物的头发等。本实例将借助图层蒙版、"钢笔工具"和"画笔工具"将原图像中的人物抠取出来,替换背景,丰富画面效果。

1 执行"文件 > 打开"菜单命令,打开素材文件 01.jpg;复制"背景"图层,生成"图层 1"图层,如下图所示。

2 选择"图层 1",单击"添加图层蒙版"按钮 ,为"图层 1"添加图层蒙版;新建"图层 2"图层,将其放置在"图层 1"的下方,设置前景色为 R126、G16、B16,并将图层填充为前景色,方便抠图时查看图像,如下图所示。

3 双击"图层 1"的图层蒙版缩览图,在打开的"属性"面板中单击"颜色范围"按钮,打开"色彩范围"对话框;在对话框中单击"添加到取样"按钮 ,在画面中头发右侧单击,选取背景图像,如下图所示。

4 在打开的"色彩范围"对话框中设置参数,保持"反相"复选框处于勾选状态,完成后单击"确定"按钮,如下图所示。

5 单击"属性"面板中的"选择并遮住"按钮,打开"选择并遮住"工作区;在工作区中选择"黑底"视图模式,设置其他参数,对蒙版边缘进行调整,如下图所示。

6 调整前,画面如下左图所示。在"选择并遮住"工作区中完成调整后,人物边缘过渡变得更加自然,单击"确定"按钮,完成操作,如下右图所示。

7 复制"图层 1"，生成"图层 1 拷贝"图层。隐藏"图层 1"，选中"图层 1 拷贝"图层，单击"图层 1 拷贝"图层蒙版缩览图，如下图所示。

8 在工具箱中选择"画笔工具"，设置前景色为白色，在选项栏中设置画笔形态、大小、不透明度等选项；完成后在人物身体上涂抹，擦除人物身上多余的背景颜色，如下图所示。

11 继续使用"钢笔工具"沿着手指内侧勾画路径，按下快捷键 Ctrl+Enter，将路径转换为选区；在图层蒙版中对其填充黑色，使其透出下方的颜色，如下图所示。

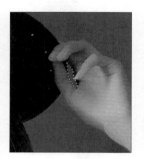

9 选择"图层 1 拷贝"图层蒙版，单击工具箱中的"钢笔工具"按钮，沿着人物右侧的头发与身体轮廓绘制路径，如下图所示。

12 选择工具箱中的"画笔工具"，在选项栏中设置画笔的形态和大小，更改"不透明度"为 50%、"流量"为 40%，对头发边缘进行涂抹，如下图所示。

10 按下快捷键 Ctrl+Enter，将路径转换为选区；按下快捷键 Alt+Delete，填充选区为黑色，隐藏多余的背景图像，如下图所示。

13 完成后继续使用"画笔工具"对头发及背景等区域进行涂抹，使头发边缘与背景结合得更加自然，如下图所示。

14 打开素材文件 02.jpg，将其拖曳到当前 PSD 文件中，生成"图层 3"图层，将其放置在"图层 2"的上方，成为画面背景，如下左图所示。打开素材文件 03.png，将其放置在人物的左上侧，按下快捷键 Ctrl+T，显示自由变换编辑框，对花朵大小、位置进行调整，按 Enter 键确认，完成操作，如下右图所示。

15 打开素材文件 04.png，将其拖曳到当前 PSD 文件中，生成"图层 5"图层；对文字的位置进行调整，完成人物抠图及封面应用效果，如下图所示。

实例演练：
通过剪贴蒙版拼合图像

原始文件：随书资源 \ 素材 \10\05 ~ 07.jpg
最终文件：随书资源 \ 源文件 \10\ 通过剪贴蒙版拼合图像 .psd

解析：图像拼合就是将不同的图像按照一定的形式组合在一起，形成一幅完整的图像。对于多幅图像的拼合，可以利用剪贴蒙版进行操作。它可以在不考虑图像导入后准确位置的情况下，直接将图像移至大致位置，再把图像设置为剪贴蒙版，这样图像就会自动按照基底图层的设置，将本身融入其中，从而实现图像的完美拼合。下面以实例来介绍如何应用剪贴蒙版拼合图像。

1 执行"文件 > 新建"菜单命令，打开"新建文档"对话框。在对话框中输入文件名"通过剪贴蒙版拼命图像"，并设置文件大小为 43 厘米 ×32 厘米，分辨率为 72 像素／英寸，设置后单击"创建"按钮，新建文件，如下图所示。

3 在"图层"面板中将"图层 1"的"不透明度"设置为 40%，作为画面的背景，如下图所示。

2 打开素材文件 05.jpg，将其拖曳到当前 PSD 文件中，生成"图层 1"。按下快捷键 Ctrl+T，在图像上显示自由变换编辑框，按住 Shift 键将图像进行等比例缩放，将小狗图像填满整个画面，如下图所示。

4 单击"矩形选框工具"按钮 ⬚，在画面中间绘制矩形选区；在"图层"面板中新建"图层2"图层，将矩形选区填充为白色，如下图所示。完成后按下快捷键 Ctrl+D，取消选区。

5 选择"图层1"，按下快捷键 Ctrl+J，复制该图层，生成"图层1拷贝"图层，更改其"不透明度"为 100%，并将其放置在"图层2"的上方，如下左图所示。按下快捷键 Ctrl+T，对图像进行适当缩放，如下右图所示。

6 完成缩放后，选择"图层1拷贝"图层，按下快捷键 Ctrl+Alt+G，创建剪贴蒙版；选择"移动工具"，适当调整图像位置，如下图所示。

7 在"图层"面板中新建"图层3"，将该图层放置在顶层。选择"矩形选框工具"，在画面右侧绘制矩形选区，设置前景色为白色，将矩形选区填充为白色，如下左图所示。完成后按下快捷键 Ctrl+T，对白色矩形进行旋转，效果如下右图所示。

8 打开素材文件 06.jpg，将其拖曳到当前 PSD 文件中，生成"图层4"图层；按下快捷键 Ctrl+Alt+G，创建剪贴蒙版，使小狗图像只显示在刚创建的白色矩形上，如下图所示。

9 按下快捷键 Ctrl+T，显示自由变换编辑框；拖曳编辑框及编辑框中的图像，对小狗图像进行适当缩放与旋转，完成后按 Enter 键，确认变换操作，如下图所示。

10 继续在"图层"面板中新建"图层5"图层，将该图层放置在顶层；选择"矩形选框工具"，在画面左下侧绘制矩形选区，并将矩形选区填充为白色，完成后对其进行一定角度的旋转，如下图所示。

11 打开素材文件 07.jpg，将其拖曳到当前 PSD 文件中，生成"图层6"图层；按下快捷键 Ctrl+Alt+G，创建剪贴蒙版，使小狗图像只显示在刚创建的白色矩形上，完成后按下快捷键 Ctrl+T，对小狗图像进行等比例的缩放和旋转，如下图所示。

12 按住 Ctrl 键，单击 "图层 2" 的图层缩览图，载入矩形选区；执行 "选择 > 修改 > 收缩" 菜单命令，在打开的 "收缩选区" 对话框中设置 "收缩量" 为 20 像素，单击 "确定" 按钮，收缩选区，如下图所示。

13 选择 "图层 1 拷贝" 图层，单击 "添加图层蒙版" 按钮，为该图层添加图层蒙版，如下图所示。

14 添加蒙版后，图像边缘出现了白色边框，如下左图所示。按住 Ctrl 键，单击 "图层 3" 的图层缩览图，载入矩形选区，如下右图所示。

15 执行 "选择 > 修改 > 收缩" 菜单命令，在打开的 "收缩选区" 对话框中设置 "收缩量" 为 15 像素，单击 "确定" 按钮，收缩选区，如下左图所示。单击 "添加图层蒙版" 按钮，为 "图层 4" 添加图层蒙版，效果如下右图所示。

16 按住 Ctrl 键，单击 "图层 5" 的图层缩览图，载入矩形选区；执行 "选择 > 修改 > 收缩" 菜单命令，在打开的对话框中设置 "收缩量" 为 10 像素，单击 "确定" 按钮，收缩选区，如下左图所示。单击 "添加图层蒙版" 按钮，为 "图层 6" 添加图层蒙版，效果如下右图所示。

17 新建 "图层 7" 图层，将此图层填充为黑色，设置图层混合模式为 "滤色"，如下左图所示。执行 "滤镜 > 渲染 > 镜头光晕" 菜单命令，打开 "镜头光晕" 对话框，在对话框中选择合适的镜头类型，单击 "确定" 按钮，完成操作，如下右图所示。

18 选择 "移动工具"，将添加的光晕调整至合适位置，然后按下快捷键 Ctrl+L，打开 "色阶" 对话框，在对话框中设置参数，加强光晕的明暗对比，如下图所示。

 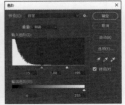

19 调整完明暗对比后，画面变得更加清新。
选择"横排文字工具"，在画面中创建并
输入合适的文字，丰富画面效果，如右图所示。

实例演练：
利用蒙版制作多彩玫瑰

原始文件：随书资源\素材\10\08.jpg、09.png
最终文件：随书资源\源文件\10\利用蒙版制作多彩玫瑰.psd

解析：本实例介绍多色花瓣玫瑰的制作。通过载入每个花瓣的选区，结合"色相/饱和度"调整图层以及对应蒙版，针对每个花瓣的颜色进行调整，同时通过"选择并遮住"工作区对选中图像边缘进行调整，使花瓣颜色的过渡更加自然。

1 执行"文件 > 打开"菜单命令，打开素材文件 08.jpg；在"图层"面板中单击"创建新的填充或调整图层"按钮，在打开的列表中选择"色阶"命令，然后在"属性"面板中设置参数，如下图所示。

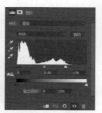

2 按下快捷键 Shift+Ctrl+Alt+E，盖印可见图层，生成"图层 1"图层，将其图层混合模式设置为"正片叠底"，效果如下图所示。

3 单击"快速选择工具"按钮，在选项栏中设置参数，完成后在左侧的玫瑰花瓣上涂抹，创建玫瑰花瓣的选区；单击"创建新的填充或调整图层"按钮，在打开的列表中选择"色相/饱和度"命令，打开"属性"面板，在面板中设置参数，如下图所示。

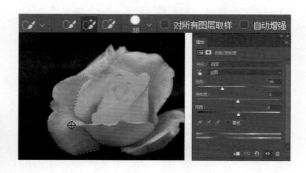

4 双击"色相/饱和度 1"调整图层的图层蒙版缩览图，在打开的"属性"面板中单击"选择并遮住"按钮，打开"选择并遮住"工作区；在工作区中设置"半径"选项，使花瓣边缘的颜色融合得更加自然，如下图所示。

5 选择"图层 1"，使用"快速选择工具"在中间花瓣位置涂抹，建立选区，如下图所示。

6 创建选区后，在"图层"面板中重复之前的操作，创建"色相／饱和度 2"调整图层，在"属性"面板中按下左图所示设置参数。双击"色相／饱和度 2"图层蒙版缩览图，在打开的"属性"面板中单击"选择并遮住"按钮，然后在打开的"选择并遮住"工作区中设置"半径"选项，使花瓣边缘的颜色融合得更加自然，如下右图所示。

7 选择"图层 1"，使用"快速选择工具"在右上角的花瓣位置涂抹，建立选区；创建"色相／饱和度 3"调整图层，在"属性"面板中设置参数，改变花瓣颜色，如下图所示。

8 双击"色相／饱和度 3"图层蒙版缩览图，在打开的"属性"面板中单击"选择并遮住"按钮，打开"选择并遮住"工作区。在工作区中设置各项参数，使花瓣边缘的颜色融合得更加自然，如下图所示。

9 选择"图层 1"，使用"快速选择工具"选择右下角花瓣，建立选区；创建"色相／饱和度 4"调整图层，在"属性"面板中设置参数，改变花瓣颜色，如下图所示。

10 重复之前的操作，在"选择并遮住"工作区中设置各项参数，使花瓣边缘的颜色融合得更加自然，如下图所示。

11 选择"图层 1"，创建中间位置花瓣的选区；单击"创建新的填充或调整图层"按钮，创建"色相／饱和度 5"调整图层，在"属性"面板中设置参数，改变花瓣颜色，如下图所示。

12 重复之前的操作，在"选择并遮住"工作区中设置各项参数，使花瓣边缘的颜色融合得更加自然，如下图所示。

13 选择"图层 1"，创建上方与下方花瓣的选区；创建"色相／饱和度 6"调整图层，在"属性"面板中设置参数，改变花瓣颜色；重复之前的操作，在"选择并遮住"工作区中设置各项参数，使花瓣边缘的颜色融合得更加自然，如下图所示。

14 执行"文件 > 打开"菜单命令，打开素材文件 09.png，将其拖曳至当前 PSD 文件中，调整其大小和位置，丰富画面效果，如下图所示。

读书笔记

第 11 章
通道

通道就是图像中所包含的颜色数目，它取决于图像的模式，不同颜色模式的图像所包含的通道数量也不相同。通道与图层之间最根本的区别在于：图层中各个像素点的属性是以红绿蓝三原色的数值来表示的，而通道中的颜色取决于该图像中每一单色调的值，并以代码的形式来记录单色的分布情况。本章将讲述通道的基础知识、"通道"面板的操作、通道的分离与合并，并运用通道的特性来计算图像的颜色以及通道的应用。

11.1　了解通道

通道主要用于存储不同类型图像的颜色信息，通过不同的通道可以观察每种颜色的分布情况。除此之外，通道还有另外一个功能，那就是同图层进行计算合成，从而生成各种特殊效果。本节将讲述怎样查看"通道"面板、用相应颜色显示通道等内容。

11.1.1　查看"通道"面板

学习之前，先来了解"通道"面板。"通道"面板中列出了图像中包含的所有通道，对于 RGB、CMYK 和 Lab 颜色模式的图像，最先列出的是复合通道。通道内容的缩览图显示在通道名称的左侧，编辑通道时会自动更新缩览图。

查看"通道"面板的方法很简单，只要执行"窗口 > 通道"菜单命令即可。"通道"面板中会显示当前图像颜色模式下的通道类型。如果建立了专色通道，则会列出专色通道。此外，"通道"面板还会显示 Alpha 通道以及处于快速蒙版编辑模式下的"快速蒙版"通道，如下图所示。

❶ RGB 通道：是一个复合通道，由图像的颜色模式决定。

❷ 指示通道可见性：单击可以显示或隐藏通道。

❸ 专色通道：用于保存专色调的信息，它具有 Alpha 通道的特点，也可以用于保存选区。每个专色通道只可存储一种专色信息，而且是以灰度形式来存储的。

❹ Alpha 通道：是一个 8 位的灰度通道，它用 256 级灰度来记录图像中的透明度信息，定义透明、不透明和半透明区域。

❺ "快速蒙版"通道：进入快速蒙版编辑模式后，在"通道"面板中就会出现"快速蒙版"通道。快速蒙版由两种颜色组成，即白色和红色，用户也可以自行选择，而"快速蒙版"通道由不同的灰度级来表示快速蒙版的分布情况，它其实是一个对象的 Alpha 通道。

❻ 扩展按钮：单击面板右上角的扩展按钮，即可弹出面板菜单。在面板菜单中可执行新建普通通道、新建专色通道、复制通道、删除通道等多种操作。

❼ 颜色通道：用于记录图像中每种颜色的亮度值，可以通过选择不同的颜色通道来查看各颜色的亮度信息。

❽ "通道"面板按钮：单击不同的按钮可以对通道进行不同的调整。

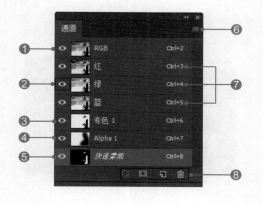

▶将通道作为选区载入 ：单击此按钮可以将通道中的灰度分布情况转换为选区。

▶将选区存储为通道 ：如果画面上存在选区，单击此按钮可以将选区存储到通道中，并创建 Alpha 通道。

▶创建新通道 ：单击此按钮可以创建一个黑色的 Alpha 通道。

▶删除当前通道 ：单击此按钮可以删除选中的通道。

★ 知识>>了解不同颜色模式下的通道

一幅图像可以被转换成不同的颜色模式，然而，不同的颜色模式下，图像拥有不同的通道，具体可分为以下几种。

◆位图模式：位图图像仅有一个通道，通道中有黑色和白色两个色阶。

◆灰度模式：灰度图像只有一个通道，该通道表现的是从黑色到白色256个色阶的变化，如下左图所示。

◆ RGB 模式：RGB 图像有 4 个通道，包括 1 个复合通道和 3 个分别代表红色、绿色、蓝色的通道，如下右图所示。

◆ CMYK 模式：CMYK 图像由 5 个通道组成，包括 1 个复合通道（CMYK 通道）和 4 个分别代表青色、洋红、黄色和黑色的通道，如下左图所示。

◆ Lab 颜色模式：Lab 图像有 4 个通道，包括 1 个复合通道（Lab 通道）、1 个明度分量通道和 2 个色度分量通道，如下右图所示。

11.1.2 用相应颜色显示通道

"通道"面板中的各个通道在默认情况下都会以灰色显示，用户可以通过"首选项"对话框进行设置，使"通道"面板用彩色显示 RGB、CMYK 或 Lab 图像的各个通道。

要使用彩色显示通道，可执行"编辑 > 首选项 > 界面"菜单命令，在"首选项"对话框的"界面"选项下进行设置，如下图所示。

选中"用彩色显示通道"复选框，然后单击"确定"按钮即可。设置完成后打开"通道"面板，可以看到每个通道都应用了相应的颜色，如下左图所示。如果在"首选项"对话框中取消选中该复选框，则以原色显示通道，如下右图所示。

★ 技巧>>设置通道缩览图显示大小

打开"通道"面板，面板中列出了该图像的所有通道。在"通道"面板菜单中选择"面板选项"命令，打开"通道面板选项"对话框，在对话框中可以设置通道缩览图的大小，如下图所示。

11.2　通道的基本操作

　　了解"通道"面板后，本节将详细讲述"通道"面板的各项操作，如创建通道、删除通道、复制通道、载入通道选区以及显示/隐藏通道等。掌握通道的基本操作可以为应用通道打下牢固的基础。

11.2.1　显示/隐藏通道

　　用户可以通过"通道"面板中的"指示通道可见性"图标来显示/隐藏通道。通道包含一种颜色在图像中的明亮度，显示通道是在图像中显示某种颜色；隐藏某一通道，则是在图像中隐藏某种颜色。

　　打开"通道"面板，从图中可以看出当前打开的图像是 CMYK 颜色模式的。如果通道缩览图前面的"指示通道可见性"图标为正常状态，则表明图像显示了所有通道的颜色；如果要隐藏面板中的某一个通道，则可以单击"指示通道可见性"图标 👁，如下左图所示；隐藏一种通道颜色后的效果如下右图所示。

　　用户还可以同时隐藏多个通道，但必须至少显示出一个通道。

　　⭐ 技巧>>快速显示所有通道

　　如果一幅图像只显示了其中一个通道，如下图所示。

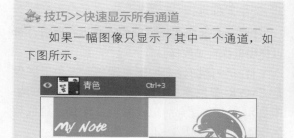

　　单击"通道"面板中最上方的复合通道前的"指示通道可见性"图标 👁 即可显示所有通道，如下图所示。

11.2.2　创建通道

　　在"通道"面板中可创建两类通道：Alpha 通道和专色通道。在 Photoshop 中创建通道的方法有很多种，既可以在面板中创建，也可以通过面板菜单来创建，还可以通过保存选区来创建。下面将详细讲述。

1. 创建Alpha通道

　　在"通道"面板中，Alpha 通道是以黑色显示的，创建 Alpha 通道有两种方法。

　　方法 1：打开"通道"面板，单击面板底部的"创建新通道"按钮 ⊡，如下左图所示；即可创建一个新的 Alpha 通道，如下右图所示。

　　方法 2：单击"通道"面板右上角的扩展按钮 ▤，打开面板菜单，在该菜单中选择"新建通道"命令，即可打开"新建通道"对话框，如下图所示。在该对话框中设置相关选项，单击"确定"按钮，也可创建新的 Alpha 通道。

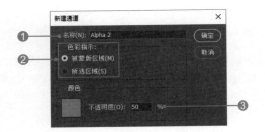

❶名称：在该文本框中可设定新建通道的名称。

❷色彩指示：在该选项组中，可以指定色彩标明的区域，有"被蒙版区域"和"所选区域"两种。

❸颜色：在该选项组中，可以设置通道的颜色和显示的不透明度。

2．创建专色通道

专色通道用于保存专色信息，创建专色通道可以通过以下两种方式。

方法1：单击"通道"面板右上角的扩展按钮，打开面板菜单，在该菜单中选择"新建专色通道"命令，即可打开"新建专色通道"对话框，如下图所示。在该对话框中设置相关选项，单击"确定"按钮，即可新建专色通道。

方法2：专色通道具有 Alpha 通道的特点，也可以用于保存选区，所以可以将 Alpha 通道转换为专色通道。运用此方法创建专色通道前，必须确保"通道"面板中存在至少一个 Alpha 通道。双击 Alpha 通道，打开如下左图所示的"通道选项"对话框；选中"色彩指示"中的"专色"单选按钮，设置"颜色"为红色，"密度"为 50%，单击"确定"按钮，即可看到"通道"面板中原来的 Alpha 通道转换为专色通道了，如下右图所示。

应用>>为图像建立专色通道

首先打开一幅图像，如下左图所示。单击"通道"面板右上角的扩展按钮，在打开的面板菜单中选择"新建专色通道"命令，在打开的对话框中参照下右图所示进行设置。

打开另一幅素材图像，将该图像的"红"通道载入选区，然后复制选区中的图像，如下图所示。

返回前面制作的图像文件，打开"通道"面板，选择创建的专色通道，按 Ctrl+V 键粘贴图像至专色通道，效果如下图所示。

11.2.3 选择通道

每个通道代表着不同的颜色，如果想对不同的颜色分布进行查看，则可以在"通道"面板中选择不同的通道来实现。

1．使用鼠标选择

Photoshop 要选择不同的通道进行查看，可以使用鼠标直接选择。

打开一幅图像，如下左图所示，由于图像是 CMYK 颜色模式的，所以在"通道"面板中显示了 1 个复合通道及青色、洋红、黄色和黑色 4 个颜色通道，如下右图所示。

如果要选择并查看其"青色"通道，则只需要单击"通道"面板中的"青色"通道，如下左图所示。当选择"青色"通道后，将会只显示该通道中的图像，如下右图所示。

2. 使用快捷键选择

在"通道"面板中，每个通道都被排列在一个列表中，可以通过通道名称后的快捷键进行选择。按下快捷键 Ctrl+4，即可选择"洋红"通道，如下左图所示，按下快捷键 Ctrl+5，即可选择"黄色"通道，如下右图所示。

> **技巧>>使用通道快捷键的注意事项**
>
> 在 Photoshop 中可以创建很多通道，但 Photoshop 为通道指定的快捷键不会超过 8 个（为 Ctrl+n，其中 n 为 2～9 中的整数），多余的通道将没有快捷键，如下图所示。

11.2.4 复制通道

复制通道可以通过菜单命令或快捷菜单等多种方法来完成。通道不仅可以复制到当前文件中，还可以复制到用户所指定的任意文件中。通过复制通道，用户可以对图像中的每种通道颜色进行相加。

1. 复制通道的方法

在 Photoshop 中，复制通道的方法有以下 3 种。

方法 1：选择一个通道，右击该通道，在弹出的快捷菜单中选择"复制通道"命令，如下左图所示。

方法 2：单击面板右上角的扩展按钮，打开面板菜单，在菜单中选择"复制通道"命令，也可复制通道，如下右图所示。

方法 3：使用鼠标拖曳其中一个通道至"通道"面板底部的"创建新通道"按钮上，释放鼠标后可复制该通道，如下图所示。

2. "复制通道"对话框

当执行"复制通道"命令后，会打开"复制通道"对话框，如下图所示。

❶为：在该文本框中可以设定复制后通道的名称。

❷目标：该选项组用于设置通道被复制到何处或者将复制的通道反相。

▶ 文档：在该下拉列表框中可以选择通道复制的目标文件。值得注意的是，在此下拉列表框中只显示同大小、同分辨率的文件。

▶ 名称：复制通道时可以复制到新建的文档中，该文本框用于设置新文件名。如果找不到一样大小及分辨率的图像，就可以选择"文档"下拉列表框中的"新建"选项，然后可在"名称"文本框中输入新文件名。

▶ 反相：勾选该复选框，可以将复制通道中的灰度反相。

11.2.5 删除通道

删除通道与复制通道一样，也是通道基本操作中必须掌握的内容。删除通道也可以通过菜单命令或快捷菜单等方法来完成。

删除通道相当于删除图像中的某一种色调，之后图像便不再显示被删除的颜色。通过删除通道可以对图像中的色彩进行相减操作。

删除通道和复制通道一样有 3 种方法，下面将详细讲述。

方法 1：选择一个通道，右击该通道，在弹出的快捷菜单中选择"删除通道"命令，如下左图所示。

方法 2：单击"通道"面板右上角的扩展按钮，打开面板菜单，在菜单中选择"删除通道"命令，如下右图所示。

方法 3：使用鼠标拖曳通道至"通道"面板底部的"删除当前通道"按钮上，释放鼠标后可删除该通道。

打开一幅 CMYK 颜色模式的素材图像，如下左图所示，此时"通道"面板中显示包括

1 个复合通道和"青色""洋红""黄色""黑色"4 个颜色通道，在面板中选中"洋红"通道，右击该通道，如下右图所示，在弹出的快捷菜单中选择"删除通道"命令。

删除"洋红"通道，如下左图所示，删除后的图像中没有洋红色调，留下的只有由青色、黄色和黑色组成的图像，效果如下右图所示。

11.2.6 载入通道选区

如果想对不同通道中的图像进行编辑，则可以通过载入通道选区来进行操作。载入通道选区是指通过将图像在某个通道下显示的颜色亮度值以选区的形式选取出来。

在 Photoshop 中有两种载入通道选区的方法。

方法 1：选择一个通道，然后在"通道"面板底部单击"将通道作为选区载入"按钮，可载入通道选区，如下左图所示。

方法 2：按住 Ctrl 键的同时单击通道缩览图，也可将通道载入选区，如下右图所示。

打开一幅图像，需要将"洋红"通道载入选区，则先选中"洋红"通道，画面显示效果如下左图所示；按住 Ctrl 键的同时单击"洋红"通道缩览图，即可将通道中的图像载入到选区，如下右图所示。

反选选区，将人物图像选中。复制选区中的图像，即可抠出图像，效果如下图所示。

🍄 应用>>通过通道选区抠图

　　打开一幅图像，执行"图像 > 模式 >CMYK 颜色"菜单命令，把图像转换为 CMYK 颜色模式；打开"通道"面板，选择"黑色"通道，并将该通道载入到选区，如下图所示。

11.3　编辑通道

　　在本节中主要讲述分离通道、合并通道、将选区存储为通道等 3 种对通道进行编辑的方法。在 Photoshop 中可以对图像的通道进行分离，然后按照设置再重新组合起来，并组成另一种色调，形成不一样的图像效果。下面将详细介绍。

11.3.1　分离通道

　　一个图像文件中往往包含多个通道，如果想将每个通道作为单独的文件保存，则可以使用"分离通道"命令。值得注意的是，如果一个图像文件中只包含一个通道，则"分离通道"命令将不可用。

　　分离通道的方法非常简单，只需单击"通道"面板右上角的扩展按钮▤，在弹出的面板菜单中选择"分离通道"命令即可。

　　打开一幅图像，如下左图所示。打开"通道"面板，可以看出其颜色模式为 RGB 颜色模式。单击"通道"面板右上角的扩展按钮▤，在弹出的面板菜单中选择"分离通道"命令，如下右图所示，图像将被分离为 3 个独立的文件。

　　分离通道后，原文件被关闭，单个通道出现在单独的灰度图像窗口中，新窗口的标题栏显示了原文件名及图像颜色模式，如下左图所示。打开"通道"面板，可以看到只有"灰色"通道，如下右图所示。

不同的颜色模式有不同的通道，分离通道后的图像数目和效果也会不同。

◆ Lab 颜色模式：该模式图像有 3 个不同的通道，分离后会产生 3 个独立的文件。

◆ CMYK 颜色模式：该模式有 4 个不同的通道，会被分离成 4 个文件。

◆ RGB 颜色模式：该模式有 3 个不同的通道，分离通道后会产生 3 个不同的文件。

11.3.2 合并通道

当图像被分离成多个独立的文件后，用户还可以将这些文件合并成一个新的图像文件。在合并通道时，用户可以选择以不同的颜色模式来合成图像，包括"多通道"模式、"RGB 颜色"模式、"CMYK 颜色"模式和"Lab 颜色"模式等。当选择不同的模式时，合并后的图像效果也会不同。

打开"通道"面板，单击面板右上角的扩展按钮 ，弹出面板菜单，在该菜单中选择"合并通道"命令，即可弹出"合并通道"对话框，如下图所示。

1. "多通道"模式

在"合并通道"对话框的"模式"下拉列表框中选择"多通道"模式，设置通道数目后单击"确定"按钮，会随之打开"合并多通道"对话框，如下图所示。在该对话框中可设置通道 1 对应的图像；单击"下一步"按钮，会打开设置通道 2 的对话框，依此类推。如果在"合并多通道"对话框中单击"模式"按钮，则会返回"合并通道"对话框。

2. "RGB颜色"模式

"RGB 颜色"模式是常用的颜色模式，由红、绿、蓝组合而成。如果在"合并通道"对话框中选择"RGB 颜色"模式，如下左图所示。单击"确定"按钮，会打开"合并 RGB 通道"对话框。在该对话框中，用户可以自行设置颜色相对应的图像，设置完成后单击"确定"按钮即可，如下右图所示。

打开如下左图所示的图像，并将图像通道分离。单击"通道"面板右上角的扩展按钮 ，在弹出的面板菜单中选择"合并通道"命令，即可打开"合并通道"对话框。在打开的对话框中设置"模式"为"RGB 颜色"，再单击"确定"按钮，在打开的对话框中设置"红色"通道替换为原图的"*.jpg_ 蓝"文件，"绿色"通道替换为原图的"*.jpg_ 红"文件，"蓝色"通道替换为原图的"*.jpg_ 绿"文件，设置完成后单击"确定"按钮，效果如下右图所示。

3. "CMYK颜色"模式

"CMYK 颜色"模式由 4 个不同的通道组合而成，如果当前图像的通道数少于 4 个，则不能合并为"CMYK 颜色"模式。CMYK 也被称为减色。其中，C 代表青色（Cyan）、M

代表洋红色（Magenta）、Y 代表黄色（Yellow）、K 代表黑色（Black）。

4. "Lab 颜色"模式

"Lab 颜色"模式由明度（L）和有关色彩的 a、b 等 3 个要素组成。其中，L 代表明度（Luminosity），相当于亮度；a 表示从红色至绿色的范围；b 表示从蓝色至黄色的范围，如下图所示。

⚙ 技巧>>合并通道时的注意事项

如果当前图像是"RGB 颜色"模式，则不可合并为"CMYK 颜色"模式，此时执行"合并通道"命令后，在"合并通道"对话框中的"模式"下的"CMYK 颜色"选项为灰色不可选状态，如下图所示。这是由于 CMYK 模式有 4 个通道，且它们自身的颜色系也不同，所以"RGB 颜色"模式不能合并为"CMYK 颜色"模式。

📖 应用>>合并不同文件中的通道

在 Photoshop 中可以将不同文件分离的通道进行合并。

保留第一幅图的青色、黄色及第二幅图的洋红、黑色，然后进行分离操作，如下图所示。

单击"通道"面板右上角的扩展按钮 ，在弹出的菜单中选择"合并通道"命令，参照下左图所示进行设置，合并为"CMYK 颜色"模式。合并后的图像效果如下右图所示。

11.3.3 将选区存储为通道

在 Photoshop 中可以将任何选区存储为新的或现有的 Alpha 通道，然后通过通道与选区的转换，对图像进行进一步的编辑。

对于图像中创建的任意选区，都可以存储在 Alpha 通道中。将选区存储为通道有两种方法，一是通过"通道"面板存储；二是通过"存储选区"对话框存储。下面将具体介绍。

1. 通过"通道"面板存储

将选区存储为通道，首先需要绘制选区，如下左图所示。打开"通道"面板，单击面板底部的"将选区存储为通道"按钮 ，即可将选区保存在 Alpha 通道中，如下右图所示。Alpha 通道中的内容与蒙版一样，由不同的灰度组成。

2. 通过"存储选区"对话框存储

确保画面中存在选区，然后执行"选择 > 存储选区"菜单命令，打开"存储选区"对话框，如下图所示。

❶目标：该选项组用于设置选区保存的位置。

▶ 文档：用于设置选区保存为通道后的目标文件。默认情况下，选区会放在当前图像中。可以选择将选区存储到其他打开的且具有相同尺寸的图像的通道中，或存储到新图像中。

▶ 通道：为选区选择一个目标通道。默认情况下，选区将存储在新通道中，也可以将选区存储到选中图像的任意现有通道中。

▶ 名称：如果将选区存储为新通道，则应在"名称"文本框中为该通道输入一个名称。

❷ 操作：如果要将选区存储到现有通道中，则可在"操作"选项组中选择组合选区和通道的方式。

▶ 替换通道：替换通道中的当前选区。

▶ 添加到通道：将选区添加到当前通道中，与当前内容相加。

▶ 从通道中减去：从通道内容中删除选区。

▶ 与通道交叉：保留选区与所选通道内容交叉的区域。

🎓 应用>> 载入多个通道选区

　　载入多个通道选区可通过快捷键进行操作。

　　打开一幅图像，并载入"蓝"通道选区，如下图所示。

　　按住 Shift+Ctrl 键的同时单击"绿"通道，将会增加"绿"通道中的选区，如下图所示。

　　按住 Ctrl+Alt 键的同时单击"红"通道，则会在当前选区中减去"红"通道中的选区，如下图所示。

11.4　Alpha 通道

　　Alpha 通道是由 8 位灰度图像组成的通道，该通道用 256 级灰度来记录图像中的透明度信息。其中，黑色表示全透明，白色表示不透明，灰色表示半透明。

11.4.1　了解 Alpha 通道

　　了解 Alpha 通道的特性后，可以发现它与蒙版非常相似，但它与蒙版存在着巨大的区别。在本小节中将依据通道与蒙版之间的区别来讲述 Alpha 通道。

　　Alpha 通道与蒙版的区别主要有表面区别、使用区别和发展方向上的区别。

1. 表面区别

　　Alpha 通道是通道中固定存在的，而蒙版是编辑时在"通道"中临时出现的。

2. 使用区别

　　Alpha 通道的操作主要在"通道"面板中

实现；而蒙版的应用包括了图层蒙版、矢量蒙版和快速蒙版等，主要操作在"图层"面板中实现。

3. 发展方向上的区别

　　要更加长久地存储一个选区，可以将该选区存储为 Alpha 通道。Alpha 通道可将选区存储为"通道"面板中的可编辑灰度蒙版。一旦将某个选区存储为 Alpha 通道后，就可以随时重新载入该选区，或将该选区应用到其他图像中。而对于蒙版来说，虽然在编辑形式上与其类似，但是一旦对蒙版进行应用之后，则不能再重新对其进行编辑。

彩色深度标准通常有以下几种。

◆ 8 位色：每个像素所能显示的彩色数为 28，即 256 种颜色。

◆ 16 位增强色：每个像素所能显示的彩色数为 216，即 65536 种颜色。

◆ 24 位真彩色：每个像素所能显示的彩色数为 224，约 1680 万种颜色。

◆ 32 位真彩色：即在 24 位真彩色图像的基础上再增加一个表示图像透明度信息的 Alpha 通道。

11.4.2　Alpha 通道的应用

Alpha 通道不仅保存了位置信息，还保存了像素的不透明度，也就是不同的灰度级。

1.　Photoshop 中 Alpha 通道的应用

在图像处理软件 Photoshop 中，通道是一个最为基本的概念，颜色通道代表了该图像的主要色彩信息，附加通道有用于印刷的专色通道和存储、修改选取区域的 Alpha 通道。

通常情况下，单独创建的新通道就是 Alpha 通道。这个通道并不存储图像的色彩，而是将选区作为 8 位灰度图像存放在通道中，如下图所示。因此 Alpha 通道的内容代表的不是图像的颜色，而是选择区域。其中，白色表示完全选取区域，黑色为非选取区域，不同层次的灰度代表不同的选取百分比，最多有 256 级灰阶。

2.　动画软件中 Alpha 通道的应用

Alpha 通道无论是在二维动画软件还是三维动画软件中都有着广泛应用。

3ds Max 动画软件中提供了动画作品后期合成的工作环境（即 Video Post），利用 Video Post 的图像合成功能可以实现一次处理许多不同层次的图像文件与动画场景合成的设定。其中，使用最频繁的合成方式 Alpha composing 就是靠 Alpha 通道来实现的。

3.　视频中 Alpha 通道的应用

在视频处理软件中，通常要将多个视频片段按照要求重叠在一起，形成透明或半透明效果。视频编辑软件 Premiere 提供了多达 97 个视频高叠轨道，用以实现影像片段的合成。在高叠片段的 video Option 命令中，有一个专门用于合成的透明设置选项 Transparency，它提供了许多 key Type 基本（透明）类型。其中，Alpha channel key 就是利用影像或图片的 Alpha 通道在片段上选定区域形成透明效果。

11.5　专色通道

专色通道可以保存专色信息。它具有 Alpha 通道的特点，也可以保存选区。每个专色通道只可存储一种专色信息，而且是以灰度形式来存储的。

11.5.1　了解专色通道

专色通道其实与普通的 Alpha 通道一样，只不过是在专色通道中被遮住区域的图像会显示用户设定的颜色，如右图所示。

专色通道和图像原本存在的通道一样，也可以进行合并。打开一幅图像，创建两个专色通道，然后单击"通道"面板右上角的扩展按钮，在弹出的面板菜单中选择"合并专色通道"命令，合并后的通道将融合到图像中，而不是专色通道中，如下图所示。

11.5.2　专色通道的应用

了解了专色通道后，下面介绍如何应用专色通道。

1．为黑白照片上色

专色的准确性非常高，而且色域很宽，它可以用来替代或补充印刷色，如烫金色、荧光色等。专色中的大部分颜色是 CMYK 颜色无法呈现的。除了"位图"模式外，在其余所有的颜色模式下都可以建立专色通道。也就是说，即使是"灰度"模式的图片，如果加上专色，也可以使之呈现出彩色图像效果，如下图所示。

2．制作水印

这是专色通道的另一大应用。通过设置不同的专色通道的颜色，可以将外部的图像变为各式各样的水印效果，如下图所示。

应用一>>专色通道的应用实例
打开一幅图像，如下图所示。

打开"通道"面板，将"蓝"通道载入选区，如下左图所示。新建一个专色通道，参照下右图所示设置。

保持选区不变，执行"滤镜 > 渲染 > 云彩"菜单命令，应用滤镜，效果如下图所示。

应用二>>更改专色通道的颜色

专色通道与图层蒙版类似，都可以设置不透明程度，并且可以更改通道中的灰度级来显示在图像中的颜色。

打开一幅图像，创建一个红色的专色通道，设置好后单击"确定"按钮，如下图所示。

按下快捷键 Alt+Delete，为"专色 1"通道填充黑色，图像效果如下图所示。

双击"专色 1"通道，在打开的对话框中设置通道颜色为绿色，如下左图所示。单击"确定"按钮，图像效果如下右图所示。

11.6　混合通道

混合通道可用于将图像内部与图像之间的通道组合成新图像。另外，也可以使用"应用图像"或"计算"命令进行操作。这些命令提供了"图层"面板中没有的两个附加混合模式。

11.6.1　用"应用图像"命令混合通道

使用"应用图像"命令来调整通道间的混合关系，可快速将相同分辨率下不同图像中的通道进行融合，从而生成另一种图像效果。

执行"图像>应用图像"菜单命令，打开"应用图像"对话框，如下图所示。

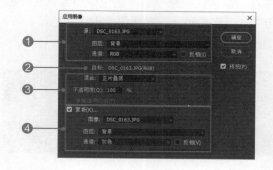

❶源：用于指定图像的来源。

▶图层：在"图层"下拉列表中列出了源文件中的有效图层。选择"合并图层"选项，将包括源文件中所有可见的图层。

▶通道：用于选择合成通道或一个单独的颜色通道。若已选择了一个指定的图层，就可选择"透明"选项。

▶反相：如果想要使用与选区相反的区域，则可选择该项。

❷目标：显示用于应用图像的目标图像。

❸混合：在该选项组中，可以设置通道的混合模式及不透明度等。

▶混合：在"混合"下拉列表中可以选择混合模式。勾选"预览"复选框后，可以在图像窗口中预览当前所选混合模式应用的图像效果。

▶不透明度：用于设置应用图像混合的不透明度，取值范围为 1%～ 100%。

▶保留透明区域：如果想要保留目标图层的透明度，则勾选"保留透明区域"复选框。

❹蒙版：如果要将蒙版应用图像混合，则可以勾选"蒙版"复选框，然后通过调整选区控制蒙版应用效果。

应用>>应用图像混合通道

打开两幅图像，分别如下图所示。

选中第一幅图，执行"图像 > 应用图像"菜单命令，打开"应用图像"对话框。在"源"下拉列表框中选择第二幅图像，再设置"混合"为"叠加"，如下左图所示。设置完成后单击"确定"按钮，关闭"应用图像"对话框，将得到如下右图所示的图像效果。

11.6.2 用"计算"命令混合通道

同"应用图像"命令一样，使用"计算"命令同样可以混合通道，从而生成不同的画面效果。与"应用图像"命令不同的是，使用"计算"命令混合通道可以对当前图像中的两个通道进行混合。

执行"图像 > 计算"菜单命令，打开"计算"对话框，如下图所示。

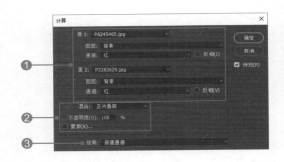

❶源：用于指定源图像的图层和通道。

▶图层：在源1和源2中，通过设置"图层"选项，可以指定图像中被计算的图层。

▶通道：用于指定图像中被计算的通道。

❷混合：在该选项组中，可以设置通道的混合模式以及不透明度等。

▶混合：单击"混合"后的下三角按钮，在展开的下拉列表中可以选择混合模式。在计算图像时，若勾选"预览"复选框，则可以查看设置混合后的临时图像效果。

▶不透明度：设置混合后显示的不透明度。

▶蒙版：如果想要给蒙版应用计算，就可以勾选"蒙版"复选框，给图层或通道设置蒙版选项。

❸结果：用于设置新生成的 Alpha 通道的产生方式。选择"新建通道"选项，系统会自动生成一

个 Alpha 通道；选择"新建文档"选项，则将新生成的通道存储在新的文档中；选择"选区"选项，可将计算出来的结果以选区形式显示。

11.6.3 应用滤镜编辑通道

因为通道也是由不同的灰度级组成的，所以对通道的操作与对蒙版的一样。在通道中，不但可以使用"画笔工具"等进行绘制，还可以对通道中的图像应用滤镜，创建多种多样的图像效果。

打开一幅图像，将图像转换为 CMYK 颜色模式，然后打开"通道"面板，选中"青色"通道，如下左图所示。执行"滤镜 > 像素化 > 晶格化"菜单命令，打开"晶格化"对话框，在对话框中输入"单元格大小"为 100，最后单击"确定"按钮，如下右图所示。

如下左图所示，为图像中的"青色"通道执行"晶格化"命令后，图像中的青色亮度被分割成了多个单元。返回图像正常颜色显示下，画面效果如下右图所示。

★技巧>>运用滤镜任意变换通道

Photoshop 的滤镜库提供了多种效果，用户可以直接选择要操作的通道，然后执行"滤镜 > 滤镜库"菜单命令，打开"滤镜库"对话框，在对话框中可直接单击滤镜选项进行操作。

实例演练：
快速变换图像色调

原始文件：随书资源 \ 素材 \11\01.jpg
最终文件：随书资源 \ 源文件 \11\ 快速变换图像色调 .psd

解析： 在 Photoshop 中，若要快速变换图像的色调，除了可以使用前面章节中介绍的调整命令之外，还可以使用本章中介绍的"应用图像"命令进行调整。在本实例中，通过执行"应用图像"命令自由设定要变换的通道颜色，然后根据调整更改其混合模式，将图像中的黄色调变换为红色调，从而呈现出色彩绚丽的晚霞美景。

1 执行"文件 > 打开"菜单命令，打开素材文件 01.jpg；在"图层"面板中复制"背景"图层，生成"图层 1"图层，如下图所示。

2 执行"图像 > 模式 >CMYK 颜色"菜单命令，打开提示对话框，单击对话框中的"不拼合"按钮，在弹出的对话框中单击"确定"按钮，将图像转换为 CMYK 颜色模式，如下图所示。

3 执行"窗口 > 通道"菜单命令，打开"通道"面板，选择"青色"通道，如下图所示。

4 执行"图像 > 应用图像"菜单命令，打开"应用图像"对话框。在对话框中设置参数，更改混合模式为"柔光"，设置"不透明度"为 50%，单击"确定"按钮；根据设置调整画面效果，然后在"通道"面板中单击 CMYK 通道，如下图所示。

5 打开"图层"面板，按下快捷键 Ctrl+J，复制"图层 1"图层，生成"图层 1 拷贝"图层，如下图所示。

6 打开"通道"面板，选择"青色"通道；执行"图像 > 应用图像"菜单命令，打开"应用图像"对话框，在对话框中设置参数，更改混合模式为"正片叠底"，设置"不透明度"为 100%，设置后单击"确定"按钮，如下图所示。

7 在"通道"面板中选择"洋红"通道，执行"图像 > 应用图像"菜单命令；在打开的"应用图像"对话框中设置参数，更改混合模式为"正片叠底"，设置"不透明度"为100%，设置后单击"确定"按钮，如下图所示。

8 在"通道"面板中单击 CMYK 通道，返回图像窗口，可以看到图像色调发生了明显的变化，如下图所示。

9 执行"图像 > 模式 >Lab 颜色"菜单命令，在打开的提示对话框中单击"不拼合"按钮，将图像转换为 Lab 颜色模式；在"图层"面板中复制"图层 1 拷贝"，生成"图层 1 拷贝 2"图层，如下图所示。

10 执行"图像 > 应用图像"菜单命令，在打开的"应用图像"对话框中设置参数，更改混合模式为"柔光"，设置"不透明度"为100%，调整画面效果，如下图所示。

11 执行"图像 > 模式 >RGB 颜色"菜单命令，在打开的提示对话框中单击"不拼合"按钮，转换颜色模式；在"图层"面板中复制"图层 1 拷贝 2"，生成"图层 1 拷贝 3"图层，如下图所示。

12 选择"图层 1 拷贝 3"图层，更改其混合模式为"滤色"，设置"不透明度"为80%，提亮整体画面，如下图所示。

13 按下快捷键 Shift+Ctrl+Alt+E，盖印可见图层，生成"图层 2"图层。执行"滤镜 > 杂色 > 减少杂色"菜单命令，在打开的"减少杂色"对话框中按下左图所示设置参数，单击"确定"按钮，减少画面杂色，效果如下右图所示。

实例演练:
重组通道设置特殊色调

原始文件:随书资源 \ 素材 \11\02.jpg
最终文件:随书资源 \ 源文件 \11\ 重组通道设置特殊色调 .psd

解析: 在 Photoshop 中可以应用"分离通道"和"合并通道"命令将一张 RGB 图像中的通道先进行分离,再通过合并分离的通道,将图像转换为不同的颜色模式,赋予图像新的色彩,并结合调整命令对图像的颜色加以修饰,制作出特殊色调的画面效果。

1 执行"文件 > 打开"菜单命令,打开素材文件 02.jpg;执行"窗口 > 通道"菜单命令,打开"通道"面板,如下图所示。

2 单击"通道"面板右上角的扩展按钮,在弹出的菜单中选择"分离通道"命令,将图像分离为 3 个灰度图像,如下图所示。

3 选择分离的"绿"通道灰度图像,在"通道"面板中单击右上角的扩展按钮,在弹出的菜单中选择"合并通道"命令,将分离的图像合成,如下图所示。

4 打开"合并通道"对话框,在对话框中选择"模式"为"Lab 颜色",单击"确定"按钮;打开"合并 Lab 通道"对话框,选择明度通道为"02.jpg_蓝",a 通道为"02.jpg_红",b 通道为"02.jpg_绿",完成后单击"确定"按钮,如下图所示。

5 返回图像窗口,已将分离的图像合并为 Lab 颜色模式的图像,效果如下图所示。

6 单击"调整"面板中的"色相/饱和度"按钮,新建"色相/饱和度 1"调整图层;在"属性"面板中选择"红色"选项,输入"色相"值为 +14,"饱和度"值为 -52,如下图所示。

7 继续在"属性"面板中设置选项,选择"青色"选项,设置"色相"为 -13,"饱和度"为 -41,设置后可得到不同颜色的画面,如下图所示。至此,已完成本实例的制作。

实例演练：
利用通道抠图

原始文件：随书资源 \ 素材 \11\03、04.jpg
最终文件：随书资源 \ 源文件 \11\ 利用通道抠图 .psd

　　解析：通道抠图是最科学、最简单的一种方法，它可以帮助用户轻松抠取外形复杂的图像。本实例中将运用通道抠取素材图像中的主体人物。操作时通过复制通道中的图像，使用调整命令对通道加以编辑，增强通道中图像的对比反差，再结合"画笔工具"对通道中的图像进行设置，抠出较完整的人物图像，最后为抠出的图像添加一个更合适的背景，修饰原图像中略显单调的天空背景。

1 执行"文件 > 打开"菜单命令，打开素材文件 03.jpg；执行"窗口 > 通道"菜单命令，打开"通道"面板，如下图所示。

2 在"通道"面板中选择"蓝"通道，按住鼠标左键，将其拖曳到"创建新通道"按钮 □ 上，生成"蓝 拷贝"通道并选择此通道，如下图所示。

3 按下快捷键 Ctrl+L，打开"色阶"对话框，在对话框中按下左图所示设置参数，加强通道内的明暗对比，效果如下右图所示。

4 在工具箱中选择"画笔工具"，设置前景色为白色，在选项栏中设置参数，然后选择"蓝拷贝"通道，在画面的天空部分涂抹，如下图所示。

5 继续选择"画笔工具"，设置前景色为黑色，在选项栏中设置画笔参数，然后在地面部分涂抹，接着在人物身上的白色部分涂抹，如下图所示。

6 裙子部分先不用画笔涂抹，将人物身上以及地面其他部分的白色涂抹为黑色之后，在"通道"面板中按住 Ctrl 键，单击"蓝 拷贝"通道前的通道缩览图，载入通道中白色部分的选区，如下图所示。

7 按下快捷键 Shift+Ctrl+I，反选选区，然后在"通道"面板中选择 RGB 通道，如下图所示。

8 返回"图层"面板，按下快捷键 Ctrl+J，复制选区内的图像，生成"图层 1"图层；单击"背景"图层前的"指示图层可见性"图标 👁，隐藏"背景"图层，查看利用通道抠出的图像效果，如下图所示。

9 单击"背景"图层前的"指示图层可见性"图标 👁，显示"背景"图层；选择"快速选择工具"，在选项栏中设置工具的各项参数，然后沿着人物缺失的裙子部分涂抹，建立选区，如下图所示。

10 按下快捷键 Ctrl+J，复制选区内的裙子图像，生成"图层 2"图层；打开素材文件 04.jpg，如下图所示。

11 将天空图像拖曳到当前 PSD 文件中，生成"图层 3"图层，将其放置在"背景"图层上方，成为人物图像的背景；按下快捷键 Ctrl+T，调整天空图像的大小和位置，如下图所示。

12 按下图所示对天空图像进行放大和旋转的调整。

13 右击自由变换编辑框内的图像，在弹出的快捷菜单中选择"透视"命令，对天空图像进行透视的调整；再右击自由变换编辑框内的图像，在弹出的快捷菜单中选择"斜切"命令，继续调整天空图像，如下图所示。

14 右击自由变换编辑框内的图像，在弹出的快捷菜单中选择"变形"命令，调整天空形状与地面透视相同，如下图所示。

15 按下快捷键 Shift+Ctrl+Alt+E，盖印可见图层，生成"图层 4"图层，如下图所示。

16 执行"滤镜 > 模糊画廊 > 移轴模糊"菜单命令，按下左图所示在画面上调整模糊的位置与程度，设置后单击"确定"按钮，完成移轴模糊的调整，效果如下右图所示。

19 选择"图层5"图层，执行"图像 > 调整 > 去色"菜单命令，对光晕进行去色操作，将图层混合模式设置为"滤色"，如下图所示。

17 在"图层"面板中新建"图层5"图层，将此图层填充为黑色，更改图层混合模式为"滤色"；执行"滤镜 > 渲染 > 镜头光晕"菜单命令，打开"镜头光晕"对话框，在对话框中为画面设置光晕的类型、大小及位置等，如下图所示。

20 按下快捷键Ctrl+M，打开"曲线"对话框，在对话框中分别对RGB、"红""蓝"通道的曲线进行设置，更改光晕颜色，完善画面效果，如下图所示。

18 按下快捷键Ctrl+L，打开"色阶"对话框，在对话框中设置参数，强化光晕效果；执行"滤镜 > 模糊 > 高斯模糊"菜单命令，设置模糊"半径"为5像素，模糊图像，再按下快捷键Ctrl+T，打开自由变换编辑框，调整光晕的位置和大小，如下图所示。

实例演练：
计算通道设置完美图像处理

 原始文件：随书资源 \ 素材 \11\05、06.jpg，07.png
最终文件：随书资源 \ 源文件 \11\ 计算通道设置完美图像处理 .psd

　　解析： 在 Photoshop 中使用"计算"命令对通道中的图像进行计算，可以快速更改图像的整体色调风格，得到不一样的画面效果。在本实例中选择一幅逆光拍摄的花朵照片进行处理，通过"计算"命令把图像颜色转换为红色调，再结合光影、星光灯素材的添加，制作出柔美的画面效果。

1　执行"文件 > 打开"菜单命令,打开素材文件 05.jpg;复制"背景"图层,生成"图层 1"图层,如下图所示。

2　执行"窗口 > 通道"菜单命令,打开"通道"面板,选择"蓝"通道;执行"图像 > 计算"菜单命令,如下图所示。

3　在弹出的"计算"对话框中按下左图所示设置参数,单击"确定"按钮。完成设置后可以看到在"通道"面板中生成了新的 Alpha1 通道,选择新生成的通道,如下右图所示。

4　按下快捷键 Ctrl+A,对通道内的信息进行全选,按下快捷键 Ctrl+C,复制选区内的图像;然后在"通道"面板中选择"绿"通道,按下快捷键 Ctrl+V,粘贴通道内的图像到此通道上,如下图所示。

5　粘贴完成后,可以看到 RGB 通道变为了红色;使用鼠标单击 RGB 通道,返回 RGB 通道显示模式,如下图所示。

6　返回"图层"面板,选择"图层 1"图层,更改其混合模式为"柔光",改变画面颜色,如下图所示。

7　在 Photoshop 中打开素材文件 06.jpg,使用"移动工具"将该图像拖曳至当前 PSD 文件中,生成新的"图层 2"图层,更改该图层的混合模式为"滤色",设置"不透明度"为 50%,为画面添加柔美的色调效果,如下图所示。

8　直接将素材文件 07.png 拖曳到当前 PSD 文件中,生成新的智能图层,按 Enter 键确认载入;更改该智能图层的混合模式为"滤色",为画面添加星光效果,如下图所示。

第 12 章
滤镜

在 Photoshop 中有 100 多种滤镜，这些滤镜都被存放在"滤镜"菜单中，用户可以执行菜单命令，打开相应的滤镜对话框来对滤镜选项加以调整。在编辑图像的过程中，通过应用这些滤镜，可以制作出丰富多彩的艺术效果。本章主要讲解 Photoshop 中各种滤镜的概念及应用滤镜时的规则和技巧。通过本章的学习，读者可以熟练使用滤镜制作出各种效果。

12.1　独立滤镜

在 Photoshop 的"滤镜"菜单中提供了几种特殊的独立滤镜，包括"液化""自适应广角"和"消失点"等滤镜。下面对经常使用的"液化"和"消失点"滤镜进行详细介绍。

12.1.1　"液化"滤镜

"液化"滤镜可以对图像进行推、拉、旋转、褶皱以及膨胀等操作，可以根据需要对图像进行扭曲变形，还可以模拟出旋转的波浪等艺术效果。

执行"滤镜 > 液化"菜单命令，打开"液化"对话框，如下图所示。在对话框内有多个选项，可对工具做精确的设置。

❶**常用工具**：包括 11 个常用工具。

▶**向前变形工具**：应用该工具在预览的图像中涂抹，可以将图像向前进行推动。

▶**重建工具**：应用该工具可以将变形后的区域进行还原。

▶**平滑工具**：应用该工具在图像中单击后，可以平滑地移动像素。

▶**顺时针旋转扭曲工具**：应用该工具在图像中拖曳，可以创建类似于波浪的效果。

▶**褶皱工具**：应用该工具在图像中单击后，可以将周围的图像都聚集到所单击的位置。

▶**膨胀工具**：应用该工具在图像中单击，可以将图像以画笔的中心点向外扩散。

▶**左推工具**：应用该工具向左或者向右进行拖曳，可以将图中的像素向上或向下推动。

▶**冻结蒙版工具**：应用该工具在不需要改变的区域涂抹，可以冻结该区域，涂抹后的区域呈红色显示。

▶**解冻蒙版工具**：可以解除冻结的区域，使用该工具在需要解冻的区域拖曳，可以将红色擦除。

▶**脸部工具**：当画面中包含人物图像时，可以使用此工具修饰人物的眼睛、脸、嘴等区域。

▶**抓手工具**：当图像无法完整显示时，可以使用此工具对其进行移动操作。

▶**缩放工具**：可以放大或缩小图像。

❷**工具选项**：用于设置画笔大小、画笔压力、画笔密度等参数。选择工具后，可对其相关参数进行设置。

▶**大小**：设置用来扭曲图像的画笔直径。

▶**浓度**：设置画笔边缘的硬度。

▶**压力**：设置画笔的扭曲强度。

▶**速率**：设置画笔的应用速度。

▶**光笔压力**：使用光笔绘图板中的压力读数。

❸**人脸识别液化**：可以自动识别人物的眼睛、鼻子、嘴唇和其他面部特征，通过设置相应的选项修饰人像照片。

❹**载入网格选项**：可以载入和存储图像中的网格对象。

❺**蒙版选项**：可以设置图像中的蒙版区域。单

击"无"按钮时，可以将已经创建的蒙版区域删除；单击"全部蒙住"按钮，则将所有区域都创建为蒙版；在图像中创建部分蒙版区域后，单击"全部反相"按钮，可以反相蒙版。

❻视图选项：用于设置图像中所要显示的内容，主要包括蒙版、背景、图像、网格等，同时也可以设置蒙版的颜色。

❼画笔重建选项：单击"重建"按钮，可以将之前对图像所做的操作进行还原。如果单击"恢复全部"按钮，则可以将图像恢复到从未编辑的状态。

🎖 应用一>>冻结区域和解冻区域

◆冻结区域：使用"冻结蒙版工具" 🖊 在要保护的区域单击，再按住 Shift 键单击另外的点，即可将两点之间以直线冻结。

◆解冻区域：使用"解冻蒙版工具" 🖊 在相应的区域单击，再按住 Shift 键单击另外的点，可将两点之间的部分解冻。

在"视图选项"中，从"蒙版颜色"下拉列表框中可选取一种蒙版颜色。

在"蒙版选项"中单击"无"按钮，可解冻所有冻结的区域。在"蒙版选项"中单击"全部反相"按钮，可使冻结和解冻的区域交换。

🎖 应用二>>使用网格

使用网格可以查看和跟踪扭曲。

◆添加网格：在"视图选项"中勾选"显示网格"复选框，然后可选择网格大小和网格颜色。

◆存储网格：在扭曲预览图像后，单击"存储网格"按钮，指定名称和位置后，单击"存储"按钮即可。

◆载入网格：单击"载入网格"按钮，选择要应用的网格文件，单击"打开"按钮。

🎖 应用三>>使用背景

可以选择只在预览图像中显示现有图层，也可以在预览图像中将其他图层显示为背景。

◆显示背景：勾选"显示背景"复选框，单击"使用"后的下三角按钮，在弹出的下拉列表中选择选项，调整背景显示效果。

◆隐藏背景：在"视图选项"中取消"显示背景"复选框的勾选状态。

12.1.2 "消失点"滤镜

应用"消失点"滤镜可以在创建的平面内进行复制、喷绘、粘贴图像等操作，所做的操作会自动应用透视原理，按照透视的比例和角度自动计算，自动对图像进行修改，可以极大地节约精确设计和修饰图像透视效果的时间。

执行"滤镜>消失点"菜单命令，打开"消失点"对话框，如下图所示。在对话框内有多个选项，可对工具做精确的设置。

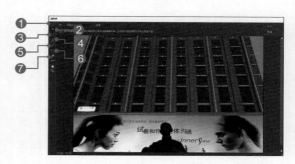

❶编辑平面工具 🖊：使用"编辑平面工具"可以选择、编辑、移动透视网格并调整透视网格的大小。

❷创建平面工具 🖊：使用"创建平面工具"可以定义透视网格的 4 个角节点，同时调整透视网格的大小和形状。

❸选框工具 🖊：使用"选框工具"可在预览图像中建立矩形选区。按住 Alt 键拖曳选区可以创建选区副本，按住 Ctrl 键拖曳选区可以使用源图像填充选区。

❹图章工具 🖊：按住 Alt 键，使用"图章工具"在预览图像中单击可建立取样点，然后使用该工具进行绘制，可以复制取样点处的图像。

❺画笔工具 🖊：使用"画笔工具"可将需要的颜色绘制到图像中。

❻变换工具 🖊：使用"变换工具"可以对复制的图像浮动选区进行缩放、旋转和移动。

❼吸管工具 🖊：使用"吸管工具"可以在预览图像中选择一种用于绘画的颜色。

🎖 应用>>执行"消失点"命令之前所执行的操作

为了将"消失点"滤镜处理的结果放在独立的图层中，在执行"消失点"命令之前，可先创建一个新图层。

将某个项目从 Photoshop 的剪贴板中粘贴到"消失点"对话框内，则需在执行"消失点"命令前复制该项目。

要将"消失点"滤镜处理的结果限制在图像的特定区域内，则在执行"消失点"命令前应先建立一个选区，或向图像中添加蒙版。

12.2 滤镜的应用技巧

在 Photoshop 中，所有的滤镜命令都被存放在"滤镜"菜单中。通过执行需要的滤镜命令，即可打开相应的滤镜对话框对图像进行编辑，对于没有对话框的滤镜，将直接对图像进行编辑。

12.2.1 从菜单应用滤镜

"滤镜"菜单中包含多种滤镜。单击菜单栏中的"滤镜"命令，打开"滤镜"下拉菜单，如下图所示。

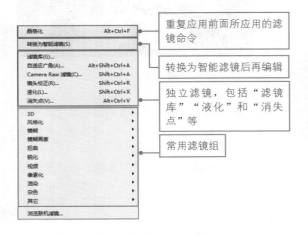

12.2.2 从滤镜库应用滤镜

在"滤镜库"对话框中包含多个滤镜组，可以在其中任意选择所需的滤镜，但是滤镜库未将所有的滤镜命令都包含其中。有些滤镜要通过"滤镜"菜单中的命令来执行。

执行"滤镜>滤镜库"菜单命令，打开"滤镜库"对话框，如下图所示。

❶标题栏：显示当前所选择的滤镜的名称。

❷预览框：可以查看应用滤镜后的效果。

❸效果选项：单击可展开滤镜组，从中可以选择相应的滤镜。如下左图所示，可以在效果选项中查看所选择的滤镜类型。如果要更改，可以直接单击所要更改的滤镜名，如下右图所示。

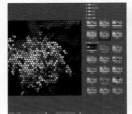

❹参数设置：可以设置所选滤镜的参数。

❺滤镜效果图层：可以查看所选择的滤镜效果。

❻"新建效果图层"按钮▣：通过单击"新建效果图层"按钮▣，可同时创建多个效果图层，即可同时应用所添加的两个或多个滤镜对图像进行编辑，如下图所示。

❼"删除效果图层"按钮▣：将创建的多个效果图层删除，但是不能删除所有效果图层，列表中将会留下一个效果图层。选择所要删除的效果图层，如下左图所示；单击"删除效果图层"按钮▣，即可将相应效果图层删除，如下右图所示。

应用一>>预览图像效果

打开"滤镜库"对话框，对图像进行编辑时，对话框左侧将会显示应用滤镜后的预览效果，随着所选滤镜的更换，该预览效果也会随之改变。应用"马赛克拼贴"滤镜后的预览效果如下左图所示，应用"纹理化"滤镜后的预览效果如下右图所示。

另外，也可以将查看图像的比例放大，以便查看边缘的细节图像。

应用二>>展开滤镜组

执行"滤镜 > 滤镜库"菜单命令后，如果展开的滤镜组不是所需的，则可以通过单击滤镜组前的三角形按钮 ▶，将需要的滤镜组展开，然后在其中可选择所需的滤镜，如下图所示。

12.2.3 渐隐滤镜

"渐隐"命令可以更改任何滤镜、绘画工具、橡皮擦或颜色调整过的图像的不透明度和混合模式。使用"渐隐"命令类似于在一个单独的图层上应用滤镜，然后使用图层不透明度和混合模式控制滤镜效果。

将滤镜、绘画工具或颜色调整应用于一个图像或选区后，执行"编辑 > 渐隐"菜单命令，可打开"渐隐"对话框，如下图所示。

❶ **不透明度**：拖曳滑块或输入数值，可以设置的参数范围为 0% ～ 100%。设置"不透明度"为 100% 时的效果如下左图所示，设置"不透明度"为 40% 时的效果如下右图所示。

❷ **模式**：用于设置混合模式，包括"颜色减淡""颜色加深""变亮""变暗""差值"和"排除"等。分别设置"模式"为"变亮"和"正片叠底"时，可得到如下图所示的效果。

❸ **"预览"复选框**：勾选后可预览效果。

技巧>>使用快捷键打开"渐隐"对话框

按下快捷键 Shift+Ctrl+F，可快速打开"渐隐"对话框。

应用>>"渐隐"命令的用途

"渐隐"命令可以对大部分的菜单命令进行渐隐操作，如下图所示。

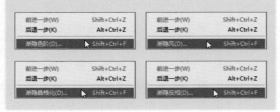

12.2.4　滤镜的用途

使用滤镜创建特殊效果包括创建边缘效果、将滤镜应用于图层、将滤镜应用于单个通道、创建背景、将多种效果与蒙版组合及提高图像品质和一致性等。

1．创建边缘效果

可以使用多种方法来处理只应用于部分图像的边缘效果。要保留清晰边缘，只需应用滤镜即可；要得到柔和的边缘，则应先将边缘羽化，然后应用滤镜；要得到透明效果，则可使用"渐隐"命令调整选区的混合模式和不透明度。

2．将滤镜应用于图层

可以将滤镜应用于单个图层或多个图层以加强效果。要使用滤镜影响图层，则图层必须是可见的，且必须包含像素。

3．将滤镜应用于单个通道

可以将滤镜应用于单个通道，对每个颜色通道应用不同的滤镜效果，或应用具有不同设置的同一滤镜。

4．创建背景

将效果应用于纯色或灰色形状，可生成各种背景或纹理，然后可以对这些纹理进行模糊处理。尽管有些滤镜应用于纯色时效果并不明显，但多数滤镜都可以产生明显的效果。

5．将多种效果与蒙版组合

使用蒙版创建选区，可以更好地控制从一种效果到另一种效果的转换。

6．提高图像品质和一致性

它是指掩饰图像中的缺陷、修改或改进图像效果、对一组图像应用同一效果来建立关系等。

应用>>使用"历史记录画笔工具"调整滤镜效果

使用"历史记录画笔工具"可将滤镜效果应用到图像的一部分。首先将滤镜应用于整个图像，接着在"历史记录"面板中返回到应用滤镜前的图像状态，并通过单击该历史记录状态左侧的方框，将历史记录画笔源设置为应用滤镜后的状态，然后用"历史记录画笔工具"绘制图像。

12.2.5　提高滤镜的性能

有些滤镜效果可能会占用计算机大量的内存，特别是应用于高分辨率图像时，这就需要提高滤镜的性能。用户可以通过以下操作来提高滤镜的性能。

（1）在一小部分图像上实验滤镜和设置。

（2）如果图像很大，并且存在内存不足的问题，则将效果应用于单个通道。

（3）在运行之前使用"清理"命令释放内存。

（4）退出其他的应用程序，将更多的内存分配给 Photoshop。

（5）尝试更改设置，以提高占用大量内存的滤镜速度，如"光照效果""木刻""染色玻璃""铬黄渐变""波纹""喷溅""喷色描边"和"玻璃"滤镜等。

应用>>将滤镜应用于灰度图像

在应用滤镜之前，先将图像的一个副本转换为灰度图像。如果将滤镜应用于彩色图像，然后转换为灰度图像，其效果可能与将该滤镜直接应用于此图像的灰度图像所得到的效果不同。

12.3　通过滤镜可以实现的效果

　　在滤镜库中包含了十几大类、100 多个滤镜。运用 Photoshop 处理图像时，可以运用这些不同的滤镜，为图像添加特殊的艺术效果。

12.3.1　"艺术效果"滤镜组

　　"艺术效果"滤镜组经常用于美术或商业项目的制作，它可以模仿自然或介质的效果。例如，应用"木刻"滤镜可以制作出自然的矢量化图形效果。

　　执行"滤镜 > 滤镜库"菜单命令，在打开的对话框中选择"艺术效果"滤镜组中的某个滤镜，可以在对话框的左侧查看应用滤镜后的图像效果，在右侧的选项组中可以设置相关的控制参数，如下图所示。

　　（1）壁画：使用短而圆、粗略涂抹的小块颜料，以一种粗糙的风格绘制图像。该滤镜有 3 个控制参数，分别为"画笔大小""画笔细节"和"纹理"，主要设置的是所描边颜料的大小以及纹理深度，如下左图所示。

　　（2）彩色铅笔：应用彩色铅笔在纯色的背景上进行绘画，保留图像的重要边缘，外观呈粗糙阴影线，纯色背景上通过比较平滑的效果显示出来。"铅笔宽度"用于控制图像边缘的宽度；"描边压力"用于设置图像边缘的明暗度，数值越大，边缘轮廓越清晰；"纸张亮度"用于设置背景的明度，数值越大，图像背景越亮，如下右图所示。

　　（3）粗糙蜡笔：在带纹理的背景上应用蜡笔描边，在亮色区域几乎看不到纹理；在暗色区域，蜡笔效果明显，使纹理显露出来。该滤镜包含多个选项，不仅可以设置描边画笔，还有"纹理"选项组，可以对纹理的凸现、缩放比例以及光照方向等进行设置。

　　（4）底纹效果：主要模拟的是带有纹理的背景效果。该滤镜的控制参数与"粗糙蜡笔"滤镜相似，包括设置画笔大小、纹理覆盖的范围及设置纹理的缩放和凸现的"纹理"选项组。

　　（5）干画笔：使用干画笔绘制图像的边缘，此滤镜通过将图像的颜色范围降到普通颜色范围来简化图像。该滤镜有 3 个控制参数，其中"纹理"用于设置图像的锐化和凸出的程度，数值越大，纹理越明显，取值范围为 1～3。

　　（6）海报边缘：根据设置的"海报化"选项来减少图像中的颜色数量，并查找图像的边缘，在边缘上绘制黑色线条，大而宽的区域有简单的阴影，应用细小的深色细节遍布图像。该滤镜有 3 个控制参数，"边缘厚度"用于设置图像边缘的厚度，数值越大，黑色边缘越明显；"边缘强度"用于设置整个图像深色区域的多少，数值越大，深色区域越多；"海报化"用于设置图像颜色之间的比例。

　　（7）海绵：使用颜色对比强烈、纹理较重的区域创建新的图像，用以模拟海绵绘画的效果。

　　（8）绘画涂抹：应用该滤镜时，可以选择各种大小（取值范围为 1～50）和类型的画笔来创建绘画效果，如下左图所示。在该滤镜的选项组中可以选择多种画笔类型，包括"简单""未处理光照""未处理深色""宽锐化""宽模糊"和"火花"等，如下右图所示。

（9）胶片颗粒：该滤镜为平滑的图像区域应用阴影和中间色调，将一种更平滑、饱和度更高的图案区域添加到亮部区域。在消除混合后的条纹、将各种来源的图像在视觉上进行统一时，此滤镜非常有用。

（10）木刻：应用该滤镜可以使图像看起来像是由从彩纸上剪下来的边缘粗糙的剪纸片所组成的。高对比度的图像看起来呈现剪影状，而彩色图像看起来是由几层彩纸组成的，图像的边缘会随着颜色的变化而改变，该滤镜经常用于制作矢量化图像效果。该滤镜有 3 个控制参数，"色阶数"用于控制图像简化边缘的颜色范围；"边缘简化度"用于设置图像边缘的平滑程度；"边缘逼真度"用于设置简化后的图像与原图像之间的差异，如下左图所示。

（11）霓虹灯光：该滤镜将各种类型的灯光添加到图像中的主体对象上，通常用于在柔化图像外观时给图像着色。该滤镜有 3 个控制参数，"发光大小"用于控制发光的区域，数值越大，区域也就越大；"发光亮度"用于设置发光区域的亮度；单击"发光颜色"后面的色块，将会打开"拾色器（发光颜色）"对话框，可设置发光颜色，如下右图所示。

（12）水彩：应用水彩的风格绘制图像，使用蘸了水的颜料画笔绘制并简化图像细节，当图像边缘有显著的色调变化时，此滤镜会使图像的颜色变得饱满。该滤镜有 3 个控制参数，"画笔细节"用于控制应用画笔绘制图像时的细致程度；"阴影强度"用于控制图像暗边区域的明度；"纹理"与"干画笔"滤镜中的设置方法相同。

（13）塑料包装：该滤镜为图像涂上一层光亮的塑料，以强调表面的细节。

（14）调色刀：该滤镜可以减少图像中的细节，并在画布上生成较淡的绘制效果。该滤镜有 3 个控制参数，"描边大小"用于设置图像简化的程度；"描边细节"用于设置图像效果的平滑度，数值越大，图像效果越平滑。

（15）涂抹棒：使用短的对角描边涂抹暗区，以柔化图像。通过应用该滤镜，亮部区域会变得更亮，以致失去图像细节。

应用>>"艺术效果"滤镜的效果图

对图像应用"艺术效果"滤镜组中的滤镜后，其效果如下图所示。

12.3.2 "模糊"滤镜组

"模糊"滤镜组包括"表面模糊""动感模糊""径向模糊""方框模糊""高斯模糊"等 11 种滤镜。使用"模糊"滤镜组中的滤镜可以对选区或整个图像进行柔化，产生平滑过渡的效果，还可以去除图像中的杂色、修饰图像或者为图像添加动感效果等。

执行"滤镜 > 模糊"菜单命令，打开级联菜单，在该菜单中显示了其包含的滤镜，如下图所示。

（1）表面模糊：在保留图像边缘的情况下模糊图像，主要用于创建特殊效果以及消除杂色或颗粒。

（2）动感模糊：可以使图像按照指定方向进行模糊。

（3）方框模糊：可以用图像中相邻的像素模糊图像。

（4）高斯模糊：可以控制模糊半径，对图像进行模糊。

（5）进一步模糊：可以消除图像中有明显颜色变化部分的杂色，并产生轻微的模糊效果。

（6）径向模糊：可以使图像模拟旋转或移动的效果。

（7）镜头模糊：可以使图像中的一部分留在焦点内，将其他区域内的图像变得模糊。

（8）模糊：产生的效果比"进一步模糊"滤镜的明显。

（9）平均：可以将选区中的图像颜色进行平均分布。

（10）特殊模糊：可以精确地对图像进行模糊处理。

（11）形状模糊：可以用指定形状在图像中创建模糊效果。

应用>> "模糊"滤镜组中部分滤镜的效果图

"模糊"滤镜组中部分滤镜的应用效果如下图所示。

动感模糊

方框模糊

高斯模糊

径向模糊

形状模糊

12.3.3 "模糊画廊"滤镜组

"模糊画廊"滤镜组中包括"场景模糊""光圈模糊""移轴模糊""路径模糊""旋

转模糊"5 种滤镜。使用"模糊画廊"可以通过直观的图像控件快速创建截然不同的照片模糊效果。每个模糊工具都提供了直观的图像控件来应用和控制模糊效果。

执行"滤镜 > 模糊画廊"菜单命令，打开级联菜单，在菜单中可以看到其包含的滤镜，如下图所示。

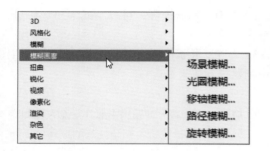

（1）场景模糊：通过定义具有不同模糊量的多个模糊点来创建渐变的模糊效果。用户可以将多个图钉添加到图像上，并指定每个图钉的模糊量。

（2）光圈模糊：可以对图像模拟浅景深效果，而不管使用的是什么相机或镜头，如下图所示。用户也可以定义多个焦点，这是使用传统相机技术几乎不可能实现的效果。

（3）移轴模糊：可模拟使用倾斜偏移镜头拍摄的图像。此特殊的模糊效果会定义锐化区域，然后在边缘处逐渐变得模糊，如下图所示。

（4）路径模糊：可以沿路径创建运动模糊，如下图所示。另外，还可以控制形状和模糊量。Photoshop 可自动合成应用于图像的多路径模糊效果。

（5）旋转模糊：是等级测量的径向模糊，它可以以一个或更多点为中心对图像进行旋转和模糊，如下图所示。

12.3.4　"锐化"滤镜组

"锐化"滤镜组中包括"USM 锐化""防抖""进一步锐化""锐化""锐化边缘"和"智能锐化"等滤镜。使用这些滤镜，可以对图像进行自定义锐化处理。

执行"滤镜 > 锐化"菜单命令，打开"锐化"级联菜单，如下图所示。

（1）锐化边缘与 USM 锐化：使用"锐化边缘"滤镜，可以查找图像中颜色发生显著变化的边缘并进行锐化；使用"USM 锐化"滤镜，可以对图像中有显著颜色变化的区域进行锐化处理。

（2）锐化与进一步锐化：使用"锐化"滤镜，可以通过增大图像像素之间的反差，使模糊的像素变得清晰；"进一步锐化"滤镜与"锐化"滤镜的使用方法相同，能得到比"锐化"滤镜更加明显的图像效果。

（3）智能锐化：通过设置锐化算法或控制阴影和高光中的锐化量来锐化图像。执行"滤镜 > 锐化 > 智能锐化"菜单命令，打开"智能锐化"对话框，对话框的右侧有多个参数，如下图所示。

❶ **数量**：用于设置锐化量，数值越大，图像越清晰。较大的"数量"值会增强边缘像素之间的对比度，使图像变得锐利。

❷ **半径**：用于决定边缘像素周围受锐化影响的像素数量，值越大，受影响的边缘越宽，锐化的效果越明显。

❸ **减少杂色**：在保持重要边缘不受影响的同时减少图像中不需要的杂色。

❹ **移去**：设置用于对图像进行锐化的锐化算法，包括"高斯模糊""镜头模糊"和"动感模糊"3 种算法。

📖 **应用>>"锐化"滤镜组中部分滤镜的效果图**

"锐化"滤镜组中部分滤镜的应用效果如下图所示。

原图　　　　　　　　USM锐化

进一步锐化　　　　　智能锐化

12.3.5 "画笔描边"滤镜组

"画笔描边"滤镜组中包括"成角的线条""墨水轮廓""喷溅""喷色描边""强化的边缘""深色线条"等 8 种滤镜。通过使用不同的画笔和油墨进行描边，这些滤镜可以创造出自然绘画的效果。

执行"滤镜>滤镜库"菜单命令，在打开的对话框中选择"画笔描边"滤镜组中的滤镜，

在对话框的左侧可查看应用滤镜后的图像效果，右侧可调整滤镜选项，控制滤镜应用效果，如下图所示。

（1）**成角的线条**：使用对角描边重新绘制图像，用相反方向的线条来绘制亮部区域和暗部区域。

（2）**墨水轮廓**：采用钢笔画的风格，用纤细的线条在原细节上重绘图像。

（3）**喷溅**：可以模拟喷溅枪的效果，以简化图像的整体效果。

（4）**喷色描边**：可以使用成角的喷溅颜色线条重新绘制图像。

（5）**强化的边缘**：可以强化图像的边缘。设置高的"边缘亮度"时，强化效果类似于白色粉笔；设置低的"边缘亮度"时，强化效果类似于黑色油墨。

（6）**深色线条**：使用短的、绷紧的深色线条绘制暗部区域，使用长的白色线条绘制亮部区域。

（7）**烟灰墨**：可以制作日本画风格的效果，使图像看起来像是用蘸满油墨的画笔在宣纸上绘制而成的，同时用非常黑的油墨创建柔和的模糊边缘。

（8）**阴影线**：可以保留原始图像的细节和特征，同时使用模拟铅笔阴影线添加纹理，并使彩色区域的边缘变得粗糙。

📖 **应用>>"画笔描边"滤镜组中部分滤镜的效果图**

"画笔描边"滤镜组中部分滤镜的应用效果如下图所示。

成角的线条

墨水轮廓

喷色描边

深色线条

阴影线

12.3.6 "扭曲"滤镜组

"扭曲"滤镜组中的滤镜主要用于对图像进行扭曲和 3D 变换处理。在应用该滤镜组中的滤镜对图像进行编辑时会占用大量内存，所以应用"扭曲"滤镜对图像进行编辑时，计算机的反应较慢。用户可以通过"滤镜库"来应用"扩散亮光""玻璃"和"海洋波纹"滤镜，其余滤镜则需要通过执行"扭曲"级联菜单中的命令来应用。

执行"滤镜 > 扭曲"菜单命令，打开"扭曲"级联菜单，如右图所示。

波浪...
波纹...
极坐标...
挤压...
切变...
球面化...
水波...
旋转扭曲...
置换...

（1）波浪：用于在图像中创建波浪效果，用户可以进一步控制相关选项，包括波浪生成器的数目、波长、波浪高度和类型等。在"波浪"对话框中，单击"随机化"按钮，可获取随机的扭曲效果，如下左图所示。

（2）波纹：可以产生不同的波纹效果。用户可以选取一种波纹效果，也可以将自己的波纹表面创建为 Photoshop 文件并应用。在"波纹"对话框中可设置图像的缩放、扭曲和平滑度，如下右图所示。

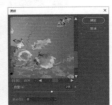

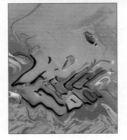

（3）挤压：用于挤压选区，将周围的区域向中心移动或者向外移动。该对话框中只有一个控制参数，"数量"的数值为正值时（最大值为 100%），将选区向中心移动；为负值时（最小值为 -100%），将选区向外移动，如下左图所示。

（4）球面化：通过将选区图像扭曲、伸展以适合选中的区域，使对象具有 3D 效果。该滤镜通常被用于制作球体效果。在"球面化"对话框中，"数量"用于控制凸出的程度，"模式"用于设置应用球面化的方式，如下右图所示。

（5）切变：将图像沿一条曲线进行扭曲，通过拖曳框中的线条来指定曲线的走向，可以调整曲线上的任何点，如下左图所示。

（6）旋转扭曲：通过旋转选区中心制作扭曲图像，中心的旋转程度比边缘大。在"旋转扭曲"对话框中只有一个参数，即"角度"，用于指定生成旋转扭曲的幅度，数值越大，得到的图像效果越扭曲，与原图的差异也越大，通常用于制作螺旋效果图像，如下右图所示。

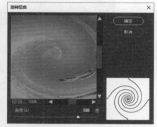

12.3.7 "杂色"滤镜组

"杂色"滤镜主要是为图像添加、移去杂色和带有随机分布色阶的像素，这有助于将选区混合到周围的像素中。"杂色"滤镜可创建与众不同的纹理，也可以移去有问题的杂色，如"蒙尘与划痕"滤镜。

执行"滤镜>杂色"菜单命令，打开"杂色"级联菜单，如右图所示。

减少杂色...
蒙尘与划痕...
去斑
添加杂色...
中间值...

（1）蒙尘与划痕：该滤镜通过更改相异的像素来减少杂色。为了在锐化图像和隐藏瑕疵之间取得平衡，可在"蒙尘与划痕"对话框中尝试"半径"与"阈值"设置的各种组合，如下图所示。用户可以在图像的选中区域应用此滤镜，该滤镜常用于将人物皮肤变光滑。

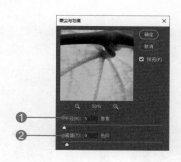

❶半径：确定在其中搜索不同像素的区域的大小，增加半径将使图像模糊，应设置为消除瑕疵的最小值。

❷阈值：确定像素具有多大差异后才将其消除。"阈值"为 0 ～ 128 时可以提供比 129 ～ 255 更好的控制。

（2）添加杂色：该滤镜将随机像素应用于图像，模拟在胶片上拍照的效果，也可以使用"添加杂色"滤镜来减少羽化选区或渐变填充中的条纹。下图为"添加杂色"对话框。

❶数量：用于设置所添加杂色的多少，数值越大，杂点越多。

❷分布：包括"平均分布"和"高斯分布"。"平均分布"应用随机数值分布杂色的颜色值，以获得细微的图像效果；"高斯分布"沿一条曲线分布杂色的颜色值，以获得斑点状的效果。

❸单色：将使应用此滤镜后所添加的杂点为黑白两种颜色，而不会出现另外的颜色。

（3）中间值：此滤镜中的半径范围用于查找亮度相近的像素，扔掉与相邻像素差异太大的像素，并用搜索到的像素中间亮度值替换中间像素。"中间值"滤镜在消除或减少图像的动感效果时非常有用。

🎓 应用>>"杂色"滤镜组中部分滤镜的效果图
　　"杂色"滤镜组中部分滤镜的应用效果如
下图所示。

原图　　　　　　　　　　蒙尘与划痕

添加杂色　　　　　　　　中间值

12.3.8　"像素化"滤镜组

　　"像素化"滤镜主要是通过将颜色值相近的相邻像素结成块来清晰地定义选区或图像，从而产生点状、马赛克、晶格等各种效果。

　　执行"滤镜 > 像素化"菜单命令，打开"像素化"级联菜单，如下图所示。

彩块化
彩色半调...
点状化...
晶格化...
马赛克...
碎片
铜版雕刻...

　　（1）彩块化与碎片："像素化"滤镜组中有两个不会弹出对话框的滤镜，即"彩块化"和"碎片"滤镜，用户可以直接通过选择相应的命令对图像进行编辑。"彩块化"滤镜可以将所打开的图像模拟成手绘的效果，或者将显示的图像模拟成抽象派绘画的图像效果；"碎片"滤镜可以通过选区中像素的 4 个副本将它们平均，并使其相互偏移，从而形成模糊向外移动的效果。

　　（2）彩色半调：该滤镜模拟在图像的每个通道上使用放大的半调网屏，对于每个通道，

滤镜将图像划分为矩形，并用圆形替换每个矩形。下图为"彩色半调"对话框。

　　❶最大半径：用于设置图像中最大圆点的直径大小，其取值范围为 4 ～ 127 像素。

　　❷网角（度）：为一个或多个通道输入值。对于灰度图像，只使用通道 1；对于 RGB 图像，使用通道 1、2 和 3，分别对应于红色、绿色和蓝色通道；对于 CMYK 图像，使用 4 个通道，分别对应于青色、洋红、黄色和黑色通道。

　　（3）点状化：该滤镜将图像中的颜色分解为随机分布的网点，如同点状化绘画一样，应用多个点通过排列组成图像效果，并使用背景色填充网点之间的空隙。在"点状化"对话框中只能对"单元格大小"选项进行设置。

　　（4）晶格化：该滤镜可以使像素结块形成多边形的纯色效果。在"晶格化"对话框中只能对"单元格大小"选项进行设置，用于控制单个晶格图像的大小。

　　（5）马赛克：该滤镜可以使像素结为方块，并且方块中的像素颜色相同，方块颜色代表选区中的颜色。"马赛克"对话框中的"单元格大小"用于设置方块的大小。

　　（6）铜版雕刻：该滤镜可以将图像转换为黑白区域的随机图案，或彩色图像中完全饱和颜色的随机图案。要应用此滤镜进行编辑，可以从"铜版雕刻"对话框的"类型"下拉列表框中选取一种网点图案，有 10 个选项，分别为"精细点""中等点""粒状点""粗网点""短直线""中长直线""长直线""短描边""中长描边"和"长描边"。

12.3.9 "渲染"滤镜组

"渲染"滤镜可以在图像中创建火焰、云彩图案、光照效果等。

执行"滤镜>渲染"菜单命令,打开"渲染"级联菜单,如右图所示。

| 火焰... |
| 图片框... |
| 树... |
| 分层云彩 |
| 光照效果... |
| 镜头光晕... |
| 纤维... |
| 云彩 |

（1）火焰:使用"火焰"滤镜可以创建逼真的火焰效果。使用滤镜创建火焰之前,需要使用路径创建工具在画面中绘制路径,然后使用"火焰"对话框设置火焰的宽度、角度等,如下图所示,得到比较自然的火焰特效。

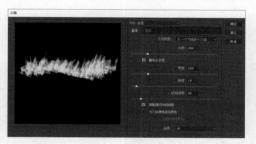

（2）图片框:"图片框"滤镜顾名思义就是为图像添加边框。在"图片框"对话框中可以选择不同的边框样式,并设置边框颜色等,如下图所示即为使用"图片框"滤镜为图像添加的边框效果。

（3）树:"树"滤镜可以在图像中制作出各种类型的树效果。在"树"对话框中使用"基本树类型"选择要创建的树类型,然后调整选项控制树的光照方向、叶子数量、叶子大小等,如下图所示。

（4）云彩与分层云彩:"云彩"滤镜是根据前景色及背景色生成随机化的云彩效果。要生成色彩较为分明的云彩图案,要先按住Alt键,然后对图像执行"云彩"命令。直接在图层中应用"云彩"滤镜对图像进行编辑时,所选图层中的图像将被云彩图像取代,如下左图所示。

"分层云彩"滤镜的原理和"云彩"滤镜的相同,但是应用"分层云彩"滤镜对图像进行编辑后,部分图像将形成反相效果,如下右图所示。"云彩"与"分层云彩"滤镜都没有对话框进行设置,如果对所添加的云彩图像效果不满意,可以按Ctrl+F键,重复应用滤镜。

（5）镜头光晕:可以模拟出应用亮光照射到图像中所产生的折射效果,在"镜头光晕"对话框中可以通过拖曳十字光标来指定光晕的中心位置。该对话框中有两个选项,"亮度"用于控制光晕中心的亮度,"镜头类型"选项组中提供了4种镜头类型,分别为"50-300毫米变焦""35毫米聚焦""105毫米聚焦"和"电影镜头"。如下四幅图像分别为选择这几种镜头类型创建的镜头光晕效果。

（6）纤维:可使用前景色和背景色创建编制纤维的图像效果。在"纤维"对话框中,"差异"用来控制颜色的变化;"强度"用于控制每根纤维的形状,数值较低时会产生松散的织物,而高的数值会产生明显、紧密的绳状纤维;单击"随机化"按钮,可更改纤维的图案,可

多次单击该按钮，直至得到满意的图案，如下图所示。应用"纤维"滤镜时，现用图层上的图像将会被替换，也可以对所创建的选区应用该滤镜。

12.3.10 "素描"滤镜组

"素描"滤镜可以将图像的部分区域显示为凸出效果，还适用于创建手绘图像效果。在"素描"滤镜组中，只有"水彩画纸"滤镜是对原图像直接进行编辑，其他滤镜都是通过设置参数将前景色和背景色应用到图像效果中。

执行"滤镜>滤镜库"菜单命令，在打开的对话框中选择"素描"滤镜组中的某个滤镜，可以在对话框的左侧查看应用滤镜后的图像效果，在右侧的选项组中设置相关的控制参数，如下图所示。

（1）半调图案：在保持连续色调的同时，模拟半调网屏的效果。该滤镜有 3 个控制参数，分别为"大小""对比度"和"图案类型"，用于设置网格大小、颜色对比度和网格的类型，如下左图所示。

（2）便条纸：创建如同用纸张构建的图像，此滤镜简化了图像。该滤镜有 3 个控制参数，分别为"图像平衡""粒度"和"凸现"，用于设置凸出的高度以及颗粒数，如下右图所示。

（3）绘图笔：应用细的、线状的油墨进行描边，以捕捉原图像中的细节。此滤镜应用前景色作为油墨，而使用背景色作为纸张，用以替换原图像中的颜色。对于扫描后的图像，其效果尤为明显。下左图为该滤镜的控制参数。

（4）水彩画纸：应用像画在潮湿纤维纸上的油墨，使颜色流动并混合。该滤镜有 3 个控制参数，分别为"纤维长度""亮度"和"对比度"，主要用于设置图像与纸张混合后的效果，如下右图所示。

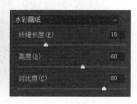

（5）炭笔：使图像产生色调分离的涂抹效果，主要的边缘以粗线条绘制，中间色调用对角进行素描。炭笔是前景色，背景色为纸张颜色。

（6）炭精笔：在图像上模拟浓黑和纯白的炭精笔纹理。应用该滤镜前，要将前景色改为常用的黑色、深褐色或血红色。

（7）图章：简化图像，使图像看起来就像是用橡皮或木制图章所盖印的一样。此滤镜用于黑白图像时效果最佳。

（8）撕边：使图像由粗糙、撕破的纸片状组成，然后使用前景色与背景色为图像着色。对于文本或高对比度对象，此滤镜尤其有用。

> **应用>>**"素描"滤镜组中部分滤镜的效果图
>
> "素描"滤镜组中部分滤镜的应用效果如下图所示。
>
>

12.3.11 "风格化"滤镜组

"风格化"滤镜通过置换像素并增加图像的对比度，在选区中生成绘画或印象派图像效果。

执行"滤镜＞风格化"菜单命令，打开"风格化"级联菜单，如下图所示。

（1）查找边缘：可以突出图像的边缘，并将中间区域以白色填充。"查找边缘"滤镜没有对话框。

（2）曝光过度：可以制作出混合负片效果，类似于显影过程中将摄影照片短暂曝光。"曝光过度"滤镜没有对话框。

（3）风：主要在图像表面形成风吹过的效果。在"风"对话框中可以选择风的类型和方向。

（4）拼贴：将图像分为一系列拼贴方格，使各个区域偏离原来的位置。在"拼贴"对话框中可以设置拼贴的数量和最大位移，而且可以选择填充空白区域的颜色，主要包括"背景色""反向图像""前景颜色""未改变的图

像"，如下左图所示；它使拼贴的图像位于填充内容上，并露出位于拼贴边缘下面的部分，如下右图所示。

（5）等高线：主要是对亮部区域的转换，以获得与等高线图中的线条类似的效果。该滤镜包含两个控制参数，"色阶"控制的是要形成轮廓的色彩范围，数值越小，轮廓线越简洁；"边缘"用于设置边缘的高低。

（6）浮雕效果：通过将图像的填充色转换为灰色，并用原填充色描画边缘，从而使选区呈现凸起或压低。在其对话框中可设置浮雕角度、高度和选区中颜色数量的百分比，不同参数设置时的浮雕效果如下图所示。要在进行浮雕处理时保留颜色和细节，需在应用"浮雕效果"滤镜之后使用"渐隐"命令。

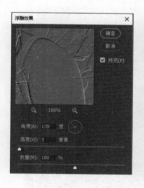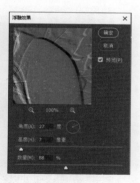

（7）凸出：主要是使图像形成一种 3D 纹理。在"凸出"对话框中可以选择所凸出的类型，"块"选项用于创建具有一个方形的正面和 4 个侧面的对象；"金字塔"选项用于创建具有相交于一点的 4 个三角形侧面的对象。"大小"主要确定对象基底任意边的长度；"深度"表示最高的对象所凸起的高度，"随机"单选按钮表示随机为每个块或金字塔设置深度，"基于色阶"主要是使每个对象的深度与其亮度对应，越亮的图像，凸出区域越多。下图为应用"凸出"滤镜的图像效果。

应用>>"风格化"滤镜的效果图

对图像执行"风格化"滤镜组中的滤镜后，其效果如下图所示。

查找边缘

等高线

风

浮雕效果

扩散

拼贴

曝光过度

凸出

12.3.12　"纹理"滤镜组

"纹理"滤镜可以模拟出具有深度或者质感的图像，并制作出外观纹理效果。

执行"滤镜 > 滤镜库"菜单命令，在打开的对话框中选择"纹理"滤镜组中的某个滤镜，可以在对话框的左侧查看应用滤镜后的图像效果，在右侧的选项组中可以设置相关的控制参数，如下图所示。

（1）龟裂缝：与"马赛克拼贴"滤镜的效果相似，该滤镜将图像绘制在一个高凸现的石膏表面上，遵循图像等高线生成精细的网状裂缝。应用该滤镜可以对包含多种颜色值或者灰度值的图像创建浮雕效果。在"龟裂缝"对话框中有 3 个控制参数，"裂缝间距"用于设置裂缝的大小，数值越大，裂缝越大；"裂缝深度"用于设置凹陷区域的深度；"裂缝亮度"用于设置凹陷区域的颜色亮度，数值越大，裂缝区域越不明显，反之，数值越小，裂缝效果越明显。

（2）拼缀图：可以将图像分解为用图像中该区域的像素填充的正方形，此滤镜可以减小或增大拼贴的深度，用以模拟高光和阴影。在"拼缀图"对话框中有两个控制参数，"方形大小"用于设置单元格方块的大小，数值越大，方框也就越大；"凸现"用于设置效果图中凸出区域的程度。

（3）染色玻璃：可以将图像重新绘制为用前景色勾勒的单色的相邻单元格。在"染色玻璃"对话框中有 3 个控制参数，"单元格大小"用于设置图像中单个方块图像的大小；"边框粗细"用于设置单元格图像的边缘粗细；"光照强度"用于设置图像中的颜色强弱，数值越大，图像颜色越鲜艳。

（4）纹理化：该滤镜所形成的纹理相同，而且"纹理化"滤镜可以将自定义的纹理应用到图像中。该滤镜的选项组中可以设置纹理的缩放比例、凸现的数量和光照的方向，可以通过单击扩展按钮 ▾≡，在弹出的菜单中选择"载入纹理"命令，打开"载入纹理"对话框，将所定义的纹理应用到图像中。

📖 应用>>"纹理"滤镜的效果图

对图像执行"纹理"滤镜组中的滤镜后，其效果如下图所示。

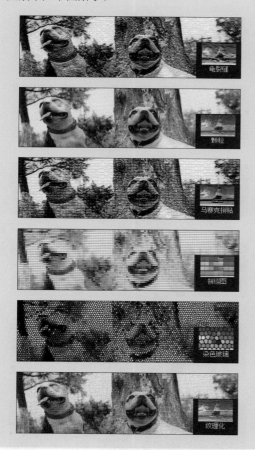

12.3.13　"视频"滤镜组

"视频"滤镜组包括"NTSC 颜色"和"逐行"两种滤镜，使用这两种滤镜可以将视频图像与普通图像相互转换。

执行"滤镜 > 视频"菜单命令，打开"视频"级联菜单，如下图所示。

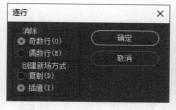

（1）NTSC 颜色：将色域限制在电视机重现可接受的范围内，以防止过度饱和的颜色渗到电视扫描行中。

（2）逐行：通过移去视频图像中的奇数或偶数隔行线，使在视频上捕捉的运动图像变得平滑。在"逐行"对话框中可以选择"复制"或"插值"方式来替换扔掉的线条，如下图所示。

📖 应用>>"NTSC颜色"滤镜的效果图

对图像执行"NTSC 颜色"滤镜后的效果如下图所示。

12.3.14　"其他"滤镜组

"其他"滤镜组中包括"HSB/HSL""高反差保留""位移""自定""最大值"和"最小值"等滤镜，使用这些滤镜可以快速调整图像的色调反差。

执行"滤镜 > 其他"菜单命令，打开"其他"级联菜单，如右图所示。

HSB/HSL
高反差保留...
位移...
自定...
最大值...
最小值...

（1）HSB/HSL：使用"HSB/HSL"滤镜可以在 Photoshop 中实现从 RGB 到 HSL（色相、饱和度、明度）的相互转换，也可以实现从 RGB 到 HSB（色相、饱和度、亮度）的相互转换，即可以将图像作为独立通道来更改其色相、饱和度等。

（2）高反差保留：使用该滤镜可以在有强烈颜色变化的图像部分保留边缘细节，但不显示图像的其余部分。该滤镜可以去除图像中的低频细节，效果与"高斯模糊"滤镜相反。在"高反差保留"对话框中设置的"半径"越大，效果越明显。

（3）位移：使用该滤镜可以使图像移动，并使用所选的填充内容对移动后的原选区进行填充。"位移"对话框如下图所示。

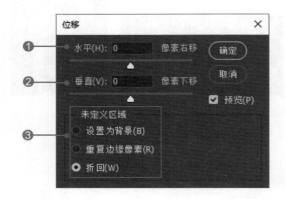

❶水平：设置图像在水平方向上的位移数值。
❷垂直：设置图像在垂直方向上的位移数值。
❸未定义区域：选择未定义区域的填充方式。

（4）自定：使用该滤镜可以根据数学运算来更改图像中每个像素的亮度值，根据周围图像的像素值为每个像素重新指定一个值。在"自定"对话框中，可以设置需要的滤镜效果。

（5）最大值与最小值：使用"最大值"滤镜可以在指定半径内，用周围像素的最高值来替换当前像素的亮度值，如下左图所示。使用"最小值"滤镜可以在指定半径内，用周围像素的最低亮度来替换当前像素的亮度值，如下右图所示。

应用>>"其他"滤镜的效果图

对图像执行"其他"滤镜组中的滤镜后，其效果如下图所示。

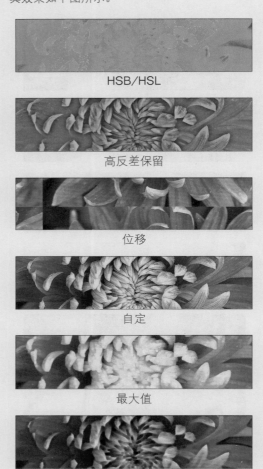

HSB/HSL

高反差保留

位移

自定

最大值

最小值

12.4　应用特定的滤镜

在 Photoshop 中，应用特定的滤镜内容包括载入滤镜的纹理或图像、设置纹理化效果、应用置换滤镜和创建自定滤镜等。

12.4.1 载入滤镜的图像和纹理

为了生成滤镜效果，有些滤镜会载入或使用其他图像，如纹理等，这些滤镜包括"炭精笔""置换""玻璃""光照效果""粗糙蜡笔""纹理化""底纹效果"和"自定"滤镜，但它们并不是都以相同的方式载入纹理或图像的。

执行"滤镜>滤镜库"菜单命令，选择"纹理"滤镜组中的"纹理化"滤镜；在对话框单击"纹理"右侧的按钮，在弹出的下拉列表中选择"载入纹理"命令，打开"载入纹理"对话框；选取需要的纹理图像，单击"确定"按钮，即可载入纹理，如下图所示。

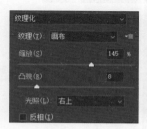

知识>>载入滤镜的图像和纹理的要求

所有纹理都必须是 Photoshop 格式的，大多数滤镜只适用颜色文件的灰度信息。

12.4.2 设置纹理和玻璃表面

"粗糙蜡笔""底纹效果""玻璃""炭精笔"和"纹理化"滤镜都包含纹理选项，应用这些滤镜可使图像看起来像是绘制在画布或砖墙上。

在"滤镜库"对话框中选择"艺术效果"滤镜组中的"底纹效果"滤镜；在对话框右侧选择一种"纹理"类型，拖曳"缩放"滑块，以增大或减小纹理图案的大小，应用效果如下图所示。

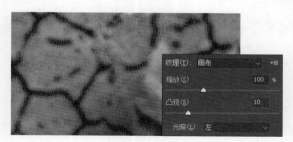

拖曳"凸现"滑块，可以调整纹理表面的深度；勾选"反相"复选框，可反转纹理中的阴影和高光；"光照"用于指示光源照射纹理的方向，如下左图所示。在"光照"下拉列表框中有多种方向可供选择，如下右图所示。

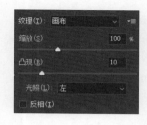

应用>>"凸现"选项的效果

在"底纹效果"对话框中，设置"凸现"为 5 和 30 时的效果如下图所示。

12.4.3 应用"置换"滤镜

"置换"滤镜使用置换图中的颜色值来改变选区，0 是最大的负向改变值，255 是最大的正向改变值，灰度值 128 不产生置换。如果置换图有一个通道，则图像沿着水平比例和垂直比例所定义的对角线改变；如果置换图有多个通道，则第一个通道控制水平置换，第二个通道控制垂直置换。

执行"滤镜>扭曲>置换"菜单命令，打开"置换"对话框，如下图所示。

❶水平比例／垂直比例：输入数值，设置置换幅度的比例。

❷伸展以适合：调整置换图的大小。

❸拼贴：通过在图案中重复使用置换图来填充选区。

❹未定义区域：确定如何处理图像中未扭曲区域。

在"置换"对话框中设置完成后，单击"确定"按钮，打开"选取一个置换图"对话框，选择所需的置换图后单击"打开"按钮，即可对图像应用扭曲效果，如下图所示。

知识>>"置换"滤镜应用知识

"置换"滤镜是通过除位图图像之外的 Photoshop 格式存储的拼合文件来创建置换图。另外，还可以使用 Photoshop 程序文件夹中"增效工具"文件夹的文件来创建置换图。在"置换"对话框中，当"水平比例"和"垂直比例"都设置为 100% 时，最多置换 128 个像素，因为中间的灰色不生成置换。

12.4.4 创建"自定"滤镜

在 Photoshop 中可以根据需要创建自定义的滤镜，以便作用于不同的图像。创建自定义滤镜的命令在"其他"滤镜组中。

执行"滤镜 > 其他 > 自定"菜单命令，打开"自定"对话框，该对话框是由文本框组成的网格，可以在这些文本框中输入数值，如下图所示。

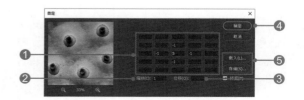

❶文本框：正中间文本框代表要进行计算的像素，选择代表相邻像素的文本框，输入要与该位置的像素相乘的值。

❷缩放：输入数值，用输入的数值除计算中包含的像素的亮度值的总和。

❸位移：输入要与缩放计算结果相加的值。

❹确定：将"自定"滤镜逐个应用到图像中的每个像素。

❺载入／存储：单击后，载入或存储"自定"滤镜。

应用>>"自定"对话框中的文本框

正中间文本框代表要进行计算的像素，取值范围为 -999 ～ 999，相邻像素文本框中输入的值，代表要与该位置像素相乘。例如，要将紧邻当前像素右侧的像素亮度值乘 2，可在紧邻中间文本框右侧的文本框中输入 2。对所有要进行计算的像素重复以上步骤，不必在所有文本框中都输入值。

12.5 设置光照效果

在 Photoshop 的滤镜中，可以对图像设置光照效果。设置光照效果包括使用"光照效果"滤镜、编辑光照的样式和在光照中使用纹理。

12.5.1 使用"光照效果"滤镜

"光照效果"滤镜可以在 RGB 图像上应用无数种光照效果，也可以使灰度文件的纹理产生类似 3D 的效果，并可以存储自定样式，以便在其他图像中使用。

执行"滤镜 > 渲染 > 光照效果"菜单命令，即可进入"光照效果"滤镜编辑模式，如下图所示。

❶预设：使用"光照效果"选项栏的"预设"选项，可以在其下拉列表中从 17 种预设的光照样式中选取所需的光照样式。

❷预览框：显示对图像进行编辑后的预览效果，可以在此处调整光源的照射方向和大小。

❸属性："属性"面板用于设置控制光照效果的相关参数。

▶ 光照类型：用于设置光照的类型，包括 3 种光照类型，分别为"点光""聚光灯"和"无限光"。

▶ 强度：控制光照强弱，可增加光照（正值）或减少光照（负值），零值则没有效果。

▶ 聚光：使该光照如同与室内的其他光照相结合，设置为 100 表示只使用此光源，设置为 -100 表示移去此光源。

▶ 着色：更改环境光颜色。单击"着色"右侧的色块，打开"拾色器（光照颜色）"对话框，在对话框中可以填充整体光照色彩。

▶ 曝光度：用于控制光照区域图像的曝光效果。

▶ 光泽：确定表面反射光照的程度，范围从低反射率到高反射率。

▶ 金属质感：确定最高反射率光照或光照投射到的对象。

❹光源：在"光源"面板中会显示图像中已添加的所有光照光源。

> 🍄 **技巧>>复制光照**
>
> 按住 Alt 键，在预览框中拖曳光照，即可复制光照。

> 🎨 **应用>>光照类型的效果图**
>
> 在"属性"面板中，依次设置"光照类型"

为"点光""聚光灯"和"无限光"后的效果如下图所示。

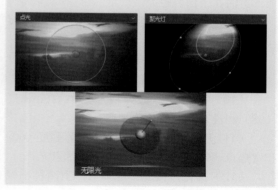

12.5.2 编辑光照样式

使用"光照效果"滤镜时，在选项栏中可以单击"预设"下三角按钮，其中包含 17 种光照样式，如下图所示。另外，用户也可以通过将光照添加到"默认"设置来创建自己的光照样式。"光照效果"滤镜至少需要一个光源，一次只能编辑一种光，但是所有添加的光都将用于产生效果。

```
两点钟方向点光
蓝色全光源
圆形光
向下交叉光
交叉光
默认
五处下射光
五处上射光
手电筒
喷涌光
平行光
RGB 光
柔化直接光
柔化全光源
柔化点光
三处下射光
三处点光
─────────
载入…
存储…
删除
─────────
自定
```

（1）两点钟方向点光：选择后产生具有中等强度（17）和宽焦点（91）的黄色点光。

（2）蓝色全光源：选择后产生具有全强度（85）和没有焦点的高处蓝色全光源。

（3）圆形光：选择后产生 4 个点光。"白色"为全强度（100）和集中焦点（8）的点光。"黄色"为全强度（88）和集中焦点（3）的点光。"红色"为中等强度（50）和集中焦点（0）的点光。"蓝色"为全强度（100）和中等焦点（25）的点光。

（4）向下交叉光：选择后产生具有中等强度（35）和宽焦点（100）的白色点光。

（5）交叉光：选择后产生具有中等强度（35）和宽焦点（69）的白色点光。

（6）默认：选择后产生具有中等强度（35）和宽焦点（69）的白色点光。

（7）五处下射光 / 五处上射光：选择后产生具有全强度（100）和宽焦点（60）的下射或上射的 5 个白色点光。

（8）手电筒：选择后产生具有中等强度（46）的黄色全光源。

（9）喷涌光：选择后产生具有中等强度（35）和宽焦点（69）的白色点光。

（10）平行光：选择后产生具有全强度（98）和没有焦点的蓝色平行光。

（11）RGB 光：选择后产生中等强度（60）和宽焦点（96）的红色、蓝色与绿色点光。

（12）柔化直接光：选择后产生两种不聚焦的白色和蓝色平行光。其中，白色光为柔和强度（20），而蓝色光为中等强度（67）。

（13）柔化全光源：选择后产生中等强度（50）的柔和全光源。

（14）柔化点光：选择后产生具有全强度（98）和宽焦点（100）的白色点光。

（15）三处下射光：选择后产生具有柔和强度（35）和宽焦点（96）的 3 处下射白色点光。

（16）三处点光：选择后产生具有中等强度（35）和宽焦点（100）的 3 处点光。

🎓 应用>>不同光照样式的效果

对图像应用"光照效果"滤镜时，设置不同光照样式后的效果如下图所示。

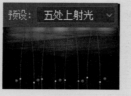

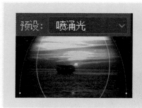

12.5.3　在光照中使用纹理

在"光照效果"滤镜中，"属性"面板的"纹理"选项可通过为 Alpha 通道添加灰度图像来控制光照效果，可以将任何灰度图像作为 Alpha 通道添加到图像中，也可以创建新的 Alpha 通道并向其中添加纹理，以得到浮雕效果。

"属性"面板的"纹理"选项组如下图所示。

❶纹理：单击"纹理"右侧的下三角按钮，打开"纹理"下拉列表，选择一个通道。

❷高度：拖曳"高度"滑块，将纹理从"平滑"转换为"凸起"。

⭐ 技巧>>向图像中添加Alpha 通道

◆要使用基于另一个图像的纹理，可将该图像转换为"灰度"模式，然后将该图像的"灰度"通道拖曳到当前图像中。

◆将其他图像中的现有 Alpha 通道拖曳到当前图像中。

◆在图像中创建一个 Alpha 通道，然后向其中添加纹理。

实例演练：
为图像打造绚丽色彩

 原始文件：无
最终文件：随书资源 \ 源文件 \12\ 为图像打造绚丽色彩 .psd

解析： 使用 Photoshop 中的滤镜可以制作出很多特效图案。本实例介绍使用 Photoshop 中的"镜头光晕"滤镜，在图像中添加镜头光晕，再对图像应用"扭曲"滤镜，对设置的光晕图像进行扭曲处理，并通过渐变填充为图像叠加丰富的渐变颜色，打造出绚丽的图像效果。

1 执行"文件 > 新建"菜单命令，弹出"新建文档"对话框，输入文件名称，设置文件大小为 800 像素 ×600 像素，分辨率为 300 像素／英寸，背景色为黑色，单击"创建"按钮，创建新文件，如下图所示。

2 执行"滤镜 > 渲染 > 镜头光晕"菜单命令，打开"镜头光晕"对话框，在对话框中选择"镜头类型"为"电影镜头"，"亮度"设置为 100%，在图像的中间点选，如下图所示。

3 使用相同的方法，继续在图像中创建两个"镜头光晕"效果，并使 3 个"镜头光晕"尽量处于一条直线上，如下图所示。

4 按下快捷键 Ctrl+J，复制"背景"图层，生成"图层 1"图层；执行"滤镜 > 扭曲 > 极坐标"菜单命令，在打开的"极坐标"对话框中勾选"平面坐标到极坐标"复选框，单击"确定"按钮，如下图所示。

5 继续复制"图层 1"图层，生成"图层 1 拷贝"图层；按下快捷键 Ctrl+T，在"图层 1 拷贝"图层上显示自由变换编辑框，如下图所示。

6 右击自由变换编辑框内的图像，在弹出的快捷菜单中选择"旋转 180 度"命令，旋转图像，按 Enter 键确认；在"图层"面板中将"图层 1 拷贝"图层的混合模式改为"滤色"，如下图所示。

7 按下快捷键 Shift+Ctrl+Alt+E，盖印可见图层，生成"图层 2"图层，如下左图所示，得到如下右图所示的画面效果。

8 执行"滤镜 > 扭曲 > 水波"菜单命令，在打开的"水波"对话框中设置"数量"为 -16，"起伏"为 6，样式为"水池波纹"，如下左图所示。设置完成后单击"确定"按钮，应用滤镜，效果如下右图所示。

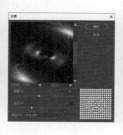

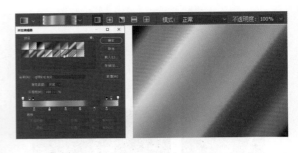

9 复制"图层 2"图层，生成"图层 2 拷贝"图层；执行"滤镜 > 模糊 > 高斯模糊"菜单命令，在打开的"高斯模糊"对话框中设置"半径"为 0.5 像素，设置完成后单击"确定"按钮，如下图所示。

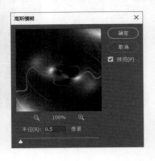

12 更改"图层 3"的混合模式为"叠加"，为画面叠加渐变颜色，如下图所示。

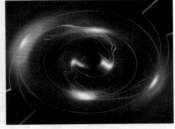

10 完成滤镜设置后，画面呈现模糊状态；单击"图层"面板下方的"创建新图层"按钮，新建"图层 3"图层，如下图所示。

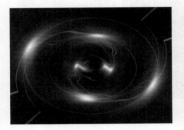

13 用"横排文字工具"在画面上添加适当的文字元素，完善画面效果，如下图所示。

11 单击工具箱中的"渐变工具"按钮，在选项栏中单击渐变条，打开"渐变编辑器"对话框；在"预设"中选择"透明彩虹渐变"，设置完成后单击"确定"按钮；单击选项栏中的"线性渐变"按钮，选择"图层 3"图层，从左上角向右下角拖曳渐变效果，如下图所示。

实例演练：
制作抽丝特效和不规则边框

 原始文件：随书资源 \ 素材 \12\01.jpg
最终文件：随书资源 \ 源文件 \12\ 制作抽丝特效和不规则边框 .psd

　　解析：很多用户经常会使用 Photoshop 中的滤镜为人物照片制作抽丝特效。本实例就介绍如何使用滤镜完成抽丝特效的制作，首先在打开的图像中填充渐变，然后应用"扭曲"滤镜组中的"波浪"滤镜为图像设置扭曲效果，实现抽丝效果的设计，再结合选区工具和"置换"滤镜为图像添加不规则边框，完善图像效果。

1 执行"文件 > 打开"菜单命令，打开素材文件 01.jpg；在"图层"面板中新建一个空白图层"图层 1"，如下图所示。

2 在工具箱中单击"默认前景色和背景色"按钮，选择"渐变工具"，在选项栏中打开"渐变"拾色器，从中选择"前景色到透明渐变"；单击"线性渐变"按钮，在"图层 1"上从下往上拖曳渐变效果，如下图所示。

3 执行"滤镜 > 扭曲 > 波浪"菜单命令，在打开的"波浪"对话框中设置"生成器数"为1，波长"最小"为1，"最大"为6，"波幅"与"比例"的数值均为最大，如下图所示。

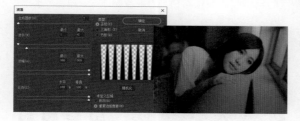

4 选择"图层 1"图层，将该图层的"不透明度"设置为20%，制作画面抽丝效果，如下图所示。

5 选择当前 PSD 文件，执行"图像 > 复制"菜单命令，在弹出的"复制图像"对话框中更改复制的 PSD 文件名为"边框"，单击"确定"按钮，完成复制操作，如下图所示。

6 选择复制的 PSD 文件，选择"图层 1"图层，将其拖曳到"删除图层"按钮上，将图层删除；完成后选择"背景"图层，设置前景色为黑色，按下快捷键 Alt+Delete，将其填充为黑色，如下图所示。

7 确保"背景"图层为选中状态，执行"滤镜 > 渲染 > 分层云彩"菜单命令，渲染分层云彩效果，如下图所示。

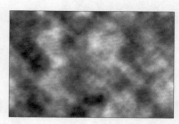

8 执行"滤镜 > 滤镜库"菜单命令，打开"滤镜库"对话框，单击"艺术效果"滤镜组下的"调色刀"滤镜；在对话框右侧设置滤镜选项，设置后单击"确定"按钮，应用效果，如下图所示。

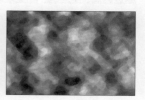

9 执行"滤镜 > 滤镜库"菜单命令，打开"滤镜库"对话框，在对话框中单击"艺术效果"滤镜组下的"海报边缘"滤镜，然后在对话框右侧设置"海报边缘"滤镜选项。此处可以直接应用默认的参数值，因此直接单击"确定"按钮，对图像应用效果，如下图所示。

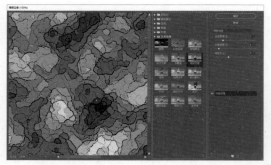

10 按下快捷键 Ctrl+J，复制"背景"图层，生成"图层 1"图层；执行"滤镜 > 滤镜库"菜单命令，打开"滤镜库"对话框，在对话框中单击"扭曲"滤镜组下的"玻璃"滤镜，然后在对话框右侧设置"玻璃"滤镜选项，单击"确定"按钮，对图像应用"玻璃"滤镜，如下图所示。

 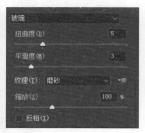

11 在"图层"面板中选中"图层 1"图层，将该图层的混合模式设置为"叠加"，调整画面效果，如下图所示。

 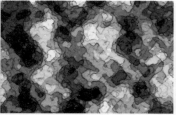

12 执行"文件 > 存储为"菜单命令，打开"存储为"对话框。在对话框中将文件命名为"边框"，单击"确定"按钮，将文件存储，如下图所示。

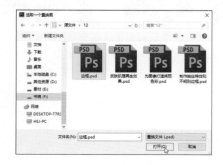

13 返回"01.psd"文件，新建"图层 2"图层；在工具箱中选择"矩形选框工具"，在图像中绘制一个矩形选区，如下图所示。

14 按下快捷键 Shift+Ctrl+I，反选选区；设置前景色为黑色，按下快捷键 Alt+Delete，填充选区为黑色；按下快捷键 Ctrl+D，取消选区，如下图所示。

15 执行"滤镜 > 扭曲 > 置换"菜单命令，在打开的"置换"对话框中设置"水平比例"和"垂直比例"都为 12，选中"伸展以适合"和"重复边缘像素"单选按钮，如下左图所示。单击"确定"按钮，在打开的"选择一个置换图"对话框中选择存储的"边框.psd"，单击"打开"按钮，如下右图所示。

 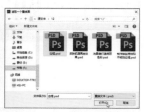

16 为图像制作一个不规则边框，完成本实例的制作，效果如下图所示。

实例演练：
皮肤肌理再生效果

原始文件：随书资源 \ 素材 \12\02.jpg
最终文件：随书资源 \ 源文件 \12\ 皮肤肌理再生效果 .psd

解析：Photoshop 中的滤镜不但可以用于对人物图像进行磨皮，打造光滑、细腻的肌肤效果，还可以用于皮肤肌理的修饰。在本实例中就使用"添加杂色"和"颗粒"滤镜对图像中人物光滑的肌肤进行处理，为皮肤添加些许杂色、颗粒，重现肌肤的纹理质感。

1 执行"文件 > 打开"菜单命令，打开素材文件 02.jpg；按下两次快捷键 Ctrl+J，复制"背景"图层，生成"图层 1"和"图层 1 拷贝"图层，如下图所示。

2 单击"图层 1 拷贝"图层前的"指示图层可见性"图标◉，隐藏"图层 1 拷贝"图层，选择"图层 1"图层；执行"滤镜 > 杂色 > 添加杂色"菜单命令，在打开的"添加杂色"对话框中设置"数量"为 4%，勾选"平均分布"复选框，如下图所示。

3 设置完成后单击"确定"按钮，为人物皮肤添加些许杂色，使皮肤看上去更有纹理，如下图所示。

4 单击"图层 1 拷贝"图层前的"指示图层可见性"图标◉，显示并选择该图层，如下图所示。

5 对图像执行"滤镜 > 滤镜库"菜单命令，打开"滤镜库"对话框，在对话框中单击"纹理"滤镜组下的"颗粒"滤镜，然后在对话框右侧设置"颗粒"滤镜选项中设置"强度"为 12，"对比度"为 50，如下图所示。

6 设置完成后单击"确定"按钮，为人物皮肤添加些许颗粒，使皮肤看上去更有纹理效果，如下图所示。

第 13 章
Camera Raw

由于 RAW 格式文件是相机传感器将捕捉到的光源信号转化为数字信号的原始数据，记录了相机拍摄时产生的原数据，如 ISO 设置、光圈值、白平衡等，所以为了能够更好地对数码照片的效果进行编辑与修饰，越来越多的摄影师和摄影爱好者选择使用 RAW 格式存储图像。对于这些拍摄的 RAW 格式图像，可以使用 Photoshop 中的 Camera Raw 滤镜对其进行处理。本章将介绍使用 Camera Raw 处理图像的方法，用户可以通过本章的学习，掌握更多实用的 RAW 格式图像处理技巧。

13.1 了解 Camera Raw

Photoshop CC 2017 将 Camera Raw 插件添加到了"滤镜"菜单中，它不仅可以用于 RAW 格式图像的处理，而且还能用于 JPEG 图像的编辑。本节将介绍如何利用数码相机的 RAW 格式和 Photoshop 的 Camera Raw 滤镜来优化图像。

13.1.1 了解 Camera Raw 窗口

Camera Raw 窗口由标题栏、工具栏、直方图、图像调整选项卡等组成，通过这些功能可以对图像进行操作，如下图所示。

❶标题栏：Camera Raw 窗口的顶部是标题栏，标题栏中显示了软件版本和所打开图像的格式等信息。

❷工具栏：提供了 14 种对图像进行编辑的工具，和一个用于打开"Camera Raw 首选项"对话框的按钮。

▶ **缩放工具**：使用"缩放工具"单击图像可以放大或缩小图像。

▶ **抓手工具**：当图像在浏览区中显示不全时，可以使用"抓手工具"在浏览区中拖曳图像，以查看其他部分。

▶ **白平衡工具**：通过"白平衡工具"指定的

对象颜色，Camera Raw 可以确定全局场景的光线颜色，然后自动调整图像的光照效果。

▶ **颜色取样器工具**：使用"颜色取样器工具"在图像中单击，可以获取对象的颜色。

▶ **目标调整工具**：通过调整图像的"色相""饱和度""明亮度"和"灰度混合"来确定图像的整体色调调整。

▶ **裁剪工具**：使用"裁剪工具"可对图像进行裁剪。用户还可以设置裁剪的比例。

▶ **拉直工具**：Camera Raw 会自动根据"拉直工具"绘制的长度和角度形成裁剪框。

▶ **变换工具**：用于校正使用不正确的镜头或相机晃动导致的照片透视倾斜。

▶ **污点去除**：可对图像进行修复或仿制。

▶ **红眼去除**：专门用于去除拍摄时产生的红眼效果。

▶ **调整画笔**：可以调整图像的亮度、饱和度、对比度、曝光和锐化等效果。

▶ **渐变滤镜**：可以渐变地对图像的亮度、饱和度、对比度、曝光和锐化等效果进行调整。

▶ **径向滤镜**：可以在画面中创建径向渐变框，对指定范围内的图像的亮度、饱和度、对比度、曝光和锐化等效果进行调整。

▶ **打开首选项对话框**：单击可打开"Camera Raw 首选项"对话框，在对话框中可以设置 Camera Raw 高速缓存等功能。

▶逆时针旋转图像 90 度 ◙：单击可将图像逆时针旋转 90°。

▶顺时针旋转图像 90 度 ◙：单击可将图像顺时针旋转 90°。

❸图像浏览区：用于显示处理后的图像效果。

❹缩放级别：单击缩放级别中的"-"和"+"按钮，可以缩放图像浏览区中的图像。用户也可以直接在数值框中输入缩放值。如果想将图像显示为浏览区的大小，则可在"缩放级别"下拉列表中选择"符合视图大小"选项。

❺存储图像：单击该按钮，打开"存储选项"对话框，在对话框中可以设置文件的存储名称、位置、类型等。

❻切换全屏模式：单击该按钮，Camera Raw 窗口会全屏显示，并不显示标题栏。

❼直方图：从中可看出图像的 RGB 比例。在直方图中还显示了鼠标当前位置的 RGB 值。

▶高光修剪警告：单击会为图像中的高光添加标识。

▶阴影修剪警告：单击会为图像中的阴影添加标识。

❽Camera Raw 设置：单击选项卡右上角的扩展按钮 ▤，可更改 Camera Raw 的设置。在 Adobe Bridge 中执行"编辑 > 开发设置"菜单命令，也可以更改 Camera Raw 的设置。

❾图像调整选项组：在图像调整选项组中有 10 个选项卡，对图像的控制选项进行了分类。

▶基本 ◉：调整白平衡、颜色饱和度以及色调。

▶色调曲线 ▦：使用"参数"曲线和"点"曲线对色调进行微调。

▶细节 ▲：对图像进行锐化处理或减少杂色。

▶HSL/灰度 ▤：使用"色相""饱和度"和"明亮度"对颜色进行微调。

▶分离色调 ▤：为单色图像添加颜色，或者为彩色图像创建特殊效果。

▶镜头校正 ▥：补偿相机镜头造成的色差和晕影。

▶效果 ƒx：为画面添加颗粒和裁剪后晕影效果。

▶相机校准 ◉：将相机配置文件应用于原始图像，用于校正色调和调整非中性色，以补偿相机图像传感器的行为。

▶预设 ☲：将多组图像调整设置存储为预设并进行应用。

▶快照 ▣：可对画面新建快照，以便返回查看或进行其他操作。

❿打开图像：单击该按钮，可以在 Photoshop 中打开图像。

🐾 技巧一>>设置高速缓存

高速缓存器又称为"高速缓冲存储器"。它的用途是，当 CPU 处理数据时，它会先到高速缓存器中去寻找，如果数据因之前的操作已经读取而被暂存在其中，就不需要再从高速缓存器中读取数据。

提供"高速缓存"的目的是为了让数据存取速度适应 CPU 的处理速度，基于的原理是内存中"程序执行与数据访问的局域性行为"。由于 CPU 的运行速度一般比高速缓存快，因此若要经常存取高速缓存，就必须等待数个 CPU 周期，从而造成 CPU 的浪费。所以为了能够在 Camera Raw 中快捷地处理图像，就需要设置高速缓存。

在 Camera Raw 工具栏中单击"打开首选项对话框"按钮，在打开对话框的"Camera Raw 高速缓存"选项组中可设置缓存所占用的大小和位置，如下图所示。单击"清空高速缓存"按钮，可以删除缓存中的内容。

🐾 应用>>图像的缩放

预览图像时，单击可放大图像至下一级预设比例；按住 Alt 键单击，可将图像缩小至上一级预设比例。

预览图像时，拖移"缩放工具"可以放大所选区域；若要恢复到 100%，则可双击"缩放工具"按钮 ◙。

🐾 技巧二>>调整图像

通过"基本"选项卡可以对图像进行大致调整，然后使用其余选项卡中的功能可以对图像的细节进行调整。图像调整前后的对比效果图如下图所示。

13.1.2　Camera Raw 的作用

使用 Camera Raw 可以查看图像的内容、对图像格式进行转换、调整图像的颜色，以及校正偏色的数码照片等。Camera Raw 功能简单实用，用户只需要通过简单的几步操作就能制作出美观的照片。

1. 将相机原始数据文件转换为DNG

导出相机原始数据文件之前，需要将相机的存储卡连接到计算机中，然后就可以为其命名以及对其进行排序、复制等处理。使用 Photoshop 的"从相机获取照片"命令可以自动完成这些任务。

2. 在Camera Raw中打开图像文件

可从 Adobe Bridge、After Effects 或 Photoshop 的 Camera Raw 中打开相机原始数据文件。

3. 调整颜色

颜色调整包括白平衡、色调及饱和度等，可以在"基本"选项卡上进行大多数调整，然后使用其他选项卡对图像进行微调。如果希望 Camera Raw 分析图像并应用大致的色调调整，则单击"基本"选项卡中的"自动"按钮。

4. 进行其他调整和图像校正

校正图像可以使用 Camera Raw 窗口中的工具和控件进行操作。例如，对图像进行锐化处理、减少杂色、纠正镜头问题以及重新修饰等。

5. 将图像设置存储为预设或默认图像设置

如果要将对图像的调整应用于其他图像，则应将这些设置存储为预设。使用这种方法，可以方便地对特定的图像进行相同的调整。

6. 为Photoshop设置工作流程选项

设置选项以指定从 Camera Raw 中存储图像的方式以及指定 Photoshop 应该如何打开这些图像。单击 Camera Raw 窗口下方的链接，打开"工作流程选项"对话框，在其中可以进行相关设置。

7. 存储图像或者在Photoshop或After Effects中打开图像

在 Camera Raw 中调整完图像后，可以将调整后的图像应用于相机原始数据文件，也可以在 Photoshop 或 After Effects 中打开调整后的图像，将调整后的图像存储为其他格式。如果从 After Effects 中打开 Camera Raw 窗口，则"存储图像"和"完成"按钮将不可用。

（1）存储图像：将 Camera Raw 中的设置应用于图像，并以 JPEG、PSD、TIFF 或 DNG 格式存储图像的副本。按住 Alt 键单击该按钮，可以禁止显示"存储选项"对话框，并使用最近的一组存储选项来存储文件。

（2）打开图像：在 Photoshop 或 After Effects 中打开相机原始数据文件的副本，原有的相机数据保持不变。单击"打开图像"按钮时按下 Shift 键，可将原始文件作为智能对象在 Photoshop 中打开。用户可以随时双击包含原始数据文件的智能对象图层来调整 Camera Raw 设置。

（3）完成：关闭 Camera Raw 窗口，并在 Camera Raw 数据库文件、XMP 文件或 DNG 文件中存储文件的设置。

（4）取消：单击该按钮，将在 Camera Raw 窗口中取消调整的效果。

> 技巧>>工作流程
> 工作流程选项为从 Camera Raw 输出的所有文件进行设置，包括色彩深度、色彩空间、输出锐化及图像尺寸。工作流程选项用于确定 Photoshop 如何打开这些文件，但不影响 After Effects 如何导入相机原始数据文件。
> 下图为"工作流程选项"对话框。

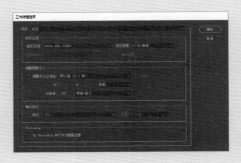

> 勾选"在 Photoshop 中打开为智能对象"复选框，那么图像在 Photoshop 中打开时，将作为智能对象图层，而不是"背景"图层。

知识>>了解DNG

数字负片（DNG）是一种用于数码相机生成的原始数据文件的公共存档格式。DNG 解决了不同型号相机的原始数据文件之间缺乏开放式标准的问题，从而有助于确保摄影师们能获取数码相机内的图像。

DNG 扫除了新型号相机采用该格式的潜在障碍，因为来自新型号相机的原始数据文件能够得到 Photoshop 及其他应用程序的支持。

13.2　浏览、打开和存储图像

在 Camera Raw 中可以同时打开多个图像，并且在 Camera Raw 的浏览区中可以对多个图像进行查看。其方法是单击左侧的缩览图进行切换。此外，用户还可以对调整后的图像进行存储。如果对调整的图像效果不满意，还可以在 Photoshop 中打开并进行修复。

13.2.1　通过缩览幻灯胶片查看图像

如果要一次性查看多幅图像，或者对多幅图像进行调整，则可以使用 Camera Raw 中的幻灯胶片控制栏进行查看或调整。

首先在 Adobe Bridge 中选择多幅图像，然后执行"文件 > 在 Camera Raw 中打开"菜单命令，打开 Camera Raw 窗口。如下图所示，Camera Raw 窗口分为左、中、右 3 栏，左侧显示了当前打开的图像缩览图，中间显示了对图像进行操作后的效果，右侧显示了 Camera Raw 的设置选项。

1．切换图像的显示

位于窗口左侧的是幻灯胶片控制栏，可以拖曳控制栏的垂直滑动条来查看其他图像的缩览图，单击缩览图可以将图像在浏览区进行显示；也可以单击图像浏览区右下角的"后退"按钮◀ /"前进"按钮▶，按次序进行浏览。

2．为图像评级

对不同的图像评级，可以单击图像缩览图下的评级标识，如下左图所示。

图像评级不可超过 5 级。例如，为一幅图像评级为 4 级，评级后的缩览图效果如下右图所示。

3．同步

"同步"功能可以对同时选中的图像应用相同的设置。所以在使用"同步"功能之前，应该选择两个或两个以上的图像，再单击幻灯胶片控制栏顶端的"同步"按钮，打开"同步"对话框，在对话框中可以设置图像的同步选项。

应用一>>选取所有评级图像

单击幻灯胶片控制栏右上角的扩展按钮，在展开的菜单中单击"选择已评级的图像"命令，就会选中幻灯胶片控制栏中所有已评级的图像，如下图所示。

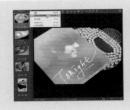

🎓 应用二>>全选图像

如果要打开全部图像，或者要对全部的图像进行操作，则需要全选图像。具体操作方法是，单击"幻灯胶片控制栏"右上角的扩展按钮⬛，在打开的菜单中单击"全选"命令，即可选取所有图像，如下图所示。

13.2.2 在 Camera Raw 中打开多个图像

在 Camera Raw 中打开图像的方法很多，可以通过菜单命令、快捷键打开，也可以通过右键快捷菜单打开。不仅如此，用户还可以将在 Camera Raw 中调整后的图像导入到 Photoshop 中。下面将详细讲述。

方法 1：启动 Adobe Bridge 应用程序，从文件夹中找到图像所在的位置并选中图像，然后执行"文件 > 在 Camera Raw 中打开"菜单命令，图像便可在 Camera Raw 中打开。

方法 2：在 Adobe Bridge 应用程序中选中要打开的图像，按下快捷键 Ctrl+R，同样可在 Camera Raw 中打开图像。

方法 3：在要打开的图像上右击，然后在弹出的快捷菜单中选择"在 Camera Raw 中打开"命令，即可在 Camera Raw 中打开图像。

通过 Camera Raw 在 Photoshop 中打开图像有以下 3 种方法。

方法 1：直接单击 Camera Raw 窗口底部的"打开图像"按钮，即可将图像在 Photoshop 中打开。

方法 2：按住 Alt 键不放，原本的"打开图

像"按钮会变成"打开拷贝"按钮。单击该按钮，会以图像副本的方式在 Photoshop 中打开图像。

方法 3：按住 Shift 键不放，原本的"打开图像"按钮会变成"打开对象"按钮。单击该按钮，会将图像以智能对象的方式在 Photoshop 中打开。

📖 知识>>Camera Raw所能打开的格式

在 Camera Raw 中所能浏览的格式有：JPEG、PSD、TIFF 和 DNG。对于 GIF、BMP、PNG 格式文件，Camera Raw 是不支持的。

🎓 应用>>使用Camera Raw滤镜打开图像

在 Photoshop 中打开图像文件，执行"滤镜 >Camera Raw 滤镜"菜单命令，可以在 Camera Raw 窗口中打开图像，如下图所示。

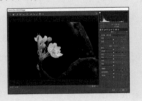

13.2.3 使用其他格式进行存储

Camera Raw 中提供了 JPEG、PSD、TIFF 和 DNG 等 4 种图像存储格式，默认的存储格式为 DNG。用户也可以根据需要，选择不同的格式存储图像。本小节主要介绍如何将图像存储为不同的格式。

在 Camera Raw 窗口中对图像进行存储有两种方法：一种是直接存储，不用设置图像的属性；另一种是对图像设置参数，然后存储为多种格式。

1. 直接存储

在 Camera Raw 窗口中，按住 Alt 键不放，"存储图像"按钮 存储图像… 将变成没有省略号的 存储图像… 按钮，此时单击该按钮，将不会弹出对话框，而是直接将图像进行存储。

2. 更改属性存储

和直接存储不同的是，直接单击"存储图像"按钮会弹出"存储选项"对话框，如下图所示。

3. 存储格式

在"存储选项"对话框的"格式"选项组中，单击格式后的下三角按钮，可以选择图像存储的格式。所能存储的格式有：数字负片（DNG）、JPEG、TIFF、Photoshop 格式，用户可以根据需要进行选择。

4. 图像压缩

不同格式图像的压缩机制是不同的。如 JPEG 和 TIFF 格式，JPEG 格式的压缩机制根据品质不同分为了 4 个等级；TIFF 的压缩机制则分为 LZW 和 ZIP 两种，LZW 的最高压缩比可达到 3 ：1，ZIP 是一种无损压缩算法，如下图所示。

在 Adobe Bridge 中选择图像，显示当前格式为 CR2 格式，如下图所示。

右击图像，在弹出的快捷菜单中选择"在 Camera Raw 中打开"命令，弹出 Camera Raw 窗口，单击底部左侧的"存储图像"按钮，即可打开"存储选项"对话框。

单击"目标"选项组中的"选择文件夹"按钮，打开"选择目标文件夹"对话框，在对话框中设置存储的位置，然后单击"选择"按钮。返回"存储选项"对话框，单击"格式"下三角按钮，在展开的列表中选择 JPEG 格式，如下左图所示。

设置完成后单击"存储"按钮即可。找到存储图像所在的文件夹，发现图像被另存为 JPEG 格式了，如下右图所示。

13.3 使用 Camera Raw 进行颜色调整

在日常生活中，拍摄的照片可能会出现颜色偏调、曝光缺陷、杂色、镜头晕影污点等问题。本节将介绍如何运用 Camera Raw 对图像进行颜色调整，还原其自然和美丽。

13.3.1 修剪高光和阴影

拍摄的照片如果太亮或者太暗，在高光或阴影部分就会发生修剪。此时可以运用"直方图"查看这些修剪的区域。

在"直方图"中单击"阴影修剪警告"按钮█或"高光修剪警告"按钮 █ ，可以快速在预览图像中查看被修剪的像素，红色代表高光，

蓝色代表阴影。例如，下左图为未标示修剪的效果，下右图为已标示修剪的效果。

（1）发生修剪：当像素的颜色值高于图像中可以表示的最高值，或低于图像中可以表示的最低值时，将发生修剪。系统将修剪过亮的值以输出白色，修剪过暗的值以输出黑色，结果导致图像细节丢失。

（2）查看修剪：要查看被修剪的像素可以单击直方图最上方的按钮，或者按 U 键查看阴影修剪，按 O 键查看高光修剪。

（3）修剪方法：在"直方图"中查看阴影和高光修剪后，可以拖曳下方的"曝光""高光""阴影""白色""黑色"等滑块进行图像明亮度、对比度的调整，具体方法见 13.3.3 小节。

★ 技巧>>使用直方图查看颜色

Camera Raw 窗口右上角的直方图由 3 层颜色组成，分别表示"红""绿"和"蓝"颜色通道，当所有 3 个通道重叠时显示白色。无论鼠标指针指向图像的哪个位置，都能在直方图中显示鼠标处的 RGB 值。下图为直方图。

另外，在直方图中显示了图像的像素分布情况。若图像像素主要集中在直方图的右侧，则表示该照片曝光过度；若像素集中在直方图的左侧，则说明该照片曝光不足；若像素集中在直方图的中间，则说明该照片对比度较低。

13.3.2　在 Camera Raw 中调整白平衡

人类的眼睛能够自动适应不同的光线环境，将最亮的区域感知为白色，但是数码相机的传感器不具备此功能，因此需要使用白平衡进行定义，使图像中的色彩与人眼观察到的色彩相近。

白平衡中有两个非常重要的概念——色温和色调。

（1）色温：就是定量地以开尔文温度（K）来表示色彩，能将外界的热量以光的形式表现

出来。这些热量会产生不同的颜色。

（2）色调：是指一幅作品色彩外观的基本倾向。在明度、纯度、色相这 3 个要素中，若某种因素起主导作用，人们就称之为某种色调。通常可以从色相、明度、冷暖、纯度等 4 个方面来定义一幅作品的色调。

在 Camera Raw 的"基本"选项卡中，可以对"色温"和"色调"进行设置，如下图所示。

在 Camera Raw 中打开 CR2、NEF、DNG 等格式的文件后，单击"基本"选项卡中的"白平衡"下三角按钮，可以为图像设置 9 种白平衡模式，如下图所示。

❶原照设置：相机拍摄的效果，即原始效果。

❷自动：根据原始图像的整体效果，自动对图像数据进行白平衡计算。

❸预设白平衡：根据不同的拍摄环境，选择不同的预设白平衡。

▶日光：在晴天日光下进行正确显色。它是可用于室外拍摄的白平衡，用途广泛。

▶阴天：用于没有太阳的阴天。它比"阴影"模式的补偿力度稍小一些。

▶阴影：在晴天室外日光阴影下进行正确显色。在晴天日光下使用时，色调会略微偏红。

▶白炽灯：对白炽灯的色调进行补偿，可抑制光线偏红的特性。

▶荧光灯：对白色荧光灯的色调进行补偿，可抑制白色荧光灯光线偏绿的特性。

▶闪光灯：对偏蓝色的闪光灯光线进行补偿，补偿的倾向与"阴天"模式的非常近似。

❹自定：用户可以根据图像的整体效果，自行设置图像的色温和色调。

在 Camera Raw 中打开需要调整白平衡的图像，单击"白平衡"下三角按钮，设置"白平衡"为"原照设置"选项，不改变其他参数值，如下左图所示。设置后的图像效果如下右图所示。

若将"白平衡"设置为"自动"，则白平衡的各项参数会发生变化，如下左图所示。调整后的图像效果如下右图所示。

若将"白平衡"设置为"自定"，然后根据图像整体效果进行调整，如下左图所示。调整后的效果如下右图所示。

应用一>>巧用"自动"选项

对于色调偏差不大的数码照片，一般可以使用"自动"选项进行调整。即打开数码照片后，在"基本"选项卡中设置"白平衡"为"自动"，Camera Raw 会自动对图像进行处理，如下图所示。

应用二>>使用"白平衡"工具

单击工具栏中的"白平衡工具"按钮，使用"白平衡工具"在图像中高光较低的地方单击，即可校正图像的整体色调，如下图所示。

13.3.3 图像色调调整

通过 Camera Raw "基本"选项卡的调整控件，可以调整图像的曝光、对比度、高光、阴影、白色和黑色，从而得到不同的图像效果。

RGB 模式的图像中，根据中性灰色的不同，可以形成饱和度不同的各种彩色，从而演变出丰富的图像细节结构；色调则是图像的白场和黑场的一个过渡，所以可以根据白场和黑场来调整图像的色调。图像色调控件位于"基本"选项卡中，如下图所示。

❶自动：如果希望 Camera Raw 自动对图像的色调进行调整，则可以单击色调控件中的"自动"选项。Camera Raw 将自动分析原始图像，并对色调进行调整。通过自动调整，可以平衡图像中的各个颜色。

打开一幅图像，如下左图所示。单击"自动"按钮后，图像变成如下右图所示的效果。需要注意的是，使用"自动"调整功能会忽略掉之前的所有操作，只以图像原始状态为快照进行自动调整。

❷曝光：用于调整图像的整体亮度。如果曝光度降低，相对图像本身就会变暗；如果曝光度升高，图像就会变亮。该值的每个增量等同于光圈大小，+1.50 的调整类似于将光圈加大 3/2；同样，-1.50 的调整类似于将光圈减小 3/2。

下左图所示为原始图像的曝光效果，在"曝光"数值框中输入 +1.5，图像会变亮，如下右图所示。

❸对比度：增加或减少图像的对比度主要影响中色调，一般配合亮度使用，这样图像会变得更加清晰。

打开图像，如下左图所示。设置对比度后的效果如下右图所示。

❹高光：用于调整图像的明亮区域，向左拖曳可使高光变暗；向右拖曳可在最小化修剪的同时使高光变亮。

下左图所示为原始图像，观察发现原图像有过曝的情况，高光的细节有所损失。根据图像的整体效果，设置"高光"为 -50，将得到如下右图所示的效果。

❺阴影：用于调整图像的暗部区域，向左拖曳可在最小化修剪的同时使阴影变暗；向右拖曳可使阴影变亮，恢复细节。调整"阴影"就如同使用 Photoshop 的"阴影／高光"命令。

下左图所示为原始图像效果，在"阴影"数值框中输入 +90，提亮阴影，恢复细节层次，如下右图所示。

❻白色：用于调整白色修剪，向左拖曳可减少对高光的修剪，向右拖曳可增加对高光的修剪。

打开一幅比较灰暗的图像，如下左图所示。设置"白色"值为 +80，设置后的效果如下右图所示。从中可以看出，提升了亮度的图像，整体变得更加明亮。

❼黑色：用于调整黑色修剪，向左拖曳可增加对阴影的修剪，向右拖曳可减少对阴影的修剪。

打开图像，如下左图所示。更改"黑色"值，设置"黑色"值为 -70，更改后图像黑色显示范围被扩大了，如下右图所示。

技巧一>>对单个控件应用自动设置

若要对单个色调控件应用自动调整，可按住
Shift 键双击滑块。

技巧二>>对单个控件恢复默认

要使单个色调控件恢复其原始值，可双击对
应的调整滑块。

应用>>调整照片的色调

打开一幅偏色图像，如下左图所示。更改"白
平衡"为"自定"，然后分别设置"色温"和"色
调"为 2800 和 +1，图像效果如下右图所示。

通过"色温"与"色调"的设置，图像变
得自然柔和。

再参照下左图所示进行设置，设置后的图
像效果如下右图所示。

技巧三>>应用自动色调调整

在 Camera Raw 中打开图像时，图像是以"默
认设置"显示的，如果希望在对图像预览时以自
动调整后的效果显示，可单击"打开首选项对话
框"按钮，打开"Camera Raw 首选项"对话框。
在对话框中找到"默认图像设置"选项组，勾选
"应用自动色调调整"复选框，如下左图所示，
设置完成后单击"确定"按钮。返回 Camera
Raw 窗口，单击"基本"选项卡右上角的扩展
按钮，在弹出的菜单中确保设置为"Camera
Raw 默认值"即可，如下右图所示。

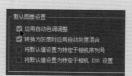 

13.3.4 通过曲线微调色调

曲线可以精确调整图像，通过调整曲线可
以调整图像整体效果或者单色通道的明暗对
比。曲线微调就是通过一条线段的弯曲来控制
图像的变化。由于曲线的弯曲弧度不同，对应
图像中的色调也会不同，因此用户可以自由弯
曲曲线来调整图像。

曲线微调一般应用在图像处理的最后，在
对图像进行一系列调节后，通过曲线微调可使
处理的痕迹与图像融合。曲线微调的主要功能
可以分为以下 3 点。

（1）图像明暗：根据曲线的调整，可以
将图像整体和局部变亮或变暗。

（2）图像对比：根据通道中的颜色差异，
可以将图像分为黑、白两部分。

（3）阴影和高光：对图像中的阴影和高
光进行调节。

要在 Camera Raw 中设置曲线微调，可单
击窗口右侧的"色调曲线"按钮，切换至"色
调曲线"选项卡。在选项卡中包含"参数"和"点"
两个标签，单击不同的标签将显示不同的调整
选区，分别如下左图和下右图所示。

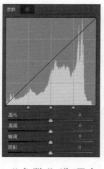 

1. "参数"选项卡

可以通过"高光""亮调""暗调"和"阴影"4个控件分别调整图像的亮部和暗部区域。"参数"选项卡的操作方法很简单，只需要在调节的控件上拖动滑块就可以更改各项的值；与常见的曲线控制方法不同的是，"参数"选项卡中的曲线查看器只用于曲线查看，不能直接对其进行调整。

（1）高光：用于控制画面中高光范围的明暗程度，设置的参数值越大，高光越亮。下图为调整高光前后的对比效果。

（2）亮调：用于设置画面亮调范围内的明暗效果，向左拖曳滑块，使图像较亮部分变暗；向右拖曳滑块，使图像较亮部分更加明亮。其应用效果比"高光"范围要广。下图为将"亮调"滑块向左和向右拖曳后的图像对比效果。

（3）暗调：用于图像暗部区域的调整，提高参数，暗部区域变亮；降低参数，暗部区域变暗。下左图所示为一幅局部稍亮的图像，向左拖曳"暗调"滑块，调整暗部区域，调整后颜色痕迹更深，如下右图所示。

（4）阴影：用于控制画面的暗部，范围比"暗调"要小。下图为调整阴影前后的对比效果。

2. "点"选项卡

在"点"选项卡中可以自由地拖曳曲线来设置图像的色调，也可以通过曲线的预设选项来调整图像，如下图所示。

（1）线性：在"点"选项卡中默认的预设就是"线性"，线性曲线是一条平滑的直线段，如下左图所示。原图像效果如下右图所示。

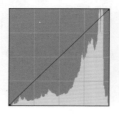 

（2）中对比度：对比度越大，图像层次就越丰富；反之，对比度越小，图像层次越弱。其曲线外形和图像效果分别如下左图和下右图所示。

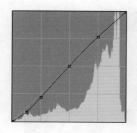

（3）强对比度：强对比度对图像的清晰度、细节表现、灰度层次表现都有很大帮助。其曲线外形和图像效果分别如下左图和下右图所示。

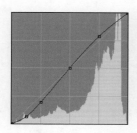

（4）定义：用户可以自定义曲线外形来调整图像。由如下左图所示的曲线可以看出，图像整体变暗，但曲线外形近乎垂直，所以图像的亮光和阴影比较分明，但导致了一些图像细节的流失，如下右图所示。

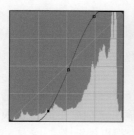

🌸 技巧一>>控制曲线

如何运用曲线来调整图像，怎么控制曲线上的控制点，对图像调整时应注意些什么，下面将对这些问题做详细讲述。

将鼠标移至曲线设置区，鼠标指针变成"十字形"，在空白的曲线上单击，即可创建一个曲线控制点，如下图所示。

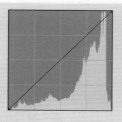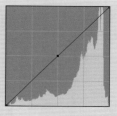

拖曳曲线控制点可以更改图像调整的重心。将控制点拖曳到曲线上方，可以提升图像的整体亮度，如下图所示。

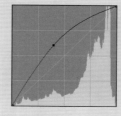

将曲线控制点拖曳至曲线下方，可以使图像整体变暗，如下图所示。

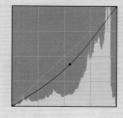

按下左图所示拖曳曲线右上角的控制点，可以为图像去除所有高光，以中灰色显示，如下右图所示。

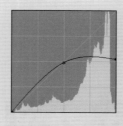

将上部控制点拖曳至水平线之下以降低高光，拖曳下部控制点至水平线之上以提升阴影，这样可降低图像的对比度，如下图所示。

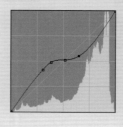

增加对比度与降低对比度的方法相反，如下图所示。

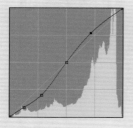

使阴影部分的图像变亮，可以拖曳阴影控制点至水平线之上，如下图所示。

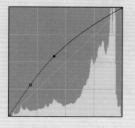

变亮高光区域时，阴影部分的控制点不变，将高光控制点向上方拖曳，如下图所示。

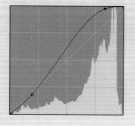

添加高光和阴影控制点，加强图像的整体对比度。按下左图所示进行设置，增强图像的整体对比度，调整后的效果如下右图所示。

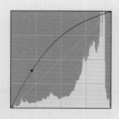

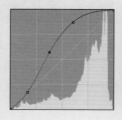

技巧二>>在Lab模式下应用曲线调整

在 Photoshop 中使用曲线调整图像时，可以根据图像的灰度模式进行设置。

将图像先转换为 Lab 模式，然后切换至 Lab 的明度通道下，按下快捷键 Ctrl+M，打开"曲线"对话框。单击"设置黑场"按钮，在画面中最黑的地方单击以设置黑场，然后单击"设置白场"按钮，在画面中最亮的地方单击以设置白场，设置好后单击"确定"按钮。使用这类方法创建的曲线是通过图像整体进行计算得来的，是一种非常精确的做法。

13.3.5 调整图像清晰度

如果图像的局部颜色变得很模糊，使得画面整体像是被水润湿过一样看不清楚，颜色与颜色之间的过渡不是很分明，就可通过调整"基本"选项卡中的"清晰度"选项来更改颜色痕迹的深浅，从而让图像变得更加清晰。

通过提高局部对比度来增加图像的深度，对中色调的影响最大。使用此设置时，最好放大到100或更大，要使效果最大化，应增大设置，直到在图像的边缘细节附近看到光晕时再略微减小设置。下左图所示为颜色痕迹比较淡的图像，下右图所示为调整"清晰度"为 +74 时的效果。

应用>>运用曲线微调图像

在 Camera Raw 中打开一幅图像，如下图所示。

可以看出图像整体的亮度偏暗，色彩也不够鲜明，所以应提高图像整体亮度和对比度。按下左图所示提高图像的亮度，提升亮度后的效果如下右图所示。

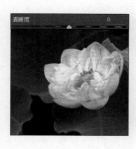 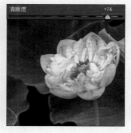

13.3.6 调整图像色彩饱和度

所谓饱和度，其实是图像中色彩的纯度。纯度越高，表现越鲜明；纯度越低，表现越暗淡。

1. 自然饱和度

调整"自然饱和度"，以便在颜色接近最大饱和度时最大限度地减少修剪。自然饱和度的设置只应用于低饱和度的颜色，对高饱和度并不会发生任何改变。

打开一幅饱和度偏低的图像，可以看出其细节的颜色饱和度偏低，如下左图所示。设置"自然饱和度"为80，图像中细节的饱和度都提高了，但饱和度高的地方（如深色）没有发生变化，图像整体变得更加鲜艳，如下右图所示。

2. 饱和度

"饱和度"选项可以均匀地调整所有图

像颜色的饱和度，调整范围为-100（单色）～+100（饱和度加倍）。

打开一幅颜色失真较为厉害的图像，如下左图所示。图像整体的颜色不明显，通过将"饱和度"设置为50，可以将图像整体颜色提升，效果如下右图所示。

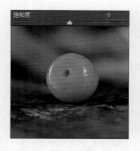 

13.3.7 调整特定颜色范围

颜色范围是指一种颜色所表现的深浅，如果颜色范围大，则这种颜色会表现得更明艳；如果颜色范围很小，则这种颜色会表现得很暗淡。颜色范围包括色调范围、明度范围及饱和度范围，其中最关键的是限定色调范围。

单击"HSL/灰度"按钮，在打开的选项卡中有3个关于调整颜色范围的标签，分别是"色相""饱和度"和"明亮度"标签。单击不同的标签后，将切换至不同的选项卡。下左图与下右图所示分别为"色相"选项卡和"饱和度"选项卡。

1. 色相

色相指的是色彩的外相，是在不同波长的光照射下，人眼所感觉出的不同颜色，如红色、黄色、蓝色等。色相是色彩的首要特征，是区别各种不同色彩的最准确的标准。事实上，任何黑、白、灰色以外的颜色都有色相属性，而色相是由原色、间色和复色所构成的。"色相"选项卡中为每种颜色提供了一个通道，可以拖曳选项卡中的各个选项滑块，将图像的颜色进行调整。

打开一幅图像，如下左图所示。通过对色相的调节，可以将图像的颜色改变为如下右图所示的效果。可以看到图像中的部分色调被更改了。

2. 饱和度

在运用"色相"选项对通道中的颜色进行设置后，还可以使用"饱和度"来对颜色的浓度进行设置。

打开一幅图像，如下左图所示。对图像的饱和度进行设置，得到的效果如下右图所示。从图中可以看出，将红色、橙色、黄色的饱和度降低后，图像几乎以灰色显示。

3. 明亮度

"明亮度"用于更改颜色范围的亮度。下图所示为降低红色、橙色、黄色的明亮度后的图像效果。

知识>>了解十二基本色相

最初的基本色相为：红、橙、黄、绿、蓝、紫。在各色中间加插一两个中间色，按光谱顺序则为：红、橙红、黄橙、黄、黄绿、绿、绿蓝、蓝绿、蓝、蓝紫，紫。然后在红紫、红和紫中再添加一个中间色，即可组成十二基本色相。

十二基本色相的彩调变化在光谱色感上是均匀的，如果进一步找出其中间色，便可以得到二十四个色相。如果再把光谱的红、橙黄、绿、蓝、紫各色带圈起来，在红和紫之间插入半幅，构成环形的色相关系，便称为色相环。基本色相间取中间色，即得十二色相环。再进一步便是二十四色相环。在色相环的圆圈里，彩调按不同角度排列，则十二色相环每一色相间距为30°；二十四色相环每一色相间距为15°。下左图所示是伊顿十二色相环，下右图所示是 RGB 十二色相环。

13.3.8　设置灰度图像色调

灰度图像是由黑色到白色的渐变所组成的图像，但它并不是黑白图像。在计算机图像领域中，黑白图像只有黑色和白色两种颜色；灰度图像在黑色和白色之间还有许多级的颜色深度。

打开一幅图像，如下左图所示。如果要将图像转换为灰度图像，则应勾选"转换为灰度"复选框。将图像转换为灰度图像后，在"HSL/灰度"选项卡中会立即出现"灰色混合"选项卡，如下右图所示。

调节选项滑块，可以改变颜色通道的灰色级。例如，加深绿色和蓝色灰度，图像效果如下左图所示；减淡绿色和蓝色灰度，图像效果如下右图所示。

知识>>了解灰度级

用于显示的灰度图像通常用每个采样像素 8 位的非线性尺度来保存，这样可以有 256 级灰度。这种精度刚刚能够避免可见的条带失真，并且非常易于编程。在医学图像与遥感图像等应用中，经常采用更多的级数以充分利用每个采样 10 或 12 位的传感器精度，并且避免计算时的近似误差。在这样的应用领域中，每个采样 16 位（即 65536 级）得以流行。

灰度的直方图表示图像中具有每种灰度级的像素的个数，反映图像中每种灰度出现的频率，如下图所示。

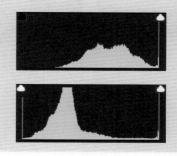

13.4　在 Camera Raw 中进行补偿设置

补偿是一种控制方式，用于图像中的色差、曝光、晕影。补偿图像必须考虑图像整体的环境效果，Camera Raw 会自动补偿图像的亮度和色度。对于色差补偿，还可以对光线所引起的颜色边缘进行色差校正。

13.4.1　色差的补偿

色差是透镜成像的一个严重缺陷，发生在多色光为光源的情况下，单色光不产生色差。它是由于镜头无法将不同频率的光线聚焦到同一点而造成的，所以在通过透镜时的折射率也不同，这样图像上的一个点可能在成像上是一个色斑。

单击"镜头校正"按钮，即可打开"镜头校正"选项卡。单击"镜头校正"选项卡中的"颜色"标签，在展开的选项卡可看到用于校正边缘色差的调整选项，如下图所示。

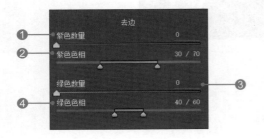

❶紫色数量：设置去除紫色的强度，设置的参数值越大，去除紫边的效果越干净。下图是调整"紫色数量"后的图像效果。

❷紫色色相：调整紫色边缘的颜色，向边缘区域补偿青色或红色。

❸绿色数量：设置去除绿色的强度，设置的参数值越大，去除后的效果越干净。

❹绿色色相：调整绿色边缘的颜色，向边缘区域补偿黄色或蓝色。下图是调整"绿色数量"和"绿色色相"后的图像效果。

应用>>去除图像紫边

打开图像，使用"缩放工具"放大图像，可以看到图像中的树枝边缘有明显的紫边，如下图所示。

拖曳"紫色数量"至最大值 20，再拖曳下方的"紫色色相"滑块，调整偏紫的图像边缘，如下左图所示。调整后的效果如下右图所示。

13.4.2　补偿镜头晕影

晕影是一种镜头问题，可导致图像的边缘，尤其是角落比图像中心暗。这是由于镜头不能在整个图像传感器上均匀地分布光线所引起的。在 Camera Raw 中，可以使用"镜头校正"选项卡的"镜头晕影"功能来补偿晕影。

在"镜头校正"选项卡的"手动"选项组中，可以通过"数量"和"中点"选项来调节晕影的大小，如下图所示。

❶数量：增加"数量"值，使角落变亮；减少"数量"值，使角落变暗，如下图所示。

❷中点：减少"中点"值，可将调整应用于远离角落的较大区域；增加"中点"值，可将调整限制为离角落较近的区域，如下图所示。

> 🌿 知识>>常见的镜头晕影
>
> 常见的镜头晕影出现在以下几个方面。
>
> ◆机械晕影：当从目标物体的离轴部分发出的光束被外在的物体阻挡时，机械晕影就会产生。
>
> ◆光学晕影：这类晕影是由一个或多个透镜的实际尺寸造成的，后方的元件遮蔽了前方的，导致前端透镜离轴的有效入射光减少，结果使光的强度由图像中心向周围逐渐减弱。
>
> ◆自然晕影：这类晕影是由于光线冲击底片时的比例下降所产生的，它与光线是否被遮挡无关。
>
> ◆画素晕影：只会影响数码照相的映像点，是因为现代数码相机的物理深度造成光子井争夺光子。就像正午时有较多的阳光能照到井底，垂直入射的光比斜射的光有更多的机会照到光子井的底部，多数的数码相机使用固定的图像处理程序来补偿光学晕影和映像点的晕影。

13.4.3 应用裁剪后晕影

对图像进行裁剪后，之前对图像处理的效果仍然会依附在图像上，所以晕影也会裁剪掉。在 Camera Raw 中，可以使用"裁剪后晕影"功能为裁剪后的图像补偿晕影效果。

打开 Camera Raw，单击"效果"按钮，位于"效果"选项卡下部的便是"裁剪后晕影"选项组，如下图所示。

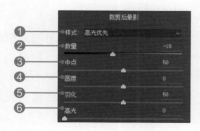

❶样式：选择晕影的不同叠加方式，包括"高光优先""颜色优先"和"绘画叠加"3 种。

❷数量：正值使角落变亮，负值使角落变暗。

❸中点：值越高，会将调整范围限制在离角落越近的区域；值越低，会将调整应用于角落周围越大的区域。

❹圆度：正值增强圆形效果，负值增强椭圆效果，如下图所示。

❺羽化：加大值将增加与其周围像素之间的柔化效果，降低值会减小与其周围像素之间的柔化效果，如下图所示。

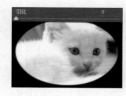

❻高光：调整晕影内高光的明暗程度，加大值将增强晕影内高光的亮度，降低值会降低晕影内高光的亮度，如下图所示。

> 📖 应用>>制作裁剪后晕影
>
> 打开一幅图像，单击"效果"按钮，切换至"效果"选项卡；在选项卡下方的"裁剪后晕影"选项组中设置"数量"为 -73，"中点"为 35，"圆度"为 -18，"羽化"为 50，"高光"为 0。设置后无论是裁剪前制作的晕影，还是裁剪后制作的晕影，都会随着裁剪区域的变化而变化，如下图所示。

13.5 使用 Camera Raw 修改图像

Camera Raw 中提供了几种图像修改工具，可以修复照片拍摄中遇到的一些简单问题，如使用"拉直工具"校正倾斜的图像，使用"裁剪工具"去掉多余的画面等。下面将详细介绍这些工具的使用方法。

13.5.1 旋转和拉直图像

旋转工具和"拉直工具"主要用来对图像进行旋转。使用旋转工具可以对图像进行任意 90° 的旋转，方便对图像进行查看。"拉直工具"则主要用于调节倾斜的图像，从而使图像变为水平。

1. 旋转工具

旋转工具包括"逆时针旋转图像 90 度"和"顺时针旋转图像 90 度"按钮。

单击工具栏上的"逆时针旋转图像 90 度"按钮 ，可以将图像按逆时针方向旋转 90°，如下左图所示；单击工具栏上的"顺时针旋转图像 90 度"按钮 ，可以将图像按顺时针方向旋转 90°，如下右图所示。旋转后的图像视觉效果会发生很大转变。

2. 拉直工具

使用"拉直工具"在图像中拖曳，可绘制一条直线，释放鼠标，Camera Raw 会自动根据直线的倾斜度和长度生成一个裁剪框，按 Enter 键确认裁剪。

打开一幅图像，单击"拉直工具"按钮 ，使用"拉直工具"在图像中沿盒子的水平线位置拖曳出一条直线，如下左图所示。释放鼠标后会生成裁剪框，如下右图所示。

按 Enter 键确认裁剪后，图像会按照裁剪框大小对图像进行裁剪，裁剪后的图像效果如下左图所示。用户还可以随意地在图像上使用"拉直工具"拖曳线条，建立裁剪框，将图像调整至不同的倾斜角度，如下右图所示。

应用>>调整倾斜的照片

打开一幅倾斜的图像，衡量好图像的比例后使用"拉直工具"在图像上拖曳，绘制直线，如下图所示。

释放鼠标后会自动根据直线的倾斜度与长度生成裁剪框，如下左图所示。按 Enter 键确认裁剪，裁剪后的图像已被调整为水平视线，如下右图所示。

13.5.2 裁剪图像

"裁剪工具"可以快速去除图像多余的部分，从而更改画面的构图。使用"裁剪工具"裁剪图像时，可以修改裁剪框的大小和位置，以便裁剪图像的任意角落；也可通过预设的裁剪比例进行裁剪。

1. 绘制裁剪框

单击工具栏中的"裁剪工具"按钮，在图像上拖曳，绘制裁剪框，如下左图所示。拖曳裁剪框边框上的控制手柄，修改裁剪区域，如下右图所示。

将鼠标移动到裁剪边框的控制手柄上，拖曳旋转裁剪框，如下左图所示。如果对裁剪范围比较满意，则可以按 Enter 键裁剪图像，效果如下右图所示。

在 Camera Raw 中，可以使用快捷键来辅助裁剪。按住 Shift 键，可以以当前控制手柄的对角为定点等比缩放裁剪框；按住 Shift+Alt 键，可以以裁剪中心为定点等比缩放裁剪框。

2. 取消裁剪框

如果对裁剪区域不满意，则可以按 Esc 键取消裁剪，或者长按"裁剪工具"按钮，在弹出的列表中选择"清除裁剪"命令。对于已经裁剪的图像，如果要取消裁剪，则可以单击"裁剪工具"按钮，图像会自动恢复上次裁剪的裁剪框，此时可以对裁剪框进行调整，也可以按 Esc 键取消裁剪。

技巧>>按比例裁剪

Camera Raw 中预设了几种裁剪比例，长按工具栏上的"裁剪工具"按钮，会弹出如右图所示的列表。

裁剪比例默认为"正常"，表示根据用户绘制的矩形形状进行裁剪；也可选择预设比例进行裁剪。选择"自定"命令，会弹出"自定裁剪"对话框，在对话框中可输入裁剪比例来调整裁剪效果，如下图所示。

13.5.3 去除人像的红眼

红眼问题的产生是由于在光线较暗的环境下拍摄，瞳孔放大让更多的光线通过，视网膜的血管就会在照片上产生泛红现象。对于动物来说，即使在光线充足的情况下拍摄，也会出现这类现象。通过本小节的学习，用户将学会如何使用 Camera Raw 中的"红眼工具"来去除红眼。

单击工具栏中的"红眼工具"按钮，在窗口右侧会显示"红眼去除"选项卡，如下图所示。

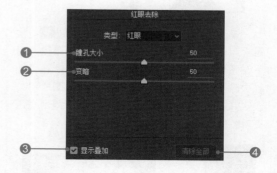

❶瞳孔大小：表示对图像校正的区域大小，值越大，应用的区域就越大，反之就越小。

❷变暗：用于设置红眼的变暗程度，值越大，瞳孔就越黑，反之就越淡。下左图和下右图分别为不同级别的变暗情况。

❸显示叠加：表示对瞳孔校正的选区，可以参考选区的大小来调整对瞳孔的应用，拖曳选区可以缩放选区大小。如下左图所示，拖曳选区边框进行缩放，缩放大小如下右图所示，并且对瞳孔的应用也扩大了。

❹清除全部：单击该按钮，可以清除对红眼进行的操作。

🗑 应用>>修复红眼照片

打开一幅带红眼的图像，并将图像放大到合适大小，如下图所示。

单击工具栏上的"红眼工具"按钮🔴，使用"红眼工具"在人物眼睛位置创建选区，如下左图所示。对红眼的选区设置好后，在"红眼去除"选项卡中设置参数，如下右图所示。设置好后取消勾选底部的"显示叠加"复选框，查看图像效果。

根据以上操作，人物的红眼就消除了，如下左图所示。继续使用同样的方法，去除另一只眼睛上的红眼现象，如下右图所示。

13.5.4　修饰图像

在 Camera Raw 中使用"污点去除"可以快速去除图像中明显的污点、瑕疵。"污点去除"主要通过修复或仿制的方式完成图像的修复与修饰工作。

单击工具栏上的"污点去除"按钮▧，即可在窗口右侧显示"污点去除"选项卡，如下图所示。

❶类型：选择修饰图像的模式，分别为"修复"和"仿制"。

▶ 修复：使样本区域的纹理、光照和阴影与所选区域相匹配，如下图所示。

▶ 仿制：将图像的样本区域应用于所选区域，如下图所示。

❷大小：表示修饰区域的大小，可以拖曳滑块进行调节。

❸羽化：设置修饰的图像边缘的柔和程度，可以拖曳滑块进行调整。

❹不透明度：表示修饰的图像呈现的透明程度。

❺使位置可见：勾选该复选框，将图片以黑白状态显示。拖曳其后的滑块，可以更改黑白画面的对比程度，方便对图像的查看，如下图所示。

⑥显示叠加：勾选或取消勾选此复选框，可以显示或隐藏椭圆边框。

⑦清除全部：单击该按钮，可以清除修饰的效果。

🎓 **应用>>修复/仿制图像**

使用"污点去除"工具可以快速地修复或仿制图像。打开一幅图像，单击工具栏上的"污点去除"按钮🖌，如果需要去除天空中的一只鸟儿，在"污点去除"选项卡中设置"类型"为"修复"，在鸟儿所在位置单击并涂抹，然后将用于修复的绿色区域移至干净的天空位置，如下图所示。

如果需要复制鸟儿图像，将"类型"更改为"仿制"，移动红色和绿色区域，反向调整其位置，效果如下图所示。

13.5.5 设置图像的锐化

当拍摄的照片出现不清晰问题的时候，除了调节"基本"选项卡中的"清晰度"选项外，还可以使用"细节"选项卡中的"锐化"选项来锐化图像。使用"锐化"选项锐化图像时，可以使图像的痕迹变得更深，从而使图像变得清晰，但过多地使用锐化会损坏图像细节，使图像局部变得杂乱。

单击 Camera Raw 窗口中的"细节"按钮🔺，即可打开如下图所示的"细节"选项卡。

①数量：用于调整边缘清晰度，增加"数量"值，可增加锐化。如果值为 0，则关闭锐化。为了使图像看起来更清晰，一般应将"数量"设置为较低的值。下左图为原始图像效果，下右图为将"数量"设置为 100 的图像效果。

②半径：用于调整应用锐化的细节大小，具有微小细节的照片可能需要较低的设置；具有较粗略细节的照片可以使用较大的半径。半径太大通常会产生不自然的外观效果。

③细节：用于调整在图像中锐化多少高频信息和锐化过程强调边缘的程度。较低的值主要锐化边缘以消除模糊，较高的值有助于使图像中的纹理更显著。

④蒙版：用于控制边缘蒙版。设置为 0 时，图像中的所有部分均接受等量的锐化；设置为 100 时，锐化主要限制在饱和度最高的边缘附近。

⭐ **技巧>>锐化首选项**

通过"Camera Raw 首选项"对话框，可以对锐化进行设置。单击工具栏上的"打开首选项对话框"按钮▤，或者按下快捷键 Ctrl+K，打开"Camera Raw 首选项"对话框，在对话框中单击"将锐化应用于"下三角按钮，在展开的下拉列表中可选择锐化的应用范围，如下图所示。

🎓 **应用>>使用快捷键调节"蒙版"选项**

按住 Alt 键不放，单击"蒙版"滑块，图像会以黑白的形式展现。黑色代表背景图像，白色代表饱和度较高的边缘。拖曳该滑块，可以对锐化边缘进行调整。例如，将滑块拖曳至57，边缘较厚，图像效果如下左图所示；再将滑块拖曳至 100，只对高饱和度边缘进行锐化，如下右图所示。

13.5.6　减少图像杂色

　　杂色是图像中较为细小的斑驳像素，杂色过多会降低图像的品质，使图像看起来生硬。在 Camera Raw 中，使用"细节"选项卡中的选项可以去除图像中明显的杂色。

1．认识杂色

　　图像杂色包括"明亮度杂色"和"颜色杂色"，明亮度杂色使图像呈现粒状，不够平滑；颜色杂色通常使图像颜色看起来不自然。

　　如果拍摄时使用的 ISO 感光度较高，或者数码相机不够精密，照片就可能会出现明显的杂色。

2．杂色控制

　　单击"细节"按钮，切换至"细节"选项卡，在选项卡的"减少杂色"选项组中显示了多个杂色控制选项，如下图所示。

❶明亮度：减少明亮度杂色。

❷明亮度细节：控制明亮度杂色阈值。值越高，保留的细节就越多；值越低，产生的结果就更干净。

❸明亮度对比：控制明亮度对比。值越高，保留的对比度就越高，但可能会产生杂色的花纹或色斑；值越低，产生的结果就越平滑，但可能使对比度较低。

❹颜色：减少颜色杂色。

❺颜色细节：控制颜色杂色阈值。值越高，边缘就能保持得越细，色彩细节越多，但可能会产生彩色颗粒；值越低，越能消除色斑，但可能会产生颜色溢出。

❻颜色平滑度：用于控制颜色杂色的平滑度。值越大，保留的细节越少，图像越干净。

📷 应用>>减少杂色

　　打开一幅带有杂色的图像，单击"细节"按钮，切换到"细节"选项卡，在选项卡中参照下图设置参数。

设置后的效果如下图所示。

13.6　在 Camera Raw 中调整局部

　　在 Camera Raw 的图像调整选项组中可以调整整个图像的颜色和色调，如果要对图像局部区域进行颜色调整，则需要使用 Camera Raw 中的"调整画笔"和"渐变滤镜"等工具。

13.6.1 使用"调整画笔"

"调整画笔"主要用于图像局部曝光度、亮度、清晰度等的调整。"调整画笔"可以像运用画笔一样，通过对画笔大小、羽化、密度的调节，实现更精细的图像调整。

1. 画笔笔触

单击工具栏中的"调整画笔"按钮 ![工具图标]，即会显示"调整画笔"选项卡，在选项卡下方会出现调整画笔选项，如下图所示。

❶大小：指定画笔笔尖的直径，以像素为单位。例如，设置画笔大小为 6 像素时，在图像中绘制的效果如下左图所示；设置画笔大小为 20 像素时，在图像中绘制的效果如下右图所示。

❷羽化：用于控制画笔的硬度。羽化越低，画笔越硬；反之，画笔越柔软。下左图和下右图所示分别是设置"羽化"为 0 和 100 时所绘制的效果。

❸流动：用于控制墨水的流动速度。

❹浓度：指墨水的透明程度。"浓度"为 0 时，表示完全透明；为 100 时，表示不透明。

❺蒙版：用于设置蒙版的显示和颜色。

▶自动蒙版：将画笔描边限制在颜色相似的区域。如下左图所示，取消勾选"自动蒙版"复选框，

运用画笔涂抹时，画笔会越过图像区域；如果勾选此复选框，则 Camera Raw 会自动沿着图像边缘进行绘制，不会越过图像区域，如下右图所示。

▶蒙版：在图像预览中切换蒙版叠加的可见性。

▶拾色器：单击"显示蒙版"右侧的色块，即可打开"拾色器"对话框，在对话框中可对蒙版叠加的颜色进行设置，如下图所示。

❻叠加：勾选该复选框，会在涂抹的轨迹上显示起始位置标记；取消勾选该复选框，将不会显示笔尖标记。

2. 调整画笔

"调整画笔"选项卡的上半部分为调整选项，主要用于调整画笔涂抹区域内图像的色温、色调、曝光、对比度、高光、阴影、清晰度、饱和度、锐化程度、杂色等，如下图所示。单击 ![减小按钮] 或 ![加大按钮] 按钮，可以对当前选项的参数进行减小或加大。

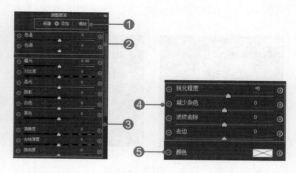

❶新建、添加和删除：默认选中"新建"单选按钮，此时运用画笔涂抹，即可在图像中创建新的调整区域；选中"添加"单选按钮，运用画笔涂抹可以扩大调整区域；选中"删除"单选按钮，运用画笔涂抹可以清除调整区域内的多余部分，即缩小调

整区域。下图为"新建"和"添加"工作模式下涂抹图像的效果。

❷**色温与色调**：用于控制调整区域内图像的色温与色调。

▶ **色温**：拖曳该滑块可调整画笔涂抹部分的色温。向左拖曳滑块，色温降低；向右拖曳滑块，色温升高，如下图所示。

▶ **色调**：拖曳该滑块可调整画笔涂抹部分的色调。向左拖曳滑块，色调偏青；向右拖曳滑块，色调偏洋红。

❸**曝光、对比度等选项**：包括"曝光""对比度""高光""阴影""清晰度""饱和度"等选项。

▶ **曝光**：设置图像亮度，它对高光部分的影响较大。向右拖动滑块，可增加曝光度；向左拖动滑块，可减少曝光度。例如，分别设置"曝光"为 -0.50 和 0.70，并用画笔在图像中涂抹，效果如下图所示。

▶ **对比度**：调整图像的对比度，它对中间调的影响更大。向右拖动滑块，可增加对比度；向左拖动滑块，可减少对比度。下左图为原始图像，设置"对比度"为 50，然后使用画笔在花朵及附近图像上涂抹，可提高花朵与荷叶的对比，效果如下右图所示。

▶ **高光**：调整图像的亮度，它对高光的影响更大。向右拖动滑块，可增加亮度；向左拖动滑块，可降低亮度。下左图为向左拖动滑块后的图像效果，下右图为向右拖动滑块后的图像效果。

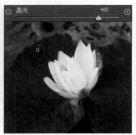

▶ **阴影**：调整图像阴影部分的明亮度。向右拖动滑块，可增加阴影部分的亮度；向左拖动滑块，可降低阴影部分的亮度。

▶ **白色**：调整照片中的白点。

▶ **黑色**：调整照片中的黑点。

▶ **清晰度**：调整图像的清晰程度。向右拖动滑块，可增强画面的清晰度；向左拖动滑块，可降低画面的清晰度。

▶ **去除薄雾**：减少或增多照片中现有的薄雾。

▶ **饱和度**：用于更改颜色鲜明度或颜色纯度，使用"调整画笔"在图像上涂抹，可降低或加强画面的颜色饱和度效果。向左拖动滑块，可降低涂抹部分图像的颜色饱和度；向右拖动滑块，可增强涂抹部分图像的颜色饱和度，如下图所示。

❹**锐化程度、减少杂色等选项**：包括"锐化程度""减少杂色""波纹去除""去边"4 个选项。

▶ **锐化程度**：增强边缘清晰度以显示细节。打开一幅边缘比较模糊的图像，设置"锐化程度"为 100，然后使用"调整画笔"在花朵边缘涂抹，效果如下图所示。

▶减少杂色：图像中有杂点时，可设置此参数对杂点进行去除。向右拖曳滑块，图像中减少的杂色数量更多；向左拖曳滑块，减少的杂色数量变少。

▶波纹去除：向左拖曳滑块，预设新调整以降低波纹去除率；向右拖曳滑块，预设新调整以增加波纹去除率。

▶去边：向左拖曳滑块，预设新调整以降低去边量；向右拖曳滑块，预设新调整以增加去边量。

❺颜色：单击"颜色"后方的色块，打开"拾色器"对话框，如下图所示。在该对话框中，用户不仅可以单击颜色板进行颜色取样，还可以直接输入"色相"和"饱和度"值，设置好颜色后单击"确定"按钮，即可完成颜色的设置。

用户可以通过"拾色器"对话框中设置的颜色对图像进行填色。下左图为原始图像，在"拾色器"对话框中设置"色相"为60，"饱和度"为39，然后单击"确定"按钮；再运用"调整画笔"在花朵上涂抹，涂抹后的效果如下右图所示。

如果图像中部分角落的光线太暗，则可以通过"调整画笔"中的"曝光"等选项来进行调整。在图像中，不同角落的光线也是不同的，因此可多次运用"调整画笔"创建多光源照射效果。

打开一张图像，如下左图所示。单击"调整画笔"按钮，设置画笔"大小"为15像素，"曝光"为0.9，并在图像中较黑的地方涂抹，然后选中"调整画笔"选项卡中的"新建"单选按钮，在图像左下方单击添加光源并进行涂抹，涂抹的范围如下右图所示。

涂抹好后在"调整画笔"选项卡中设置画笔的参数，取消勾选"显示蒙版"和"显示笔尖"复选框，查看图像最终效果，如下图所示。

要在 Camera Raw 中调节图像的光线，可以使用"调整画笔"来实现。

打开一幅光线比较暗淡的图像，如下左图所示。单击工具栏中的"调整画笔"按钮，并在展开的"调整画笔"选项卡中设置参数，如下右图所示。

继续设置参数，输入"曝光"为1.2，使用画笔在坚果上涂抹以提高坚果曝光，涂抹后的效果如下图所示。

选中"新建"单选按钮，在左上方袋子上创建一个光源，设置"曝光"为 0.60，"高光"为 84，并在袋子上涂抹以提高亮度，如下图所示。

再在右侧袋子上创建一个光源，并为光源设置"曝光"为 0.60，"高光"为 60，效果如下图所示。

继续在图像的桌面上创建一个光源，并用画笔涂抹整个桌面；勾选"显示蒙版"复选框，当前光源将以蒙版显示，查看蒙版边缘，按住 Alt 键对超出的图像进行涂抹，即可取消图像，如下图所示。

退出蒙版，设置"曝光"为 0.70，查看图像效果，如下图所示。

13.6.2　使用"渐变滤镜"

"渐变滤镜"用于在图像不同的区域上覆盖一层过渡颜色，从而将多个区域中的图像融合在一起。

1．滤镜参数设置

单击工具栏上的"渐变滤镜"按钮█，打开"渐变滤镜"选项卡，如下图所示，用户可以通过调整选区中的选项控制滤镜的应用效果。

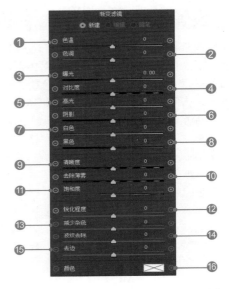

在"渐变滤镜"选项卡中可以设置渐变的色温、色调、对比度、透明、锐化和颜色等。

❶色温：调整图像某个区域的色温。

❷色调：对指定区域补偿绿色或洋红色色调。

❸曝光：用于设置整体图像亮度，它对高光部分的影响较大。向右拖动滑块，可增加曝光度；向左拖动滑块，可减少曝光度。

❹对比度：用于增加或减少特定区域的对比度。

❺高光：调整图像的亮度，它对中间调的影响较大。向右拖动滑块，可增加亮度；向左拖动滑块，可减少亮度。

❻阴影：用于调整阴影部分的亮度。向左拖曳滑块，使阴影变深；向右拖动滑块，使阴影变淡。

❼白色：调整图像中的白点。

❽黑色：调整图像中的黑点。

❾清晰度：调整图像的清晰度，它对中间调的影响较大。向右拖动滑块，可增加清晰度；向左拖动滑块，可减少清晰度。

❿去除薄雾：减少或增多照片中现有的薄雾。

⓫饱和度：更改颜色鲜明度或纯度。向右拖动

滑块，可增加饱和度；向左拖动滑块，可减少饱和度。

⑫锐化程度：增强边缘清晰度以显示细节。向右拖动滑块，可锐化细节；向左拖动滑块，可模糊细节。

⑬减少杂色：减少明亮度杂色。向左拖曳滑块，可减少杂色；向右拖曳滑块，可增加杂色。

⑭波纹去除：设置选项以去除波纹或者校正颜色失真。

⑮去边：去除图像边缘的色边。

⑯颜色：将设置的颜色应用到选中的区域。单击其右侧的色块，可设置颜色。

2. 操作"渐变滤镜"

对"渐变滤镜"的操作有移动、拉伸、旋转等。使用"渐变滤镜"在图像中拖曳，可以绘制两条相连的直线，如下图所示。

绿点表示滤镜开头边缘的起点，红点表示滤镜结尾边缘的中心点。连接这些点间的黑白虚线表示中线；绿白虚线和红白虚线分别表示效果范围的开头和结尾。

（1）移动渐变：将鼠标移动到渐变控制线上，当鼠标指针变为✛状时，随意拖曳即可移动渐变，如下左图所示；也可以直接拖曳圆点，对单个圆点进行移动。

（2）拉伸渐变：将鼠标移动到左右渐变控制线上，当鼠标指针变为↔状时，随意左右拖曳即可拉伸渐变。渐变线的长度不同，渐变的效果也不同，如下图所示。

（3）旋转渐变：将鼠标移动到红白渐变线或绿白渐变线上，当鼠标指针变为↰状时，拖曳渐变线就可以旋转渐变，如下图所示。旋转渐变可以任意更改渐变的方向。

技巧一>>新建渐变滤镜

如果用户想在图像上创建多个渐变滤镜，则可以选中"渐变滤镜"选项卡中的"新建"单选按钮，然后在图像上单击，即可创建新的渐变滤镜。

应用>>添加渐变

为一幅图像添加渐变，不仅可以在原图上添加明暗渐变，还可以添加有颜色的渐变。

打开一幅图像，如下左图所示。单击工具栏上的"渐变滤镜"按钮▮，按下右图所示，设置"色温"为 -46，"色调"为 +50，"曝光"为 -1.2，等等。

设置好参数后，从图像的上方向图像中间位置拖曳出一个渐变，图像效果如下图所示。

技巧二>>删除渐变滤镜

如果用户想删除一个渐变，可选中渐变后按 Delete 键将其删除。

13.7 管理 Camera Raw 的设置

日常工作中，可能要对大量的图像进行处理，但又不想破坏图像原本的效果。通过 Camera Raw 设置，可以记录对图像的每一次操作，并随时查看图像原始效果。本节将介绍如何对 Camera Raw 的设置进行管理。

13.7.1 存储、载入和复位图像设置

通过存储、载入和复位图像设置，可以对当前图像设置进行保存、打开和恢复。当将图像设置存储为预设或一组新的默认设置时，使用这些命令可以重用对图像所做的调整。

单击选项卡右上角的"选项控件菜单"按钮 ，会弹出菜单，在菜单的下部便是存储、载入和复位图像的命令，如下图所示。

❶ Camera Raw 默认值：使用特定相机或 ISO 设置的已存储默认值。

❷ 载入设置：选择"载入设置"命令，会打开"载入设置"对话框，在其中可浏览并选择文件，然后单击"载入"按钮即可。

❸ 存储设置：可将当前设置存储为预设。选择"存储设置"命令，打开"存储设置"对话框，可在对话框中勾选要在预设中存储的设置，也可以在"子集"下拉列表框中进行选择，然后单击"存储"按钮；打开保存存储设置的对话框，在对话框中输入文件名称，设置完成后单击"保存"按钮即可，如下图所示。

❹ 存储新的 Camera Raw 默认值：将当前设置存储为使用相同相机或 ISO 设置拍摄的其他图像的新默认设置。在"Camera Raw 首选项"对话框的"默认图像设置"中选择相应选项，以指定是将默认设置与特定相机序列号相关联，还是与 ISO 设置相关联。

❺ 复位 Camera Raw 默认值：恢复当前相机或 ISO 设置的原始默认值。

13.7.2 指定图像设置存储位置

使用 Camera Raw 处理相机原始图像时，系统会将图像设置存储在以下两个位置：Camera Raw 数据库文件或附属 XMP 文件。与 TIFF 和 JPEG 文件一样，DNG 文件的设置通常存储在 DNG 文件本身。

如果准备移动或存储图像文件，并且要保留 Camera Raw 设置，XMP 文件是非常有用的。使用"导出设置"命令，可以将 Camera Raw 数据库中的设置复制到 XMP 文件中，或将其嵌入到数字负片（DNG）文件中。当再次打开相机原始图像时，所有设置的默认值均采用上次打开该文件时所使用的值。

打开"Camera Raw 首选项"对话框的方法有以下几种。

方法 1：在 Adobe Bridge 中执行"编辑 > Camera Raw 首选项"菜单命令，可打开"Camera Raw 首选项"对话框。

方法 2：在 Photoshop 中执行"编辑 > 首选项 > 文件处理"菜单命令，在打开的"首选项"对话框中单击"Camera Raw 首选项"按钮，可打开"Camera Raw 首选项"对话框。

方法 3：单击工具栏中的"打开首选项对话框"按钮 ，可打开"Camera Raw 首选项"对话框，在对话框中找到"将图像设置存储在"下拉列表框，如下图所示。

单击"将图像设置存储在"下三角按钮，会弹出以下两个选项，如下图所示，下面将进行详细讲解。

（1）Camera Raw 数据库：这种存取方式是将对图像的设置存储在 Document and Settings/[用户名]/Application Data/Adobe/CameraRaw（Windows）内的 Camera Raw 数据库文件中。该数据库按文件内容编排索引，因此，即使移动或重命名相机原始图像文件，图像也会保留 Camera Raw 设置。

（2）附属".XMP"文件：将设置存储在单独的文件中。该文件与相机原始数据文件在同一个文件夹中，它的基本名称与相机原始数据文件的基本名称相同，但扩展名为 XMP。这些附属 XMP 文件可以存储 IPTC（国际报业电信委员会）数据或与相机原始图像文件相关的其他元数据。

📖 知识一>>了解XMP

XMP 是一种加密的图片格式，如果使用版本控制系统来管理文件并将设置存储在附属 XMP 文件中，则必须签入和签出附属 XMP 文件才能更改相机原始图像。同样，必须将附属 XMP 文件与其相机原始数据文件放在一起进行管理，如重命名、移动、删除。在本地处理文件时，只有 Adobe Bridge、Photoshop、After Effects 和 Camera Raw 才能完成此文件的同步过程。

📖 知识二>>了解数据库

数据库是存储在一起的相关数据的集合，这些数据是结构化的，无有害或不必要的冗余，并应用于多种服务；数据的存储独立于使用它的程序；对数据库插入新数据，修改、检索原有数据均能按一种公用的、可控制的方式进行。当某个系统中存在结构上完全分开的若干个数据时，则该系统包含一个"数据库集合"。

13.7.3　复制、粘贴和应用图像设置

在前面已经讲述了怎样对图像设置进行保存以及如何载入设置和复位设置。这些设置都可以应用到其他图像上，这称为"重用图像设置"。重用图像设置可以对一个或者多个图像应用相同的设置。

在 Adobe Bridge 中，可以复制一个图像文件的 Camera Raw 设置，并将其粘贴到另一个图像文件中，从而为新的图像应用图像设置。对图像设置的操作可分为复制、粘贴和应用 3 种。下面将详细讲述。

1. 复制图像设置

在 Adobe Bridge 中，选中要 Camera Raw 设置的图像，然后在 Camera Raw 中对图像进行调整，如下图所示。

调整后，执行"编辑>显影设置>复制 Camera Raw 设置"菜单命令即可，如下图所示。

2. 粘贴图像设置

复制好图像设置后，选中要应用图像设置的图像，执行"编辑>显影设置>粘贴 Camera Raw 设置"菜单命令，如下图所示。

在弹出的"粘贴 Camera Raw 设置"对话框中直接单击"确定"按钮即可，粘贴 Camera Raw 设置后的图像效果如下图所示。

3．应用图像设置

通常情况下，会对一系列图像应用相同的设置。想要达到此目的，可以运用同步设置的方法，但对多幅图像进行同步设置会占用大量的内存容量，这是很难实现的。除此之外，Camera Raw 还提供了一种"重用图像设置"的方法，下面将具体讲述其操作方法。

存储图像设置的名称为 Alpha，打开另一幅图像，然后单击"预设"按钮，在打开的"预设"选项卡中单击 Alpha，即可为打开的图像重用存储的图像设置，如下左图所示。另一种操作方法是，单击选项卡右上角的"选项控件菜单"按钮，在弹出的菜单中选择"应用预设 >Alpha"命令，也可重用该图像设置，如下右图所示。

单击"预设"按钮，切换到"预设"选项卡，如下图所示。

在"预设"选项卡的列表中显示的是用户自定的图像设置，直接单击即可立即对图像应用相关设置。

单击"新建预设"按钮，可以新建预设。

选中一个预设选项，单击"预设"选项卡底部的"删除"按钮，可删除预设。

打开一幅图像，再打开 Camera Raw 对图像进行调整，如下图所示。

设置图像前后的效果如下图所示。

单击选项卡右上角的"选项控件菜单"按钮，在菜单中选择"存储设置"命令，并设置名称为"细节饱和度"。

再任意打开一幅图像，单击"预设"按钮，在打开的"预设"选项卡中单击"细节饱和度"选项，即可为打开的图像应用存储的设置，如下图所示。

13.7.4　导出图像设置

如果将图像设置存储在 Camera Raw 数据库中，则可以使用命令将设置复制到附属 XMP 文件中，或将其嵌入到 DNG 文件中。要移动相机原始数据文件并保留其图像设置时，此功能是非常有用的。

单击选项卡右上角的"选项控件菜单"按钮，在弹出的菜单中有两个命令可以导出图像设置，分别为"将设置导出到 XMP"和"更新 DNG 预览"命令。

（1）将设置导出到 XMP：选择此命令，将在相机原始图像文件所在的文件夹中创建附属 XMP 文件。

（2）更新 DNG 预览：如果以 DNG 格式存储相机原始图像文件，则选择此命令后，可以在 DNG 文件本身嵌入新的图像设置。

实例演练：
调整光线不足的照片

原始文件：随书资源 \ 素材 \13\01.jpg
最终文件：随书资源 \ 源文件 \13\ 调整光线不足的照片 .psd

　　解析： 对于数码照片的拍摄来讲，光线的强弱决定了拍摄出来的照片细节的清晰度。当光线不足时，拍摄出来的照片容易出现曝光不足的情况，画面给人的感觉非常暗，此时需要通过后期处理加以调整。本实例中主要运用了 Camera Raw 中的调整选项和"调整画笔"，对图像中全局曝光不足的区域进行调整，从而提高图像的亮度，使图像采光更加自然。

1 执行"文件 > 打开"菜单命令，打开素材文件 01.jpg；复制"背景"图层，生成"图层 1"图层，如下图所示。

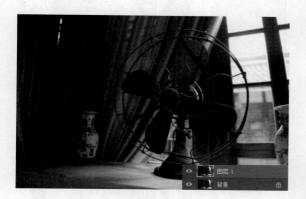

2 右击"图层 1"图层，在弹出的快捷菜单中选择"转换为智能对象"命令，将"图层 1"转换为智能对象图层。这样对图层进行的一切处理，都会被图层记录下来。选择该智能对象图层，执行"滤镜 >Camera Raw 滤镜"菜单命令，在 Camera Raw 中打开图像，如下图所示。

3 在"基本"选项卡中对"曝光""对比度""高光""阴影"等选项进行设置，调整画面的整体明暗对比，如下图所示。

4 在"基本"选项卡下对"清晰度""自然饱和度""饱和度"等选项进行设置，调整画面的清晰程度及整体颜色，如下图所示。

5 继续在"基本"选项卡下对"色温""色调"等选项进行调整，平衡画面整体色温，如下图所示。

6 单击"色调曲线"按钮，展开"色调曲线"选项卡，单击选项卡的"参数"标签，然后按下左图所示设置参数，进一步对画面明亮程度进行调整，效果如下右图所示。

7 单击"调整画笔"按钮，在打开的"调整画笔"选项卡中设置画笔的大小、羽化等参数，然后使用画笔在画面左侧较暗的位置涂抹，如下图所示。

8 涂抹完成后，在"调整画笔"选项卡上方对各项参数进行调整，从而提亮图像中涂抹区域的亮度，如下图所示。

9 选中"调整画笔"选项卡中的"新建"单选按钮，选择"新建"工作模式，单击"曝光"选项右侧的"预设新调整以增加曝光度"按钮，调整曝光度，然后使用画笔继续在窗户光亮位置涂抹，如下图所示。

10 涂抹完成后，按下左图所示设置参数，增加光亮部分的亮度，制作画面窗户处透光的感觉，效果如下右图所示。

11 单击"抓手工具"按钮，退出"调整画笔"编辑状态。单击"色调曲线"按钮，展开"色调曲线"选项卡，在选项卡中选择"点"曲线进行调整，提亮暗部，如下图所示。

12 单击工具栏中的"渐变滤镜"按钮，展开"渐变滤镜"选项卡，并在其中设置参数，然后从画面右上角向左侧拖曳一条斜线，制作画面透光效果，如下图所示。至此，已完成本实例的制作。

实例演练：
设置色彩艳丽的照片

 原始文件：随书资源 \ 素材 \13\02.jpg
最终文件：随书资源 \ 源文件 \13\ 设置色彩艳丽的照片 .psd

解析：对于颜色失真的照片，可以使用 Camera Raw 中的调整选项对照片的颜色加以修饰。本实例所选择的素材即是使用数码相机拍摄的郁金香照片，照片色彩过于暗淡，让人感觉缺乏生机，在处理时对照片的颜色鲜艳度加以提升，恢复了色彩明艳的画面效果。

1 执行"文件 > 打开"菜单命令，打开素材文件 02.jpg；复制"背景"图层，生成"图层 1"图层，右击"图层 1"，在弹出的快捷菜单中选择"转换为智能对象"命令，将"图层 1"图层转换为智能对象图层，如下图所示。

2 执行"滤镜 >Camera Raw 滤镜"菜单命令，打开 Camera Raw 窗口。在"基本"选项卡中按下左图所示设置各项参数，调整画面光影，效果如下右图所示。

3 单击"HSL/ 灰度"按钮，展开"HSL/ 灰度"选项卡，在选项卡中单击"饱和度"标签，并设置各个颜色的参数，加强画面中各个颜色的饱和度，如下图所示。

4 单击"色相"标签，切换至"色相"选项卡，按下左图所示设置各个颜色的参数，对画面中各个颜色的色相进行调整，效果如下右图所示。

5 单击"明亮度"标签，切换至"明亮度"选项卡，按下左图所示设置各个颜色的参数，对画面中各个颜色的亮度进行调整，画面效果如下右图所示。

6 单击"相机校准"按钮，展开"相机校准"选项卡，在其中对"红原色""绿原色""蓝原色"进行"色相"与"饱和度"的调整，对画面整体颜色进行加强处理，如下图所示。

7 单击"渐变滤镜"按钮，沿着画面从上至下拖曳，制作画面渐变效果，然后对渐变的各项参数进行设置，对画面进行完善，如下图所示。

8 完成调整后单击"确定"按钮，退出 Camera Raw，画面整体颜色得到加强，如右图所示。

实例演练：

制作黑白照片

原始文件：随书资源\素材\13\03.jpg
最终文件：随书资源\源文件\13\制作黑白照片.psd

解析： 随着科技的不断发展，彩色所衍生的产品早已经进入了人们的生活，人们逐渐忽视了黑白艺术。虽然黑白效果比较单一，但它拥有独特的魅力。本实例中将利用 Camera Raw 的"HSL/灰度"功能去掉照片中的颜色信息，将其转换为极具艺术感的黑白图像。

---

1 打开素材文件 03.jpg；复制"背景"图层，生成"图层 1"图层，选中"图层 1"，并将该图层转换为智能对象图层，如下图所示。

2 执行"滤镜 >Camera Raw 滤镜"菜单命令，打开 Camera Raw 窗口。单击"HSL/灰度"按钮，展开"HSL/灰度"选项卡，勾选"转换为灰度"复选框，Camera Raw 会自动计算图像中的颜色并将图像转换为灰度级别，如下图所示。

3 单击"色调曲线"按钮，展开"色调曲线"选项卡，在其"参数"选项卡下设置"高光"选项为 +32，"亮调"选项为 -28，"暗调"选项为 +35，"阴影"选项为 -3，进一步对画面明亮程度进行调整，如下图所示。

4 单击"基本"按钮，展开"基本"选项卡，在选项卡中设置"曝光"选项为 +0.95，"对比度"选项为 -13，"高光"选项为 -55，"阴影"选项为 +55，"白色"选项为 -36，"清晰度"选项为 +19，继续调整画面光影，如下图所示。

5 单击"细节"按钮，在展开的"细节"选项卡中分别对"锐化"和"减少杂色"选项组进行设置。"数量"选项设为58，"半径"选项设为1.0，"明亮度"选项设为60，"明亮度细节"选项设为31，"明亮度对比"设为20，对画面的杂色进行去除，同时使人物轮廓清晰，如下图所示。

7 单击"HSL/灰度"按钮，切换到"HSL/灰度"选项卡，在选项卡中对各个颜色的参数进行调整，调整黑白画面整体效果，最后单击"确定"按钮完成操作，如下图所示。

6 单击"效果"按钮，在展开的"效果"选项卡中对"裁剪后晕影"选项组进行设置，为画面添加四角暗影，突出画面主体人物，如下图所示。

实例演练：
创建并应用图像设置

原始文件：随书资源\素材\13\制作黑白照片.psd、04.jpg
最终文件：随书资源\源文件\13\创建并应用图像设置.psd

解析： 在 Camera Raw 中可以把对图像的调整存储为新的预设调整，并应用于不同的图像中，通过这样的操作可以对照片进行批量调整，提高工作效率。本实例将以上一实例中调整的黑白图像为基础，将其存储为预设，然后选择另一张图像，并为其应用相同的调整效果。

1 执行"文件 > 打开"菜单命令，打开素材文件"制作黑白照片.psd"，双击智能对象图层的滤镜效果名称，打开调整好黑白效果的 Camera Raw 窗口，如下图所示。

2 单击窗口右侧的"预设选项卡"按钮，在弹出的菜单中选择"存储设置"命令；在弹出的"存储设置"对话框中单击"存储"按钮，如下图所示。

3 打开存储设置的保存对话框，选择需要存储的
路径，在"文件名"中输入名称，然后单击"保
存"按钮，如下图所示。完成后关闭文件。

6 在 Camera Raw 窗口中，手表图像将按照之
前的设置被调整为黑白效果，如下图所示。

4 执行"文件 > 打开"菜单命令，打开素材文
件 04.jpg。执行"滤镜 >Camera Raw 滤镜"
菜单命令，打开 Camera Raw 窗口，如下图所示。

7 单击"基本"按钮 ，展开"基本"选项卡，
在选项卡中设置"曝光"选项为 +0.95，"对
比度"选项为 +44，"高光"选项为 +33，"阴影"
选项为 -13，"白色"选项为 +33，"黑色"选项
为 +3，完善画面黑白效果，如下图所示。

5 单击窗口右侧的"预设选项卡"按钮 ，在弹
出的菜单中选择"载入设置"命令；在弹出的
"载入设置"对话框中找到刚才存储的"黑白 .xmp"
文件，选择该文件并单击"打开"按钮，如下图所示。

读书笔记

第14章
3D 成像技术

本章将介绍 Photoshop 中关于 3D 成像技术的知识。在 Photoshop 中可以处理和合并现有的 3D 对象、创建新的 3D 对象、编辑和创建 3D 纹理以及组合 3D 对象与 2D 图像等。除此之外，Photoshop 还提供了多种 3D 渲染方式，用户可以根据个人需要，选择适合的渲染方式来渲染 3D 图像。

14.1　3D 图像的基本工具

Photoshop 中提供了多个不同的 3D 图像创建和编辑工具，包括了 3D 对象工具、3D 相机工具等。使用这些工具可以快速地调整 3D 图像的大小、位置等。

14.1.1　打开 3D 图像

使用 Photoshop 可以打开 3D 文件进行编辑，Photoshop 支持下列 3D 文件格式：U3D、3DS、OBJ、KMZ 和 DAE。

执行"文件 > 打开"命令，打开"打开"对话框，在对话框中选择所需的 3D 图像，单击"确定"按钮，即可打开 3D 图像，如下图所示。

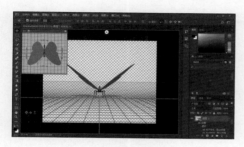

14.1.2　3D 相机工具

使用 3D 相机工具可更改场景视图，移动相机视图，同时保持 3D 对象的位置固定不变。当系统支持 OpenGL 时，还可以使用 3D 轴来操控 3D 模型。

进入 3D 工作模式后，在工具选项栏中会显示 3D 模式中的工具按钮，包括"环绕移动 3D 相机""滚动 3D 相机""平移 3D 相机""滑动 3D 相机"和"变焦 3D 相机"，如下图所示。单击不同的 3D 相机按钮，可选择不同的 3D 工具，从而完成不同效果的 3D 图像编辑。

❶ "环绕移动 3D 相机"按钮■：单击后，在图像中可将 3D 模型进行环绕移动，拖曳可将相机沿 X 或 Y 轴方向环绕移动。

❷ "滚动 3D 相机"按钮■：单击后，在图像中可旋转 3D 模型，水平拖曳可使模型绕 Z 轴旋转。

❸ "平移 3D 相机"按钮■：单击后，在图像中可将 3D 模型进行移动，拖曳以移动相机。

❹ "滑动 3D 相机"按钮■：单击后，在图像中可滑动 3D 模型，水平拖曳可沿水平方向移动模型，上下拖曳可将模型移近或移远。

❺ "变焦 3D 相机"按钮■：单击后，在图像中可对 3D 模型进行缩放，拖曳以更改 3D 相机的视角，最大视角为 180°。

技巧>>在环绕移动、平移、移动时使用快捷键

◆环绕移动：按住 Ctrl 键的同时拖曳，可滚动相机。

◆平移：按住 Ctrl 键的同时拖曳，可沿 X 或 Z 轴方向平移。

◆滑动：按住 Ctrl 键的同时拖曳，可沿 Z 或 X 轴方向移动。

14.2 3D 图像的基本操作

在 Photoshop 中可以将 2D 图层作为起始点，生成各种基本的 3D 对象，创建 3D 对象后，可以在 3D 空间中移动它、更改渲染设置、添加光源或与其他 3D 图层合并。

14.2.1 创建 3D 明信片

Photoshop 可以将 2D 图层或更多图层转换为 3D 明信片，即具有 3D 属性的平面。如果起始图层是文字图层，则会保留所有透明度。

打开一张 2D 素材图像，执行"3D> 从图层新建网格 > 明信片"菜单命令，将其转换为 3D 明信片；单击选项栏中的"环绕移动 3D 相机"按钮，对明信片进行旋转，如下图所示。

应用>>将3D明信片作为表面平面添加到3D场景

要将 3D 明信片作为平面添加到 3D 场景中，首先应将新 3D 图层与现有的、包含其他 3D 对象的 3D 图层对齐，然后根据需要进行合并。

14.2.2 创建 3D 形状

在 Photoshop 中通过"网格预设"命令，既可以创建如"环形""球面全景""帽子"等单一网格对象，也可以创建如"立方体""圆柱体""酒瓶"等多网格对象。

打开一张 2D 素材图像，执行"3D> 从图层新建网格 > 网格预设"菜单命令，在打开的级联菜单中可以选取所需的 3D 形状，这里选择"锥形"命令，效果如下图所示。

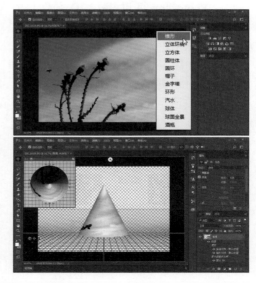

应用>>将全景图像作为3D输入

要将全景图像作为 3D 输入，则可使用"球面全景"命令。该命令可将完整的 360°/180°的球面全景转换为 3D 图层，转换为 3D 对象后，可以在通常难以触及的全景区域上绘画，如极点或包含直线的区域，如下图所示。

14.2.3 创建 3D 网格

执行"3D> 从图层新建网格 > 深度映射到"菜单命令,可将灰度图像转换为深度映射,从而将明度值转换为深度不一的表面。较亮的值会生成表面上凸起的区域,较暗的值会生成凹下的区域。Photoshop 将深度映射应用于 4 个可能的几何形状中的一个,以创建 3D 模型。

打开一张 2D 素材图像,并选择一个或多个要转换为 3D 网格的图层;执行"图像 > 模式 > 灰度"菜单命令,将图像转换为"灰度"模式,执行"3D> 从图层新建网格 > 深度映射到"菜单命令,在打开的级联菜单中可以选取所需的网格选项,如下图所示。

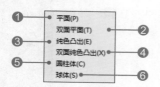

①平面:将深度映射数据应用于平面表面。

②双面平面:创建两个沿中心轴对称的平面,并将深度映射数据应用于两个平面。

③纯色凸出:对纯色区域应用深度映射数据。

④双面纯色凸出:对纯色区域应用深度映射数据,并将深度映射数据应用到两个平面。

⑤圆柱体:从垂直中心向外应用深度映射数据。

⑥球体:从中心点向外呈放射状地应用深度映射数据。

> **知识>>创建3D网格的知识**
>
> Photoshop 不仅可以创建包含新网格的 3D 图层,还可以使用原始灰度或颜色图层创建 3D 对象的"漫射""不透明度"和"平面深度映射"纹理映射。
>
> "不透明度"纹理映射不会显示在"图层"面板中。因为"不透明度"纹理映射使用与"漫射"纹理映射相同的纹理文件,当两个纹理映射参考相同的文件时,该文件仅在"图层"面板中显示一次。用户可以随时将"平面深度映射"作为智能对象重新打开,并进行编辑,存储时会重新生成网格。

14.2.4 将 3D 图层转换为 2D 图层

将 3D 图层转换为 2D 图层,即将 3D 图层中的内容进行栅格化,栅格化的图像会保留 3D 场景的外观,但格式为平面化的 2D 格式。

在"图层"面板中选择 3D 图层,如下左图所示;右击该图层,在弹出的快捷菜单中选择"栅格化 3D"命令,将 3D 图层转换为 2D 图层,如下右图所示。

> **知识>>将3D图层转换为2D图层的时机**
>
> 只有不需要再编辑 3D 模型位置、渲染模式、纹理和光源时,才可将 3D 图层转换为 2D 图层。

14.2.5 3D 模型的绘制

要在 3D 模型上进行绘制,则可以使用任何 Photoshop 绘画工具直接在 3D 模型上绘制,就像在 2D 图层上绘制一样。绘制时可使用选择工具将特定的模型区域设为目标,或让 Photoshop 识别并高亮显示可绘画的区域。另外,使用 3D 命令可隐藏模型区域,从而访问内部或隐藏的部分,以便进行绘画。

打开一张 3D 素材图像,如下左图所示;执行"3D> 在目标纹理上绘画"菜单命令,在打开的级联菜单中选取一种绘画模式,这里选择"漫射"命令,如下右图所示。

在工具箱中单击"画笔工具"按钮,在图像中进行绘制,效果如下图所示。

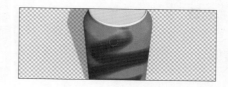

1. 显示要在上面绘画的表面

使用"套索工具"或选框工具等选择要去除的模型区域，然后执行以下任何一个 3D 菜单命令来显示或隐藏模型区域。

方法 1："隐藏最近的表面"命令只隐藏 2D 选区内的模型多边形的第一个图层。要快速去掉模型表面，可以在保持选区处于激活状态时重复使用此命令。

方法 2：选择"仅隐藏封闭的多边形"命令后，"隐藏最近的表面"命令只会影响完全包含在选区内的多边形，取消选择后，将隐藏选区所接触到的所有多边形。

方法 3："反转可见表面"命令使当前可见表面不可见，不可见表面可见。

方法 4："显示所有表面"命令使所有隐藏的表面再次可见。

2. 标示可绘画区域

只查看 3D 模型，无法明确地辨别是否能成功地在某些区域绘画。最佳的绘画区域就是能够以最高的一致性和可预见的效果，在模型表面或其他调整的区域应用绘画。在其他区域中，绘画可能会由于角度或与模型表面之间的距离问题，出现取样不足的情况，此时可以执行以下任意操作。

方法 1：执行"3D> 选择可绘画区域"菜单命令，如下左图所示；会高亮显示可在模型上绘画的最佳区域，如下右图所示。

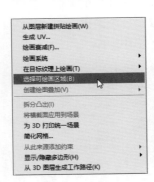

方法 2：在 3D 面板中单击"滤镜：整个场景"按钮，从面板菜单中选择"选择可绘画区域"命令；在"选择可绘画区域"模式下，图像用选区标示可绘画区域，如下图所示。

应用一>>查看纹理映射自身的绘画效果

双击"图层"面板中的纹理映射以将其打开，然后在 3D 面板中单击"滤镜：材质"按钮，选择要绘制区域的材料，在"属性"面板中可对纹理进行绘画编辑，如右图所示。

应用二>>设置绘画的衰减角度

在模型上绘画时，衰减角度用来控制表面在偏离正面视图弯曲时的油彩使用量，衰减角度是根据朝向模型表面突出部分的直线来计算的。

执行"3D> 绘画衰减"菜单命令，打开"3D绘画衰减"对话框，如下图所示。在该对话框中可以设置最小和最大角度。

"最大角度"在 0°～90° 之间，当设为 0° 时，绘画仅应用于正对前方的表面，没有衰减角度；当设为 90° 时，绘画可沿弯曲的表面延伸至其可见边缘；当设为 45° 时，绘画区域将限制在未弯曲到大于 45° 的球面区域。

对"最小角度"的设置，绘画会随着接近"最大角度"而进入渐隐的范围。例如，如果"最大角度"是 45°，最小角度是 30°，那么在 30°～45° 之间，绘画不透明度将会从 100 减少到 0。

知识>>标示可绘画区域

由"选择可绘画区域"命令选定的区域以及"绘画蒙版"模式下显示的可绘画区域，取决于当前的"绘画衰减"设置。较高的"绘画衰减"设置会增大可绘画区域，较低的设置会缩小可绘画区域。

14.3　3D 面板的运用

在 3D 面板中会显示打开或创建 3D 图像的网格、材质和灯光等相关信息，并通过"属性"面板中的选项设置 3D 对象的材质、光源等。执行"窗口 >3D"和"窗口 > 属性"菜单命令，即可打开如下图所示的 3D 和"属性"面板。

1．访问3D场景的设置

单击 3D 面板中的"滤镜：整个场景"按钮，如果尚未选定，则单击组件列表顶部的"场景"条目，如下图所示。

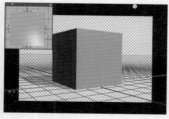

2．访问"网格""材质"或"光源"的设置

单击 3D 面板中的"滤镜：网格"按钮，可显示所有网格组件；分别单击"滤镜：材质"按钮和"滤镜：光源"按钮，在"属性"面板内可查看相应的设置，如下图所示。

3．展开或折叠网格的材料

单击 3D 面板中的"滤镜：网格"按钮，显示所有网格组件，单击"网格"图标左侧的三角形按钮，即可展开或折叠网格的材料。

4．查看地面阴影捕捉器

地面是反映相对于 3D 模型的地面位置的网格。单击 3D 面板右上角的扩展按钮，在打开的面板菜单中选择"查看地面阴影捕捉器"命令，即可查看地面。

应用>>显示或隐藏3D材质或光源

方法为单击位于 3D 面板上方的组件列表中的不同条目前的眼睛图标。下图为隐藏材质或光源时的 3D 对象。

14.4　创建和编辑 3D 模型纹理

可以使用 Photoshop 的绘画工具和调整工具来编辑 3D 文件中包含的纹理，或创建新纹理。纹理作为 2D 文件与 3D 模型一起导入，它们会作为条目显示在"图层"面板中，嵌套于 3D 图层下方，并按散射、凹凸、光泽度等映射类型进行编组。

14.4.1　编辑 2D 格式的纹理

在 Photoshop 中可以在 3D 图像中编辑 2D 格式的纹理。在 3D 图像中编辑 2D 格式的纹理将会以"智能对象"的方式在独立的文档窗口中打开。

打开一个 3D 文件或者新建一个 3D 模型，在 3D 面板中单击"滤镜：材质"按钮，选择包含纹理的材质；再打开"属性"面板，在该面板中即可对材质进行载入和编辑操作，单击材质下方要编辑材质纹理的按钮，在弹出的列表中选择"编辑纹理"命令，如下图所示。

执行命令后，会将选择的纹理材质在独立的文档窗口中打开，如下左图所示。此时可以对其进行编辑或调整，这里使用"色彩平衡"命令对纹理的颜色进行调整，如下右图所示。

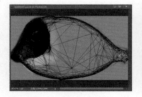

调整后执行"存储"命令或按下快捷键 Ctrl+S，存储调整效果；返回 3D 对象，可以看到所做的修改已反映到 3D 模型上，如下图所示。

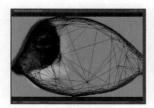

> **技巧>>打开纹理"智能对象"文档窗口的其他方法**
> 双击"图层"面板中的纹理，即可打开纹

理的 PSD 文件，在这个文件上可以对 2D 纹理进行编辑，如下图所示。

14.4.2　创建绘画叠加

在 3D 模型上，多种材料所使用的漫射纹理文件可将应用于模型上不同表面的多个内容区域编组，这称为绘画映射。绘画映射将 2D 纹理映射中的坐标与 3D 模型上的特定坐标相匹配，绘画映射可使 2D 纹理正确地绘制在 3D 模型上。

双击"图层"面板中的纹理，打开纹理 PSD 文件，执行"3D > 创建绘画叠加"菜单命令，打开级联菜单，如下图所示。

❶线框：显示绘画映射的边缘数据，如下左图所示。

❷着色：显示使用实色渲染的模型区域，如下右图所示。

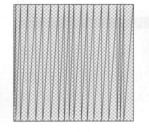
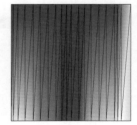

❸顶点颜色：使用此纹理且带有顶点的颜色数据的网络。

> **知识>>UV叠加**
> UV 叠加作为附加图层添加到纹理文件的"图层"面板中，可以显示、隐藏、移动或删

除 UV 叠加。关闭并存储纹理文件，或从纹理文件切换到关联的 3D 图层时，UV 叠加会出现在模型表面。在执行最终渲染之前，应删除或隐藏 UV 叠加。

14.4.3 创建重复纹理的拼贴

重复纹理由网格图案中完全相同的拼贴构成，重复纹理可以提供更逼真的模型表面覆盖，占用更少的存储空间，并且可以改善渲染性能。Photoshop 可将任意 2D 文件转换成拼贴绘画，在预览多个拼贴如何在绘画中相互作用之后，还可以存储一个拼贴以作为重复纹理。

打开一张 2D 素材图像，如下左图所示。在"图层"面板中选择一个或多个图层，执行"3D> 从图层新建拼贴绘画"菜单命令，效果如下右图所示。

单击工具箱中的"画笔工具"按钮，在图像中编辑，对一个拼贴所做的更改会出现在其他拼贴中，效果如下左图所示。在 3D 面板中单击"滤镜：材质"按钮，选择"背景"选项，然后在"属性"面板中单击"纹理"右侧的下三角按钮，如下右图所示。

在打开的面板中单击右侧的扩展按钮，在弹出的菜单中选择"存储材质"命令，打开"另存为"对话框，指定文件名称、存储位置及格式，单击"保存"按钮，如下图所示。

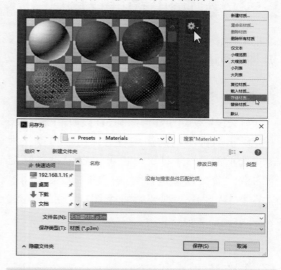

应用一>>编辑纹理拼贴

纹理拼贴与普通 2D 图像一样，可以使用绘画工具、滤镜或 Photoshop 中的其他工具来进行编辑。

应用二>>以重复的纹理载入拼贴

要以重复的纹理载入拼贴，首先应打开 3D 模型素材，在 3D 面板中单击"滤镜：材料"按钮，然后在"属性"面板中单击"漫射"右侧的按钮，在打开的列表中选择"替换纹理"命令，如下图所示。

在弹出的"打开"对话框中选择之前存储的文件，单击"打开"按钮，替换纹理，如下图所示。

14.5　存储和导出 3D 图像

3D 图像的管理是使用 Photoshop 处理 3D 图像的一个重要环节，包括对 3D 渲染的设置、导出 3D 图层和存储 3D 文件等操作。

14.5.1　渲染设置

渲染设置决定了如何绘制 3D 模型。Photoshop 中提供了多种不同的渲染设置，用户可以使用这些选项渲染 3D 对象，也可以自定设置来渲染图像。渲染设置是针对图层的，如果文档包含多个 3D 图层，则要为每个图层分别设置渲染方式。

1. 选择渲染预设

单击 3D 面板上方的"滤镜：整个场景"按钮，在"属性"面板中单击"预设"下三角按钮，在展开的下拉列表中可以选取所需渲染的设置。下图分别为选择"默认"和"线框"渲染时的图像效果。

2. 自定渲染设置

单击 3D 面板上方的"滤镜：整个场景"按钮，在"属性"面板中可以对渲染效果进行设置。

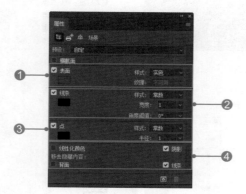

❶表面渲染："表面"选项组决定如何渲染模型表面。勾选"表面"复选框，在"样式"选项处

单击后方的下三角按钮，在弹出的下拉列表中可选择以下方式来绘制表面。

▶实色：使用图像处理器显卡上的 GPU 绘制没有阴影或反射的表面。

▶未照亮的纹理：绘制没有光照的表面，而不仅仅显示选中的"纹理"选项。

▶平坦：对表面的所有顶点应用相同的表面标准，创建刻面外观效果。

▶常数：用当前指定的颜色替换纹理。

▶外框：以反映每个组件最外侧尺寸的简单框来查看模型。

▶法线：以不同的 RGB 颜色显示表面标准的 X、Y 和 Z 组件。

▶深度映射：显示灰度模式，使用明度显示深度。

▶绘画蒙版：白色显示最佳绘画区域，蓝色显示取样不足的区域，红色显示过度取样的区域。

▶漫画：以漫画的形式指定纹理映射。

▶仅限于光照：使用计算机主板上的 CPU 设置绘制具有阴影、反射和折射的表面。

▶素描：以素描的形式指定纹理映射。

❷线条渲染："线条"选项组决定线框线条的显示方式。

▶样式：单击"样式"选项后方的下三角按钮，选择线框线条的样式，包括"常数""平滑""实色"和"外框"4 个选项。

▶宽度：指定线条的宽度，以像素为单位。

▶角度阈值：调整出现在模型中的结构线条数量，当模型中的两个多边形在某个特定角度相接时，会形成一条折痕或线，如果边缘在小于"角度阈值"设置（0 ~ 180）的某个角度相接，则会移去它们形成的线；若设置为 0，则显示整个线框。

❸点渲染："点"选项组用于调整 3D 对象顶点的外观，即组成线框模型的多边形相交点的宽度。

▶样式：用于选择使用何种方式绘制 3D 模型的顶点，包括"常数""平滑""实色"和"外框"4 个选项。

▶半径：决定每个顶点的像素半径。

❹其他内容：包括"线性化颜色""移去隐藏内容"等。

- ▶ 线性化颜色：线性化场景的颜色。
- ▶ 背面：移去隐藏背面。
- ▶ 线条：移去隐藏线条。

应用一>>存储或删除渲染预设

单击 3D 面板上方的"滤镜：整个场景"按钮 ，在"属性"面板中单击"预设"选项后的下三角按钮，在打开的列表中选择"存储"命令，在弹出的"另存为"对话框中可对渲染预设进行存储，如下图所示。

单击"预设"选项后的下三角按钮，在打开的列表中选择之前预设的选项，然后重新单击"预设"选项后的下三角按钮，在打开的列表中选择"删除"命令，可将之前的渲染预设删除，如下图所示。

应用二>>"自定渲染设置"部分效果图

下面的图像分别为不同自定渲染值下渲染出的图像效果。

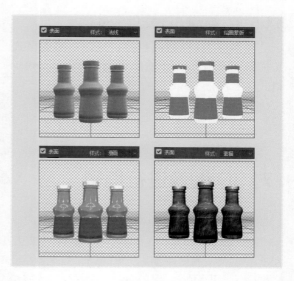

14.5.2 导出 3D 图层

要保留文件中的 3D 内容，则需要以 Photoshop 格式或其他支持的图像格式存储 3D 文件。Photoshop 中可以用 Collada DAE、Wavefront OBJ、U3D 和 Google Earth 4 KMZ 等支持的 3D 格式导出 3D 图层。

执行"3D> 导出 3D 图层"菜单命令，打开"导出属性"对话框，在对话框中设置导出的 3D 文件格式，设置完成后单击"确定"按钮，即可导出 3D 图层，如下图所示。

U3D 和 KMZ 支持 JPEG 或 PNG 作为纹理格式。

DAE 和 OBJ 支持所有 Photoshop 支持的用于纹理的图像格式。

应用>>选取导出格式时的注意事项

所有"纹理"图层将会以 3D 文件格式存储，但是 U3D 格式只保留"漫射""环境"和"不透明度"纹理映射。OBJ 格式不存储相机设置、光源和动画。只有 DAE 格式会存储渲染设置。

14.5.3　存储 3D 文件

要保留 3D 模型的位置、光源、渲染模式和横截面，则可以用 PSD、PSB、TIFF 或 PDF 格式存储包含 3D 图层的文件。

执行"文件 > 存储"菜单命令，打开"另存为"对话框，在对话框中设置存储 3D 文件的格式：Photoshop（PSD）、PDF 或 TIFF 格式，设置完成后单击"确定"按钮，即可存储 3D 文件。

实例演练：
对 3D 图像进行编辑

原始文件：随书资源\素材\14\01.jpg
最终文件：随书资源\源文件\14\对 3D 图像进行编辑.psd

解析： Photoshop 中的 3D 功能不但可以导入 Maya、3ds Max 等生成的 3D 图像，还可以在 Photoshop 中直接创建和绘制 3D 模型，比如正方体、球体、汽水瓶、酒瓶等。在 Photoshop 中要生成 3D 图像，有两种选择，一是基于平面图像直接转换为带贴图的三维对象，二是执行 "3D> 从图层新建网格 > 网格预设"菜单命令，新建一个三维对象。本实例就介绍如何从图层新建形状和使用 2D 文件为三维图像贴图。

---

1 执行"文件 > 新建"菜单命令，弹出"新建"对话框，输入文件名称，设置文件大小为 800 像素 ×600 像素，分辨率为 300 像素 / 英寸，背景色为白色，如下图所示。设置后单击"确定"按钮，新建文件。

2 执行 "3D> 从图层新建网格 > 网格预设 > 汽水"菜单命令，在弹出的对话框中单击"是"按钮，在图像中新建一个 3D 汽水瓶的立体形状，如下图所示。

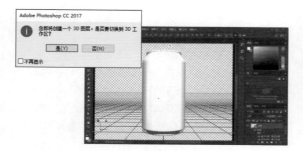

3 在"图层"面板中双击"背景"图层下方纹理下面的"标签材质 - 默认纹理"，这时 Photoshop 会打开一个材质的文档，如下图所示。

4 执行"文件 > 打开"菜单命令，打开素材文件 01.jpg，如下图所示。

5 按下快捷键 Ctrl+A，全选图像；再按下快捷
键 Ctrl+C，复制图像；回到之前 Photoshop
建立的新文档中，按下快捷键 Ctrl+V，粘贴图像，
如下图所示。

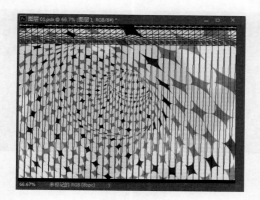

6 回到最初的 3D 文件中，平面图像已经合成到
3D 汽水瓶图像中了，如下图所示。

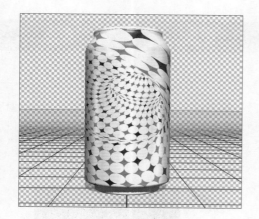

7 单击 3D 面板上方的"滤镜：光源"按钮 ，
然后在"属性"面板中设置各项参数，调整画
面光源效果，如下图所示。

8 完成后在"图层"面板中新建"图层 1"
图层，设置前景色为白色，按下快捷键
Alt+Delete，将该图层填充为白色，如下图所示。

9 完成后将"图层 1"图层移动至"背景"图层
的下方，完成 3D 图像的制作，如下图所示。

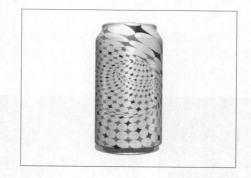

实例演练：
制作三维台球

原始文件：无
最终文件：随书资源 \ 源文件 \14\ 制作三维台球 .psd

解析：本实例介绍如何使用 Photoshop 制作三维台球。要制作三维台球，首先可制作出 2D 台球
的平面图，然后通过执行"3D> 从图层新建网格 > 网格预设 > 球体"菜单命令，制作出三维效果。

1 执行"文件 > 新建"菜单命令，弹出"新建"对话框，输入文件名称，设置文件大小为 800 像素 ×
600 像素，分辨率为 300 像素 / 英寸，背景色为白色，如下图所示。设置后单击"确定"按钮，新建
文件。

2 单击工具箱中的"渐变工具"按钮，在"渐变编辑器"中选择"黑，白渐变"，单击"确定"按钮，如下左图所示。单击选项栏中的"线性渐变"按钮，在图像中拖曳出渐变效果，如下右图所示。

3 单击工具箱中的"设置前景色"图标，打开"拾色器（前景色）"对话框，设置前景色为 R255、G0、B0，设置后单击"确定"按钮。在"图层"面板中新建"图层 1"图层，按下快捷键 Alt+Delete，填充前景色，如下左图所示。新建"图层 2"图层，选择"矩形选框工具"，在图像中绘制两个矩形选区，如下右图所示。

 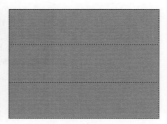

4 设置前景色为白色，按下快捷键 Alt+Delete，将矩形选区填充为白色，效果如下左图所示。选择"椭圆选框工具"，在图像中绘制一个圆形选区，并将选区填充为白色，效果如下右图所示。

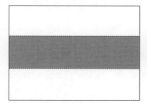 

5 单击"横排文字工具"按钮，在圆形的位置单击并输入数字 7。在"字符"面板中对文字进行调整，如下左图所示。输入文字后，会在"图层"面板中显示对应的文字图层，如下右图所示。

6 在文档窗口中查看输入的文字效果，再选择文字图层，按下快捷键 Ctrl+T，显示自由变换编辑框，调整文字形状，如下图所示。

 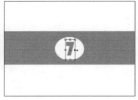

7 在"图层"面板中同时选中文字图层和"图层 2"，执行"3D> 从图层新建网格 > 网格预设 > 球体"菜单命令，创建 3D 球体，效果如下图所示。

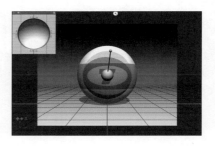

8 在选项栏中单击"环绕移动 3D 相机"按钮，在窗口左下角的 3D 轴上旋转，改变球体的角度，完成三维台球的制作，如下图所示。

第 15 章
Web、视频和动画

使用 Photoshop 的 Web 工具，可以轻松构建网页的组件块，并且可按照预设或自定格式输出完整网页。利用 Photoshop 中的视频与动画编辑功能，能够编辑视频的各个帧和图像序列文件，并在不同的帧中进行图像的绘制或编辑，实现多种图像效果的转换。进行编辑之后，可以将文档存储为 PSD 文件，此类文件可以在类似于 Premiere Pro 和 After Effects 等其他 Adobe 应用程序中播放，或在其他应用程序中作为静态文件进行访问，也可以将文档作为 QuickTime 影片或图像序列进行渲染。

15.1 关于 Web 图形

Web 图形的格式多种多样，主要是指应用在 Internet 上的图像。由于 Internet 上的图像要求能够高速传输，所以它主要的特点是图像小、体积小。本节将讲解 Web 的基本概念、制作 Web 图形的工具和 Web 图形的常用格式。

15.1.1 了解 Web

Web 仅仅只是一种环境——互联网的使用环境、氛围、内容等；而对于网站制作、设计者来说，它是一系列技术的总称，包括网站的前台布局、后台程序、美工、数据库系统等技术。

所谓网站（Website），就是指 Internet 上根据一定的规则，使用 HTML 等工具制作的用于展示特定内容的相关网页的集合。简单来说，网站是一种通信工具，就像布告栏一样，人们可以通过网站来发布自己想要公开的资讯，或者利用网站来提供相关的网络服务。

15.1.2 关于 Web 工具

由于 Web 图形形式的多样性，用于制作 Web 及其图形的工具也多种多样。下面进行简单介绍。

1. 用于图片制作

常用的工具有 Photoshop、CorelDRAW、Fireworks 等。

2. 用于动画制作

常用的工具有 Flash 等。

3. 用于视频制作

常用的工具有会声会影和 Windows 系统提供的 Movie Maker 等。

4. 用于程序开发

常用的工具有 Visual C++、C 语言、C#、.NET、Ruby on Rails 等。

15.1.3 关于 JPEG、GIF 和 PNG 文件

Web 中常用的图像格式主要有 JPEG、GIF 和 PNG 格式。PNG 拥有 JPEG 及 GIF 图片的优点，并且对原图片可做到 100％的精确还原。PNG 格式不仅能存储 256 色以下的索引颜色模式图像，还能存储 24 位真彩色图像，最高可存储 48 位超强色彩图像，而且在网络上隔行显示时也比 JPEG 和 GIF 文件快得多！

1. JPEG

一种有损压缩格式，能够将图像压缩在很小的存储空间，图像中重复或不重要的数据会丢失，因此容易造成图像数据的损伤。尤其是使用过高的压缩比时，将使最终解压缩后恢复的图像质量明显降低。如果追求高品质图像，则不宜采用过高的压缩比。JPEG 格式是目前

网络上最流行的图像格式，是可以把文件压缩到最小的格式。在 Photoshop 软件中以 JPEG 格式存储图像时，提供 13 个压缩级别，以 0～12 级表示。

2. GIF

分为静态 GIF 和动画 GIF 两种，支持透明背景图像，适用于多种操作系统。其"体型"很小，网上很多小动画都是 GIF 格式的。GIF 是将多幅图像保存为一个图像文件来形成动画

效果，所以 GIF 仍然属于图像文件格式，但只能显示 256 色。

3. PNG

这种图像文件存储格式是为了替代 GIF 和 TIFF 文件格式而开发的，同时增加一些 GIF 文件格式所不具备的特性。PNG 图像文件一般应用于 Java 程序、网页或 S60 程序中，原因在于其压缩比高，生成文件容量小。

15.2　将 Web 页切片

切片是指使用 HTML 表或 CSS 图层将图像划分为若干较小的图像，这些图像可在 Web 页上重新组合。通过划分图像可以指定不同的 URL 链接以创建页面导航，或使用其自身的优化设置对图像的每个部分进行优化。

15.2.1　切片类型

切片按照切片内容的类型可分为表格切片、图像切片、无图像切片；按创建方式可分为用户切片、基于图层的切片、自动切片等。

1. 用户切片

使用"切片工具"创建的切片为用户切片。

2. 基于图层的切片

通过图层创建的切片为基于图层的切片。

3. 自动切片

当创建新的用户切片或基于图层的切片时，将会生成自动切片来占据图像的其余区域。换句话说，自动切片用于填充图像中用户切片，或基于图层的切片的未定义空间。每次添加或编辑用户切片或基于图层的切片时，都会重新生成自动切片。用户可以将自动切片转换为用户切片。

> **技巧>>设置固定切片大小**
>
> 单击工具箱中的"切片工具"按钮，然后在选项栏中单击"样式"后的下三角按钮，在弹出的列表中选择"固定大小"，然后在"宽度"和"高度"数值框中输入相应数值即可，如下图所示。
>
> 样式：固定大小　　宽度：64 像素　　高度：64 像素

15.2.2　使用"切片工具"创建切片

在 Photoshop 中可以使用"切片工具"直接在图像上绘制切片线条，或使用图层来设计图形，然后基于图层创建切片。下面进行详细介绍。

单击工具箱中的"切片工具"按钮，然后在画面中拖曳鼠标，即可创建切片。

打开一幅图像，使用"切片工具"在画面中进行绘制，如下左图所示。绘制完成后，切片就创建好了，如下右图所示。

15.2.3　基于不同参考创建切片

通过参考线创建切片时，将删除所有现有切片。基于图层的切片将包括图层中的所有像素数据。如果移动图层或编辑图层内容，切片区域将自动调整以包含新像素。

创建切片是一个烦琐的过程，在 Photoshop 中提供了两种创建切片的快捷方法，一个是通过参考线创建切片；另一个是通过图层内容创建切片。

1. 基于参考线创建切片

首先在画面中拖曳出几条参考线，如下左图所示。单击工具箱中的"切片工具"按钮 ✂，在选项栏中单击"基于参考线的切片"按钮，会自动根据拖曳的参考线创建切片，如下右图所示。

2. 基于图层创建切片

基于图层的内容创建切片，切片区域和图层内容的长宽比一致。

打开一幅图像，使用"矩形选框工具"在画面上拖曳选区，并将选区中的图像保存至新的图层中，如下左图所示。分别选中部分图像所在的图层，执行"图层>新建基于图层的切片"菜单命令，Photoshop 会自动计算图层内容的长宽比并创建切片，效果如下右图所示。

🔑 应用>>创建固定大小的切片

打开一幅图像，如下图所示。

单击工具箱中的"切片工具"按钮 ✂，然后在选项栏中单击"样式"后的下三角按钮，在弹出的列表中选择"固定长宽比"，再在"宽度"和"高度"数值框中输入 2 和 3，如下图所示。

使用鼠标在画面中绘制，绘制后的效果如下图所示。

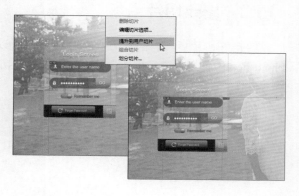

15.2.4 转换为用户切片

将普通切片转换为用户切片的方法很简单，只要执行"提升到用户切片"命令即可。

1. 为什么要转换为用户切片

基于图层的切片与图层的像素内容相关联，因此移动切片、组合切片、划分切片、调整切片大小和对齐切片的唯一方法是编辑相应的图层，或者将该切片转换为用户切片。

2. 转换为用户切片的作用

图像中的所有自动切片都链接在一起并共享相同的优化设置。如果要为自动切片设置不同的优化设置，则必须将其提升为用户切片。

选中画面中的一个非用户切片，然后单击鼠标右键，在弹出的快捷菜单中选择"提升到用户切片"命令，如下左图所示。执行命令后的画面效果如下右图所示。

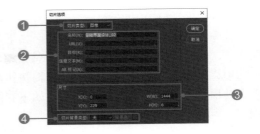

应用>>调整切片层次

在绘制好的切片上单击鼠标右键，会弹出如下图所示的快捷菜单。

◆ **置为顶层**：可将当前切片放置到顶层。
◆ **前移一层**：可将当前切片向上移动一层。
◆ **后移一层**：可将当前切片向下移动一层。
◆ **置为底层**：可将当前切片放置到底层。

❶ "切片类型"下拉列表框：可以选择"图像""无图像""表"3种类型。

❷ "切片类型"选项组：在"切片类型"选项组中可以设定切片的名称、信息文本以及链接的网址等信息。

❸ "尺寸"选项组：显示了当前切片的大小和在画面中的坐标位置。

❹ "切片背景类型"下拉列表框：用于设置切片的背景颜色。

15.2.5 查看切片和切片选项

在不同的切片之间进行切换时，Photoshop自动为其指定了两种不同的颜色进行表示，蓝色边框表示未选中的切片，黄色边框表示当前选中的切片。除此之外，Photoshop还为每个切片设定了一个编号，用户也可以对它进行更改。

1. 查看切片

查看切片的方法有很多种，执行"视图 > 显示 > 切片"菜单命令，可以显示或隐藏切片。

2. 查看切片选项

单击工具箱中的"切片选择工具"按钮，然后在选项栏上单击"为当前切片设置选项"按钮，即可打开"切片选项"对话框，如下图所示。

应用>>使用快捷键选中切片

可以把切片看作一个对象。在 Photoshop 中要同时对多个切片进行操作，就必须将多个切片选中。

使用"切片选择工具"选中一个切片后，按住 Shift 键的同时单击另一个切片，释放鼠标后，即可将另一个切片也选中，效果如下图所示。

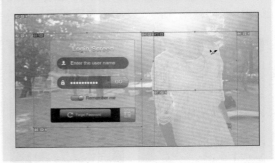

15.3 修改切片

创建好切片后，有的地方会存在偏差，所以需要对它的位置、大小、个数等进行修改。在 Photoshop 中对切片进行操作之前，应该先选中切片，然后可以对切片执行移动、缩放、复制、删除等操作。

15.3.1 选择切片

Photoshop 专门提供了一个"切片选择工具"，使用该工具可选中任意切片，还可以按住 Shift 键同时选中多个切片。

选择切片的操作非常简单，只需要单击工具箱中的"切片选择工具"按钮，然后在画面中单击切片即可将其选中。

打开一幅图像，利用工具箱中的"切片工具"在画面中绘制切片，然后使用"切片选择工具"在切片上单击，如下左图所示。释放鼠标后，该切片就会被选中，效果如下右图所示。

15.3.2　移动、调整和对齐切片

用户可以在 Photoshop 中移动切片和调整其大小，这一操作只能用于用户切片，但不能在"存储为 Web 所用格式"对话框中执行此类操作。

移动、调整、对齐切片是制作 Web 必须掌握的内容，通过这些操作才能将切片的位置变得更加精准。

1．移动

确保"切片选择工具"为选中状态，然后使用鼠标拖曳切片，即可调整切片的位置。

2．调整

切片可以被看作边框，使用鼠标拖曳边框就可以对切片的大小进行调整。

3．对齐

可以通过参考线和网格的方式将切片自动对齐；也可以使用选项栏中的"对齐"按钮来对齐选中的切片。

> 🌟 技巧>>对齐切片
>
> 要设置切片之间的对齐方式，首先应选中两个或两个以上的切片，然后在选项栏中可以单击如下图所示的按钮来进行排列对齐。
>
> ◆ "顶对齐"按钮：将选中的切片以最上方的切片为参照，使切片顶对齐。

> ◆ "垂直居中对齐"按钮：将选中的切片以最中间的切片为参照，使切片垂直居中对齐。
> ◆ "水平居中对齐"按钮：将选中的切片以最中间的切片为参照，使切片水平居中对齐。
> ◆ "底对齐"按钮：效果与顶对齐相反。
> ◆ "左对齐"按钮：将选中的切片全部左对齐。

15.3.3　划分不同的切片

在对切片进行处理的过程中可能会将某个切片进行划分，可以是水平方向上的划分，也可以是垂直方向上的划分。下面进行详细介绍。

首先选中一个切片，然后单击选项栏中的"划分切片"按钮 划分... ，即可打开"划分切片"对话框，如下图所示。

❶ "水平划分为"复选框：在长度方向上划分切片。勾选此复选框，然后在"水平划分为"下的数值框中设置划分的数目，即可进行划分。

❷ "垂直划分为"复选框：在宽度方向上划分切片。垂直划分的含义和水平划分是一样的，只是划分的方向不一样。

对于下左图所示的切片，打开"划分切片"对话框，设置"垂直划分为"的数值为 2，单击"确定"按钮，画面效果如下右图所示。

应用>>组合切片

将切片划分后，还可以将它们重新组合起来，只要执行"组合切片"命令即可。

按住 Shift 键选中两个切片，单击鼠标右键，在弹出的快捷菜单中选择"组合切片"命令，如下图所示。

执行"组合切片"命令后，被选中的两个切片就被合并为一个切片了，效果如下图所示。

应用>>快捷复制切片

如下图所示，按住 Alt 键的同时拖曳切片。

释放鼠标后，即可复制拖曳的切片，效果如下图所示。

15.3.4 复制和粘贴切片

当对同等的图像创建切片时，可直接复制切片，而不用一个个去创建。另外，还可以将图像中选定的切片复制并粘贴到另一个图像或其他应用程序中。

复制切片可以创建与原切片的尺寸和优化设置相同的切片，如果原切片是链接的用户切片，则复制的切片将链接到同一组链接切片；复制的切片总是用户切片，而不管原切片是用户切片、基于图层的切片还是自动切片。

使用"切片选择工具"选中一个切片，执行"编辑＞拷贝"菜单命令，即可复制切片；执行"编辑＞粘贴"菜单命令，即可将剪贴板中的切片复制出来，如下图所示。此时 Photoshop 会自动创建一个图层，且复制的切片内容被粘贴到了该图层中。

15.3.5 删除切片

删除切片的方法有两种，一种是删除用户指定的切片，另一种是一次性删除所有切片。

1. 删除指定切片

使用"切片选择工具"选中一个或者多个切片，然后按 Backspace 或 Delete 键，即可删除切片。

2. 删除所有切片

执行"视图＞清除切片"菜单命令，即可删除画面中的所有切片。

15.4 设置切片的输出

切片输出是指创建切片后，为切片附加一些信息，可以为切片定义名称和添加链接的 URL 地址，可以为切片指定浏览器消息和替代文本，还可以将 HTML 文本添加到切片中。

15.4.1 为图像切片链接 URL

为切片指定 URL 可使整个切片区域成为所生成 Web 页中的链接。当用户单击链接时，Web 浏览器会导航到指定的 URL 和目标框架。在描述重定向时，可以是当前页面中的任何一个框架，该选项只可用于图像切片。

首先使用"切片选择工具"选中切片，然后单击选项栏上的"为当前切片设置选项"按钮🔲，打开"切片选项"对话框，找到 URL 文本框，可以输入相对 URL 或绝对 URL，如下图所示。如果输入绝对 URL，请一定要遵守 HTTP 协议。如果要将显示内容链接到目标框架中的一个位置，则可在"目标"文本框中输入以下内容。

（1）_blank：在新窗口中显示链接文件，同时保持原浏览器窗口为打开状态。

（2）_self：在原始文件的同一框架中显示链接文件。

（3）_parent：在自己的原始父框架组中显示链接文件。如果 HTML 文档包含帧，并且当前帧是子帧，则使用此选项。链接文件将显示在当前的父框架中。

（4）_top：用链接的文件替换整个浏览器窗口，移去当前所有帧。名称必须与在文档的 HTML 文件中定义的帧的名称相匹配。

应用>>添加URL

选中某个切片，单击选项栏上的"为当前切片设置选项"按钮🔲，打开如下图所示的"切片选项"对话框。

在对话框的 URL 文本框中输入网址，如"http://www.baidu.com"，再单击"确定"按钮即可，如下图所示。

15.4.2 将 HTML 文本添加到切片

当选取"无图像"类型的切片时，可以输入要在所生成 Web 页的切片区域中显示的文本。此文本可以是纯文本，或使用标准 HTML 标记设置格式的文本，也可以选择垂直和水平对齐选项。

Photoshop 不会在文档窗口中显示 HTML 文本，要使用 Web 浏览器预览文本。由于不同用户会使用不同的浏览器，因此应利用不同的浏览器来预览 HTML 文本，以确认文本可在不同的 Web 浏览器上正确显示。

15.5 存储为 Web 所用格式

Web 图形格式分为位图格式和矢量格式。位图格式可以是 GIF、JPEG、PNG 和 WBMP，它们与分辨率有关，这意味着位图图像的尺寸会随显示器分辨率的不同而发生变化，图像品质也可能会发生变化。矢量格式是 SVG 和 SWF，它们与分辨率无关，可以对图像进行放大或缩小，而不会降低图像品质。矢量图像中可以包含栅格数据。

15.5.1 在保存对话框中创建 JPEG

在"存储为 Web 所用格式"对话框中保存为 JPEG 格式后，可以根据品质好坏选择几种类别，也可以自定义它的品质，设置图像生成后的杂边、模糊系数以及是否嵌入到颜色配置文件中。

JPEG 是用于压缩连续色调图像（如照片）的标准格式。由于以 JPEG 格式存储文件时会丢失图像数据，因此，如果准备对文件进行进一步的编辑或创建额外的 JPEG 版本，则最好以原始格式存储源文件。执行"文件 > 导出 > 存储为 Web 所用格式（旧版）"菜单命令，打开"存储为 Web 所用格式"对话框，在对话框右侧的选项设置中可以设置它的图像格式和品质，如下图所示。

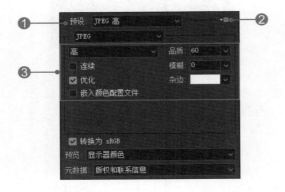

❶预设：在其下拉列表中有 3 种与 JPEG 有关的设置："JPEG 高""JPEG 中"和"JPEG 低"。

❷优化菜单：单击右上角的扩展按钮，在弹出的菜单中可以选择对应的优化操作。

❸"压缩"选项组：包括压缩的品质、优化、压缩级别等。

▶"压缩品质"下拉列表框：可以选择 5 种不同的压缩级别，如下图所示。

▶"品质"下拉列表框：确定压缩程度，品质设置越高，压缩算法保留的细节就越多。

▶"优化"复选框：创建文件稍小的增强 JPEG 文件。要最大限度地压缩文件，建议使用"优化"的 JPEG 格式；但是某些旧版浏览器不支持此格式的图像。

▶"连续"复选框：在 Web 浏览器中以渐进方式显示图像，图像将显示为一系列叠加图形，从而使浏览者能够在图像完全下载前查看它的低分辨率版本。

▶"模糊"下拉列表框：指定应用于图像的模糊量。利用它可以得到与"高斯模糊"滤镜相同的效果，并允许进一步压缩图像，以获得更小的文件。对于该选项，建议使用 0.1 ～ 0.5 之间的设置。

> **技巧>>"存储为Web所用格式"对话框中的工具**
>
> 在"存储为 Web 所用格式"对话框中，位于对话框左侧的是对话框中的常用工具。
>
> ◆抓手工具：用于移动画面。
> ◆切片选择工具：用于选择切片。
> ◆缩放工具：用于放大或缩小图像。
> ◆吸管工具：用于吸取图像颜色。
> ◆吸管颜色：用于显示当前吸管的颜色。
> ◆切换切片可见性：单击可显示或隐藏切片。

> **应用>>选择JPEG类型**
>
> 打开"存储为 Web 所用格式"对话框后，单击右侧的"预设"下三角按钮，在展开的下拉列表中选择所需的 JPEG 格式即可，如右图所示。
>
>

15.5.2 创建 GIF 格式

GIF 格式是用于压缩具有单调颜色和清晰细节图像（如艺术线条、徽标或带文字的插图）的标准格式。与 GIF 格式一样，PNG-8 格式可有效压缩纯色区域，同时保留清晰的细节。PNG-8 和 GIF 格式都支持 8 位颜色，因此它们可以显示多达 256 种颜色。

在"颜色"面板中可以使用索引颜色，确定使用哪些颜色的过程称为建立索引，因此 GIF 和 PNG-8 格式图像有时也称为索引颜色图像。为了将图像转换为索引颜色模式，需构建颜色查找表来保存图像中的颜色，并为这些颜色建立索引。在"存储为 Web 所用格式"对话框中有 7 种保存为 GIF 格式的选项，如下图所示。不同的选项所用到的颜色块的数目不同，GIF 数值越高，它的色彩就越丰富。

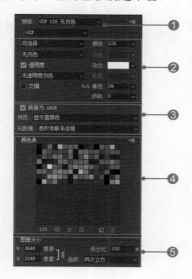

❶ "预设"下拉列表框：可以选择 7 种不同的 GIF 颜色模式。

❷ "压缩"选项组："压缩"选项组的设置与 JPEG 格式的选项基本一样。

❸ 转换、显示及版权设置：勾选"转换为 sRGB"，可转换为 sRGB 色彩空间，这是 Adobe 颜色设置的默认工作空间；在"预览"下拉列表框中可以根据多个颜色的显示进行控制；在"元数据"下拉列表框中可以对图像的元数据进行控制。

❹ "颜色表"选项组：显示了当前图像所用到的所有颜色，单击右上角的扩展按钮 ，可以执行新建颜色、删除颜色等操作。

❺ "图像大小"选项组：在"图像大小"选项组中可以更改图像的长和宽，以及显示百分比。

应用>>载入颜色表

选中某个切片，单击"颜色表"选项组右上角的扩展按钮，在弹出的菜单中选择"载入颜色表"命令，即可打开如下图所示的"载入颜色表"对话框。

Photoshop 中预设了 4 种颜色表，用户可以直接进行选择。

15.5.3 理解优化 Web 图像的其他选项

优化的方式很多，除了选择不同的颜色模式增加颜色数目来对图像进行优化之外，还可以载入更高级的颜色来对图像进行优化。在下面的 4 幅图像中，它们各自的颜色数目不同，仿色度也不相同，文件大小也不一样，所以将它们运用到 Web 中的上传和下载时间也不一样。

通过上图中 4 幅图像的对比，用户可以知道图像的优化应从哪些方面着手。通过这些数据，就可以对图像进行相应的修改。

技巧>>优化文件大小

打开"存储为 Web 所用格式"对话框，单击对话框右上角的扩展按钮，在弹出的菜单中选择"优化文件大小"命令，即可打开"优化文件大小"对话框，如下图所示。

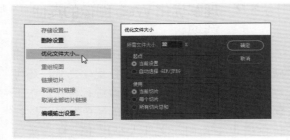

◆ "所需文件大小"数值框：用户可以自定义文件大小，单位为 KB。

◆ "起点"选项组：可以设置为"当前设置"或"自动选择 GIF/JPEG"模式。

◆ "使用"选项组：指定要将设置的文件大小用于哪些切片。

15.6　创建视频

在 Photoshop 中打开视频文件或图像序列时，帧将包含在视频图层中。在"图层"面板中，用缩览幻灯胶片图标标示视频图层。视频图层可让用户使用"画笔工具"和"仿制图章工具"在各个帧上进行绘制和仿制。

要在 Photoshop 中处理视频，则必须在计算机上安装 QuickTime 7.1 或更高版本。用户可以从 Apple 公司网站上免费下载 QuickTime 程序。

15.6.1　设置长宽比

导入视频和动画到 Photoshop 中，可通过自动调整比例和手动创建比例两种方式来调整长宽比。

1．自动调整

如果长宽比发生了偏差，则可以执行"视图 > 像素长宽比校正"菜单命令进行校正，如下左图所示。除此之外，用户还可以通过 Photoshop 中预设的比例进行调整，执行"视图 > 像素长宽比"菜单命令，在弹出的级联菜单可以选择预设的比例，如下右图所示。

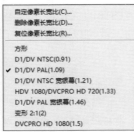

2．手动调整

手动调整长宽比也是一种方法。执行"视图 > 像素长宽比 > 自定像素长宽比"菜单命令，打开"存储像素长宽比"对话框，如下图所示。

在"因子"文本框中输入一个值，命名自定像素长宽比，然后单击"确定"按钮。新的自定像素长宽比将出现在"新建"对话框的"像素长宽比"下拉列表和"视图 > 像素长宽比"级联菜单中。

应用>>创建视频文件

在"新建"对话框中可以选择创建文件为视频类型。

执行"文件 > 新建"菜单命令，打开"新建文档"对话框，单击对话框上方的"胶片和视频"标签，展开"胶片和视频"选项卡，如下图所示。

此时在"胶片和视频"选项卡中的"空白文档预设"区域就列出了胶片和视频文档的一些常见大小，以供用户选用，如下图所示。

15.6.2　视频的导入

可以在 Photoshop 中导入视频，导入的视频以独立图层的方式存在，可通过切换到时间轴的方式进行附加制作，如添加文字或其他图形等。在切换之前，最好将所有的视频帧归为一个图层组，以避免占用"时间轴"面板的空间。

将视频导入到 Photoshop 后，会自动以间隔 N 帧的规律将图像分布在图层上。执行"文件 > 导入 > 视频帧到图层"菜单命令，即可打开"载入"对话框，选中所要导入的视频后单击"载入"按钮，即可打开"将视频导入图层"对话框（只有在 Windows 8 及以上系统中安装完整版本 Photoshop CC 2017 才可使用此功能）。

在"将视频导入图层"对话框中，可以在"导入范围"选项组中设置视频导入到图层后的一些设置；通过勾选"制作帧动画"复选框，可将导入的视频图像制作成帧动画。

应用>>设置视频相距帧

将一个视频导入到 Photoshop 中的时候，如果视频过大，则会导致视频导入过程缓慢。此时可以通过设置导入视频的相距帧来缩减视频导入的时间，不过这会使视频看起来不连贯。

执行"文件 > 导入 > 视频帧到图层"菜单命令，打开"载入"对话框，选择要导入的视频后单击"载入"按钮，即可打开"将视频导入图层"对话框。为了快速导入视频，可以将"限制为每隔帧"设置为 10，然后单击"确定"按钮，即可快速导入视频。

15.6.3　视频的导出

安装 QuickTime 之后，除了具备导入功能以外，还可以使用导出功能将动画以视频方式输出，而不再局限于以往的 GIF 格式输出。GIF 格式由于其自身特性的限制，并不能很好地表现 Photoshop 中制作的所有动画效果。

执行"文件 > 导出 > 渲染视频"菜单命令，打开"渲染视频"对话框，在对话框中可以设置导出的视频名称、存储位置以及所用到的播放器、画面大小等选项。

15.7　动画制作

在 Photoshop 中提供了两种制作动画的方式：一种是帧动画方式，另一种是时间轴动画方式。帧动画方式和时间轴动画方式合并起来就是当前最流行的动画制作方式。例如，Flash 软件就兼容帧动画和时间轴动画的制作方式。

15.7.1　"时间轴"面板

利用 Photoshop 制作动画，必须先学习"时间轴"面板的使用方法，在面板中可以进行新建、删除、修改动画属性等一些操作。

执行"窗口 > 时间轴"菜单命令，打开"时间轴"面板，如下图所示。

❶帧列表：在帧列表中显示了当前动画中的所有帧。

❷"动画控制"按钮：用于控制当前播放的状态。

▶ "选择第一帧"按钮██：单击可以选择第一帧。

▶ "选择上一帧"按钮 ◀ ：单击可切换至上一帧。

▶ "播放动画"按钮 ▶ ：单击可播放动画的内容。

▶ "选择下一帧"按钮 ▶ ：单击可切换至下一帧。

▶ "过渡动画帧"按钮 ◥ ：为所选帧设置过渡动画。

▶ "复制所选帧"按钮 ◻ ：单击可复制当前所选的帧。

▶ "删除所选帧"按钮 ◻ ：单击可删除当前所选的帧。

❸ "转换为视频时间轴"按钮 ◼ ：单击可将帧动画转换为视频时间轴动画。

❹选择循环选项：单击下三角按钮，可以设置播放的次数。

❺扩展按钮 ◼ ：单击可弹出面板菜单，在面板菜单中也可以对帧执行上述操作。

应用>>更改帧顺序

如果想更改帧的位置，则可以直接使用鼠标拖曳帧至合适位置上。

例如，有一组帧列表，如果想把延时为 0.1s 的帧（第一帧）放置在延时为 0.5s 的帧（第三帧）后面，只需使用鼠标拖曳第一帧到第三帧后，如下图所示。

如果在第三帧后出现了一根黑色线条，便可释放鼠标，第一帧就被放置到第三帧后了，如下图所示。

15.7.2 不同动画模式的切换

在 Photoshop 中，"时间轴"面板可显示

为两种模式：一种是时间轴模式，另一种是视频时间轴模式。

单击"时间轴"面板左下角的"转换为视频时间轴"按钮 ◼ ，即可切换至"（视频）时间轴"面板，如下图所示。如果当前状态是"（视频）时间轴"面板，则单击"转换为帧动画"按钮 ▭ ，即可切换至"（动画）时间轴"面板。

技巧>>使用面板菜单切换

单击"时间轴"面板右上角的扩展按钮 ◼ ，在弹出的面板菜单中选择"转换为视频时间轴"命令，即可进行切换。

15.7.3 指定时间轴持续时间和帧速率

时间轴持续时间和帧速率代表一个动画运行的速度。在一个动画中，所设置的时间越短，那么它的动作变换就越快；所设置的时间越长，那么它的动作变换就越慢。所以为动画指定播放时间是很重要的。

1. 设置帧速率

打开"（动画）时间轴"面板，单击帧图标右下角的下三角按钮，在展开的下拉列表中选择一个时间，这里选择了 10.0；释放鼠标后，该帧的延时就设置为 10s 了，如下图所示。

2. 设置时间轴持续时间

打开"（视频）时间轴"面板，单击右侧的时间轴滑块，然后使用鼠标拖曳；释放鼠标后，就可以调整时间轴的延时，如下图所示。

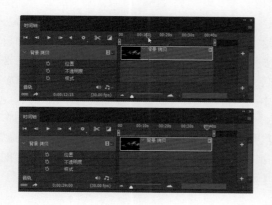

15.8 动画制作的流程

要制作一个动画，不能盲目进行，必须先掌握它的制作流程。在 Photoshop 中可以制作两种类型的动画，即帧动画和时间轴动画，不同类型动画的制作流程是不一样的。下面将详细介绍。

15.8.1 制作帧动画

要在时间轴模式中对图层内容进行动画处理，则必须以不同的动作创建关键帧。Photoshop 将自动在两个现有帧之间添加或修改一系列帧，通过均匀改变新帧之间的图层属性（位置、不透明度和样式），以创建运动或变换的显示效果。

学习制作帧动画之前，必须先了解帧动画的原理。所谓帧动画，就是指一个动作可能是由多个图像的变换组合而成的，而这些图像就可以被看作帧。制作帧动画的大体流程可以分为以下几步。

1．复制帧

复制帧的目的是为了在一个帧的基础上对图像设置变换效果，也就是设置下一个动作的变换效果。

2．设置图像变换

每一个帧都对应着一个图像，为了让动画播放时具有流动效果，所以应该适当地对图像效果进行变换。

3．设置帧延时

每一个动作都需要一个运动时间，这样可使动画更具有流动效果。

4．导出动画

当在"（动画）时间轴"面板中设置好动画后，就可以将动画导出，导出的格式可以为 GIF、MOV 等。

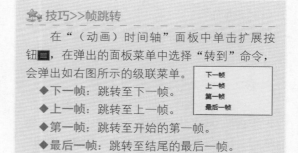
15.8.2 制作时间轴动画

时间轴动画是以图层叠加后的状态作为关键帧，然后在每个关键帧上加上变换的时间，从而形成流动效果。

要在时间轴模式中对图层内容进行动画处理，需在将当前时间指示器移动到其他时间/帧上时，在"时间轴"面板中设置关键帧，然后修改该图层内容的位置、不透明度或样式。Photoshop 将自动在两个现有帧之间添加或修改一系列帧，通过均匀改变新帧之间的图层属性（位置、不透明度和样式），以创建运动或变换的显示效果。制作时间轴动画的大体流程如下。

1. 创建一个新文档

新建文件即是创建动画的舞台。

2. 指定时间轴

在"时间轴"面板的面板菜单中指定文档时间轴设置。

3. 向图层添加内容

将图层作为帧，在图层上进行变化。

4. 设置关键帧

将当前时间指示器移动到要设置第一个关键帧的时间或帧的位置处，然后进行相关设置。

5. 更改属性

打开图层的关键帧并进行处理。

6. 指定图层流动时间

移动或裁切图层持续时间栏，以指定图层在动画中出现的时间。

7. 存储动画

将动画导出，可以导出为 GIF 格式。

> ⭐ **技巧>>编辑时间轴注释**
>
> 当图层过多时，为了区别属性相同但意义不同的图层，可以为时间轴添加注释。单击"（视频）时间轴"面板右上角的扩展按钮▤，在弹出的菜单中选择"注释 > 编辑时间轴注释"命令，打开如下图所示的"编辑时间轴注释"对话框，然后在对话框中输入注释信息即可。
>
>

15.8.3　动画的导出和优化

动画制作完成后，如果要将动画上传到Internet上，则应对它的大小和画质进行优化。在 Photoshop 中可以使用两种方法来优化动画。

优化帧，使之只包含各帧之间的更改区域，这会大大减小动画 GIF 文件的文件大小。如果要将动画存储为 GIF 图像，则可以将一种特殊仿色技术应用于动画，确保仿色图案在所有帧中都保持一致，并防止在播放过程中出现闪烁。

单击"（动画）时间轴"面板右上角的扩展按钮▤，在弹出的面板菜单中选择"优化动画"命令，即可打开"优化动画"对话框，如下图所示。

❶ "外框"复选框：将每一帧裁剪到相对于上一帧发生了变化的区域。使用该选项创建的动画文件比较小，但是与不支持该选项的 GIF 编辑器不兼容。

❷ "去除多余像素"复选框：使当前帧与前一帧保持相同的所有像素变为透明。

> ⭐ **技巧>>添加洋葱皮效果**
>
> 洋葱皮效果将显示在当前帧上绘制的内容以及在周围帧上绘制的内容。这些附加帧将以用户指定的不透明度显示，以便与当前帧区分开。
>
> 要为动画添加洋葱皮效果，则可以先对洋葱皮选项加以调整。单击"（视频）时间轴"面板的扩展按钮，在弹出的菜单中选择"洋葱皮设置"命令，即可打开"洋葱皮选项"对话框，如下图所示。在该对话框中可进行相关选项的设置。
>
>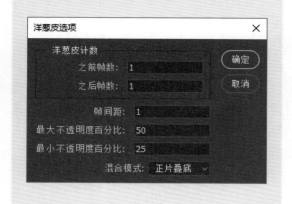

设置好"洋葱皮选项"对话框后，单击"（视频）时间轴"面板右上角的扩展按钮，在弹出的菜单中选择"启用洋葱皮"命令，即可添加该效果。添加洋葱皮效果后的画面效果变深了，如右图所示。

实例演练：
制作切片用于导出网页

原始文件：随书资源 \ 素材 \15\01.tif
最终文件：随书资源 \ 源文件 \15\ 制作切片用于导出网页 .psd

解析：在 Photoshop 中制作网页切片，用户必须了解这个网页分为几个框架、是否存在内嵌框架，不同框架中的内容划分是不一样的。简单来说，可以把一个页面看作由 4 部分组成，即"标题＋导航＋主体＋所有权"。从中可以看出要做出一个规范的网页需要将其分为 4 个框架，所以在 Photoshop 中制作切片时也需要按照这个规范进行划分。

1 打开素材文件 01.tif，按下快捷键 Ctrl+R，显示标尺，然后使用鼠标拖曳出参考线，以确定切片的长宽比，如下图所示。

2 单击工具箱中的"切片工具"按钮，使用鼠标沿着画面中的参考线进行绘制，如下图所示。

3 继续使用"切片工具"沿着画面中的参考线进行绘制，将所有切片都绘制出来；绘制并调整

好切片大小和位置后，执行"文件 > 导出 > 存储为 Web 所用格式（旧版）"菜单命令，如下图所示。

4 在打开的"存储为 Web 所用格式"对话框中选择"原稿"标签，设置"预设"为"JPEG中"。因为被切的图片是运用到网上的，应该尽量减小它的体积，所以在"JPEG 中"的参数基础上，应该把参数设置得更低。如下左图所示，设置好压缩参数后，单击对话框底部的"存储"按钮，即可打开"将优化结果存储为"对话框，选择切片存储的位置，如下右图所示。

5 在"文件名"下拉列表框中更改文件名为
"01.jpg"，单击"保存"按钮，如右左图
所示。Photoshop 会自动将每个切片以图像形式
存储到指定的文件夹中，打开文件所在目录，图
像效果如右右图所示。

 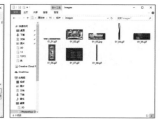

实例演练：
创建时间轴动画

原始文件：随书资源 \ 素材 \15\02.jpg
最终文件：随书资源 \ 源文件 \15\ 创建时间轴动画 .psd

解析：在 Photoshop 中创建时间轴动画的思路和创建帧动画的相似。本实例是一个云彩忽变的简单动画，动画中的颜色变化主要采用了云彩渲染效果，然后对黄色的云雾设置不同的透明度，移动不同的位置，并添加相应的时间轴关键帧，最后为其设定好每个帧之间的变换时间，完成动画的制作。

1 执行"文件 > 打开"菜单命令，打开素材文
件 02.jpg；在"图层"面板中新建"图层 1"
图层，如下图所示。

2 设置前景色为 R133、G81、B8，将"图层 1"
填充为设置的前景色，再将背景色设为黑色，
执行"滤镜 > 渲染 > 云彩"菜单命令，如下图所示。

3 应用"云彩"滤镜后，得到了如下左图所示的
云彩效果。选中"图层 1"图层，将其图层混
合模式设置为"滤色"，效果如下右图所示。

4 在工具箱中选择"画笔工具"，在选项栏中设
置画笔的各项参数；单击"图层"面板中的"添
加图层蒙版"按钮 ，为"图层 1"添加图层蒙版，
设置前景色为黑色，使用"画笔工具"在蒙版中的
人物位置涂抹，渐隐人物身上的云彩效果，如下图
所示。

5 复制"图层 1"图层,生成"图层 1 拷贝"图层;按下快捷键 Ctrl+T,在图像上显示自由变换编辑框,右击变换框内的图像,在弹出的快捷菜单中选择"水平翻转"命令,将图像进行翻转,如下图所示。

6 继续使用"画笔工具"在蒙版中对人物进行涂抹,完成后的画面效果如下图所示。

7 使用鼠标单击图层缩览图与图层蒙版之间的"指示图层蒙版链接到图层"图标,将图层与蒙版解锁。单击"图层 1 拷贝"图层前的"指示图层可见性"图标,隐藏该图层,选择"图层 1";执行"窗口 > 时间轴"菜单命令,打开"时间轴"面板,在该面板中单击"创建视频时间轴"按钮,如下图所示。

8 在"时间轴"面板中选择"图层 1",将时间轴拖曳至开始的位置,如下图所示。

9 单击"不透明度"选项前的"启用关键帧"按钮,在起始位置创建关键帧;完成后移动时间轴至 01:00f 位置,如下图所示。

10 在"图层"面板中更改"图层 1"的"不透明度"为 40%,这时会自动在时间轴对应的位置生成关键帧,如下图所示。

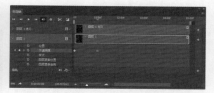

11 继续将时间轴移动至 02:00f 位置,更改"图层 1"的"不透明度"为 80%,如下图所示。

12 重复此操作,依次在"时间轴"面板中添加关键帧,并设置不同的不透明度,分别为 100%、40%、80%、0%、50%、80%,关键帧的位置如下图所示。

13 单击"图层 1 拷贝"图层前的"指示图层可见性"图标,显示并选择该图层,如下图所示。

14 单击"不透明度"选项前的"启用关键帧"按钮，在起始位置创建关键帧；更改"图层1拷贝"的"不透明度"为0%，如下图所示。

15 将时间轴移动至 02:00f 与 03:00f 中间的位置，更改"图层1拷贝"的"不透明度"为100%，如下图所示。

16 将时间轴移动至 05:00f 位置，更改"图层1拷贝"的"不透明度"为0%，如下图所示。

17 将时间轴移动至 00 位置，单击"位置"选项前的"启用关键帧"按钮，在起始位置创建关键帧，如下图所示。

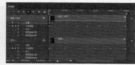

18 按下快捷键 Ctrl+T，在图像上显示自由变换编辑框，按住 Shift 键拖曳变换框四周的节点，将其同比例放大，按 Enter 键完成操作，然后将时间轴移动至 02:00f 与 03:00f 中间的位置，如下图所示。

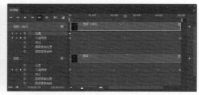

19 单击"在播放头处添加或移去关键帧"按钮，在时间轴对应的位置建立关键帧；使用"移动工具"将图像向左上移动至下方与右侧图像对齐的位置，如下图所示。

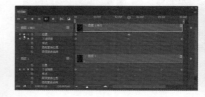

20 将时间轴移动至 05:00f 位置，单击"在播放头处添加或移去关键帧"按钮，在时间轴对应的位置建立关键帧；使用"移动工具"将图像向右下移动至上方与左侧图像对齐的位置，如下图所示。

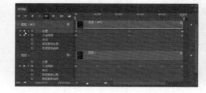

21 将执行"文件 > 导出 > 存储为 Web 所用格式（旧版）"菜单命令，按下左图所示设置参数，完成后单击"存储"按钮，将文件存储在一个文件夹下。打开制作完成的动画图像，如下右图所示，画面中的黄色云雾会不断地发生变化。

第 16 章
色彩管理

色彩管理用于在输出图像前进行色彩修正，可以统一不同设备之间的颜色差异，使系统的颜色与最终产品尽可能保持一致。Photoshop 中预设了多种色彩标准，在输出图像颜色前，打印机驱动程序先将图像色彩转换为打印机的色彩，然后按照指定的色彩标准进行打印。在本章的学习中，着重讲述了不同的颜色模式、色彩的管理与色彩设置等基本知识，使读者可以掌握更有用的色彩管理技术。

16.1 颜色模式

颜色模式是将某种颜色表现为数字形式的模型，或者说是一种记录图像颜色的方式。在 Photoshop 中，颜色模式包括位图模式、灰度模式、RGB 模式、Lab 颜色模式、CMYK 模式、双色调模式等多种。

16.1.1 位图模式

位图模式只使用黑白两种颜色中的一种表示图像中的像素。位图模式的图像也称为黑白图像，它包含的信息最少，因而图像文件也最小。

执行"图像 > 模式 > 位图"菜单命令，即可将当前图像转换为位图模式。在日常工作中，常常将位图转换为矢量图。位图在放大时容易产生锯齿，如下左图所示；但矢量图无论如何放大，都不会产生锯齿，如下右图所示。因为矢量图是用直线和曲线来描述图形，这些图形的元素是点、直线、矩形、多边形、圆和弧线等，它们都是通过数学公式计算获得的。下面介绍几种转换矢量图的方法。

1. 在Photoshop中转换

在 Photoshop 中将选区变换成路径，然后以 AI 格式输出路径，再置入 CorelDRAW 中进行填充修改即可。

2. 用CorelDRAW插件转换

CorelDRAW 自带有一个附件——Corel Power TRACE（以下简称 CT），在 CorelDRAW 中直接单击"应用程序"按钮就可以调用 CT。CT 的使用比较简单，导入位图并设置边界，然后单击"转换"按钮即可。若不成功，可调整后再进行转换。CT 对于块面化的位图比较适合；对于复杂的位图，其效果不是很理想，即使转换成功了，也可能不是用户想要的结果。

3. 在Illustrator中转换

新版 Illustrator 的实时扫描是一个很不错的位图转矢量图插件，使用非常方便。

4. 在CorelDRAW中转换

对于较简单的位图，在 CorelDRAW 中置入后直接用铅笔、贝磁等工具描绘，再进行填充并转换即可。

矢量图像又称为面向对象的图像或绘图图像，在数学上定义为一系列由线连接的点。矢量图像中的图形元素称为对象。每个对象都是一个自成一体的实体，它具有颜色、形状、轮廓、大小和屏幕位置等属性。既然每个对象都是一个自成一体的实体，就可以在维持它原有清晰度和弯曲度的同时，多次移动和改变它的属性，而不会影响图例中的其他对象。这些特征使基于矢量的程序特别适用于图例和三维建模，因为它们通常要求能创建和操作单个对象。基于矢量的绘图同分辨率无关，这意味着它们可以按最高分辨率显示在输出设备上。

16.1.2　灰度模式

所谓灰度模式，就是指纯白、纯黑以及两者间的一系列从黑到白的过渡色。平常所说的黑白照片、黑白电视，实际上都应该称为灰度照片、灰度电视才确切。灰度色中不包含任何色相，即不存在红色、黄色这些颜色。

在 RGB 模式中，三原色各有 256 个级别，由于灰度的形成是 R、G、B 值相等，而 R、G、B 值相等的排列组合有 256 个，因此灰度的数量是 256 级。

执行"图像 > 模式 > 灰度"菜单命令，Photoshop 将弹出如下图所示的"信息"对话框，询问用户是否要扔掉颜色，单击"扔掉"按钮，即可将图像转换为灰度模式。

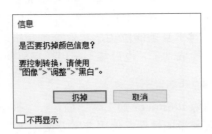

打开一幅 RGB 颜色模式的图像，如下左图所示。执行"图像 > 模式 > 灰度"菜单命令，在打开的"信息"对话框中单击"扔掉"按钮，系统会自动为图像执行"黑白图像"命令，将图像转换为灰度模式，效果如下右图所示。

16.1.3　RGB 模式

RGB 颜色模式是工业界的一种颜色标准，它通过红（R）、绿（G）、蓝（B）3 个颜色通道的变化以及它们之间的相互叠加来得到各式各样的颜色。这个标准几乎包括了人类视力所能感知的所有颜色，是目前运用最广的颜色系统之一。

RGB 模式由 3 个颜色通道组成，可以转换为多种颜色模式，可以被转换为颜色通道更多的，也可以被转换为颜色通道更少的。下面对它的工作原理和应用进行说明。

1．原理

RGB 模式是从颜色发光的原理来设计的。通俗地说，它的颜色混合方式就好像有红、绿、蓝 3 盏灯，当它们的光相互叠合的时候，色彩相混，而亮度等于三者亮度之和，越混合，亮度越高，即加法混合。

2．应用

目前的显示器大都采用 RGB 颜色标准。在显示器上，是通过电子枪打在屏幕的红、绿、蓝三色发光极上来产生色彩的。目前的计算机一般能显示 32 位颜色，约有 100 万种以上的颜色。在 LED 领域，是利用三合一点阵全彩技术，即在一个发光单元里由 R、G、B 三色晶片组成全彩像素。随着这一技术的不断成熟，LED 显示技术会给人们带来更加丰富真实的色彩感受。

在 RGB 颜色模式下，R 代表红色，G 代表绿色，B 代表蓝色，它们的值为 0 ～ 255。当某两项的值为 0 时，就只显示某一种颜色。

还有一种表示颜色的方式，是以十六进制数来表示的。每两组字符代表一种颜色，当为 FF 时，表示只显示一种颜色。

16.1.4 Lab 模式

RGB 模式是一种发光屏幕的加色模式，CMYK 模式是一种颜色反光的印刷减色模式，而 Lab 模式既不依赖光线，也不依赖颜料，它是 CIE 组织确定的一个理论上包括了人眼可以看见的所有色彩的颜色模式。Lab 模式弥补了 RGB 和 CMYK 颜色模式的不足。

Lab 模式由 3 个通道组成，一个通道是明度，即 L；另外两个通道是色彩通道，用 a 和 b 表示。

（1）明度 L：L 代表图像的明度，可以通过调整 L 的值来优化图像的明暗。

（2）a：a 通道包括的颜色是从深绿色（低亮度值）到灰色（中亮度值），再到亮粉红色（高亮度值）。

（3）b：b 通道包括的颜色是从亮蓝色（低亮度值）到灰色（中亮度值），再到黄色（高亮度值）。

因此，这种色彩混合后将产生明亮的色彩。

了解 Lab 通道的特性后，就可以利用这些特性来调整图像的颜色。打开一幅图像，如下左图所示。从图中可以看出，图像的整体色调偏暗，如果想增加图像的明度，可以通过 Lab 模式进行调整。执行"图像 > 模式 >Lab 颜色"菜单命令，将图像转换为 Lab 模式；打开"通道"面板，切换至明度通道，打开"曲线"对话框，调整曲线，提高亮度。执行"图像 > 模式 >CMYK 颜色"菜单命令，调整后的图像效果如下右图所示。

16.1.5 CMYK 模式

当阳光照射到一个物体上时，这个物体将吸收部分光线，并将剩下的光线进行反射，反射的光线就是人们所看见的物体颜色。这是一种减色模式，同时也是与 RGB 模式根本上的区别。不仅人们看物体的颜色时用到了这种减色模式，而且在纸上印刷时应用的也是这种减色模式。

按照这种减色模式，衍变出了适合印刷的 CMYK 颜色模式。CMYK 代表印刷中使用的 4 种颜色，C 代表青色，M 代表洋红色，Y 代表黄色，K 代表黑色。在实际应用中，青色、洋红色和黄色很难叠加形成真正的黑色，最多不过是褐色，因此在印刷中引入了 K——黑色。黑色的作用是强化暗调，加深暗部色彩。

了解了 CMYK 每种颜色通道的属性后，可以根据这些通道所掌控的颜色对图像进行调整。例如，下左图所示的图像，画面整体颜色偏黑白，对 CMYK 通道进行调整后，图像效果如下右图所示。

如果要将 RGB 图像转换为 CMYK 模式，在操作中应加上一个中间步骤，即先转换为 Lab 模式，然后将 Lab 图像转换为 CMYK 模式。

CMYK 模式是最佳的打印模式，RGB 模式尽管色彩多，但不能完全打印出来。在 Photoshop 中，用 CMYK 模式编辑图像能够避免色彩的损失，但运算速度很慢。

即使在 CMYK 模式下工作，Photoshop 也必须将 CMYK 模式转换为显示器所使用的 RGB 模式。

对于同样的图像，RGB 模式只需要处理 3 个通道，而 CMYK 模式需要处理 4 个通道。

16.1.6　双色调模式

双色调模式可用于增加灰度图像的色调范围或用来打印高光颜色。在 Photoshop 中，双色调被当作单通道、8 位的灰度图像来处理。

在 Photoshop 中可以创建单色调、双色调、三色调和四色调。单色调是用非黑色的单一油墨打印的灰度图像，双色调、三色调和四色调分别是用 2 种、3 种和 4 种油墨打印的灰度图像。在这些图像中，将使用彩色油墨（而不是不同的灰级）来重现带色彩灰色。这里所讲的双色调，既指双色调，也指单色调、三色调和四色调。

要将图像转换为双色调，必须先将图像转换为灰度模式，然后执行"图像 > 模式 > 双色调"菜单命令，即可打开如下图所示的对话框。

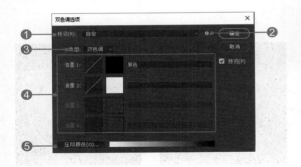

❶ "预设"下拉列表框：单击"预设"下三角按钮，在弹出的列表中选择 Photoshop 自定的颜色，如下左图所示。

❷ "预设选项"按钮 ：单击该按钮，可以存储或删除当前的预设，也可以载入外部的双色调模式，如下右图所示。

❸ "类型"下拉列表框：包括"单色调""双色调""三色调""四色调" 4 种类型，如下图所示。

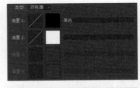
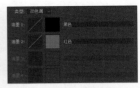
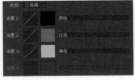
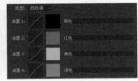

❹ 油墨：单击油墨后的拾色器图标，可以设置油墨颜色。

❺ "压印颜色"按钮：用于将用户设置的色调计算在一起。

16.2　颜色模式之间的转换

在 Photoshop 中可以将图像从原来的模式转换为另一种模式，当为图像选取另一种颜色模式时，将永久更改图像中的颜色值，对应的通道也会发生改变。本节将讲述图像颜色模式的转换方法和注意事项。

16.2.1　查看当前图像的颜色模式

在转换图像的颜色模式之前，首先应查看当前图像的颜色模式。查看颜色模式的方法有多种，这里讲述两种简单的方法。

1．通过文档标签查看

在 Photoshop 中打开图像后，都会以一个标签的方式显示出来。在标签上显示了当前图

像的文件名、当前图层以及图像的颜色模式等信息，如下图所示。

DSC_0782.jpg @ 25%(RGB/8) ×

2．通过"通道"面板查看

打开"通道"面板，可以通过通道看出当前图像属于哪种颜色模式。

确定图像的颜色模式后，执行"图像 > 模式"菜单命令，在弹出的级联菜单中可选择一种颜色模式进行转换。转换图像的颜色模式时，应注意以下几点。

首先，尽可能在原图像模式下编辑（扫描仪和数码相机通常使用 RGB 模式，传统的滚筒扫描仪所使用的模式以及从 Scitex 系统导入图像的模式为 CMYK）。

其次，在转换之前，为图像存储副本。务必存储包含所有图层的图像副本，以便能在转换后编辑图像的原版本。

再次，在转换之前要先拼合文件。当图像更改颜色模式时，图层混合模式之间颜色的相互作用也将更改。

16.2.2　将图像转换为位图模式

将图像转换为位图模式会使图像减少到两种颜色，从而极大地简化图像中的颜色信息及缩小文件大小。将彩色图像转换为位图模式时，需先将其转换为灰度模式，以删除像素中的色相和饱和度信息，而只保留亮度值，然后再从灰度模式转换为位图模式。

执行"图像 > 模式 > 灰度"菜单命令，将图像转换为灰度模式，然后执行"图像 > 模式 > 位图"菜单命令，打开"位图"对话框，如下图所示。

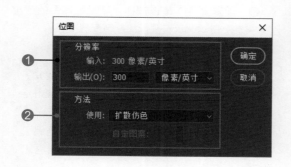

❶ "分辨率"选项组：在"分辨率"选项组中可以指定位图的输出大小。

▶ "输入"选项：显示位图模式图像输入分辨率的值。

▶ "输出"选项：为位图模式图像的输出分辨

率输入一个值，并选取测量单位。默认情况下，当前图像分辨率同时作为输入和输出分辨率。

❷ "方法"选项组：选择位图转换的方法。

▶ "使用"下拉列表框：指定转换的方法。

▶ "自定图案"选项：模拟转换后的图像中自定半调网屏的外观。这里应选取一个适合于厚度变化的图案，这种图案通常是包含各种灰度级的图案。

应用>>将图像转换为位图模式

打开如下图所示的图像，图像当前为 RGB 颜色模式。如果要将它转换为位图模式，则先应将图像转换为灰度模式。

执行"图像 > 模式 > 灰度"菜单命令，将图像转换为灰度模式，如下图所示。

执行"图像 > 模式 > 位图"菜单命令，在"位图"对话框中选择"使用"为"图案仿色"选项，然后单击"确定"按钮，将图像转换为位图模式，效果如下图所示。

16.2.3　将位图图像转换为灰度模式

位图图像转换为灰度模式后，可以运用到很多地方。例如，若要将位图转换为矢量图，则先应将位图转换为灰度模式，再经过一些细节处理就可以将其转换为矢量图了。将位图图像转换为灰度模式的过程中，应该掌握大小比例的控制。

如果需要将图像转换为灰度图，则执行"图像 > 模式 > 灰度"命令，会打开如下图所示的"灰度"对话框。

表示转换后的图像缩小至原来的50%，单击"确定"按钮，即可将图像转换为灰度模式。

在"灰度"对话框中，"大小比例"是缩小图像的因子。例如，要将灰度图像缩小50%，则输入的"大小比例"为2；如果输入的值大于1，则程序将位图图像中的多个像素平均，以产生灰度图像中的单个像素。通过该过程，可以使经过1位扫描仪扫描的图像产生多个灰度级。

打开如下图所示的位图模式的图像，执行"图像 > 模式 > 灰度"菜单命令，在位图模式的"灰度"对话框中设置"大小比例"为2，

⭐ 技巧>>位图转换为灰度图的原理

位图模式下为黑色的像素，在灰度模式下经过编辑后可能会被转换为灰度级。再将图像转回到位图模式时，如果该像素的灰度值高于中间灰度值128，则会将其渲染为白色。

16.3　色彩管理

色彩管理系统借助颜色配置文件转换颜色，颜色配置文件是对设备的色彩空间的数学描述。Adobe色彩管理系统使用ICC配置文件，它是一种被国际色彩协会（ICC）定义为跨平台标准的格式。

16.3.1　保持颜色一致

Adobe 色彩管理系统可以帮助用户在不同的源之间保持图像的色彩一致，如在 Adobe 系列应用程序之间转换文档及输出已完成的合成图像。此系统基于国际色彩协会开发的协议，该组织负责实现配置文件格式和程序的标准化，旨在通过一个工作流程获得准确且一致的颜色。

保持颜色一致是为了在画面中以一种色系观看图像。那么如何才能将不同色系的图像变为相同的呢？可以在打开图像的时候为图像指定一个颜色配置文件，让系统自动进行处理。执行"编辑 > 指定配置文件"菜单命令，即可打开如下图所示的"指定配置文件"对话框。

❶ "不对此文档应用色彩管理"单选按钮：不对图像应用色彩管理。

❷ "工作中的灰色"单选按钮：以当前图像的配置文件进行指定。

❸ "配置文件"单选按钮：可以在其后的下拉列表中选择 Photoshop 预设的颜色配置文件。

⭐ 技巧>>在Adobe应用程序间同步颜色设置

打开 Adobe Bridge，执行"编辑 >Creative Suite 颜色设置"菜单命令，从列表中选择一个颜色设置，然后单击"应用"。这种同步确保了颜色在所有使用了色彩管理的 Adobe 应用程序中看起来都是一样的。

16.3.2　管理专色和印刷色

当应用色彩管理时，在使用色彩管理的 Adobe 应用程序中应用或创建的任何颜色都将自动使用一个与该文档相对应的颜色配置文

件。如果要转换颜色模式，色彩管理系统会使用适当的配置文件将颜色转换为用户选择的新的颜色模型。

管理专色和印刷色必须懂得它们的本质特点。下面列出了几条管理专色和印刷色的注意事项。

（1）匹配的 CMYK：选择与 CMYK 输出条件相匹配的 CMYK 工作空间，确保可以正确地定义和查看印刷色。

（2）从颜色库中选择颜色：Adobe 应用程序附带有多个标准颜色库，可以使用"色板"面板菜单载入。

（3）准确的预览：Illustrator 和 InDesign 可以打开"叠印预览"，以获得对专色准确而一致的预览。

（4）颜色的一致显示：Acrobat、Illustrator 和 InDesign 使用 Lab 值显示预定义的专色（如来自 TOYO、PANTONE、DIC 和 HKS 库的颜色），并将这些颜色转换为印刷色。使用 Lab 值，可在 Creative Suite 应用程序间提供最大准确性并保证颜色的一致显示。

> 📖 知识>>了解印刷色
>
> 印刷色就是由 C、M、Y 和 K 的不同百分比组成的颜色。C、M、Y、K 就是通常采用的印刷四原色。在印刷原色时，这 4 种颜色都有自己的印版，在印刷上记录了相应颜色的网点，这些网点是由半调网屏生成的，把 4 种印版合在一起就形成了所定义的颜色。

16.3.3　对导入图像进行色彩管理

当正在导入不包含配置文件或包含的配置文件未正确嵌入的图像时，对图像进行色彩管理是很有必要的。如果嵌入了扫描仪制造商的默认配置文件，而之后也创建了自定义的配置文件，那么可以指定更新的配置文件。

导入的不同配置文件，应用程序将以相应的方式进行色彩管理。

当导入不包含配置文件的图像时，Adobe 应用程序会使用当前文档配置文件来定义图像中的颜色。

当导入包含配置文件的图像时，则"颜色设置"对话框中的颜色方案将确定 Adobe 应用程序处理配置文件的方式。

16.3.4　校样颜色

在传统的出版工作流程中，需要打印出文档的印刷校样，以预览该文档在特定输出设备上还原时的外观。在色彩管理工作流程中，可以直接在显示器上使用颜色配置文件的精度来对文档进行电子校样，通过显示屏幕预览来查看文档颜色在特定输出设备上重现时的外观。

用户可以使用 Photoshop 中自带的校样颜色功能对图像进行处理，可以对图像进行自动校样、预设校样、自定校样。

1．自动校样

执行"视图>校样颜色"菜单命令，Photoshop 会自动对图像进行校样，如下图所示。

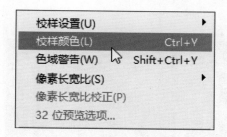

2．使用预设校样

执行"视图>校样设置"菜单命令，在弹出的级联菜单中选择一种校样颜色即可，如下图所示。Photoshop 中共有 11 种预设校样，用户可以选择所需要的校样。

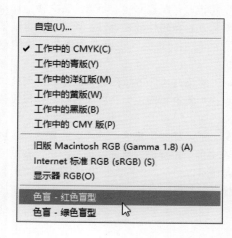

打开一幅图像，执行"视图 > 校样设置 > 色盲 - 红色盲型"菜单命令，图像对比效果如下图所示。

3．自定校样

执行"视图 > 校样设置 > 自定"菜单命令，即可打开如下图所示的"自定校样条件"对话框。

❶ "自定校样条件"下拉列表框：可以选择用户自定义的校样条件。

❷ "校样条件"选项组：设置校样条件可以更改的设备和渲染方法。

▶ "要模拟的设备"下拉列表框：为创建校样的设备指定颜色配置文件，所选配置文件的作用取决于它描述设备特性的准确性。通常，特定纸张和打印机的自定配置文件组合会创建最准确的电子校样。

▶ "渲染方法"下拉列表框：当取消勾选"保留颜色值"复选框时，为将颜色转换到模拟设备指定渲染方法。

▶ "黑场补偿"复选框：勾选此复选框，可确保图像中的阴影详细信息通过模拟输出设备的完整动态范围得以保留。如果想在印刷时使用黑场补偿，则勾选此复选框。

❸ "显示选项"选项组：设置校样的配置文件。

▶ "模拟纸张颜色"复选框：根据校样配置文件模拟真实纸张的暗白色，但不是所有的配置文件都支持本功能。

▶ "模拟黑色油墨"复选框：根据校样配置文件，模拟在很多打印机上实际获得的深灰色，而非纯黑色。

❹ "载入" / "存储"按钮：单击可载入 / 存储外部校样颜色。

▶ "载入"按钮：单击可打开"载入"对话框，在对话框中可选择要载入的校样文件。

▶ "存储"按钮：单击可打开"存储"对话框，将当前自定义校样条件进行存储。

应用一>>使用预设校样

打开一幅图像，如下图所示。

执行"视图 > 校样设置"菜单命令，然后在弹出的级联菜单中选择"工作中的洋红版"命令，画面效果如下图所示。

再执行"视图 > 校样设置 > 色盲 - 绿色盲型"菜单命令，效果如下图所示。

应用二>>自定预设校样颜色

打开如下图所示的图像，然后执行"视图 > 校样设置 > 自定"菜单命令。

打开"自定校样条件"对话框，设置"要模拟的设备"为"Gray Gamma 1.8"，"渲染方法"为"绝对比色"，如下图所示。

单击"确定"按钮，关闭对话框，返回画面，图像效果如下图所示。

16.3.5　打印时的色彩管理

色彩管理的打印选项使用户可以指定 Adobe 应用程序处理传出图像数据的方式，使打印机所打印的颜色与显示器上看到的相一致。打印色彩管理文档的选项设置取决于所使用的 Adobe 应用程序以及选择的输出设备。

在打印色彩管理中，有以下几种处理颜色的方法。

1. 让打印机确定颜色

用喷墨照片打印机打印时本方法尤其简便，因为每一个纸张类型、打印分辨率和其他打印参数的结合都要求不同的配置文件。多数新型喷墨照片打印机都附带有相当精确的、内建于驱动程序的配置文件，这样打印机就可以选择正确的配置文件，从而节省时间、减少错误。

2. 让应用程序确定颜色

应用程序进行所有的颜色转换，生成特定于某个输出设备的颜色数据，使用指定的颜色配置文件将颜色转换至输出设备的色域，并将结果发送至输出设备。

3. 不使用色彩管理

如果不应用颜色转换，就需要关闭打印机驱动程序中的色彩管理功能。

16.4　颜色设置

对于大多数色彩管理工作流程，最好使用 Adobe 公司已经测试过的预设颜色设置。在 Photoshop 中创建设置文件，然后保存到默认的设置文件夹，该设置将出现在"首选项"对话框的"色彩管理方案"中，也可以手动添加设置文件到默认的设置文件夹。

16.4.1　工作空间

工作空间是一种用于定义和编辑 Adobe 应用程序颜色的中间色彩空间。每个颜色模型都有一个与其关联的工作空间配置文件，可以在"颜色设置"对话框中选择工作空间配置文件。

执行"编辑>颜色设置"菜单命令，打开"颜色设置"对话框，如右图所示。

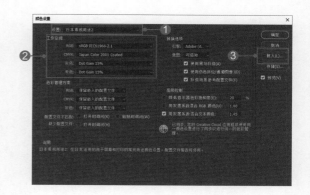

❶"设置"下拉列表框：可以选择一种预设方式。

❷"工作空间"选项组：针对不同的颜色模式，可设置不同的工作空间。

▶ RGB：确定应用程序的 RGB 色彩空间。一般来说，最好选择 Adobe RGB 或 sRGB，而不是特定设备的配置文件，如下左图所示。

▶ CMYK 下拉列表：确定应用程序的 CMYK 色彩空间。所有 CMYK 工作空间都与设备有关，这意味着它们是基于实际油墨和纸张的组合，如下右图所示。

▶ 灰色：确定应用程序的灰度色彩空间，如下左图所示。

▶ 专色：指定显示专色通道和双色调时将使用的网点修正，如下右图所示。

 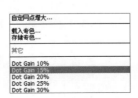

❸载入 / 存储：单击不同按钮进行载入或存储操作。

▶ "载入"按钮：单击可打开"载入"对话框，载入外部颜色设置文件，如下图所示。

▶ "存储"按钮：单击可打开"另存为"对话框，在对话框中设置选项，将当前的颜色设置保存为文件，如下图所示。

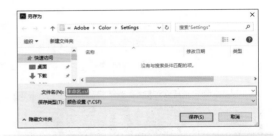

技巧>>使用自定义颜色设置

执行"编辑 > 颜色设置"菜单命令，打开"颜色设置"对话框，单击"设置"下三角按钮，在下拉列表中列出了 Photoshop 颜色设置预设选项，如下左图所示。这里选择"日本印前 2"选项，设置好后可以查看日本印前 2 的选项值，如下右图所示。

除了使用预设选项，用户还可以自定义颜色设置。要自定义颜色设置，需要在"设置"下拉列表框中选择"自定"选项，如下图所示。

16.4.2 色彩管理方案

色彩管理方案确定在打开文档或导入图像时应用程序如何处理颜色数据，不仅可以为 RGB 和 CMYK 图像选择不同的方案，而且可以指定何时出现警告信息，如下图所示。

❶配置文件不匹配。当出现配置文件不匹配的情况时，可以设置提示信息。

▶ "打开时询问"复选框：每当打开用不同于当前工作空间的配置文件标记的文档时，都显示询问信息。如果想根据每种具体情况确保文档的色彩管理是合适的，需勾选此复选框。

▶ "粘贴时询问"复选框：通过粘贴或拖放在文档中导入颜色时，只要出现颜色配置文件不匹配的情况，就显示询问信息。如果想根据每种具体情况确保粘贴的颜色的色彩管理是合适的，需勾选此复选框。

❷缺少配置文件：每当打开未标记的文档时，都显示询问信息。如果想根据每种具体情况确保文档的色彩管理是合适的，需勾选其后的"打开时询问"复选框。

技巧>>高级控制

执行"编辑 > 颜色设置"菜单命令，打开"颜色设置"对话框，在对话框中间的"高级控制"选项组下显示了3个高级控制选项，如下图所示。

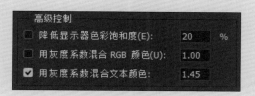

◆降低显示器色彩饱和度：控制在显示器上显示时是否按指定的色量降低色彩饱和度。启用此功能后，有助于以大于屏幕的色域来显示完整的色域范围，但是屏幕显示将不再符合打印的输出结果。

◆用灰度系数混合 RGB 颜色：启用此功能后，将使用指定的灰度系数混合 RGB 颜色。灰度系数值为 1.00 时，被视为"正确的色度"，因此会产生最少的边缘。

◆用灰度系数混合文本颜色：控制文字图层的混合行为。启用此功能后，将使用指定的灰度系数混合文本颜色。

16.4.3 颜色转换方案

颜色转换方案在文档从一个色彩空间移动到另一个色彩空间的时候，可以控制应用程序如何处理文档中的颜色。在转换时可以使用 4 种渲染方法，只有当用户色彩管理知识很丰富时，才建议更改这些选项。

打开"颜色设置"对话框，在其右侧可看到"转换选项"，如下图所示。

❶ "引擎"下拉列表框：指定用于将一个色彩空间的色域映射到另一个色彩空间的色域的色彩管理模块（CMM）。

❷ "意图"下拉列表框：指定用于色彩空间相互转换的渲染方法。渲染方法之间的差别只有当打印文档或转换到不同的色彩空间时才会表现出来。

❸ "使用黑场补偿"复选框：可确保图像中的阴影详细信息通过模拟输出设备的完整动态范围得以保留。

❹ "使用仿色（8 位 / 通道图像）"复选框：控制在色彩空间中转换8 位 / 通道的图像时是否仿色。当勾选此复选框时，Photoshop 将混合目标色彩空间中的颜色，以模拟源空间中有而目标空间中没有的颜色。

❺ "补偿场景参考配置文件"复选框：从场景转换为输出配置文件时，比较视频对比度。此选项反映了 After Effects 的默认颜色管理。

技巧>>渲染方法

在为色彩管理系统、电子校样颜色和打印作品选择颜色转换选项时，可以在"意图"下拉列表框中选择渲染方法，如下图所示。

◆可感知：旨在保留颜色之间的视觉关系，使人眼看起来感觉很自然，尽管颜色值本身可能已改变。

◆饱和度：尝试在降低颜色准确性的情况下生成逼真的颜色。

◆相对比色：比较源色彩空间与目标色彩空间的最大高光部分并相应地改变所有颜色。

◆绝对比色：不改变位于目标色域之内的颜色，位于色域之外的颜色将被剪切掉。不针对目标白场调整颜色。

第17章
存储、导出和打印

在 Photoshop 中完成图像的编辑与设计后，最终都需要将图像以适当的格式输出。Photoshop 支持多种格式的文件，能够满足不同用户的图像打印、输出需求。除此之外，也可以在 Photoshop 中向文件添加信息，以设置多个页面布局，并能将图像置入到其他应用程序中，以完成更高品质的图像输出。本章主要讲述图像的存储、导出方法以及打印图像时的注意事项等。

17.1　存储图像

图像数据以文件形式存放于指定的计算机目录下，这种管理模式给数据的维护提供了方便，同时给数据的安全带来了一定的隐患。本节主要讲述图像存储的方法以及不同大小的文件存储时应该选择的方法。

17.1.1　存储图像文件

在 Photoshop 中存储的方法有很多种，根据其性质可分为两类，即"存储"和"存储为"。Photoshop 中主要以 PSD 文件格式进行存储，如果要保存为 JPEG 或其他格式图像，则应对它的品质和大小进行设置。

存储图像文件分为两种方式，一种是对新创建的文件进行存储，另一种是对已存储、有修改的文件进行存储。

1．存储

在首次打开并编辑图像后，执行"文件 >存储"菜单命令，即可打开如下图所示的"另存为"对话框。

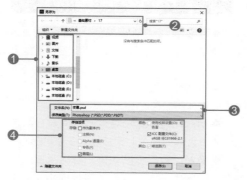

❶列表显示框：单击列表显示框中的任一选项，即可切换至对应的目录下。

❷控制按钮：用于选择文件保存的位置。

▶"向上一级""向下一级"按钮 ← →：单击可转到当前文件夹的上级文件夹或下级文件夹。

▶"刷新'新建文件夹'"按钮 ↻：单击可刷新新建文件夹。

▶"组织"按钮 组织▼：用于指定文件的操作方式、改变布局等。

▶"新建文件夹"按钮 新建文件夹：用于在当前文件夹中创建一个新的文件夹。

❸文件属性：在"文件名"和"保存类型"下拉列表框中可以为当前要保存的文件指定保存的文件名和文件格式。

❹存储选项：可为文件设置副本、注释等信息。

2．存储为

"存储为"主要用于对已存储的文件进行保存，可以将文件保存为新的文件，这样就不会覆盖原始的文件。执行"文件 > 存储为"菜单命令，打开"另存为"对话框，在其中设置参数，然后单击"保存"按钮即可。

> **知识>>PSD文件的存储容量**
>
> PSD 是 Photoshop 的专用格式，与大多数文件格式一样，PSD 只支持最大为 2GB 的文件。在 Photoshop 中，若要处理超过 2GB 的文件，则可使用大型文档格式（PSB）、Photoshop Raw（仅限拼合的图像）或 TIFF（最大 4GB）来存储图像。

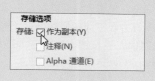

应用>>作为副本存储

日常处理图像时，为了方便对原图像和最终图像的效果进行对比，可以在保存时将修改后的图像自动保存为副本。

例如，打开一幅图像，执行"图像 > 自动色调"菜单命令，自动调整图像的暗部和亮部；然后执行"文件 > 存储为"菜单命令，在打开的"另存为"对话框中勾选"作为副本"复选框，如下图所示。这样即可为图像保存一份副本。

17.1.2 存储大型文件

Photoshop 支持宽度或高度最大为 300000 像素的文件，并提供 3 种文件格式用于存储图像的宽度或高度小于 30000 像素的文件，但它却无法处理大于 2GB 或者宽度或高度超过 30000 像素的图像。

在 Photoshop 中执行"文件 > 存储为"菜单命令，打开"另存为"对话框，单击"保存类型"后的下三角按钮，在打开的下拉列表中选择以下 3 种格式存储大型文件。

1. PSB

PSB 大型文档格式支持任何大小的文件，且所有 Photoshop 功能都保留在 PSB 文件中，但只有 Photoshop CS 或更高版本才支持 PSB 文件。

2. RAW

支持任何像素大小或文件大小的文档，但是不支持图层，以 RAW 格式存储的大型文档是拼合的。

3. TIFF

支持最大 4GB 的文件，超过 4GB 的文件不能以 TIFF 格式存储。

17.1.3 存储 PDF 文件

若将图像保存为 PDF 文件，则可以使用 Photoshop PDF 格式。PDF 格式是存储了 RGB、

索引颜色、CMYK、灰度、位图模式、Lab 颜色和双色调的图像，由于可以保留 Photoshop 数据，如图层、Alpha 通道、注释和专色，因此，除了可以在 Photoshop CS2 或更高版本中打开文档并编辑图像外，还可以在多页文档或幻灯片演示文稿中存储多个图像。

在 Photoshop 中执行"文件 > 存储为"菜单命令，打开"另存为"对话框，在"保存类型"下拉列表中选择 Photoshop PDF 选项，然后在"存储选项"选项组中设置相关属性，单击"保存"按钮即可，如下图所示。

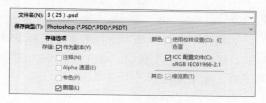

17.1.4 以其他格式存储

要将图像存储为其他格式，只需要在"另存为"对话框中选择不同的格式选项即可。在 Photoshop 中主要可以存储为以下几种格式，下面将详细介绍。

1. JPEG

JPEG 格式是图像处理中最常用的一种格式。在"另存为"对话框的"保存类型"下拉列表中选择 JPEG 选项，单击"保存"按钮，打开"JPEG 选项"对话框，如下图所示。

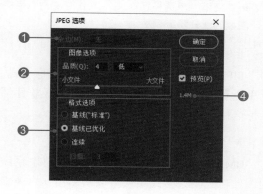

❶ "杂边"下拉列表框：提供杂边颜色选项，以便模拟包含透明区域的图像中的背景透明度外观。

❷ "图像选项"选项组：用于指定图像品质，可以从"品质"下拉列表框中选取一个选项或者拖动滑块，或者在"品质"数值框中输入 0 ～ 12 之间的值，如下图所示。

❸"格式选项"选项组：指定 JPEG 文件的格式。

▶"基线（标准）"单选按钮：使用的是大多数 Web 浏览器可识别的格式。

▶"基线已优化"单选按钮：可创建包含优化颜色并且文件大小稍小的文件。

▶"连续"单选按钮：在图像下载时显示图像的一系列逐渐清晰的版本。

❹文件大小：显示当前图像优化后的大小。

2．PNG

如果在"保存类型"下拉列表中选择 PNG 格式，单击"保存"按钮，可打开"PNG 选项"对话框，如下图所示。

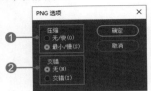

❶"压缩"选项组：在此选项组下可选择是否压缩文件。

▶"无 / 快"单选按钮：不压缩文件，速度较快。

▶"最小 / 慢"单选按钮：压缩文件，速度较慢。

❷"交错"选项组：选择是否交错图像。

▶"无"单选按钮：仅在下载完成后才在浏览器中显示图像。

▶"交错"单选按钮：文件下载时在浏览器中显示图像的低分辨率版本。

3．TIFF

TIFF 是一种灵活的栅格（位图）图像格式，几乎所有的绘画、图像编辑和页面排版软件都支持这种格式。

4．BMP

BMP 格式是一种用于 Windows 操作系统的图像格式，该格式图像可以从黑白（每像素 1 字节）到最高 24 位色（1670 万种颜色）。

5．GIF

使用"存储为"命令直接以 GIF 格式存储 RGB、索引颜色、灰度或位图模式图像时，图像将被自动转换为索引颜色模式。

6．Targa

Targa（TGA）格式支持位图和具有 8 位 / 通道的 RGB 图像。此格式专用于 Truevision 硬件，但也可以在其他应用程序中使用。

技巧一>>打开"Photoshop Raw选项"对话框

打开一幅图像，如果要将它转换为 RAW 格式，则执行"文件 > 存储为"菜单命令，打开"另存为"对话框，单击"保存类型"下三角按钮，在打开的下拉列表中选择 Photoshop Raw 选项，然后单击"保存"按钮，可打开如下图所示的"Photoshop Raw 选项"对话框。

◆文件类型：显示了文件的格式。

◆文件创建程序：显示了文件的创建程序。

◆标题：用户可以自定义标题名称。

◆将通道存储在：包含两个选项。"隔行顺序"设置通道存储为隔行存储。"非隔行顺序"设置通道存储为非隔行存储。

技巧二>>打开"BMP选项"对话框

若要将图像存储为 BMP 格式，则执行"文件 > 存储为"菜单命令，打开"另存为"对话框，单击"保存类型"下三角按钮，在打开的下拉列表中选择 BMP 选项，然后单击"保存"按钮，可打开如下图所示的对话框。在该对话框中，用户可以根据自己的需要进行设置。

17.2 导出

在 Photoshop 中可以通过多种方法导出文件。本节将介绍两种不同的导出方法，以及将图像中的路径导出为 AI 格式的方法。

17.2.1 两种导出方法

将 Photoshop 中的文件以不同的格式导出，这里介绍两种导出方法。

方法 1：执行菜单命令。选择需要导出的文件，执行"文件 > 导出"菜单命令，在其级联菜单中选择不同的命令对文件进行导出，如下图所示。

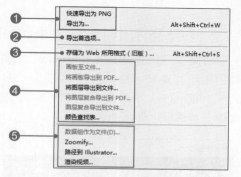

❶ "快速导出为 PNG"和"导出为"命令：用于指定导出文件的方法。

▶ "快速导出为 PNG"命令：执行此命令，可将选中文件快速导出为 PNG 格式。

▶ "导出为"命令：执行此命令，打开"导出为"对话框，在其中可对导出的文件格式、大小等进行设置。

❷ "导出首选项"命令：执行此命令，打开"首选项"对话框，在其中可对文件的快速导出格式和快速导出位置进行设置，如下图所示。

❸ "存储为 Web 所用格式（旧版）"命令：执行此命令，打开"存储为 Web 所用格式"对话框，在其中可对文件的各项参数进行设置，如下图所示。

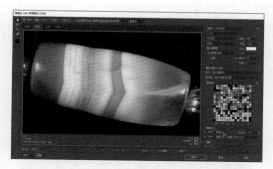

❹将画板、图层作为导出对象：可以将选中的画板、图层作为对象进行导出。

▶ "画板至文件"命令：选中画板，执行此命令可以将画板导出为单独的文件。

▶ "将画板导出到 PDF"命令：选中画板，执行此命令，打开"画板至 PDF"对话框，可以将画板导出到 PDF，如下左图所示。

▶ "将图层导出到文件"命令：选中图层，执行此命令，打开"将图层导出到文件"对话框，在其中可指定图层存储为文件时的格式和位置，如下右图所示。

▶ "将图层复合导出到 PDF"命令：执行此命令，把一个多图层文件按图层导出到 PDF。

▶ "图层复合导出到文件"命令：执行此命令，把一个多图层文件按图层导出到文件。

▶ "颜色查找表"命令：当文档中有颜色调整图层时，可以执行此命令，导出颜色查找表，效果如下图所示。

❺文件的不同导出类型：可以将文件以不同的类型进行导出。

▶ "数据组作为文件"命令：导出数据表视图的选中部分作为文件。

▶ Zoomify 命令：执行此命令，可在弹出的对话框中将文件以 SWF 格式进行存储，如下图所示。

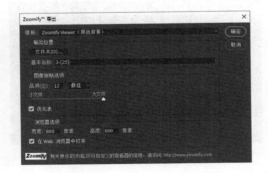

▶ "路径到 Illustrator"命令：选中文档中的路径，执行此命令，将路径保存为可在 Illustrator 中打开的 AI 格式。

▶ "渲染视频"命令：执行此命令，打开"渲染视频"对话框，在其中可对文件的位置、格式、渲染等选项进行设置，如下图所示。

方法 2：在"图层"面板内进行导出。选择"图层"面板内需要导出的图像所在的图层，在该图层上右击，在弹出的快捷菜单中选择"导出为"命令，在弹出的"导出为"对话框中设置导出的图像大小、格式等，如下图所示。

❶指定的图层对象：在"图层"面板中选中的图层会在这里出现。

❷ "文件设置"选项组：在此选项组中，可对文件的格式进行更改。单击"格式"下三角按钮，即可在弹出的列表中选择不同的文件格式，如下图所示。

❸ "图像大小"选项组：在此选项组中，可对文件的宽度、高度、缩放、重新采样等参数进行设置。

❹ "画布大小"选项组：在此选项组中，可对导出文件的画布的宽度和高度进行调整。

17.2.2 将路径导出到 Adobe Illustrator

要将路径导出到 Adobe Illustrator，首先应在画面中绘制路径，然后执行"文件 > 导出 > 路径到 Illustrator"菜单命令，打开"导出路径到文件"对话框，如下图所示。

单击对话框中的"确定"按钮，即可打开"选择存储路径的文件名"对话框，如下图所示。

❶ "保存在"下拉列表框：可以指定导出路径后生成的 AI 文件的保存位置。

❷列表框：显示了文件夹中按照当前所选格式分类的所有文件。

❸属性设置：可以为导出路径指定文件名及文件类型。用户也可以将单个路径导出到文件。

应用>>导出路径

使用"钢笔工具"在画面中绘制路径，并将它保存在工作路径中，效果如下图所示。

执行"文件 > 导出 > 路径到 Illustrator"菜单命令，打开"导出路径到文件"对话框，如下图所示，单击对话框中的"确定"按钮。

弹出"选择存储路径的文件名"对话框，在对话框中选择要保存的位置，然后单击"保存"按钮即可，如下图所示。

17.3 打印

打印是将图像发送到输出设备的过程，可以在纸张或胶片（正片或负片）上打印，也可以打印到印版，或者直接打印到数字印刷机。在打印之前，可以使用"打印"对话框中的色彩管理选项，用全彩色预览图像，以便对图像进行调整。

17.3.1 打印的基础知识

无论是要将图像打印到桌面打印机，还是要将图像发送到印前设备，了解一些有关打印的基础知识，会使打印作业更顺利，确保打印的图像达到预期的效果。下面对打印的基础知识进行简单介绍。

1. 打印类型

对于多数 Photoshop 用户而言，打印文件就是将图像发送到喷墨打印机。在 Photoshop 中可以将图像发送到多种设备，以便直接在纸上打印图像，或将图像转换为胶片上的正片或负片图像。在后一种情况中，可使用胶片创建主印版，以便通过机械印刷机印刷。

2. 图像类型

最简单的图像（如艺术线条）在一个灰阶中只使用一种颜色。较复杂的图像（如照片）则具有不同的色调，这类图像称为连续色调图像。

3. 半调

为了在图像中产生连续色调的错觉，打印机会将图像分解为网点。对于在印刷机上印刷的图像，此过程称为半调处理。改变半调网屏中网点的大小，可在图像中产生灰度变化或连续颜色的视觉错觉。

4. 分色

打算用于商业再生产并包含多种颜色的图片必须在单独的主印版上打印，一种颜色一个印版，此过程（称为分色）通常要求使用青色、黄色、洋红和黑色油墨（CMYK）。在 Photoshop 中，用户可以调整生成各种印版的方式。

5. 细节品质

所打印图像中的细节取决于其分辨率和网频，输出设备的分辨率越高，可以使用的网屏刻度（每英寸线数）就越精细。

知识>>打印机

打印机（Printer）是计算机的输出设备之一，用于将计算机的处理结果打印在相关介质上。衡量打印机好坏的指标有 3 项：打印分辨率、打印速度和噪声。

打印机的种类很多，按打印元件对纸是否有击打动作，可分为击打式打印机和非击打式打印机；按打印字符结构，可分为全形字打印机和点阵字符打印机；按一行字在纸上形成的方式，可分为串式打印机和行式打印机；按所采用的技术，可分为柱形、球形、喷墨式、热敏式、激光式、静电式、磁式、发光二极管式等打印机。

17.3.2 设置打印选项

对图像进行打印前，应该先确定好打印机的状态，如打印机设备是否已连接到计算机、是否在 Photoshop 中设置了打印选项、作业队列中是否已腾出了空间等。下面主要讲解打印设置选项。

对某幅图像进行处理后，要将它打印出来，首先应确保打印机设备已连接到计算机，然后执行"文件 > 打印"菜单命令，即可打开如下图所示的"打印"对话框。

❶文件尺寸：显示的是图像打印出来的长度和宽度。

❷打印预览：显示用户设置后的打印效果。

❸显示颜色：包括"匹配打印颜色""色域警告"和"显示纸张白"等选项。

▶匹配打印颜色：需要 Photoshop 管理颜色时启用此功能，可在预览区域中查看图像颜色的实际打印效果。

▶色域警告：勾选"匹配打印颜色"复选框时，启用此功能，以在图像中高亮显示溢色，具体取决于选定的打印机配置文件。色域是指颜色系统可以显示或打印的颜色范围。能够以 RGB 格式显示的颜色在当前的打印机配置文件中可能会溢色。

▶显示纸张白：将预览中的白色设置为选定的打印机配置文件中的纸张颜色。如果是在比白色带

有更多浅褐色的灰白色纸张（如新闻纸或艺术纸）上打印，则勾选此复选框可产生更精确的打印预览。由于绝对的白色和黑色能够产生对比度，纸张中的白色较少会降低图像的整体对比度。灰白色纸张还会更改图像的整体色偏，所以在浅褐色的纸张上打印的黄色会显得更接近褐色。

❹打印机设置：单击"打印机"下三角按钮，在弹出的下拉列表中选择打印机的型号；在"份数"和"版面"选项中可以选择打印的份数及纸张的版面等。单击"打印设置"按钮，将打开另一个对话框，在该对话框中可对图像布局进行设置。

❺色彩管理：单击"色彩管理"选项前的三角形按钮，在"色彩管理"选项组下可以设置色彩管理的文档或者校样，以及颜色处理的方式、打印机配置文件的工作方式和渲染方式等，如下图所示。

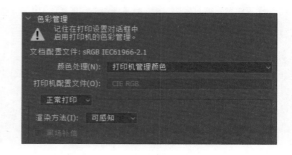

❻位置和大小：单击"位置和大小"选项前的三角形按钮，在"位置和大小"选项组下可以为打印图像指定在纸张中的位置以及缩放后的打印尺寸等，如下图所示。

❼打印标记：单击"打印标记"选项前的三角形按钮，在展开的"打印标记"选项组中可对打印标记进行编辑，如下图所示。

❽函数：单击"函数"选项前的三角形按钮，在展开的"函数"选项组中可对文件的背景、边界、出血等进行设置，如下图所示。

17.3.3 打印部分图像

有时候打印图像不一定需要打印图像的所有区域，用户可以指定图像中的任意一个区域或任意一个形状进行打印。要在 Photoshop 中打印部分图像区域，则可以使用选区工具进行设置，然后在"打印"对话框中指定只打印选区位置即可。

打开一幅图像，创建一个矩形选区；执行"文件 > 打印"菜单命令，打开"打印"对话框，勾选对话框中的"打印选定区域"复选框，单击"打印"按钮，即可打印出选区内的图像，如下图所示。

执行"文件 > 打印"菜单命令，在打开的对话框中展开"位置和大小"选项组，如下图所示。

执行下列操作之一，即可重新定位图像。

要将图像在可打印区域中居中，勾选"居中"复选框，如下图所示。

要按数字参数放置图像，取消选择"居中"复选框，然后输入"顶"和"左"选项的值，如下图所示。

取消选择"居中"复选框，然后在预览区域中拖动图像。

17.4 通过色彩管理进行打印

如果没有针对打印机和纸张类型的自定配置文件，则可以让打印机驱动程序来处理颜色转换。在 Photoshop 中，用户也可以为图像打印指定颜色配置文件，否则会以打印机默认选项进行打印。

17.4.1 由打印机决定打印颜色

打印图像时可以选择不同的打印颜色。执行"文件 > 打印"菜单命令，打开"打印"对话框；单击"色彩管理"选项前的下三角按钮，在"色彩管理"选项组内单击"颜色处理"下三角按钮，在打开的下拉列表中选择"打印机管理颜色"选项，然后单击"打印"按钮即可，如下图所示。

17.4.2　由 Photoshop 决定打印颜色

　　如果有针对特定打印机、油墨和纸张组合的自定颜色配置文件，与让打印机管理颜色相比，让 Photoshop 管理颜色可能会得到更好的效果。

　　指定 Photoshop 决定打印颜色的方法与指定打印机管理颜色的方法一样。执行"文件 > 打印"菜单命令，打开"打印"对话框；单击"色彩管理"选项前的下三角按钮，在"色彩管理"选项组内单击"颜色处理"下三角按钮，在打开的下拉列表中选择"Photoshop 管理颜色"选项即可，如下图所示。

17.4.3　打印印刷校样

　　打印印刷校样又称为校样打印或匹配打印，是对最终输出在印刷机上的印刷效果的打印模拟。印刷校样通常在比印刷机便宜的输出设备上生成，某些喷墨打印机的分辨率也足以生成可用作印刷校样的便宜印稿。

　　打印印刷校样必须先为图像指定一种颜色校样，然后执行"文件 > 打印"菜单命令，打开"打印"对话框。在该对话框的"色彩管理"选项组下单击"正常打印"选项右侧的下三角按钮，在打开的下拉列表中选择"印刷校样"选项，如下图所示。

　　在"色彩管理"选项组中找到"校样设置"选项，从"校样设置"下拉列表中选择"自定安装"选项（以本地方式存在于硬盘驱动器上的任何自定校样），即可打开"自定校样条件"对话框，如下图所示。

　　❶模拟纸张颜色：模拟颜色在设备纸张上的显示效果。使用此选项可生成最准确的校样，但它并不适用于所有配置文件。

　　❷模拟黑色油墨：对模拟设备的深色的亮度进行模拟。使用此选项可生成更准确的深色校样，但它并不适用于所有配置文件。

17.4.4　从 Photoshop 打印分色

准备对图像进行预印刷以及处理 CMYK 图像或带有专色的图像时，可以将每一个通道中的颜色打印出来，打印出来的颜色种类和图像通道中的一样。

在打印分色之前，首先要确保文档处于"CMYK 颜色"或"多通道"模式下，然后执行"文件 > 打印"菜单命令，打开"打印"对话框；单击"色彩管理"选项前的下三角按钮，在展开的"色彩管理"选项组内单击"颜色处理"下三角按钮，在打开的下拉列表中选择"分色"选项，如下图所示，最后单击"打印"按钮即可。

打开一幅图像，执行"图像 > 模式 >CMYK 颜色"菜单命令，将图像转换为 CMYK 颜色模式；执行"文件 > 打印"菜单命令，在打开的"打印"对话框中设置"颜色处理"为"分色"，打印效果如下图所示。

17.4.5　创建颜色陷印

陷印是一种叠印技术，它能够在印刷时避免由于稍微没有对齐而使打印图像出现小的缝隙。所以，在进行任何陷印处理之前，应该先从印刷商处获取陷印的数值信息。

陷印用于更正纯色的未对齐现象。通常情况下，无须为连续色调图像使用陷印。过多的陷印会产生轮廓效果。这些问题可能在计算机屏幕上看不到，而只会在打印时显现出来。Photoshop 使用的标准陷印处理规则如下。

（1）所有颜色在黑色下扩展。

（2）亮色在暗色下扩展。

（3）黄色在青色、洋红和黑色下扩展。

（4）纯青和纯洋红在彼此之下等量扩展。

要创建颜色陷印，首先以 RGB 模式存储文件的一个副本，以备以后重新转换图像。执行"图像 > 模式 >CMYK 颜色"菜单命令，将图像转换为 CMYK 颜色模式；再执行"图像 > 陷印"菜单命令，在"宽度"数值框中输入印刷商提供的陷印处理值，并选择陷印单位，最后单击"确定"按钮，如下图所示。

17.4.6　打印双色调

在 Photoshop 中还可以创建单色调、双色调、三色调和四色调。双色调增大了灰色图像的色调范围。虽然灰度重现可以显示多达 256 种灰阶，但印刷机上每种油墨只能重现约 50 种灰阶。因此，与使用 2 种、3 种或 4 种油墨打印并且每种油墨都能重现多达 50 种灰阶的灰度图像相比，仅用黑色油墨打印的同一图像看起来明显粗糙得多。

打印双色调图像时，不必为打印分色而将双色调图像转换为 CMYK 颜色模式，只需在"打印"对话框的"色彩管理"选项组下，将"颜色处理"设为"分色"即可。转换为 CMYK 模式时会将所有自定颜色转换为它们相应的 CMYK 值。

技巧>>将双色调图像导出到其他应用程序

要将双色调图像导出到页面排版应用程序，首先必须以 EPS 或 PDF 格式存储图像（如果该图像包含专色通道，请将其转换为多通道模式，并以 DCS 2.0 格式存储该图像）。记住以适当的扩展名为自定颜色命名，以便导入应用程序时能够识别它们。否则，应用程序可能无法正确地打印颜色，或者根本无法打印图像。

应用>>将图像转换为双色调

打开一幅图像，如下图所示。

首先将图像转换为灰色模式，然后执行"图像 > 模式 > 双色调"菜单命令，将颜色调整为咖啡色的混加，效果如下图所示。

17.4.7　打印专色

专色印刷是指采用黄、洋红、青、黑四色油墨以外的其他色油墨来复制原稿颜色的印刷工艺。在包装印刷中经常采用专色印刷工艺印刷大面积底色。印刷带有专色的图像时，需要创建存储颜色的专色通道；为了输出专色通道，要将文件以 DCS 2.0 格式或 PDF 格式进行存储。在 Photoshop 中，直接执行"文件 > 打印"菜单命令，即可进行专色图像的打印。

应用>>更改专色通道的颜色或密度

打开"通道"面板，双击"通道"面板中的专色通道缩览图，打开如下图所示的对话框。

单击"颜色"后的颜色块，会打开"拾色器（专色）"对话框，可以在其中选择颜色；在"密度"数值框中可输入 0% ～ 100% 的数值，以调整专色油墨的不透明度，如下图所示。

读书笔记

第18章
动作和任务自动化

任务自动化是 Photoshop 中的一项智能操作，包含两大类，一类是动作，一类是批处理。动作是指在单个文件或一批文件中执行一系列任务，如菜单命令、面板设置等。批处理则是用于将一个或多个图像文件以某种设定的规律进行变换，从而生成特殊效果的图像。用户也可以自己编写一段处理图像的 JavaScript 代码，通过执行这些代码对图像进行批处理。

18.1　动作的基础知识

一般来讲，动作应该是连续的，所以在"动作"中可能包含一个步骤，也可能包含多个步骤。可以将动作理解成对图像进行处理的一个方法。在这个方法中按照顺序排列着很多步骤，可以将它想象为"队列"的形式，也就是一个步骤组成的串。

18.1.1　"动作"面板

Photoshop 专门为动作提供了一个面板，在"动作"面板中有关于动作的所有操作。在学习动作之前，先应了解"动作"面板。学会使用"动作"面板，用户就可以自己创建动作、删除不需要的动作和载入保存动作等。

执行"窗口>动作"菜单命令，即可打开"动作"面板，如下图所示。

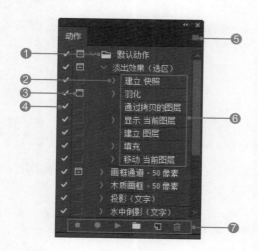

❶动作组▣：一个动作组可以包含多个动作，双击动作组可以更改动作组的名称。

❷折叠按钮▸：单击折叠按钮，可以展开 / 关闭动作列表。

❸切换对话开 / 关▣：单击可以切换此动作中所有对话框的状态。这是无法还原的，系统还会弹出警告对话框，询问用户是否执行。

❹切换项目开 / 关✓：单击可以切换此动作中所有命令的状态。这是无法还原的，系统还会弹出警告对话框，询问用户是否执行。

❺"动作"面板菜单▤：单击"动作"面板右上角的扩展按钮，可打开面板菜单。在菜单中可设置动作面板的显示模式，以及对动作执行复位、载入、存储动作等基本操作。

❻动作列表：显示了一个动作组中所包含的一系列动作。

❼"动作"面板按钮：面板上有"停止记录""开始记录"等一系列按钮。

▶停止记录：单击"停止记录"按钮▣，可以停止当前的记录状态。

▶开始记录：单击"开始记录"按钮▣，可以记录从当前开始的所有操作步骤。

▶播放选定的动作：当需要对图像执行某项动作时，选定该动作后，单击"播放选定的动作"按钮▶即可。

▶创建新组：单击"创建新组"按钮▣，可创建一个动作组。

▶创建新动作：单击"创建新动作"按钮▣，可创建一个动作。

▶删除：单击"删除"按钮▣，可以删除一个动作。

执行"窗口 > 动作"菜单命令，打开"动作"面板，面板显示模式有文本模式和按钮模式，默认为文本模式。如果想对面板的显示模式进行更改，可以在面板菜单中选择"按钮模式"命令，如下图所示。

执行命令后，"动作"面板中不同的动作组间，应用不同的颜色进行了分隔，显示效果如下图所示。如果想要执行动作，直接单击色块即可。

18.1.2 预设动作

预设动作是 Photoshop 中自带的一系列动作，这些动作的处理效果不同，所以被分为 9 大类，分别是：命令、画框、图像效果、LAB-黑白技术、制作、流星、文字效果、纹理和视

频动作。要使用这些动作，必须将它们载入到"动作"面板中。下面将详细讲述。

单击"动作"面板右上角的扩展按钮▤，如下左图所示；弹出面板菜单，位于菜单底部的就是预设动作，如下右图所示。

单击"动作"面板右上角的扩展按钮▤，然后选择"回放选项"命令，打开"回放选项"对话框，如下图所示。

◆加速：正常执行状态，不会显示每一步操作的结果。

◆逐步：显示每一步操作的结果。

◆暂停：每步操作间隔设定的时间（s）。

18.2 管理动作和动作组

对"动作"面板有一定了解后，本节将主要讲述怎样对动作和动作组进行管理。所谓动作管理，包括动作的排列，动作、命令和组的复制，以及对动作重命名等操作。

18.2.1 重新排列动作

在一个动作组中都包含了多个动作，用户可以根据需要重新对动作组中的动作排列顺序进行设置。

重新排列动作的方法可分为手动排列和自动排列两种。前者需要使用鼠标拖曳，后者使

用面板菜单。

1. 手动排列

首先选中需要重排的动作，拖曳动作至合适的位置，如下左图所示；确定好位置后释放鼠标，即可重排动作，如下右图所示。

2. 自动排列

单击"动作"面板右上角的扩展按钮 ，然后在弹出的菜单中选择"复位动作"命令，如下左图所示。此时会弹出警告对话框，单击"确定"按钮，即可复位"动作"面板，如下右图所示。

应用>>清除所有动作

单击"动作"面板右上角的扩展按钮 ，然后在弹出的菜单中选择"清除全部动作"命令，如下图所示。

 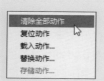

此时系统会弹出警告对话框，询问用户是否要删除所有动作，如下左图所示。单击"确定"按钮，"动作"面板将不再显示任何动作，如下右图所示。

18.2.2 复制动作、命令和组

复制操作是经常会用到的。动作、命令和组也可以执行复制操作。复制动作、命令和组

的基本操作方式差不多，只是选择的对象不一样。

1. 复制动作

复制动作的方法可以分为以下 3 种。

方法 1：拖曳需要复制的动作至"动作"面板底部的"创建新动作"按钮 上即可，如下图所示。

方法 2：单击"动作"面板右侧的扩展按钮 ，在弹出的菜单中选择"复制"命令即可，如下图所示。

 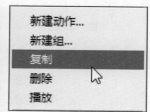

方法 3：选定某个动作，在按住 Alt 键的同时，拖曳动作到动作列表的任意分隔处，然后释放鼠标，即可复制选定的动作。

2. 复制命令

命令是动作下的步骤。复制命令与复制动作的方式完全相同，也有 3 种复制方法。

选择"动作 1"下的"通过拷贝的图层"命令，将其拖曳到"创建新动作"按钮 上，如下左图所示；释放鼠标后，即可在当前命令下方显示复制的命令，如下右图所示。

3. 复制动作组

复制动作组的操作与复制动作的操作大致相同，不同的是，复制动作组不可以直接拖曳到面板底部的"创建新动作"按钮 上，而是拖曳到"创建新组"按钮 上。

如下左图所示，选中"组 1"，将其拖曳至"创建新组"按钮，释放鼠标后，复制动作组，得到"组 1 拷贝"动作组，如下右图所示。

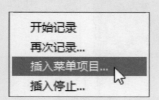

应用>>插入菜单项目

打开"动作"面板，单击面板右上角的扩展按钮 ，然后在弹出的菜单中选择"插入菜单项目"命令，如下图所示。

此时会打开"插入菜单项目"对话框，如下图所示。

确保在对话框没关闭的状态下，执行"滤镜 > 模糊 > 高斯模糊"菜单命令，此时在"插入菜单项目"对话框中显示了已经记录的菜单项，然后单击"确定"按钮即可，如下图所示。

18.2.3 删除动作、命令和组

学习了复制动作、命令和组后，本小节将主要讲述如何删除动作、命令和组。在具体操作中，记录动作时可能会出现错误操作，这时只需要删除这些操作即可。

删除动作、命令和组的操作方法与复制动作、命令和组的一样，需要先选择要删除的动作、命令和组，然后执行以下 3 种操作之一。

方法 1：拖曳要删除的项目到"动作"面板底部的"删除"按钮 上，即可删除动作、命令或组。

方法 2：选中某个动作、命令或组，然后单击"动作"面板右上角的扩展按钮 ，在弹出的菜单中选择"删除"命令即可。

方法 3：选中要删除的动作、命令或组，然后按住 Alt 键单击面板底部的"删除"按钮 即可。

需要注意的是，使用方法 1 和方法 2 时，系统都会打开警告对话框，询问用户是否需要执行删除操作；使用方法 3 时，则不会打开对话框进行询问，而是直接删除。

18.2.4 重命名动作和组

为动作和动作组重命名，既能方便用户进行操作，又能更好地对动作和动作组进行管理。

无论是动作还是动作组，只需双击其名称，就可打开文本输入框进行重命名。

双击"动作 1"的名称，打开文本输入框，如下左图所示。在其中输入"拷贝"，然后按 Enter 键即可，如下右图所示。

可以设置在动作停止时显示一条简短消息，提醒在继续执行动作之前需要完成的任务。

单击面板右上角的扩展按钮，在弹出的面板菜单中选择"插入停止"命令，即可打开如下图所示的"记录停止"对话框，在其中可输入要显示的消息。

18.2.5 存储动作组

除了可以删除动作、命令和动作组之外，还可以将其进行存储。如果想将记录好的动作应用于其他计算机，则必须将其导出为一个动作文件。被导出的文件可以像 Windows 中的普通文件一样操作。

打开"动作"面板，单击右上角的扩展按钮，然后在弹出的菜单中选择"存储动作"命令，打开"存储"对话框，再单击"保存"按钮即可，如下图所示。

"动作"面板菜单中的"插入路径"命令可以将复杂路径作为动作的一部分包含在内。播放动作时，工作路径被设置为所记录的路径。在记录动作时或动作记录完毕后，都可以插入路径。

18.2.6 载入动作和动作组

18.2.5 节中讲述了怎样将记录的动作导出为文件，需重新使用这个动作文件时，应该将其载入到当前 Photoshop 中。载入动作和动作组是将外部已存在的动作文件载入到"动作"面板中，可以使用"动作"面板菜单中的"载入动作"命令来完成动作、动作组的载入。

打开"动作"面板，单击面板右上角的扩展按钮，然后在弹出的菜单中选择"载入动作"命令；在打开的"载入"对话框中选择动作文件，单击"载入"按钮，即可在面板中显示新载入的动作组，如下图所示。

如果出现动作文件丢失的情况，则可以复制一份动作至 Photoshop CC 2017 默认的动作目录下。Photoshop CC 2017 的动作默认路径为 \Adobe\Adobe Photoshop CC 2017\Presets\Actions 文件夹。

18.3 记录动作

学习了动作的基本知识和管理后，本节将讲述怎样记录动作。记录好动作后，该动作会显示在"动作"面板中，用户可以将其应用到其他图像上。

18.3.1 创建动作

创建动作是记录动作的第一步，也只有创建好动作后，才能对动作进行进一步的操作。对于创建好的动作，还可以再次进行创建。

创建动作的方法有两种，一种是通过面板菜单创建，另一种是通过面板上的按钮创建。下面将详细讲述。

方法1：打开"动作"面板，单击右上角的扩展按钮，在弹出的面板菜单中选择"新建动作"命令，即可打开"新建动作"对话框。

方法2：打开"动作"面板，单击面板底部的"创建新动作"按钮，即可打开"新建动作"对话框，如下图所示。

❶名称：在其中可以由用户自由设定新创建的动作名称。

❷组：用于选择创建的动作应该归类到哪个组中。在"组"下拉列表框中列出了所有当前"动作"面板中的组名称。

❸功能键：为新创建的动作设定一个快捷键，功能键可以是F2～F12。

❹颜色：为新创建的动作设置显示颜色。设置的动作颜色只有在"按钮模式"下才会显示出来，如下图所示。

🎋 技巧>>记录动作的原则

可以在动作中记录大多数（而非所有）命令。

可以记录选框、移动、套索、魔棒、裁剪等工具的操作。结果取决于文件和程序设置，如现用图层和前景色。

如果记录的动作包括在对话框和面板中指定设置，则动作将反映在记录时有效的设置。

在动作记录时，模态操作的工具以及记录位置的工具都使用当前标尺指定的单位。

可以记录"动作"面板菜单上的"播放"命令，使一个动作播放另一个动作。

18.3.2　创建动作组

前面介绍了动作的创建方法，接下来介绍动作组的创建方法。和创建动作一样，创建动作组也可以在"动作"面板中进行。用户也可以自由为创建的动作组设定名称。

单击面板底部的"创建新组"按钮，即可打开"新建组"对话框，在对话框的"名称"文本框中设置新建组的名称，然后单击"确定"按钮即可，如下图所示。

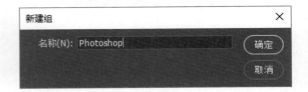

18.3.3　记录/停止动作

对动作的记录是一项非常重要的操作，记录动作首先要创建一个动作，然后确定该动作为选定状态，单击"动作"面板底部的"开始记录"按钮，即可开始记录动作。

选中copy动作，然后单击"动作"面板底部的"开始记录"按钮，如下左图所示；打开"图层"面板，复制"背景"图层，然后单击"停止记录"按钮，停止copy动作的记录，如下右图所示。

🎋 技巧>>播放动作时更改设置

如果要更改动作内的命令的设置，可以插入一个模态控制。模态控制可使动作暂停，以便在对话框中指定值或使用模态工具。模态控制由"动作"面板中的动作、命令或组左侧的对话框图标表示。红色的对话框图标表示动作或组中的部分（而非全部）命令是模态的。不能在"按钮模式"中设置模态控制。

18.3.4 播放动作

动作记录好后，就可以将记录的动作应用在任何一个图像中。在应用动作效果时，应该注意图像自身的状态。

动作可以看作一套处理图像的方法。对于事先创建好的动作，可以对它进行重用，也就是将同一动作用于不同的图像上。

打开"动作"面板，记录运用"黑白"命令创建黑白效果的动作。打开一幅彩色图像，在面板中选中"黑白"动作，然后单击"播放选定的动作"按钮 ▶，如下左图所示；即可对当前打开的彩色图像执行该动作，将其转换为黑白效果，如下右图所示。

⭐ 技巧>>只播放一条记录

按住 Ctrl 键双击命令项，或选中命令项，按住 Ctrl 键的同时单击"播放选定的动作"按钮 ▶，将只执行该条命令。

18.4 批量处理文件

批量处理文件是针对多个文件同时应用同一个操作。在 Photoshop CC 2017 的"文件"菜单中列出了很多关于批量处理文件的命令，下面对几个常用的命令进行详细讲述。

18.4.1 "批处理"命令

"批处理"命令主要是将多个图像同时应用上一个动作，然后为应用上动作效果的图像重新设置名称，并将最终效果保存在指定的文件夹中。

执行"文件 > 自动 > 批处理"菜单命令，即可打开"批处理"对话框，如下图所示。在"批处理"对话框中可以指定对图像播放的动作、设置图像的来源、指定图像处理后存放的位置等。

❶播放：在"播放"选项组中可以指定动作。

▶组：在"组"下拉列表框中可以选择动作组。

▶动作：在"动作"下拉列表框中可以选择该组下的动作。

❷源：在"源"下拉列表框中可以选择"文件

夹""导入""打开的文件"或 Bridge 选项，这里主要讲解选择"文件夹"选项时的相关设置。

▶选择：单击该按钮，在打开的"浏览文件夹"对话框中可以指定图像所在的文件夹。

▶覆盖动作中的"打开"命令：勾选此复选框，可以在打开时使用源文件。

▶包含所有子文件夹：勾选此复选框，可以处理选定文件夹中所有子文件夹的所有图像文件。

▶禁止显示文件打开选项对话框：勾选此复选框，则不显示文件打开选项对话框。

▶禁止颜色配置文件警告：勾选此复选框，则不显示颜色配置文件警告对话框。

❸目标：在"目标"下拉列表框中可以选择"无""文件夹"或"存储并关闭"等选项。如果选择"文件夹"选项，则可以将文件处理结果保存在一个指定的文件夹中。

▶选择：单击该按钮，在打开的"浏览文件夹"对话框中可以指定图像存储的文件夹。

▶覆盖动作中的"存储为"命令：勾选此复选框，则用此处指定的目标覆盖"存储为"动作步骤。

❹文件命名：用于指定图像存储的名称。

▶文件名设置：用于指定文件的名称和扩展名。

▶ 起始序列号：为多个相同的文件名称指定一个起始序列号。

▶ 兼容性：设置兼容性，可以是 Windows、Mac OS、UNIX。

❺ 错误：如果处理文件时发生错误，此选项用于为发生的错误事件指定记录的方式。

> **技巧>>批处理的基本功能**
>
> 批处理的基本功能如下。
>
> ◆ 将一组文件转换为 JPEG、PSD 或 TIFF 格式之一，或者将文件同时转换为这 3 种格式。
>
> ◆ 使用相同选项来处理一组相机原始数据文件。
>
> ◆ 调整图像大小，使其适应指定的像素大小。
>
> ◆ 嵌入颜色配置文件，或将一组文件转换为 sRGB，然后将它们存储为用于 Web 的 JPEG 图像。
>
> ◆ 在转换后的图像中包括版权元数据。

> **应用>>使用批处理转换文件**
>
> 打开如下图所示的 4 幅图像，将它们批处理成 4 种颜色效果。

执行"文件 > 自动 > 批处理"菜单命令，打开"批处理"对话框，然后设置图像源为"打开的文件"，设置"动作"为"四分颜色"，再为处理后的图像指定存储位置。

单击"确定"按钮后，系统会提示为最终效果进行保存。完成后，打开最终图像所在文件夹，图像效果如下图所示。

18.4.2 创建快捷批处理

"创建快捷批处理"命令与"批处理"命令是不相同的。"创建快捷批处理"命令是将对图像的设置以一个可执行文件的形式保存起来，并且以一个应用程序图标的形式显示出来，可以像操作 Windows 应用程序一样对它进行操作。

执行"文件 > 自动 > 创建快捷批处理"菜单命令，即可打开"创建快捷批处理"对话框。该对话框的设置与"批处理"对话框的基本相同，与之不同的有以下两点。

（1）在创建快捷批处理时，无须指定图像的来源。

（2）使用"创建快捷批处理"命令处理图像，会生成一个 EXE 的可执行文件。要为图像应用动作效果，可以直接将图像拖曳到可执行文件的图标上。

创建一个"棕褐色调"动作的快捷批处理程序，创建好后，拖曳一幅图像至快捷批处理程序图标上，如下左图所示。释放鼠标后，批处理会自动为最终图像效果创建一个副本，效果如下右图所示。

18.4.3 Photomerge 命令

Photomerge 命令是 Photoshop 中的一个智能操作命令，它能够完全准确地拼合图像。即使图像参差不齐、颜色明暗不一，它也能自动对图像进行计算，然后精确选出图像的纹理，对图像进行拼接。

执行"文件 > 自动 >Photomerge"菜单命令，即可打开 Photomerge 对话框，如下图所示。在该对话框中，可以设置 6 种拼合图像后的版面。

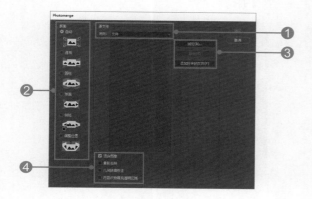

❶源文件：在该选项组中可以指定被变换的图像是以文件的形式出现，还是以文件夹的形式出现。

❷版面：Photomerge 中提供了 6 种版面效果，分别是"自动""透视""圆柱""球面""拼贴"和"调整位置"。用户可以根据自己的需求进行选择。

❸导入图像：用于指定图像的源。

▶浏览：单击该按钮，会弹出"打开"对话框，可根据设置选择文件或文件夹。

▶移去：单击可以移去当前选中的文件。

▶添加打开的文件：单击此按钮，会加载 Photoshop 中当前打开的所有文件。

❹其他设置：主要用于设置图像出现颜色不均衡、图像形状歪曲等情况时的处理方式。

▶混合图像：如果几幅图像的颜色存在不均衡，则可以勾选"混合图像"复选框。

▶晕影去除：勾选此复选框，可以自动去除图像的晕影。

▶几何扭曲校正：勾选"几何扭曲校正"复选框，可以校正图像存在的扭曲偏差。

▶内容识别填充透明区域：勾选此复选框，将使用附近的相似图像内容无缝填充透明区域。

技巧>>Photomerge中的版面设置

Photomerge 命令不能拼接 360°全景，因为它没有全景左右两边的自动对齐功能，必须手动对齐。

◆自动：如果相机定位准确、重叠区域均匀、曝光一致，则可在"版面"中选择"自动"选项。启动后，Photomerge 会自动实现图像识别、分析、图层排列与定位，以及图层的无缝混合，自动建立最终全景。

◆透视：指定源图像之一作为中心参考图像，其余图像做透视变换（重定位、拉伸、扭曲），使全景为透视图像。

◆圆柱：消除高低视角的透视变形失真，保持在一定的小视角内正确拼接图像，参考图像放在中心。该拼接模式适用于小视角范围的全景拼接。

◆调整位置：合成时只排列图像的位置，而不做任何透视变换。使用鱼眼镜头拍摄的照片可以用 PanoTools 做透视变换，再使用该模式拼接全景。该模式可用于拼接 360°全景。

应用>>使用Photomerge拼合图像

打开如下图所示的 3 幅被分割的图像。

执行"文件 > 自动 >Photomerge"菜单命令，打开 Photomerge 对话框；在对话框中单击"添加打开的文件"按钮，将 3 幅图像载入到"使用文件"列表框中。单击"确定"按钮，Photoshop 会自动根据图像的结构进行计算，从而生成如下图所示的拼合图像。

18.5　脚本

脚本是使用一种特定的描述性语言，依据一定的格式编写的可执行文件，又称为宏或批处理文件。脚本通常可以由应用程序临时调用并执行，它可以是一个事件触发后的动作。

18.5.1　图像处理器

在"图像处理器"对话框中可以同时为多幅图像设置一个变换动作，并将处理后的图像调整为适合的大小，图像的大小和品质都可以由用户自定。为大量图像更改分辨率时，这一功能经常被用到。

执行"文件 > 脚本 > 图像处理器"菜单命令，打开"图像处理器"对话框，如下图所示。在该对话框中可以设置处理图像的来源和图像处理后最终效果的存储位置，指定生成最终文件的文件类型及图像的一些效果。

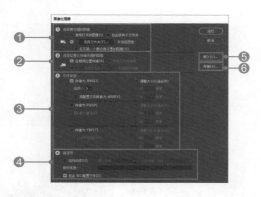

❶选择要处理的图像：在此选项组中，可以指定图像的来源。图像来源可以是 Photoshop 中当前打开的所有图像文件，也可以是用户自己选定的外部图像文件。

❷选择位置以存储处理的图像：用来选择图像处理后最终效果的存储位置，可以与源图像在同一个文件夹下，也可以是用户选定的其他文件夹。

❸文件类型：在该选项组中，可以将处理后的图像保存为 JPEG、PSD、TIFF 格式。在保存图像的同时，还可以指定图像保存后的像素大小及图像的品质。

❹首选项：在该选项组中，可以选择对图像执行的动作，并且可以为图像添加版权信息等。

❺载入：单击"载入"按钮，可以从磁盘中载入设置文件。

❻存储：单击"存储"按钮，可以将当前"图

像处理器"对话框中的设置以 XML 文件格式保存在磁盘上。

🖼 应用>>使用"图像处理器"命令改变图像的分辨率并应用动作

如果需要压缩图像并为图像应用某种效果，则可以使用"图像处理器"命令来完成。打开一幅图像，效果如下图所示。

执行"文件 > 脚本 > 图像处理器"菜单命令，打开"图像处理器"对话框；设置图像来源为打开的图像，将存储位置设置为"在相同位置存储"，设置存储格式为 JPEG，大小为 1300像素 ×600 像素，然后在"首选项"中设置动作为"渐变映射"。设置好后单击"运行"按钮，得到的图像效果如下图所示。

18.5.2　将脚本和动作设置为自动运行

将脚本和动作设置为自动运行，可以像触发事件一样进行操作。这些操作可以在启动程序或者打开、关闭文件时触发运行。

执行"文件 > 脚本 > 脚本事件管理器"菜单命令，打开"脚本事件管理器"对话框，如下图所示。在该对话框中可以使用事件（如

在 Photoshop 中打开、存储或导出文件）来触发 JavaScript 或 Photoshop 动作。Photoshop 中提供了很多默认事件，用户也可以使用任何可编写脚本的 Photoshop 事件来触发脚本或动作。

❶启用事件以运行脚本 / 动作：启用所有设置参数。

❷脚本列表：显示了当前的所有事件。

❸事件设置：Photoshop 中预设了 8 种事件，用户可以根据需要进行选择。

▶ 脚本：提供了 8 种预设脚本，供用户选择。

▶ 动作：选择一个动作，用于图像处理。

❹完成：单击该按钮，即可应用设置并关闭对话框。

❺添加：选择好事件脚本后，单击该按钮，即可将脚本添加到脚本列表中。

实例演练：
创建日系风格影调动作

原始文件：随书资源 \ 素材 \18\01 ~ 03.jpg
最终文件：随书资源 \ 源文件 \18\ 创建日系风格影调动作 1 ~ 创建日系风格影调动作 3.psd

解析：制作日系风格影调非常简单，可以通过很多种方法进行设置。但本实例的特殊之处在于，这里将以动作的形式来记录制作日系风格影调的方法。这样做的好处是可以将记录下的日系风格影调动作应用到其他图像上。在本实例中主要通过色阶调整，使画面呈现明亮偏灰效果，再结合"可选颜色""色彩平衡"等调整图层，对图像的色调风格进行控制，最后通过添加光晕得到柔和的画面效果，打造日系风格影调。

1 执行"文件 > 打开"菜单命令，打开素材文件 01.jpg，如下图所示。执行"窗口 > 动作"菜单命令，打开"动作"面板。

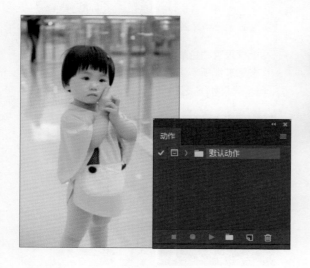

2 单击"动作"面板下方的"创建新组"按钮，新建"组 1"；选择"组 1"，单击下方的"创建新动作"按钮，在"名称"文本框中输入"日系"，完成后单击"记录"按钮，开始记录动作，如下图所示。

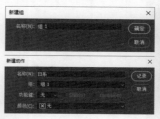

3 复制"背景"图层，生成"图层 1"图层；按快捷键 Ctrl+L，打开"色阶"对话框，在对话框中设置参数，然后单击"确定"按钮，如下图所示。

 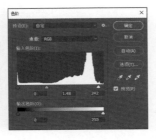

4 调整完成后，画面呈现偏灰状态，如下左图所示。选择该图层，更改图层混合模式为"明度"，设置"不透明度"为50%，完成后人物细节得到了展现，如下右图所示。

7 利用"可选颜色"调整了画面的红色、黄色、白色和灰色之后，小孩的皮肤色调变得更通透，衣服的颜色也变得更柔和，如下左图所示。单击"图层"面板底部的"创建新的填充或调整图层"按钮，创建"色彩平衡1"调整图层，选择"中间调"色调，按下右图所示进行参数调整，为中间色调添加青蓝调。

5 在"图层"面板中单击"创建新的填充或调整图层"按钮，在弹出的列表中选择"曲线"命令，创建"曲线1"调整图层。按下左图所示对曲线进行调整，提亮整体画面，效果如下右图所示。

8 继续设置"色彩平衡"，选择"高光"色调，按下左图所示进行参数调整，为高光色调添加青蓝调，效果如下右图所示。

6 创建"选取颜色1"调整图层，选择颜色并对其进行参数调整，如下图所示。

9 单击"创建新的填充或调整图层"按钮![],在弹出的列表中选择"渐变映射"命令,创建"渐变映射 1"调整图层,选择"黑、白渐变"颜色;在"图层"面板中选择该调整图层,更改其图层混合模式为"明度",设置"不透明度"为50%,如下图所示。

10 在"图层"面板中单击"创建新图层"按钮![],创建"图层 2"图层,设置前景色为黑色,按下快捷键Alt+Delete,将该图层填充为黑色,设置图层混合模式为"滤色",如下图所示。

11 选择黑色的图层,执行"滤镜 > 渲染 > 镜头光晕"菜单命令,在弹出的对话框中设置参数,为画面添加光晕效果,如下图所示。

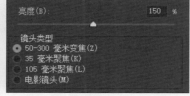

12 单击"确定"按钮,返回图像,效果如下左图所示。选择"图层 2"图层,按下快捷键 Ctrl+L,打开"色阶"对话框,按下右图所示设置参数。

13 设置完成后,光晕变得更加集中,如下左图所示。返回"动作"面板,单击"停止播放/记录"按钮![],停止记录工作,如下右图所示。

14 在 Photoshop 中打开素材文件 02.jpg、03.jpg,并选择 02.jpg,如下图所示。

15 在"动作"面板中选择"日系"动作,单击下方的"播放选定的动作"按钮![],为该图像播放动作;完成后人物画面呈现相同的处理效果,如下图所示。

16 重复之前的操作，选择 03.jpg，在"动作"面板中选择"日系"动作，单击下方的"播放选定的动作"按钮▶，为该图像播放动作，人物效果如下图所示。

17 在"动作"面板中选择"组 1"动作组，单击右上角的扩展按钮，在弹出的菜单中选择"存储动作"命令，在弹出的对话框中指定存储的路径，然后单击"保存"按钮，完成存储，如下图所示。

实例演练：
播放动作制作复古旧照片

原始文件：随书资源 \ 素材 \18\04.jpg
最终文件：随书资源 \ 源文件 \18\ 播放动作制作复古旧照片 .psd

解析： Photoshop 中预设了"纹理"动作组，在"纹理"动作组中包括 26 种纹理效果，通过这些不同的纹理，可以制作出多种效果。本实例中制作的逼真纸纹主要是采用了"羊皮纸"动作，将图像应用在羊皮纸上，然后通过运用图层混合模式和图层蒙版来调整风景图像光影，制作复古旧照片效果。

1 执行"文件 > 新建"菜单命令，在弹出的"新建"对话框中设置文件名称、大小、背景颜色等，单击"确定"按钮，完成创建，如下图所示。

2 执行"窗口 > 动作"菜单命令，打开"动作"面板，单击右上角的扩展按钮，在弹出的菜单中选择"纹理"命令，载入"纹理"动作组，如下图所示。

3 在载入的"纹理"动作组内选择"羊皮纸"动作，单击面板下方的"播放选定的动作"按钮▶；在弹出的"信息"对话框中单击"继续"按钮，在弹出的"滤镜库"对话框中设置参数，如下图所示。

4 在新建文档中制作了纸质的效果，如下左图所示。打开素材文件 04.jpg，如下右图所示。

5 将风景图片拖曳至当前 PSD 文件中，生成"图层 2"图层。按下快捷键 Ctrl+T，在图像上显示自由变换编辑框；缩放图片至与下方图层大小一致，如下图所示。

6 更改"图层 2"的混合模式为"强光"，设置"不透明度"为 50%，使图像与纸质相融合，如下图所示。

7 按下快捷键 Ctrl+J，复制"图层 2"图层，生成"图层 2 拷贝"图层；更改其混合模式为"正片叠底"，设置"不透明度"为 50%，使风景图像更清晰，如下图所示。

8 创建"渐变映射 1"调整图层，在弹出的"属性"面板中选择"黑、白渐变"；更改调整图层的混合模式为"明度"，强化画面光影，如下图所示。

9 按下两次快捷键 Ctrl+J，复制"渐变映射 1"调整图层，生成两个拷贝图层，强化画面整体光影，如下图所示。

10 创建"色相／饱和度 1"调整图层，设置参数，降低画面饱和度，如下图所示。

11 按下快捷键 Shift+Ctrl+Alt+E，盖印可见图层，生成"图层 3"图层，如下左图所示。完成后新建一个空白图层"图层 4"，将其移动至"图层 3"的下方，并对其填充白色，如下右图所示。

12 完成后选择"图层 3"，按下快捷键 Ctrl+T，在图像上显示自由变换编辑框，按住 Shift 键将图像同比例缩小，按 Enter 键确认操作，如下图所示。

13 在"动作"面板中单击右上角的扩展按钮，在弹出的菜单中选择"画框"命令，载入"画框"动作组；选择"投影画框"动作，单击下方的"播放选定的动作"按钮，如下图所示。

 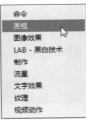 

14 动作播放完成后，复古旧照片效果就制作完成了，如下图所示。

实例演练：
批量处理图像边框

原始文件：随书资源 \ 素材 \18\ 添加画框 \01 ～ 04.jpg
最终文件：随书资源 \ 源文件 \18\ 添加画框效果 \ 批量处理
图像边框 1 ～批量处理图像边框 4.jpg

解析： Photoshop 中预设了 14 种边框动作，使用这些预设的动作可以方便快捷地为图像应用不同的边框。本实例中主要运用"木质画框"动作为多幅图像添加边框。为多幅图像同时应用一种动作可以使用"批处理"命令，在"批处理"对话框中指定图像的来源和存储最终效果的位置，然后设置要应用的动作即可。

1 选择同一场景拍摄的照片进行批量处理，这样批量处理出来的画面效果更加统一。本实例为 4 张手串照片添加边框，照片效果如下图所示。

2 执行"窗口 > 动作"菜单命令，打开"动作"面板；单击右上角的扩展按钮，在弹出的菜单中选择"画框"命令，载入"画框"动作组，如下图所示。

3 执行"文件 > 自动 > 批处理"菜单命令，在打开的"批处理"对话框中设置动作为"木质画框 -50 像素"，然后设置"源"为"文件夹"，并指定手串照片的存放目录，如下图所示。

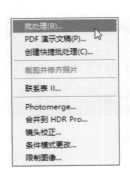 

4 设置"目标"为"文件夹"，并指定最终效果文件的存放目录，然后设置文件名前缀为"批量处理图像边框"，"起始序列号"为 1，最后单击"确定"按钮，如下左图所示。此时 Photoshop CC 2017 弹出"信息"对话框，单击"继续"按钮，确认操作，如下右图所示。

5 Photoshop 会接着提示用户对图像进行保存，并设置图像的品质。在弹出的"另存为"对话框中更改文件保存类型为 JPEG 格式，单击"保存"按钮进行存储，如下图所示。

7 待 Photoshop 将图像全部处理完毕后，打开处理结果文件的存放目录，查看添加画框后的图像效果，如下图所示。

6 在弹出的"JPEG 选项"对话框中设置图像品质，单击"确定"按钮，保存图像，如下左图所示。接着处理第二张照片，按照之前的方式对弹出的各个对话框进行设置，将文件进行保存，如下右图所示。

实例演练：
批量更改照片尺寸

原始文件：随书光盘 \ 素材 \18\ 批量更改照片尺寸前 \01 ~ 05.jpg
最终文件：随书光盘 \ 源文件 \18\ 批量更改照片尺寸后 \JPEG\01 ~ 05.jpg

解析：更改照片尺寸可以通过"图像 > 图像大小"命令更改，也可以通过"裁剪工具"更改，但这两种方法只针对单个图像。如果要同时对多幅图像更改尺寸，还得使用"图像处理器"命令。在"图像处理器"对话框中，不但可以对图像的大小进行任意设置，还可以在更改图像大小的同时为图像应用动作。

1 执行"文件 > 脚本 > 图像处理器"菜单命令，打开"图像处理器"对话框，如下图所示。

2 单击"选择要处理的图像"选项组下的"选择文件夹"按钮，设置图像来源，如下图所示。

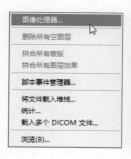

3 选择"选择位置以存储处理的图像"选项组下的
"选择文件夹"单选按钮，再单击"选择文件夹"
按钮，在打开的对话框中选择处理结果文件的存放位
置，如下图所示。

4 勾选"文件类型"选项组下的"存储为 JPEG"
复选框，设置"品质"为 5，然后勾选右侧的"调
整大小以适合"复选框，并设置 W 值为 1024，H 值为
768，最后单击"运行"按钮即可，如下图所示。

5 打开处理结果文件的存放目录，查看处理后的最
终文件，如下图所示。所有最终文件的宽度为
1024 像素，高度为 768 像素，本实例制作完成。